"十二五"职业教育国家规划教材
经全国职业教育教材审定委员会审定

修订版

金属熔焊原理及材料焊接

JINSHU RONGHAN YUANLI JI CAILIAO HANJIE

主　编　邱葭菲
参　编　王瑞权　张　静　张　伟　冯秋红
　　　　刘　徐　宋中海　蔡郴英

第 2 版

机械工业出版社
CHINA MACHINE PRESS

本书是在教育部"十二五"职业教育国家规划教材《金属熔焊原理及材料焊接》的基础上，依据国务院《国家职业教育改革实施方案》和教育部《职业院校教材管理办法》文件精神，同时参考《焊工国家职业技能标准》及焊接 1+X 职业技能等级标准修订而成的。

本书系统讲述了金属熔焊的基础知识和特点、常用焊接材料的性能及使用、常见焊接缺陷的产生原因及防止措施、金属焊接性试验方法和评定以及常用金属材料的焊接工艺等内容。全书共 12 章，包括焊接热源及其热作用、焊接接头的组织和性能、焊接化学冶金过程、焊接材料及选用、焊接缺陷及控制、金属材料的焊接性及评定、非合金钢的焊接、低合金钢的焊接、不锈钢的焊接、异种钢的焊接、铸铁的焊接，以及常用非铁金属的焊接。

本书条理清晰，层次分明，图文并茂，通俗易懂，留白编排方式新颖。每章后均附有与 1+X 考证相适应的理论（应知）和技能（应会）的训练题。本书体现了"数字化"，通过书中嵌入二维码，增加微视频、动画、PPT、生产案例等数字资源，以方便读者学习。书中融入思政元素，在部分章节增加了"榜样的力量"栏目，介绍焊接专家和焊接大国工匠的事迹，达到教书与育人并重的双重目的。

本书可作为高职高专智能焊接技术专业的教材，也可作为各类成人教育焊接专业的教材或培训用书，还可供从事焊接工作的工程技术人员参考。

为便于教学，本书配套有电子课件和模拟试卷及答案，选择本书作为授课教材的教师可通过 QQ（982557826）索取，或登录 www.cmpedu.com 网站注册、免费下载。

图书在版编目（CIP）数据

金属熔焊原理及材料焊接／邱葭菲主编．—2 版．—北京：机械工业出版社，2021.8（2024.6 重印）
"十二五"职业教育国家规划教材：修订版
ISBN 978-7-111-69063-4

Ⅰ.①金… Ⅱ.①邱… Ⅲ.①熔焊-高等职业教育-教材②金属材料-焊接-高等职业教育-教材 Ⅳ.①TG442②TG457.1

中国版本图书馆 CIP 数据核字（2021）第 177180 号

机械工业出版社（北京市百万庄大街 22 号 邮政编码 100037）
策划编辑：王海峰 责任编辑：王海峰
责任校对：潘 蕊 封面设计：张 静
责任印制：刘 媛
涿州市般润文化传播有限公司印刷
2024 年 6 月第 2 版第 6 次印刷
184mm×260mm · 21.75 印张 · 537 千字
标准书号：ISBN 978-7-111-69063-4
定价：66.00 元

电话服务 网络服务
客服电话：010-88361066 机 工 官 网：www.cmpbook.com
　　　　　010-88379833 机 工 官 博：weibo.com/cmp1952
　　　　　010-68326294 金 书 网：www.golden-book.com
封底无防伪标均为盗版 机工教育服务网：www.cmpedu.com

前言

本书是根据国务院《国家职业教育改革实施方案》和教育部《职业院校教材管理办法》文件精神，同时参考《焊工国家职业技能标准》及焊接 1+X 职业技能等级标准，在第 1 版的基础上修订而成的。本次修订体现了以下特色。

1）体现科学性和职业性。本书编写贯彻以焊接工艺实施过程为导向，体现校企合作、工学结合的职业教育理念，体现"以就业为导向，突出职业能力培养"的精神，教材内容反映职业岗位能力要求、与焊工国家职业技能标准及焊接 1+X 职业技能等级标准有机衔接，实现了理论与实践相结合，以满足"教、学、做合一"的教学需要。

2）突出应用性和实用性。本书内容突出专业技术的应用，以应用性和实用性为原则，以必需、够用为度，将"金属熔焊原理"和"金属材料焊接工艺"两门课程合二为一。通过"增"（即增加生产中的"新"知识，如异种钢的焊接等）、"删"（即删除偏难的内容，如焊接传热计算，过时的内容，如铝焊条，"纯"理论知识，如温度场数学模型等内容）、"移"（即根据学生认知特点调整内容顺序，如将焊接材料移到焊接缺陷之前等）三原则，使书中内容与生产实际零距离对接。

3）强调理论与实践一体。本书编写突出理论与实践的紧密结合，注重从理论与实践结合的角度阐明基本理论。每章在介绍理论知识后，都有一节精选的来自生产一线的典型焊接工程应用实例，供学生消化理解。同时为便于焊接 1+X 职业技能等级考证，每章后均附有与之相适应的包括理论（应知）和技能（应会）的 1+X 考证训练题。

4）注重先进性和创新性。本书编写注重知识的先进性，体现焊接新技术、新工艺、新方法、新标准，有利于提高学生可持续发展的能力和职业迁移能力。同时，本书还注意体现创新能力的培养。

5）素质教育与教材"数字化"。本书深入贯彻"二十大精神"入教材的要求，弘扬爱国主义精神、科学家精神、工匠精神，充分发挥榜样的示范引领作用，在部分章节增加了"榜样的力量"栏目，介绍焊接专家和焊接大国工匠的事迹，达到教书与育人并重的双重目的。通过书中嵌入二维码，增加微视频、动画、PPT、生产案例等数字资源，以方便读者学习。

本书叙述简明扼要，条理清晰，层次分明，图文并茂，通俗易懂，留白编排方式新颖。为使教学内容更贴近生产实际，更具有针对性，本书特邀部分生产一线的工程技术人员参加编审工作。

本书由浙江机电职业技术学院邱葭菲任主编。湖南工业职业技术学院张静，辽宁装备制造职业技术学院刘徐，浙江机电职业技术学院王瑞权、张伟、冯秋红、蔡郴英，以及杭州杭氧换热设备有限公司宋中海参加编写。本书由邱葭菲统稿，周正强等审稿。

本书在编写过程中，参阅了大量已出版的有关文献和资料，充分吸收了国内多所高职院校近年来的教学改革经验，得到了许多教授、专家的支持和帮助，在此一并致谢。

由于编者水平有限，书中难免有疏漏和错误，恳请有关专家和广大读者批评指正。

编　者

二维码索引

序号	名称	图形	页码	序号	名称	图形	页码
1	焊接热源的种类及特征-微课		6	7	焊接化学冶金的特殊性-PDF		53
2	焊接热循环-PDF		14	8	焊接熔渣-PDF		61
3	滴状过渡-视频1		22	9	EML8020模具焊条的研制-生产案例		124
4	短路过渡-视频2		22	10	气孔的形成-微课		132
5	喷射过渡-视频3		22	11	金属材料的焊接性-PPT		170
6	焊缝金属的一次结晶-PDF		30	12	Q690钢板在液压支架结构件的应用-生产案例		207

（续)

序号	名称	图形	页码	序号	名称	图形	页码
13	12Cr5Mo 耐热合金钢焊接工艺 -生产案例		217	17	铸铁焊补特殊工艺研究与应用实践-生产案例		301
14	16MnDR 焊接工艺试验与分析-生产案例		219	18	黄铜气焊工艺研究及应用-生产案例		324
15	12Cr13 氏体不锈钢的焊接工艺研究-生产案例		249	19	钛 TIG 焊焊接工艺研究-生产案例		329
16	20Cr 与 Q460C 异种钢焊接工艺研究与应用-生产案例		267				

目　录

前言
二维码索引
绪论 ··· 1
　　　　　【1+X 考证训练】 ·· 4
　　　　　【榜样的力量：焊接专家】 ·· 4

第一章　焊接热源及其热作用 ·· 6
　第一节　焊接热源 ·· 6
　第二节　焊接热作用 ·· 9
　第三节　焊接热作用工程应用实例 ·· 17
　　　　　【1+X 考证训练】 ·· 20

第二章　焊接接头的组织和性能 ··· 21
　第一节　焊缝 ··· 21
　第二节　焊接熔合区 ·· 36
　第三节　焊接热影响区 ··· 38
　第四节　焊接接头组织工程应用实例 ·· 48
　　　　　【1+X 考证训练】 ·· 50

第三章　焊接化学冶金过程 ·· 53
　第一节　焊接化学冶金的特殊性 ··· 53
　第二节　焊接区内的气体和焊接熔渣 ·· 57
　第三节　焊接区气体、熔渣与焊缝金属的作用 ·· 63
　第四节　焊缝金属的合金化 ·· 79
　第五节　焊接冶金工程应用实例 ··· 82
　　　　　【1+X 考证训练】 ·· 83
　　　　　【榜样的力量：大国工匠】 ··· 85

第四章　焊接材料及选用 ·· 86
　第一节　焊条 ··· 86

第二节　焊丝 …… 99
第三节　焊剂 …… 111
第四节　其他焊接材料 …… 118
第五节　焊接材料工程应用实例 …… 123
【1+X 考证训练】 …… 125

第五章　焊接缺陷及控制 …… 129
第一节　焊缝中的气孔 …… 129
第二节　焊缝中的偏析和夹杂 …… 138
第三节　焊接裂纹 …… 141
第四节　其他焊接缺陷 …… 160
第五节　焊接缺陷控制工程应用实例 …… 165
【1+X 考证训练】 …… 167
【榜样的力量：大国工匠】 …… 169

第六章　金属材料的焊接性及评定 …… 170
第一节　金属材料的焊接性 …… 170
第二节　金属材料焊接性评定方法 …… 171
第三节　焊接性试验工程应用实例 …… 182
【1+X 考证训练】 …… 183

第七章　非合金钢的焊接 …… 185
第一节　低碳钢的焊接 …… 185
第二节　中碳钢的焊接 …… 187
第三节　高碳钢的焊接 …… 189
第四节　非合金钢焊接工程应用实例 …… 190
【1+X 考证训练】 …… 194
【榜样的力量：焊接专家】 …… 196

第八章　低合金钢的焊接 …… 198
第一节　低合金高强度钢的焊接 …… 198
第二节　珠光体耐热钢的焊接 …… 213
第三节　低合金低温钢的焊接 …… 219
第四节　低合金钢焊接工程应用实例 …… 222
【1+X 考证训练】 …… 228

第九章　不锈钢的焊接 …… 234
第一节　不锈钢的性能及分类 …… 234
第二节　奥氏体型及双相不锈钢的焊接 …… 238

第三节　铁素体型不锈钢的焊接···246
第四节　马氏体型不锈钢的焊接···248
第五节　不锈钢焊接工程应用实例···251
　　　　【1+X 考证训练】··257
　　　　【榜样的力量：大国工匠】···261

第十章　异种钢的焊接···262
第一节　异种钢的类型及焊接特点···262
第二节　异种珠光体钢的焊接···267
第三节　珠光体钢与奥氏体钢的焊接··269
第四节　不锈复合钢板的焊接···276
第五节　异种钢焊接工程应用实例···279
　　　　【1+X 考证训练】··283

第十一章　铸铁的焊接···289
第一节　铸铁的分类及性能··289
第二节　灰铸铁的焊接··291
第三节　球墨铸铁的焊接··301
第四节　铸铁焊接工程应用实例···303
　　　　【1+X 考证训练】··308
　　　　【榜样的力量：焊接专家】···310

第十二章　常用非铁金属的焊接··311
第一节　铝及铝合金的焊接··311
第二节　铜及铜合金的焊接··318
第三节　钛及钛合金的焊接··324
第四节　非铁金属焊接工程应用实例··330
　　　　【1+X 考证训练】··334

参考文献··337

绪　　论

在金属结构和机器制造中，经常需要将两个或两个以上的零件按一定形式和位置连接起来。根据这些连接方法的特点，可将其分为两大类：一类是可拆卸的连接方法，即不必毁坏零件就可以拆卸，如螺栓联接、键联接等；另一类是不可拆卸的，即永久性连接方法，其拆卸只有在毁坏零件后才能实现，主要有焊接、铆接等。常见的金属连接方法如图0-1所示。

  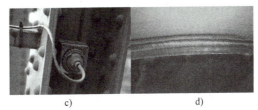

a)　　　　　　b)　　　　　　c)　　　　　　d)

图 0-1　常见的金属连接方法

a) 脚手架扣件的螺栓联接　b) 轮毂与轴的键联接
c) 钢桥上钢板的铆接　d) 大型容器壳体的焊接

焊接由于具有连接质量好，成本低，生产率高且易实现机械化和自动化等特点，几乎取代了铆接，已广泛应用于船舶、车辆、航空、锅炉、电机、冶炼设备、石油化工、矿山机械及建筑等各个领域，特别在一些重大项目的关键部位，发挥着重要作用，如12000t水压机、三峡电机定子座（图0-2a）、国家体育场"鸟巢"（图0-2b）及神舟系列太空飞船等。据统计，目前世界各国年平均生产的焊接结构用钢已达钢产量的45%左右。焊接已经从一种传统的热加工方法发展到了集材料、冶金、结构、力学、电子等多门类学科为一体的工程工艺学科。

 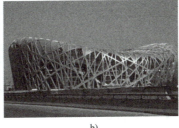

a)　　　　　　　　　　　b)

图 0-2　三峡电机定子座和国家体育场"鸟巢"

a) 三峡电机定子座　b) 国家体育场"鸟巢"

一、焊接的本质

焊接是通过加热或加压，或两者并用，并且用或不用填充材料，使焊件达到结合的一种方法。

焊接与其他连接方法（如螺栓联接、键联接、铆接等）有本质的区别。在宏观上，焊接的结合是不可拆卸的，即通过焊接方法连接的工件成为永久性的接头；在微观上，焊接是在焊接件之间达成原子间的结合，对金属而言，就是在两焊接件之间建立了金属键。

金属等固体材料之所以能保持固定形状的整体，是由于其内部原子之间的距离足够小，原子之间形成了牢固的结合力。要想将材料分成两块，必须施加足够大的外力破坏这些原子间的结合。同样，要将两块固体材料连接在一起，必须使这两块固体材料的连接表面上的原子接近到足够小的距离，使其产生足够的结合力。

对于实际焊接结构，不采取一定措施而做到紧密连接是非常困难的，因为一是待连接表面微观不平，即使经过精密磨削加工，其表面粗糙度也只能达到 μm（微米）级，仍大于原子间结合所要求的数量级（$10^{-4}\mu m$）；二是待连接表面存在氧化膜、油污和水分等，阻碍金属表面原子之间接近到晶格距离并形成结合力。因此，要想实现焊接，就必须采取以下有效措施。

（1）利用热源加热被焊母材的连接处　加热可使材料软化或熔化，从而降低材料的变形抗力，破坏接触表面的氧化膜，还能增加原子的振动能，促进扩散、再结晶、化学反应和结晶过程的进行。

（2）对被焊母材的连接表面施加压力　加压可以清除接触表面的氧化膜，增加有效接触面积，使两个连接表面的原子相互紧密接触，并产生足够大的结合力。如果在加压的同时加热，则上述过程更容易进行。

（3）对填充材料加热使之熔化　利用液态填充材料对固态母材润湿，使液-固界面的原子紧密接触，充分扩散，从而产生足够大的结合力实现连接。

以上三项措施正是熔焊、压焊和钎焊能够实现永久连接的基本原理。

必须指出的是，熔焊和压焊，在焊件之间（母材和焊缝）都能形成共同的晶粒，如图 0-3a 所示。而钎焊，由于母材不熔化，故不能形成共同晶粒，如图 0-3b 所示。因此，钎焊虽然在宏观上也能形成不可拆卸的接头，但在微观上与压焊或熔焊有本质的区别。

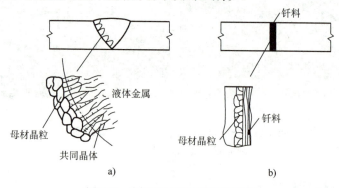

图 0-3　熔焊和压焊与钎焊的区别
a）熔焊和压焊　b）钎焊

二、熔焊的过程

熔焊是在焊接过程中，将待焊件接头加热至熔化状态，不加压以完成焊接的方法。熔焊时，被焊金属由于热的输入和传播，一般都要经历如下过程：加热—熔化—冶金反应—结晶—固态相变—形成接头。这些过程虽然很复杂，但可归纳为互相联系和交错进行的三个阶段：一是焊条、焊丝及母材的快速加热和局部熔化；二是熔化金属、熔渣、气相之间进行一系列的化学冶金反应，如金属的氧化、还原、脱硫、脱磷、渗合金等；三是快速连续冷却下的焊缝金属的结晶和相变，此时易产生偏析、夹杂、气孔及裂纹等缺陷。与此同时，焊缝两侧的母材因热的传递也会受到焊接热的作用，发生组织和性能变化，形成焊接热影响区。金属熔焊过程，如图0-4所示。

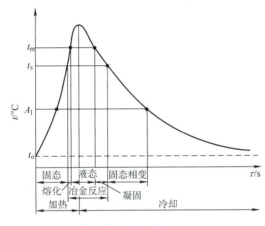

图0-4 金属熔焊过程

t_m—金属熔化温度（液相线） t_s—金属凝固温度（固相线）
t_o—初始温度 A_1—金属材料的 A_1 相变点

三、本课程的主要内容及学习目的和要求

"金属熔焊原理及材料焊接"是高职高专智能焊接技术专业的专业核心课程，其主要内容有焊接热源及其热作用，焊接接头的组织和性能，焊接化学冶金过程，焊接缺陷及控制，焊接材料及选用以及金属材料的焊接性及评定等。通过本课程的学习，应达到以下目的和要求。

1) 了解焊接的本质，能从理论上说明焊接与其他金属连接方式的本质区别。

2) 熟悉常用焊接热源；了解熔焊时焊件上温度变化的规律；了解焊接条件下金属所经历的化学、物理变化过程；理解焊接时安全保护的重要性。

3) 掌握焊接接头在形成过程中其成分、组织与性能变化的基本规律；了解改善焊缝和焊接热影响区组织和性能的主要措施。

4）掌握焊接冶金过程中，常见缺陷的特征、产生条件及其影响因素，能根据生产实际条件分析缺陷产生的原因，提出防止措施。

5）掌握各种焊接材料的性能特点及应用范围，能根据生产实际条件正确选择和使用常用的焊接材料。

6）掌握金属焊接性的评定方法；掌握碳素钢、低合金钢、不锈钢及常用异种钢的焊接性及焊接工艺；了解铸铁及铝、铜、钛及其合金的焊接性和焊接工艺。

【1+X 考证训练】

一、填空题

1. 连接金属材料的方法主要有_____、_____、_____、_____等形式，其中，属于可拆卸的是_____、_____；属于永久性连接的是_____、_____。

2. 按照焊接过程中金属所处的状态不同，可以把焊接分为_____、_____和_____三类。

3. 常用的熔焊方法有_____、_____、_____等。

4. 焊接是通过_____或_____，或两者并用，并且用或不用_____，使焊件达到结合的一种方法。

5. 压焊是在焊接过程中，必须对焊件施加_____，以完成焊接的方法。

二、判断题（正确的划"√"，错的划"×"）

1. 焊接是一种可拆卸的连接方式。（　　）
2. 熔焊是一种既加热又加压的焊接方法。（　　）
3. 钎焊是将焊件和钎料加热到一定温度，使它们完全熔化，从而达到原子结合的一种连接方法。（　　）
4. 钎焊虽然在宏观上也能形成不可拆卸的接头，但在微观上与压焊和熔焊是有本质区别的。（　　）
5. 焊接热影响区是焊缝两侧的母材因热的传递而受到焊接热的作用，发生组织和性能变化的区域。（　　）

三、问答题

1. 为什么焊接过程中必须加热或加压或两者并用？
2. 简述金属熔焊的过程。

【榜样的力量：焊接专家】

焊接专家：潘际銮

潘际銮，中国科学院院士，著名焊接专家。1927年出生，江西瑞昌人。1944年被保送进入国立西南联合大学，1948年清华大学机械系毕业，1953年哈尔滨工业大学研究生毕业。现为中国科学院院士，南昌大学名誉校长，西南联大北京校友会会长，清华大学教授。曾任国务院学位委员会委员兼材料科学与工程评审组长，清华大学学术委员会主任及机械系主任，南昌大学校长，国际焊接学会副主席，中国焊接学会理事长，中国机械工程学会副理事长，美国纽约州立大学（尤蒂卡分校）名誉教授。

创建我国高校第一批焊接专业。长期从事焊接专业的教学和研究工作。20 世纪 60 年代初，实验成功氩弧焊并完成清华大学第一座核反应堆焊接工程；继之研究成功我国第一台电子束焊机；以堆焊方法制造重型锤锻模；1964 年与上海汽轮机厂等合作，成功制造出我国第一根 6MW 汽轮机压气机焊接转子，为汽轮机转子制造开辟了新方向；20 世纪 70 年代末研制成功具有特色的电弧传感器及自动跟踪系统；20 世纪 80 年代研究成功新型 MIG 焊接电弧控制法 "QH-ARC 法"，首次提出用电源的多折线外特性、陡升外特性及扫描外特性控制电弧的概念，为焊接电弧的控制开辟新的途径。1987—1991 年在我国自行建设的第一座核电站（秦山核电站）担任焊接顾问，为该工程做出重要贡献。2003 年研制成功爬行式全位置弧焊机器人，为国内外首创。2008 年完成的 "高速铁路钢轨焊接质量的分析" "高速铁路钢轨的窄间隙自动电弧焊系统" 项目，为我国第一条时速 350km 高速列车于北京奥运会召开前顺利开通做出了贡献。

第一章 焊接热源及其热作用

熔焊过程是在焊接热源的作用下完成的。熔焊时,焊件上的熔化部分与熔化的填充材料熔合形成焊缝。与此同时,焊件上焊缝两侧的未熔化部分也因热的作用而引起组织和性能改变,形成焊接热影响区。不管是焊缝还是热影响区,它们的组织和性能变化都是热作用的结果。而热作用程度又因在焊件上的位置及时间不同而异。因此,掌握焊接热源的有关知识及热源对焊件热作用的规律,即温度与空间位置和温度与时间的关系,是掌握熔焊原理及保证焊接质量的前提和基础。

第一节 焊接热源

焊接热源的种类及特征-微课

一、焊接热源的种类

焊接热源的种类较多,常用熔焊热源有电弧热、化学热、电阻热、电子束和激光束等,其中电弧热应用最广。常用熔焊热源的特点及对应焊接方法见表 1-1。

表 1-1 常用熔焊热源的特点及对应焊接方法

熔焊热源	特　　点	对应焊接方法
电弧热	气体介质在两电极间或电极与母材间强烈而持久的放电过程所产生的热能为焊接热源	电弧焊,如焊条电弧焊、埋弧焊、气体保护焊、等离子弧焊等
化学热	利用可燃气体的火焰放出的热量或铝、镁热剂与氧或氧化物发生强烈反应所产生的热量作为焊接热源	气焊、热剂焊(铝热焊)
电阻热	利用电流通过熔渣产生的电阻热作为焊接热源	电渣焊
电子束	利用高速电子束轰击焊件表面所产生的热量作为焊接热源	电子束焊
激光束	利用聚焦的高能量的激光束作为焊接热源	激光焊

二、焊接热源的主要特征

焊接热源的性能不仅影响焊接质量,而且对焊接生产率有着决定性的作用。先进的焊接技术要求热源能够进行高速焊接,并能获得致密的焊缝和最小的加热范围。焊接热源的特征主要从最小加热面积、最大能量密度及焊接达到的温度三个方面加以体现。

（1）最小加热面积　即在保证热源稳定的条件下加热的最小面积。

（2）最大能量密度　即热源在单位面积上的最大功率。在功率相同时，若热源加热面积越小，则功率密度越大，说明热源的集中性越好。

（3）在正常焊接参数下能达到的温度　能达到的温度越高，加热速度越快，可用来焊接高熔点金属，具有更宽的应用范围。

常用熔焊热源的主要特征数据见表1-2。

表1-2　常用熔焊热源的主要特征

焊接方法及热源		最小加热面积 /cm²	最大能量密度 /（W/cm²）	正常焊接温度
气焊	氧乙炔焰	10^{-2}	2×10^3	3200℃
电弧焊	焊条电弧焊电弧	10^{-3}	10^4	6000K
	钨极氩弧焊电弧	10^{-3}	1.5×10^4	8000K
	埋弧焊电弧	10^{-3}	2×10^4	6400K
	熔化极氩弧焊或 CO_2 气体保护焊电弧	10^{-4}	$10^4\sim10^5$	—
	等离子弧	10^{-5}	1.5×10^5	18000~24000K
高能束流焊	电子束	10^{-7}	$10^7\sim10^9$	—
	激光束	10^{-8}	$10^7\sim10^9$	—
电渣焊	渣池电阻热	10^{-2}	10^4	2000℃

由表1-2可知，不同的焊接热源的特征数据差别很大。氧乙炔焰的能量分散，温度低；焊条电弧焊电弧、埋弧焊电弧、熔化极氩弧焊或 CO_2 气体保护焊电弧等能量较集中，温度较高；等离子弧、电子束、激光束等新能源，不仅能量高度集中，而且加热温度也高，是较理想的热源。

三、焊接热效率和热输入

1. 焊接热效率

由于电弧是目前焊接中应用最广的热源，所以这里仅介绍电弧的热效率。

电弧焊的焊接热源是电弧，电弧焊是通过电弧将电能转换为热能来进行焊接的。电弧功率可由下式表示：

$$q_0 = I_h U_h$$

式中　q_0——电弧功率，即电弧在单位时间内放出的能量（W）；

I_h——焊接电流（A）；

U_h——电弧电压（V）。

实际上电弧所产生的热量并没有全部被利用，有一些因辐射、对流及传导等损失掉了。焊条电弧焊和埋弧焊的热量分配如图1-1所示。真正有效地用于加热、熔化焊件和填充材料的电弧功率称为电弧有效功率，可用下式表示：

$$q = \eta I_h U_h$$

式中　η——电弧有效功率系数，简称焊接热效率；
　　　q——电弧有效功率（W）；
　　　I_h——焊接电流（A）；
　　　U_h——电弧电压（V）。

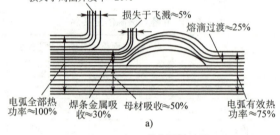
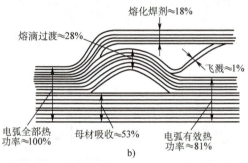

图 1-1　焊条电弧焊和埋弧焊的热量分配
a）焊条电弧焊　b）埋弧焊

在一定条件下，η 是常数，主要决定于焊接方法、焊接参数、焊接材料和保护方式等。常用熔焊方法在通用焊接参数条件下的焊接热效率 η 值见表 1-3。

表 1-3　常用熔焊方法的焊接热效率 η 值

熔焊方法	焊条电弧焊	埋弧焊	电渣焊	电子束及激光焊	CO_2 气体保护焊	钨极氩弧焊		熔化极氩弧焊	
						交流	直流	钢	铝
焊接热效率 η	0.75~0.87	0.77~0.90	0.83	>0.90	0.75~0.90	0.68~0.85	0.78~0.85	0.66~0.69	0.70~0.85

2. 焊接热输入

熔焊时，由焊接热源输入给单位长度焊缝上的热能称为焊接热输入。焊接热输入用符号 E 表示，其计算公式为

$$E = \frac{q}{v} = \eta \frac{U_h I_h}{v}$$

式中　E——焊接热输入（J/cm）；

q——电弧有效功率（W）；
η——焊接热效率；
U_h——电弧电压（V）；
I_h——焊接电流（A）；
v——焊接速度（cm/s）。

焊接热输入是焊接中的一个重要参数。焊接热输入一般通过试验来确定，允许的热输入范围越大，越便于焊接操作。

图 1-2 表示不同焊接方法对焊件的热输入及焊接性能的影响。可以看出，从气焊到电弧焊，再到高能束流焊，能量密度明显提高，对母材的热输入明显降低，因此在焊接质量提高的同时，焊接速度和熔深也增大。

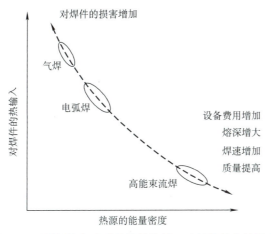

图 1-2 不同焊接方法对焊件的热输入及焊接性能的影响

第二节 焊接热作用

一、焊接热作用的特点及影响

1. 焊接热作用的特点

（1）焊接热作用的局部集中性 焊件在焊接时不是整体被加热，而只是在热源直接作用点附近的区域被加热，加热和冷却极不均匀。

（2）焊接热源的运动性 焊接过程中热源相对于焊件是运动的，焊件受热的区域不断变化。当焊接热源接近焊件某一点时，该点温度迅速升高，而当热源逐渐远离时，该点又快速冷却。

（3）焊接热作用的瞬时性 在高度集中热源的作用下，加热速度极快（在电弧焊情况下，可达 1500℃/s 以上），即在极短的时间内把大量的热能由热源传递给焊件，又由于局部加热和热源的移动而使其冷却速度也很大。

（4）焊接传热作用的复合性 焊接熔池中的液态金属处于强烈的运

动状态。在熔池内部，传热过程以流体对流为主，而在熔池外部，以固体导热为主，还存在着对流换热以及辐射换热。因此，焊接热作用包含各种传热方式，是复合传热过程。

2. 焊接热作用对焊接质量的影响

焊接热作用对焊接质量的影响主要通过下面几个方面的作用。

1）施加到焊件金属上热量的大小与分布状态决定了熔池的形状与尺寸。

2）焊接熔池进行冶金反应的程度与热的作用及熔池存在时间的长短有密切的关系。

3）焊接加热和冷却参数的变化，影响熔池金属的结晶、相变过程，并影响热影响区金属显微组织的转变，因而焊缝和焊接热影响区的组织与性能也都与热的作用有关。

4）由于焊接各部位经受不均匀的加热和冷却，从而造成不均匀的应力状态，产生不同程度的应力与变形。

5）在焊接热作用下，受冶金、应力因素和被焊金属组织的共同影响，可能产生各种形态的裂纹及其他冶金缺陷。

6）焊接热输入及焊接热效率决定母材和焊条（焊丝）的熔化速度，进而影响焊接生产率。

二、焊接温度场

1. 焊接温度场概念及特征

在焊接热作用下，焊件上各点的温度是随时间而有规律变化的。焊接温度场就是指焊接过程中某一瞬时焊件上各点的温度分布状态。焊接温度场是个瞬时的温度场，它研究的是焊件上一定范围内温度分布的情况。

焊接温度场可用等温线或等温面来表示。所谓等温线或等温面，就是在某一瞬时温度场中相同温度的各点所连成的线或面。等温线或等温面的密集程度说明了温度变化率，等温线或等温面的分布决定了热量传递方向与速度。值得注意的是，各个等温线或等温面彼此之间存在温差，因而不能相交。

图 1-3 所示是厚大焊件电弧焊典型的焊接温度场。焊接时，热源沿一定的方向移动，热源的运动使焊件上沿运动方向的温度分布不均匀。热源前面是未经加热的冷金属，温度低；热源后面则是刚焊完的焊缝，温度下降很小，尚处于高温。因此，在热源前面的等温线密集，后面的等温线稀疏。热源运动对焊缝两侧温度分布的影响相同，因而温度场对 x 轴的分布保持对称，这时的等温线在 xOy 面上是不规律的椭圆，而在 yOz 平面上则是不同半径的同心圆。通过等温线（面）描绘的温度场图形，就可以了解焊件任一截面上的温度分布情况。

一般把各点温度不随时间变化的温度场称为稳定温度场，而随时间变化的温度场称为不稳定温度场。实际生产中，绝大多数焊接温度场都是随时间而变化的，属于不稳定温度场。

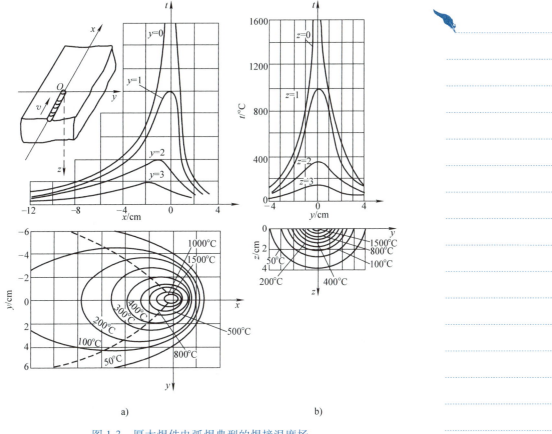

图 1-3 厚大焊件电弧焊典型的焊接温度场
a) 在 xOy 平面上等温线及温度分布 b) 在 yOz 平面上等温线及温度分布

2. 影响焊接温度场的因素

影响焊接温度场的因素主要有热源的性质、焊接参数、母材的热物理性能和焊件的形态。

（1）热源的性质　热源的性质不同，其加热温度与加热面积不同，导致温度场的分布不同。热源的能量越集中，则加热面积越小，温度场中等温线（面）分布就越密集。如电子束焊接时，由于热源的热量非常集中，加热范围仅为几个毫米的区域，温度场范围很小；气焊时，加热宽度可达几个厘米，温度场范围也很大；电弧焊的能量密度居中，其温度场范围介于高能束流焊与气焊之间。

（2）焊接参数　焊接参数是焊接时为保证焊接质量而选定的各参数的总称，包括焊接电流、电弧电压、焊接速度和热输入等。同样的焊接热源，如果采用的焊接参数不同，温度场分布也不同。在焊接参数中，有效功率 q 和焊接速度 v 的影响最大。当有效功率 q 一定时，随着焊接速度 v 的增加，等温线的范围逐渐变小，温度场的宽度和长度都变小，但宽度的减小更大些，所以导致温度场的形状变得细长，如图 1-4a 所示；当焊接速度 v 一定时，随着有效功率 q 的增加，温度场的范围也随之增大，

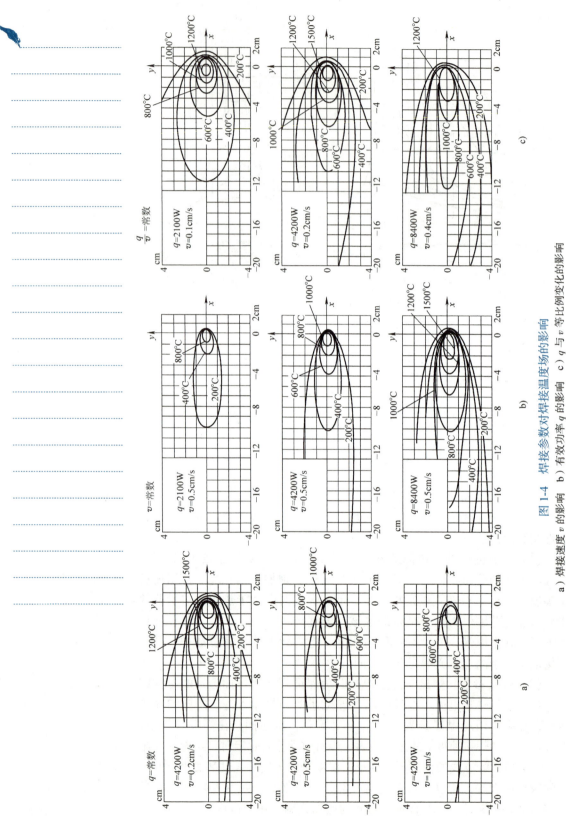

图 1-4 焊接参数对焊接温度场的影响
a) 焊接速度 v 的影响 b) 有效功率 q 的影响 c) q 与 v 等比例变化的影响

如图 1-4b 所示；当焊接热输入 q/v 一定时，随着 q 和 v 的增加，等温线沿热源运动方向伸长，但宽度变化不明显，如图 1-4c 所示。

（3）母材的热物理性能　热物理性能说明物质的传热与散热能力。由于母材的热物理性能不同，也会有不同的温度场。母材的热物理性能主要有热导率、比热容、热扩散率及表面传热系数等，其中影响最大的是母材的热导率。

不同材料的热物理性质是不同的。正是由于热物理性质不同，即使采用相同的焊接方法和相同的焊接参数，所形成的焊接温度场也是不同的，如图 1-5 所示。由图 1-5 可见，在低碳钢、铬镍不锈钢、铝和纯铜四种材料中，导热性越好的材料，其较高温度的等温线范围越小，而较低温度的等温线范围越大。因此，焊接不锈钢时所采用的热输入应比焊接低碳钢时要小，这是因为不锈钢的导热性较差。相反，焊接铜和铝时应采用比焊接低碳钢更大的热输入，这是因为铜和铝的导热性非常好。

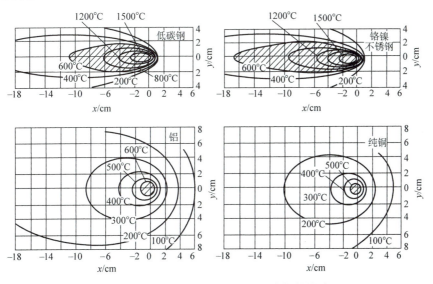

图 1-5　母材热物理性能对焊接温度场的影响

（$q=4200\text{W}$，$v=0.2\text{cm/s}$，$\delta=10\text{mm}$）

（4）焊件的形态　焊件的几何尺寸及所处的状态对传热过程有很大影响，因而也影响焊接温度场的分布。

对厚大焊件进行堆焊，可以将热源看作是点状热源，热的传播沿 x、y、z 三个方向，属于三维空间传热，这时所形成的温度场为三维温度场，如图 1-6a 所示。

对于薄板穿透焊接，可以将热源看作是沿板厚均温的线状热源，热的传播沿 x、y 两个方向，属于二维平面传热，这时所形成的温度场为二维温度场，如图 1-6b 所示。

对于细棒状焊件焊接，可以将热源看作是沿细棒截面均温的面状热源，热的传播只沿 x 个方向，属于一维线性传热，这时所形成的温度场为一维温度场，如图 1-6c 所示。

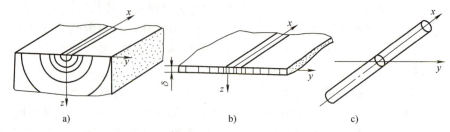

图 1-6 焊件的形态对焊接温度场的影响

a）三向传热，点状热源 b）两向传热，线状热源 c）单向传热，面状热源

三、焊接热循环

1. 焊接热循环及特点

（1）焊接热循环概念 在焊接热源作用下，焊件上某点的温度随时间变化的过程称为焊接热循环。焊接热循环是针对焊件上某个具体的点而言的。当热源向该点靠近时，该点的温度随之升高，直至达到最大值；随着热源的离开，温度又逐渐降低，直至室温。该过程可用一条曲线来表示，称为热循环曲线，如图 1-7 所示。在焊缝两侧距焊缝远近不同的各点，所经历的热循环不同，显然，距焊缝越近的各点，加热达到的最高温度越高；距焊缝越远的各点，加热达到的最高温度越低。距焊缝不同距离焊件上各点的焊接热循环如图 1-8 所示。

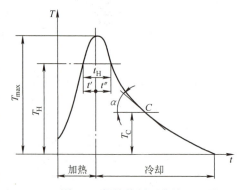

图 1-7 焊接热循环曲线

T_C—C 点瞬时温度 T_H—相变温度

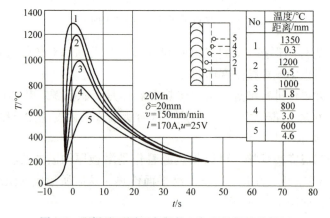

图 1-8 距焊缝不同距离焊件上各点的焊接热循环

焊接热循环-PDF

(2) 焊接热循环的特点　焊接热循环与一般热处理的热过程相比有以下特点。

1) 加热温度高。一般热处理情况下,加热温度仅略高于 Ac_3,而在焊接时,近缝区熔合线附近可接近金属的熔点,对于低碳钢和低合金钢来说,一般都在 1350℃ 左右。

2) 加热速度快。焊接时由于采用的热源集中,故加热的速度比热处理要快得多,往往超过几十倍,甚至几百倍。

3) 高温停留时间短。焊接时由于热循环的特点,在 Ac_3 以上保温的时间很短,一般焊条电弧焊为 4~20s,埋弧焊为 30~100s。而在热处理时,可以根据需要任意控制保温时间。

4) 冷却速度快。在热处理时,可以根据需要来控制冷却速度或在冷却过程中的不同阶段进行保温。而在焊接时,一般都是在自然条件下连续冷却,冷却速度快,只有个别情况下才进行焊后保温或焊后热处理。

5) 加热的局部性和移动性。热处理时,工件大都是在炉中整体加热,而焊接时,只是局部加热,并且随热源的移动,被加热的区域也随之移动。

2. 焊接热循环的主要参数

焊接热循环的主要参数有加热速度 v_H、最高加热温度 T_{max}、相变温度以上停留时间 t_H 以及冷却速度 v_c。

(1) 加热速度 (v_H)　在集中的高温热源作用下,焊接时的加热速度比其他热加工时要快得多。随着加热速度的提高,相变温度也随之提高,同时奥氏体的均匀化和碳化物的溶解也越不充分,必将影响到焊接热影响区冷却后的组织与性能。影响加热速度的因素很多,如焊接方法的种类、被焊金属的种类、焊件几何尺寸大小及不同的热输入等。不同焊接方法相变温度附近的加热速度见表 1-4。

表 1-4　不同焊接方法相变温度附近的加热速度

焊接方法	板厚/mm	加热速度/(℃/s)
焊条电弧焊和钨极氩弧焊	1~5	200~1000
单层埋弧焊	10~25	60~200
电渣焊	50~200	3~20

(2) 最高加热温度 (T_{max})　最高加热温度是焊接热循环中最重要的参数之一,又称为峰值温度。焊接时,由于焊件上各点的峰值温度不同,因而组织的变化也不一样,这就会对金属冷却后的组织与性能产生明显的影响。例如,熔合线附近的过热区,由于温度高,晶粒粗大,致使韧性下降。对于低碳钢和低合金钢来讲,焊缝的最高温度 (T_{max}) 可达 1800~2000℃,熔合线的温度亦可达到 1300℃ 以上。

(3) 相变温度以上停留时间 (t_H)　在相变温度以上停留的时间越

长,有利于奥氏体化过程进行,但温度过高时(如1100℃以上),即使停留时间不长,也会发生严重的晶粒长大现象。加热温度越高,晶粒长大所需的时间越短。焊接时,由于要在相变温度以上的高温停留,热影响区中不可避免地会发生晶粒粗化的现象,晶粒粗化将会对焊接质量带来明显的影响,焊接时必须加以注意。

(4) 冷却速度 (v_c) 冷却速度是描述焊件温度降低快慢程度的参数。由于不同的冷却阶段具有不同的冷却速度,因而常常采用一定温度范围内的平均冷却速度或者冷却至某一温度时的瞬时冷却速度。例如,对于低合金钢的焊接来讲,常选用熔合区附近冷却到540℃左右时的瞬时冷却速度。

在实际应用中,由于冷却时间测定比较易行且准确,所以多以一定温度范围内的冷却时间来表示冷却速度。对一般低碳钢、低合金钢等不易淬火钢,常采用相变温度范围 800~500℃ 冷却时间 $t_{8/5}$ ($t_{800\sim500}$) 来表示冷却速度。而对冷裂倾向较大的易淬火钢,常采用 800~300℃ 冷却时间 $t_{8/3}$ 或由峰值温度冷至 100℃ 的冷却时间 t_{100} 来表示。

3. 影响焊接热循环的因素

影响焊接热循环的因素主要有焊接热输入、预热和道间温度、焊接方法、接头形式及焊道长度等。

(1) 焊接热输入 焊接热输入增大,最高加热温度升高,相变温度以上停留的时间加长,而冷却速度降低。

(2) 预热和道间温度 焊接开始前对焊件(全部或局部)进行加热的工艺措施称预热,按照焊接工艺的规定,预热需要达到的温度叫预热温度。预热的主要作用是降低焊后冷却速度,减小淬硬程度,防止产生焊接裂纹,减小焊接应力与变形。预热温度越高,冷却速度越慢,冷却时间越长。但预热不会明显影响在高温停留的时间。不同板厚低合金高强钢预热温度与 t_{100} 关系见表1-5。

表1-5 不同板厚低合金高强钢预热温度与 t_{100} 关系

预热温度/℃	t_{100}/s		
	$\delta=25$mm	$\delta=38$mm	$\delta=50$mm
0	45	30	25
25	65	45	35
50	100	70	55
75	210	125	105
100	660	620	580
125	1040	1180	1290
150	1360	1650	1870
175	1650	2050	2380
200	1900	2420	2820

在多层多道焊时，还要注意道间温度（也称层间温度）。所谓道间温度就是在施焊后续焊道之前，其相邻焊道应保持的温度。道间温度不应低于预热温度。控制道间温度可降低冷却速度，并促使扩散氢的逸出。

（3）焊接方法　不同的焊接方法其热源特性不同，其对焊接热循环的影响也不一样。试验测定，当焊接热输入相同时，埋弧焊的冷却速度最慢，氩弧焊稍快，焊条电弧焊最快。这是因为尽管焊接热输入相同，但所用电流与焊接速度匹配却不同，所以形成的焊缝形状及熔深明显不同，从而对焊件上各点所经历的热循环产生的影响也不一样。低合金钢单层电弧焊焊接热循环参数见表1-6。

表1-6　低合金钢单层电弧焊焊接热循环参数

板厚 /mm	焊接 方法	焊接 热输入 /(J/cm)	900℃时的 加热速度 /(℃/s)	900℃以上的停留时间/s		冷却速度 /(℃/s)		备注
				加热时 t'	冷却时 t''	800℃	500℃	
1	钨极氩弧焊	840	1700	0.4	1.2	240	60	I形坡口对接
2		1680	1260	0.6	1.8	120	30	
3	埋弧焊	3780	700	2.0	5.5	54	12	I形坡口对接，有焊剂垫
5		7140	400	2.5	7	40	9	
10		19320	200	4.0	13	22	5	V形坡口对接，有焊剂垫
15		42000	100	9.0	22	9	3	
25		105000	60	25.0	75	5	1	

此外，焊接接头形式及焊道长度对焊接热循环也有影响。同样板厚的T形接头或角接接头的冷却速度要大于对接接头的冷却速度；焊道越短，冷却速度越高，焊道长度小于40mm时，冷却速度急剧增加，因此定位焊焊道不能过短；而且弧坑处的冷却速度最高，约为焊缝中部的二倍，比引弧端也要大20%左右。

第三节　焊接热作用工程应用实例

【根据焊接热循环试验，确定X80管线钢的焊接参数（热输入）】

随着油气管道的高压、长距离、大管径输送技术的发展，对管线钢的强度、韧性和焊接性提出了越来越高的要求。X80等管线钢现已成为输气管道的主导钢材，大规模地用于管道建设。这种钢焊接的主要问题之一是热影响区粗晶区的脆化问题，因此通过不同的焊接热循环试验，为制订X80管线钢合理的焊接参数提供依据。

1. X80的化学成分

X80管线钢的化学成分见表1-7。

表 1-7　X80 管线钢的化学成分（质量分数，%）

元素	C	Si	Mn	P	S	Nb	V	Ti	Cr	Mo	Ni	Cu	Al	B
化学成分	0.071	0.13	1.71	0.012	0.004	0.034	0.005	0.013	0.037	0.2	0.3	0.12	0.022	0.0007

2. 试验方法

焊接热模拟试验在 Gleeble-1500 型热模拟试验机上进行，试样尺寸为 10.5mm×10.5mm×55mm。焊接热循环的峰值温度为 1300℃，预热温度为 20℃，焊接热输入及焊接热循环参数见表 1-8。

表 1-8　焊接热输入及焊接热循环参数

$E/(kJ/cm)$	加热速度 /(℃/s)	峰值温度 /℃	$t_{8/5}/s$	高温停留时间/s	
				900℃	1100℃
10	130	1300	5	3.62	2.95
15			10	5.43	3.60
20			20	10.8	7.20
30			40	21.7	14.41
40			70	38.0	25.23
50			100	54.2	36.03

热模拟试验后，将热模拟试样加工成标准 10mm×10mm×55mm 夏比 V 型缺口冲击试样。冲击试验按照 GB/T 229—2020 进行，试验温度为 -20℃，保温时间不少于 5min，试样从液体介质中移出后，应在 3~5s 内打断试样。

利用金相显微镜观察不同焊接热输入下的显微组织，腐蚀剂为 4%（质量分数）硝酸酒精溶液。透射电子显微分析在 JEM 200CX 上进行，扫描电镜观察在 TESLA-BS-300 上进行。

3. 试验结果及分析

（1）不同热循环下粗晶区的冲击性能　X80 管线钢不同热循环下的冲击试验结果见表 1-9。可见，当焊接热输入为 20kJ/cm 时，CGHAZ 可获得最佳的韧性水平。因此，$E=20kJ/cm$ 可作为 X80 制管埋弧焊的推荐焊接参数。当焊接热输入为 10~15kJ/cm 时，X80 仍有足够的韧性水平。因

表 1-9　不同热循环下的冲击试验结果

$E/(kJ/cm)$	CVN/J	SA(%)
10	205（210，200）	74.65（78.55，70.75）
15	206（180，232）	73.28（46.56，100）
20	244（241，249，241）	100（100，100，100）
30	42（53，30）	17.32（19.25，15.4）
40	26（18，30，30）	11.4（9.8，12.7，12.7）
50	25（16，32，26）	8.87（4.21，10.28，12.12）

此，$E = 10 \sim 15 \text{kJ/cm}$ 可作为 X80 钢管现场环焊的推荐焊接参数。值得注意的是，该 X80 钢不适宜用于大规范的焊接施工。当焊接热输入超过 30kJ/cm 时，其韧性已严重恶化。

（2）不同热循环下粗晶区的韧脆转变特性　韧脆转变特性是考核钢材韧性的重要指标之一。在系列温度下的冲击试验结果见表 1-10，可见 X80 管线钢粗晶热影响区在 -40℃ 以下的试验温度下的韧性水平已严重降低。

表 1-10　系列温度下的冲击试验结果

温度/℃	CVN/J	SA（%）
20	261（270，277，236）	92.8（100，100，93.5）
0	256（271，241）	90.2（80.4，100）
-20	244（241，249，241）	100（100，100，100）
-40	41（39，58，26）	12.8（11.4，15.5，9.8）
-60	27（37，24，20）	0
-80	11（5，21，7）	0

（3）不同热循环下粗晶区的组织　具有针状铁素体形态特征的这种 X80 管线钢经受不同焊接参数的热过程后，其显微组织发生较大的变化。相对应的管线钢的性能也将发生变化。不同的焊接热输入促使 CGHAZ 的晶粒发生了程度不同的长大。同时，焊接热输入也强烈地影响了 CGHAZ 组织形态的变化，继而影响了 CGHAZ 性能的变化。

在较低的焊接热输入（10kJ/cm）下，由于冷却速度较大，组织形态为从奥氏体晶界向晶内平行生长的细密板条，这种从奥氏体晶界向晶内平行生长的多为针状铁素体，细小岛状隐约可见，同时也不乏板条马氏体和少量下贝氏体。

在中等焊接热输入（20kJ/cm）下，其组织形态又有所不同。这种焊接热过程中形成的主要组织为针状铁素体。针状铁素体具有较小的有效晶粒尺寸，尺寸参差不齐，彼此交叉分布，其间具有大角度晶界。这种组织特征使得管线钢具有连续的屈服行为。因而在中等焊接热输入下 X80 管线钢表现出较好的韧性值。

在高的焊接热输入（50kJ/cm）下，由于冷却速度的降低，管线钢的组织形态发生了明显的变化。此时针状铁素体减少，多边形铁素体增多，并伴有少量珠光体。另外，等轴的铁素体与珠光体共存的情况时而出现。由于这种铁素体+珠光体组织部分代替了针状铁素体，致使 CGHAZ 性能恶化。一般认为，多边形铁素体不是管线钢的理想组织状态。铁素体+珠光体组织性能不佳的原因不在铁素体本身，而是在形成多边形铁素体的同时，总不可避免地伴生着珠光体。随着珠光体含量的增加，材料的韧性降低，强度提高。

4. 结论

1）当焊接热输入为 20kJ/cm 时，X80 管线钢粗晶热影响区可获得最佳的韧性水平，热输入 20kJ/cm 可作为 X80 制管埋弧焊的推荐焊接参数。导致韧性提高的原因是多位向分布的针状铁素体和细小的有效晶粒尺寸。当焊接热输入为 10~15kJ/cm 时，X80 仍有足够的韧性水平，焊接热输入 10~15kJ/cm 可作为 X80 钢管现场环焊的推荐焊接参数。

2）在较高的焊接热输入下，X80 管线钢的韧性降低，表明 X80 钢不适用于大参数的焊接施工。此时，由于铁素体+珠光体组织部分代替了针状铁素体，致使材料性能恶化。

【1+X 考证训练】

一、填空题

1. 常用焊接热源有_____热、_____热、_____热、_____和_____等。

2. 熔焊时，由焊接热源输入给_____焊缝上的热能，称为焊接热输入。焊接热输入增大，最高加热温度_____，相变温度以上停留的时间_____，而冷却速度_____。

3. 焊接过程中，影响焊接温度场的因素主要有_____、_____、_____和_____等。

4. 焊接热循环的特点是_____、_____、_____和_____。

5. 焊接热作用的特点是_____、_____、_____和_____。

二、判断题（正确的画"√"，错误的画"×"）

1. 在一定条件下，焊接热效率是常数，影响其因素主要有焊接方法、焊接参数、焊接材料及保护方式等。（ ）

2. 在常用焊接方法中，氧乙炔焊的最小加热面积最大，激光焊的最大功率密度最大。（ ）

3. 电弧焊时，电弧产生的热量全部被用来熔化焊条（焊丝）和母材。（ ）

4. 焊缝两侧距离相同的各点其焊接热循环是相同的。（ ）

5. 焊接温度场就是指焊接过程中某一瞬时焊件上各点的温度分布状态。（ ）

三、问答及计算题

1. 焊接热循环的主要参数有哪些？影响焊接热循环的因素主要有哪些？

2. 用焊条电弧焊焊接 Q235 钢时，如果选用 E4303、ϕ4mm 焊条，焊接电流为 180A，电弧电压是 25V，焊接热输入不超过 28kJ/cm 时，求此时焊接速度应是多少（已知焊条电弧焊的热效率为 75%）。

3. 某钢材在焊接过程中的焊接热输入为 25kJ/cm，如果用焊条电弧焊焊接，选用电弧电压为 24V，焊接速度为 120mm/min，求此时焊接电流应为多大（η=0.8）。

第二章 焊接接头的组织和性能

熔焊时，在焊接热源的作用下，不仅形成了焊缝、焊接热影响区，而且在母材和焊缝之间还形成了成分、组织和性能极不均匀的相当窄小的熔合区，从而构成了焊接接头，如图2-1所示。

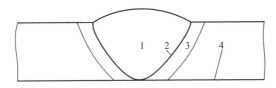

图2-1 焊接接头
1—焊缝　2—熔合区　3—焊接热影响区　4—母材

第一节　焊　缝

焊缝金属是由熔化的填充材料焊条或焊丝及母材熔合而成。在焊接热源作用下，焊条或焊丝及母材熔化形成熔池，随着热源的离去，高温液态熔池金属经过两次结晶过程转变为常温的固态焊缝，包括由液相转变为固相的一次结晶，以及在固相焊缝金属中出现同素异构转变即固态相变的二次结晶，又称重结晶。

一、焊条、焊丝及母材的熔化

1. 焊条、焊丝的加热及熔化

电弧焊时，加热并熔化焊条、焊丝的热量有电弧传给焊条、焊丝的电弧热，电流通过焊条焊芯产生的电阻热和化学冶金反应产生的反应热。一般化学反应热仅占总热量的1%～3%，可忽略不计。需注意的是，非熔化极电弧焊无焊条、焊丝的电阻热。

（1）电阻加热　当电流通过焊条或焊丝时，将产生电阻热。电阻热的大小决定于焊条或焊丝的伸出长度、电流强度、焊条或焊丝金属的电阻率和直径。

焊条或焊丝伸出长度越大、焊接电流越大、焊条或焊丝金属本身的电阻率越大，则电阻热越大。如不锈钢焊条的电阻率比低碳钢焊条大，因此在相同焊接电流的情况下所产生的电阻热也大；同种材料的焊条或焊丝其直径越大，则电阻越小，相对产生的电阻热也就减小。

电阻热过大会给焊接过程带来不利的影响,如焊条电弧焊时,过高的电阻热将使焊条药皮在熔化前就发红变质,失去保护和冶金作用。自动焊时,过高的电阻热将使焊丝发生崩断而影响焊接。因此为了减小过大的电阻热所带来的不利影响,在焊接过程中应正确选择焊接电流或焊丝的伸出长度等焊接参数。

(2)电弧加热 焊条电弧焊时,电弧产生的热量仅有一小部分用来加热熔化焊条,这部分热量仅占电弧总热量的25%左右,而大部分热量是用来熔化母材的,还有相当一部分热量消耗在辐射、飞溅和母材传热上。

尽管电弧热只有一小部分用来熔化焊条或焊丝,但它却是熔化焊条、焊丝的主要热量,焊条、焊丝本身的电阻热仅起辅助作用。

2. 焊条、焊丝金属向母材的过渡

电弧焊时,在焊条或焊丝端部形成的向熔池过渡的液态金属滴称为熔滴。熔滴通过电弧空间向熔池转移的过程称为熔滴过渡。熔滴过渡对焊接过程的稳定性、焊缝成形、飞溅及焊接接头的质量有很大的影响。

(1)熔滴过渡的形式 金属熔滴向熔池过渡根据其形式不同,大致可分为滴状过渡、短路过渡和喷射过渡。

1)滴状过渡。滴状过渡有粗滴过渡和细滴过渡两种。

熔滴呈粗大颗粒状向熔池自由过渡的形式称为粗滴过渡,也称颗粒过渡,如图2-2a所示。当电流较小时,熔滴依靠表面张力的作用可以保持在焊条或焊丝端部自由长大,直至熔滴下落的力(如重力、电磁力等)大于表面张力时才脱离焊条或焊丝端部落入熔池,此时熔滴较大,电弧不稳,呈粗滴过渡,通常不采用。随着电流增大,熔滴变细,过程频率提高,电弧较稳定、飞溅减小,呈细滴过渡。滴状过渡是焊条电弧焊和埋弧焊所采用的熔滴过渡形式。

滴状过渡-视频1

短路过渡-视频2

喷射过渡-视频3

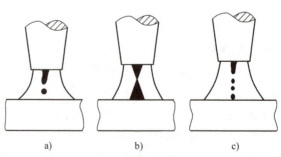

图2-2 熔滴过渡形式

a)滴状过渡 b)短路过渡 c)喷射过渡

2)短路过渡。焊条(或焊丝)端部的熔滴与熔池短路接触,由于强烈过热和磁收缩的作用使其爆断,直接向熔池过渡的形式称为短路过渡,熔滴的短路过渡情况如图2-2b所示。

短路过渡能在小电流、低电弧电压下,实现稳定的熔滴过渡和稳定

的焊接过程。短路过渡适合于薄板或低热输入的焊接。CO_2 气体保护焊采用的最典型的过渡形式是短路过渡。

3）喷射过渡。熔滴呈细小颗粒并以喷射状态快速通过电弧空间向熔池过渡的形式称为喷射过渡。焊接时，熔滴的尺寸随着焊接电流的增大而减小，当焊接电流增大到一定数值后，即产生喷射过渡状态。需要强调指出的是，产生喷射过渡除了要有一定的电流密度外，还必须要有一定的电弧长度（电弧电压）。如果弧长太短（电弧电压太低），则无论电流数值有多大，也不可能产生喷射过渡。

喷射过渡的特点是熔滴细，过渡频率高，熔滴沿焊丝的轴向以高速向熔池运动，并具有电弧稳定、飞溅小、熔深大、焊缝成形美观和生产效率高等优点。喷射过渡是熔化极氩弧焊、富氩混合气体保护焊所采用的熔滴过渡形式，如图 2-2c 所示。

（2）熔滴过渡的作用力　在熔滴形成和长大过程中，受到多种力的作用，根据其来源不同，可分为重力、表面张力、电磁压缩力、斑点压力和气体的吹力。

1）重力。金属熔滴因本身的重力而具有下垂的倾向。平焊时，金属熔滴的重力起促进熔滴过渡的作用。但是在立焊或仰焊时，熔滴的重力阻碍了熔滴向熔池过渡，成为阻碍力。熔滴的重力如图 2-3 所示。

2）表面张力。表面张力是焊条或焊丝端头上保持熔滴的作用力。熔滴的表面张力如图 2-3 所示。

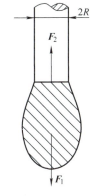

图 2-3　熔滴的重力和熔滴的表面张力
F_1—熔滴的重力　F_2—熔滴的表面张力

焊条或焊丝金属熔化后，其液体金属并不会马上掉下来，而是在表面张力的作用下形成球滴状悬挂在焊条或焊丝末端。随着其不断熔化，熔滴体积不断增大，直到作用在熔滴上的作用力超过熔滴与焊芯或焊丝界面间的张力时，熔滴才脱离焊芯或焊丝过渡到熔池中去。因此，平焊时表面张力对熔滴过渡起阻碍作用。

但表面张力在仰焊等其他位置的焊接时，却有利于熔滴过渡。其一，熔池金属在表面张力作用下，倒悬在焊缝上而不易滴落；其二，当焊芯或焊丝末端熔滴与熔池金属接触时，会由于熔池表面张力的作用，而将熔滴拉入熔池。表面张力越大，焊芯或焊丝末端的熔滴越大。

表面张力的大小与多种因素有关，如焊条直径越大，焊条末端熔滴的表面张力也越大；液体金属温度越高，其表面张力越小；在保护气体中加入氧化性气体（如氩气中加氧气），可以显著降低液体金属的表面张力，有利于形成细颗粒熔滴向熔池过渡。

3）电磁压缩力。由电工学可知，若两根平行的载流导体通过的电流方向相同，则这两根导体彼此相吸，使这两根导体相吸的力叫作电磁力，方向是从外向内，如图2-4所示。电磁力的大小与两根导体上的电流的乘积成正比，即通过导体的电流越大，电磁力越大。

焊接时，把焊条或焊丝末端的液体熔滴看成是由许多载流导体组成，如图2-5中箭头所示，这样熔滴就会受到由四周向中心的径向收缩力，称之为电磁压缩力。电磁压缩力垂直作用在金属熔滴表面上，电流密度最大的地方在熔滴的细颈部分，这部分也是电磁压缩力作用最大的地方。因此，随着颈部逐渐变细，电流密度增大，电磁压缩力也随之增强，则促使熔滴很快地脱离焊条或焊丝端部向熔池过渡，这样就保证了熔滴在任何焊接位置都能顺利地过渡到熔池。所以，电磁压缩力在任何焊接位置都是促使溶滴过渡的力。

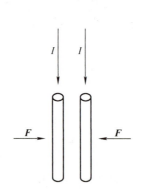

图2-4 通有同方向电流的两根导线的相互作用力

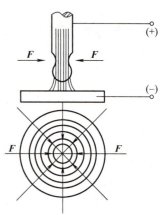

图2-5 磁力线在熔滴上的压缩作用

F—电磁压缩力

焊接时，一般焊条或焊丝上的电流密度都比较大，因此电磁压缩力是焊接过程中促使熔滴过渡的一个主要作用力。在气体保护焊时，通过调节焊接电流的密度来控制熔滴尺寸，是工艺上的一个主要方法。

4) 斑点压力。焊接电弧中的带电微粒（电子和正离子），在电场的作用下，分别向阳极和阴极运动，撞击在两极的斑点上而产生的机械压力，称为斑点压力，如图2-6所示。由于斑点压力的方向与熔滴过渡的方向相反，所以在任何焊接位置都是阻碍熔滴过渡的力。在直流正接时，阻碍熔滴过渡的是正离子的压力；直流反接时，阻碍熔滴过渡的是电子的压力。由于正离子的质量比电子大，所以直流正接时的斑点压力比直流反接时大。

5) 气体的吹力。焊条电弧焊时，焊条药皮的熔化稍微落后于焊芯的熔化，在药皮的末端会形成一小段尚未熔化的"喇叭"形套筒，如图2-7所示。药皮造气剂分解产生的气体及焊芯中碳元素氧化生成的CO气体从套管中喷出。这些气体在高温状态下，体积急剧膨胀，沿焊条的轴线方向，形成挺直而稳定的气流，把熔滴吹到熔池中。因此，在任何焊缝位置，这种气流都将有利于金属熔滴的过渡。

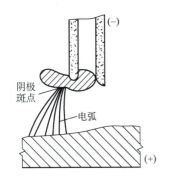

图 2-6 斑点压力阻碍熔滴过渡

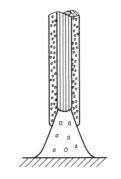

图 2-7 焊条药皮形成的套筒

3. 母材的加热与熔化

熔焊时,在焊接热源作用下,在焊条或焊丝金属熔化的同时,被焊金属(母材)也发生局部的加热熔化。母材上由熔化的焊条或焊丝金属与母材金属所组成的具有一定几何形状的液体金属称为焊接熔池。焊接时若不加填充材料,则熔池仅由熔化的母材组成。焊接时,熔池随热源的向前移动而做同步运动。

(1)熔池的形状与尺寸　熔池的形状如图 2-8 所示,像一个不太标准的半椭球。熔池的大小、存在时间对焊缝性能有很大影响。熔池的主要尺寸有熔池的长度 L、最大宽度 B_{max} 和最大深度 H_{max}。一般情况下,随着电流的增加,熔池的最大宽度 B_{max} 减小,而深度 H_{max} 增大;随着电弧电压的增加,B_{max} 增大,H_{max} 减小。熔池长度 L 的大小与电弧能量成正比。

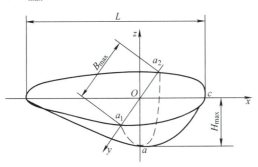

图 2-8 焊接熔池形状

(2)熔池的质量和存在时间　电弧焊时,熔池的质量一般在 0.6~16g 变化,大多数情况下在 5g 以下。埋弧焊焊接低碳钢时,即使焊接电流很大,熔池的质量也不超过 100g。

熔池在液态存在的最长时间 t_{max} 取决于熔池的长度 L 和焊接速度 v,其关系为

$$t_{max} = \frac{L}{v}$$

电弧焊时,t_{max} 在几秒到几十秒之间变化。焊缝轴线上各点在液态停留的时间最长,离轴线越远,停留的时间越短。

(3) 熔池的温度　熔池内的温度分布是不均匀的。在熔池的头部，输入的热量大于散失的热量，所以随热源的移动，母材不断熔化。熔池的最高温度位于电弧下面的熔池表面。在熔池尾部，输入的热量小于散失的热量，所以不断发生金属的结晶。常用焊接方法的熔池平均温度见表2-1。

表 2-1　常用焊接方法的熔池平均温度

被焊金属	焊接方法	平均温度/℃	过热度/℃
低碳钢 $T_M = 1535℃$	埋弧焊	1705 ~ 1860	170 ~ 325
	熔化极氩弧焊	1625 ~ 1800	90 ~ 265
	钨极氩弧焊	1665 ~ 1790	130 ~ 255
铝 $T_M = 660℃$	熔化极氩弧焊	1000 ~ 1245	340 ~ 585
	钨极氩弧焊	1075 ~ 1215	415 ~ 555
Cr12V1 钢 $T_M = 1310℃$	药芯焊丝	1500 ~ 1610	190 ~ 300

注：过热度为平均温度与被焊金属熔点之差。

(4) 熔池金属的流动　焊接熔池中的液体金属不是静止不动的，而是在强烈地运动着。正是这种运动使得熔池中的热量和液体的传输过程得以进行。而热量与液体的传输过程，又对熔池的形状、结晶、气体和夹杂物的吸收、聚集和逸出、化学成分的均匀性以及化学反应的平衡都有很大的影响。使熔池液态金属发生运动的主要原因如下。

1) 液体金属的密度差所产生的自由对流运动。熔池温度分布不均匀，必使熔池中各处的金属密度产生差别。这种密度差将促使液态金属从低温区向高温区流动。

2) 表面张力所引起的强迫对流运动。熔池金属温度不均匀程度越大，这种对流运动越剧烈。

3) 热源的各种机械力所产生的搅拌运动。焊条电弧焊时，作用在熔池上的力主要有熔滴下落的冲击力、电磁力、气体的吹力和熔池金属蒸发所产生的反作用力等。这些力的搅拌运动使熔池金属发生剧烈的冶金反应，对保证焊接质量的稳定性具有重大的意义。

4. 焊缝金属的熔合比

(1) 熔合比及计算　熔焊时焊缝金属是由填充金属与熔化的母材共同熔合而成的。熔焊时，被熔化的母材在焊缝中所占的百分比称为熔合比，用 θ 表示。不同接头形式焊缝横截面积的熔透情况如图 2-9 所示。熔合比 θ 的计算公式为

$$\theta = \frac{A_m}{A_H + A_m}$$

式中　θ——熔合比；

A_m——焊缝截面中母材金属所占的面积；

A_H——焊缝截面中填充金属所占的面积。

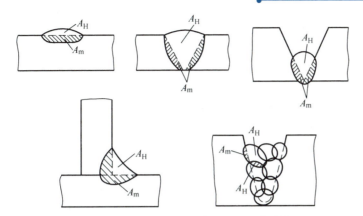

图 2-9 不同接头形式焊缝横截面积的熔透情况

（2）影响熔合比的因素 影响熔合比的因素很多，主要有焊接方法、焊接参数、接头形式、坡口形式、焊道数目以及母材热物理性质等。焊接低碳钢时，焊接方法与接头形式对熔合比的影响见表 2-2。图 2-10 所示为奥氏体钢焊条电弧焊时，坡口形式与焊道层数对熔合比的影响。从图中可以看出，三种情况中第一道焊缝的熔合比都很大，随着所焊层数增加，熔合比逐渐下降；坡口形式不同，熔合比下降趋势不同，以表面堆焊下降最快，自第五层以后只考虑堆焊金属的成分就可以了。此外，在对接焊缝中，随着坡口角度的增大，熔合比则减小。

表 2-2 焊接方法与接头形式对熔合比的影响

焊接方法	焊条电弧焊								埋弧焊
接头形式	I 形坡口对接		V 形坡口对接			角接或搭接		堆焊	对接
板厚/mm	2~14	10	4	6	10~20	2~4	5~20	—	10~30
熔合比 θ	0.4~0.5	0.5~0.6	0.25~0.50	0.2~0.4	0.2~0.3	0.3~0.4	0.2~0.3	0.1~0.4	0.45~0.75

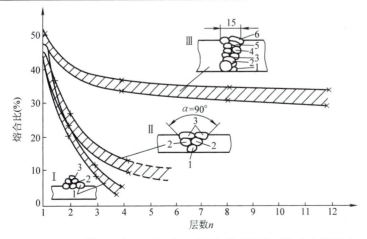

图 2-10 奥氏体钢焊条电弧焊坡口形式与焊道层数对熔合比的影响

Ⅰ—表面堆焊 Ⅱ—V 形坡口对接 Ⅲ—U 形坡口对接

母材的热物理性质对熔合比影响也很大。热导率小的材料，在同样的焊接条件下比热导率大的材料的熔合比要大一些。例如，奥氏体钢的熔合比比铁素体-珠光体钢大 20%~30%。

熔合比的大小也与焊接参数有关。一般来说，熔合比随焊接电流的增加而增加，随电弧电压、焊接速度的增加而减小。

当焊缝金属中的合金元素主要来自于焊芯或焊丝（如合金堆焊）时，局部熔化的母材将对焊缝成分起到稀释作用，因此熔合比又称为稀释率。

（3）熔合比对焊缝金属成分的影响　一般情况下，焊缝金属是由填充金属与局部熔化的母材组成的。当焊缝金属的熔合比变化时，其焊缝金属的成分必然随之改变。假设焊接时合金元素没有任何损失，则这时焊缝金属中的合金元素 B 的含量与熔合比的关系为

$$w_B = \theta w'_B + (1-\theta) w''_B$$

式中　w_B——元素 B 在焊缝中的质量分数；

　　　w'_B——元素 B 在母材中的质量分数；

　　　w''_B——元素 B 在填充材料中的质量分数；

　　　θ——熔合比。

由此可见，通过改变熔合比可以改变焊缝金属的化学成分。这个结论在焊接生产中具有重要的实用价值。

当焊接材料与母材的化学成分基本相同时，熔合比对焊缝金属的性能无明显影响；当母材中合金元素较少，焊接材料中合金元素较多时，在这些合金元素对改善焊缝性能起关键作用的情况下，应控制熔合比小一些；当母材中含合金元素较多，而焊接材料合金元素较少时，如果这些合金元素对改善焊缝性能有利，则增加熔合比可提高焊缝的性能；在堆焊时，总是调整焊接参数使熔合比尽可能小，以减少母材成分对堆焊层性能的影响。

当母材中碳、硫、磷的含量较多时，应减少熔合比，以减少碳、硫、磷进入焊缝，提高焊缝的塑性和韧性，防止产生裂纹。

在焊接生产中，常通过调节焊接坡口的大小来控制熔合比。不开坡口，熔合比最大。坡口越大，熔合比越小。

二、焊缝金属的一次结晶

焊缝金属由液态转变为固态的凝固过程称为焊缝金属的一次结晶，如图 2-11 所示。焊接过程中的许多缺陷，如气孔、裂纹、夹杂和偏析等大多是在熔池一次结晶时产生的。

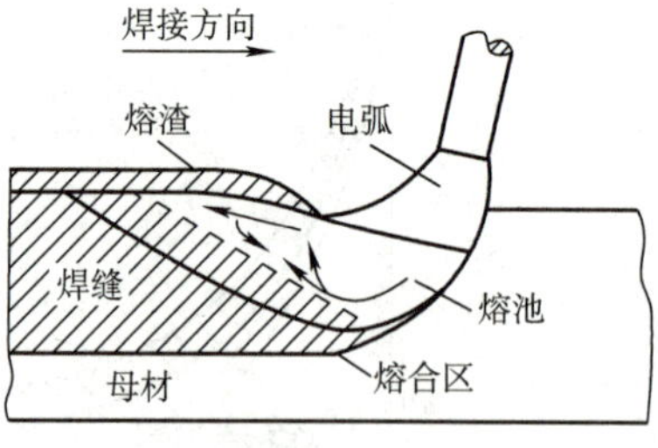

图 2-11　焊缝金属的一次结晶过程

1. 焊接熔池结晶的特点

焊接熔池结晶与一般铸锭凝固相比，具有如下特点。

（1）焊接熔池的体积小　一般电弧焊条件下，熔池体积最大也只有几十立方厘米，质量不超过 100g，而铸锭可达几吨甚至几十吨。

(2) 焊接熔池的温度极不均匀 熔池中部处于热源中心,呈过热状态,一般钢可达 2300℃ 左右(铸锭的温度很少超过 1550℃);而熔池边缘紧邻未熔化的母材处,是过冷的液态金属。因此,从熔池中心到边缘存在很大的温度梯度,如熔池边界的温度梯度比铸造时高 1000~10000 倍。

(3) 焊接熔池的冷却速度快 由于体积小,温度梯度大,决定了焊接熔池凝固时的冷却速度极高。一般的冷却速度为 4~100℃/s,而铸锭的冷却速度为 $(3~150)\times10^{-4}$℃/s,可见,熔池的冷却速度要比铸锭的冷却速度大 10000 倍左右。

(4) 熔池在运动状态下结晶 铸锭是在固定的钢锭模中处于静止状态下进行凝固的,而一般熔焊时,熔池是以等速随热源而运动。在焊接熔池中,金属的熔化和结晶是同时进行的,如图 2-12 所示,熔池前半部 abc 进行加热与熔化,而后半部 cda 则是冷却与结晶。

应当指出,在焊接条件下,熔池中存在的多种作用力如气体吹力、电磁力、机械力以及焊条的摆动都将产生强烈的搅拌和对流作用,促进气体和杂质的浮出,因此,焊缝的结晶组织要比一般铸锭组织的致密性好。

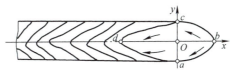

图 2-12 熔池在运动状态下结晶

(5) 焊接熔池的结晶以熔化母材为基础 焊接熔池的结晶是在熔化母材的基础上进行的,与熔池形状、尺寸密切相关,并直接取决于焊接工艺。此外母材形成的"壁模"与熔池之间不存在空气间隙,因而具有较好的导热条件与形核条件。

2. 焊接熔池结晶过程

焊接熔池的结晶遵循金属结晶的基本规律。从金属学可知,过冷是金属结晶的必要条件,金属结晶是由形核和晶核长大这两个基本过程组成的。焊接时的冷却速度很大,容易获得较大的过冷度,所以有利于金属结晶过程的进行。

形核有自发形核和非自发形核两种形式。与铸锭一样,焊接熔池中的晶核也是以非自发晶核为主。在焊接熔池中,由于温度高,可以成为异质晶核(非自发晶核)的难熔质点很少,但是,边界母材的半熔化晶粒的尺寸与构造最符合新相形成的条件,而成为新相形核的现成表面。也就是说,熔池结晶时主要是以半熔化的母材晶粒为晶核并长大。

熔池结晶从边界开始,在母材半熔化晶粒的基础上,沿着散热的反方向以柱状晶的形式向前推进。焊缝金属的晶粒实际是母材半熔化晶粒的延伸,二者之间不存在晶界面,如图 2-13 所示。这种依附于母材半熔化晶粒开

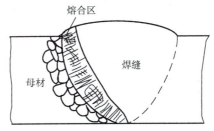

图 2-13 熔合区母材晶粒表面柱状晶的形成

始长大的结晶方式称为联生结晶或交互结晶。联生结晶是熔焊的重要特征，钎焊和粘接都不是联生结晶。

焊接熔池结晶时，虽然是以母材半熔化晶粒为晶核，不断向熔池焊缝中心长大，但各个晶粒的长大趋势各不相同，有的柱状晶严重长大，一直可以长到焊缝中心，而有的晶粒却成长到一定距离时就停止。

只有当晶粒最易长大位向与散热方向一致时，才优先得到成长，最易长大，可以一直长大到熔池中心，形成粗大的柱状晶体。而晶粒位向与散热方向不一致时，晶粒的长大就较慢，最终受到排挤而停止下来。当柱状晶长大至互相接触时，焊缝金属的一次结晶结束。焊缝一次结晶过程如图 2-14 所示。由于焊接熔池体积小，冷却速度快，一般电弧焊条件下，焊缝中是没有等轴晶粒的。

焊缝金属的一次结晶-PDF

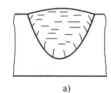 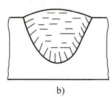 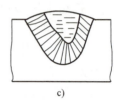

a)　　　　　　b)　　　　　　c)　　　　　　d)

图 2-14　焊缝一次结晶过程示意图

a) 开始结晶　b) 晶体长大　c) 柱状结晶　d) 结晶结束

需要注意的是，由于焊缝晶粒是母材半熔化晶粒的延伸，半熔化区母材晶粒的尺寸决定着焊缝柱状晶的尺寸。为了防止因母材过热而导致焊缝晶粒粗化，在焊接对过热比较敏感的材料时，应通过调整焊接参数等措施来控制近缝区母材的晶粒尺寸。

三、焊缝金属的二次结晶

熔池凝固后得到的组织是一次结晶组织，对大多数钢来说是高温奥氏体。随着连续冷却过程的进行，高温奥氏体还要发生组织转变即固态相变，也称二次结晶。二次结晶得到的组织即为室温组织，或称二次组织。二次组织对焊缝的性能起决定性作用。

焊缝金属的固态相变遵循一般钢铁固态相变的基本规律。转变后的组织，取决于焊缝的化学成分和冷却条件。

1. 低碳钢焊缝的固态相变

由于低碳钢焊缝含碳量[⊖]较低，固态相变后的组织主要是铁素体加少量珠光体。一般情况下，铁素体首先沿奥氏体柱状晶晶界析出，其晶粒十分粗大，当冷却至共析温度以下过冷时，剩下的奥氏体转变为珠光体。

相同化学成分的低碳钢焊缝金属，由于冷却速度的不同，会使焊缝的组织有明显的不同。冷却速度越大，焊缝金属中的珠光体就越多、越

⊖　如无特殊说明，本书中的元素含量均指元素的质量分数。——编者注

细，与此同时，焊缝硬度变大。低碳钢焊缝冷却速度对组织和硬度的影响见表2-3。

表2-3 低碳钢焊缝冷却速度对组织和硬度的影响

冷却速度/(℃/s)	焊缝组织(体积分数,%)		焊缝硬度HV
	铁素体	珠光体	
1	82	18	165
5	79	21	167
10	65	35	185
35	61	39	195
50	40	60	205
110	38	62	228

当焊缝在高温停留时间较长而冷速又较大时，铁素体会在原奥氏体晶界呈网状析出，也可以从奥氏体晶粒内部沿一定方向析出，以长短不一的针状或片状直接插入珠光体晶粒中，形成塑性和韧性很差的魏氏组织。魏氏组织是在一定的含碳量，一定的冷却速度下形成的，奥氏体晶粒越粗，其形成越容易。此外，当冷却速度特别大时，低碳钢焊缝中还可能出现马氏体组织。

2. 低合金钢焊缝的固态相变

低合金钢焊缝固态相变后的组织比低碳钢焊缝的组织要复杂得多，随母材、焊接材料及工艺条件的不同而变化，低合金钢焊缝可能形成铁素体、珠光体、贝氏体及马氏体等相变组织，而且它们还会呈现出多种形态，从而具有不同的性能。低合金钢焊缝相变组织的分类及形态如图2-15所示。

（1）铁素体 低合金钢焊缝中的铁素体转变随转变温度不同而具有不同形态，并对焊缝性能有明显的影响，目前大致分为以下四类。

1）先共析铁素体（$F_先$）。先共析铁素体是焊缝冷却到较高温度下，在770~680℃之间，沿奥氏体晶界首先析出的，因此也称为晶界铁素体。$F_先$在晶界析出的形态与合金成分和冷却条件有关，合金含量较低、高温停留时间较长、冷却速度较慢时，$F_先$数量较多。$F_先$数量较少时，一般呈细条状或不连续网状分布于奥氏体晶界；$F_先$数量较多时，呈块状分布。

2）侧板条铁素体（$F_条$）。侧板条铁素体的形成温度低于$F_先$，在700~550℃之间。它在奥氏体晶界的$F_先$侧面以板条状向晶内伸长，从形态上看如镐牙状，其长宽比在20∶1以上。$F_条$的析出抑制了焊缝金属的珠光体转变，因而扩大了贝氏体的转变范围。侧板条铁素体析出使焊缝金属韧性显著下降。

3）针状铁素体（$F_针$）。针状铁素体的形成温度更低，约为500℃。它在奥氏体组织内以针状分布，其宽度约为2μm，长宽比在3∶1~5∶1之间。$F_针$组织具有优良的韧性。冷却速度越高，$F_针$越细，韧性越高。

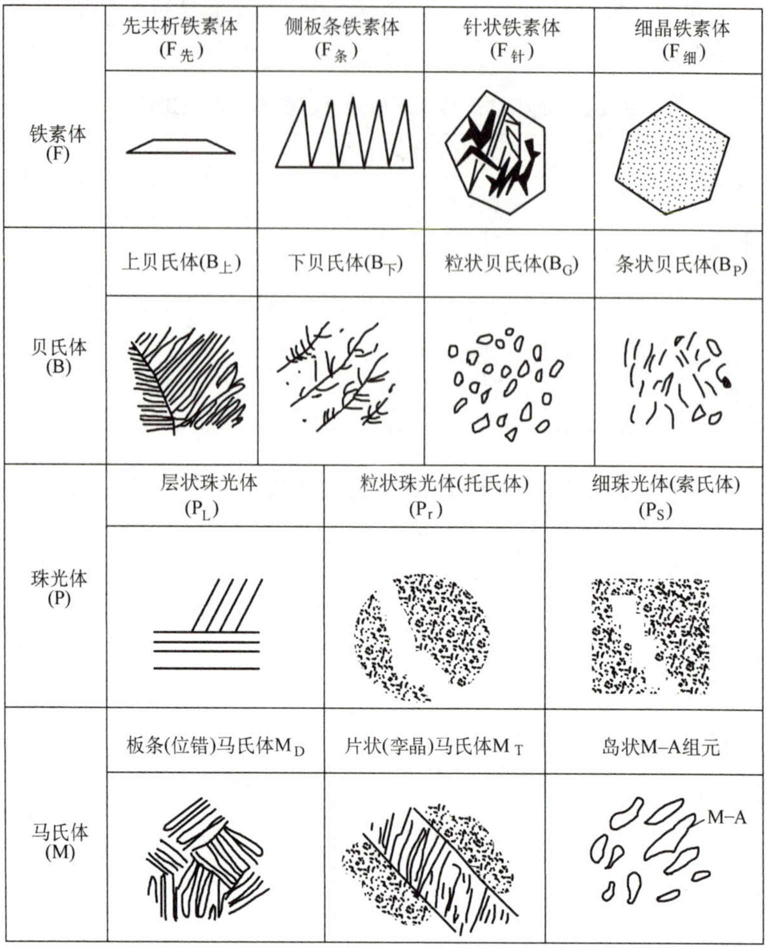

图 2-15 低合金钢焊缝相变组织的分类及形态

4）细晶铁素体（$F_{细}$）。细晶铁素体是在奥氏体晶粒内形成的铁素体，通常在含有细化晶粒元素（如 Ti、B 等）的焊缝金属中形成，其转变温度一般在 500℃ 以下。在细晶铁素体之间有珠光体和碳化物析出。

（2）珠光体　焊接条件下的固态相变属于非平衡相变，一般情况下，低合金钢焊缝中很少会发生珠光体转变，只有在冷却速度很低的情况下，才能得到少量的珠光体。珠光体能增加焊缝金属的强度，但使其韧性下降。

在不平衡的冷却条件下，随着冷却速度的提高，珠光体转变温度下降，其层状结构也越来越密。根据组织细密程度的不同，珠光体又可以分为层状珠光体、粒状珠光体（又称托氏体）和细珠光体（又称索氏体）。

（3）贝氏体　当冷却速度较高或过冷奥氏体稳定时，珠光体转变被抑制而出现贝氏体转变。贝氏体转变发生在 550℃~Ms 之间，由于温度较低，转变时只有碳原子尚能扩散，铁原子扩散很困难。按成的温度及其特征不同，贝氏体可分为上贝氏体（$B_{上}$）和下贝氏体（$B_{下}$）以及粒状

贝氏体 B_G 或条状贝氏体 B_P。

$B_上$ 转变温度在 550~450℃ 之间，显微组织呈羽毛状，系侧板条铁素体中间夹有碳化物。$B_下$ 转变温度在 450℃~Ms 之间，显微组织呈针状，针与针之间有一定角度。不同形态的贝氏体在性能上有明显的差别，$B_上$ 的韧性差，而 $B_下$ 具有强度和韧性均良好的综合性能。

粒状贝氏体 B_G 或条状贝氏体 B_P 是在稍高于上贝氏体转变温度且中等冷却速度条件下形成的，其特征是块状铁素体上分布有富碳的马氏体和残余奥氏体，即 M—A 组元。它是在块状铁素体形成之后，由岛状分布其上的待转变的富碳奥氏体，在一定的合金成分和冷却速度下转变而成的。当 M—A 组元以粒状分布在块状铁素体上时，对应的组织称为粒状贝氏体；而当 M—A 组元以条状分布在块状铁素体上时，对应的组织则称为条状贝氏体。粒状贝氏体中的 M—A 组元也称为岛状马氏体，其硬度高，在一定载荷下可能开裂，或在相邻铁素体薄层中引起裂纹，而使焊缝韧性下降。

（4）马氏体　当焊缝金属的含碳量偏高或合金元素较多时，在快速冷却条件下，奥氏体过冷到 Ms 温度以下将发生马氏体转变。按碳含量的不同，马氏体可以分为板条马氏体与片状马氏体。

板条马氏体的特征是在奥氏体晶粒内部形成的细条状马氏体板条，条与条之间有一定的角度，因其通常出现在低碳低合金钢焊缝中，故又称为低碳马氏体。低碳马氏体不仅强度较高，而且具有优良的韧性，抗裂能力强。

片状马氏体一般出现在含碳量较高（$w_C \geqslant 0.40\%$）的焊缝中，它的特征是马氏体片相互不平行，往往贯穿整个奥氏体晶粒。片状马氏体又称为高碳马氏体，它硬而脆，容易使焊缝产生冷裂纹，因此是焊缝中应予避免的组织。

需要注意的是，每种低合金钢焊缝不可能完全包含这些组织，而只是由其中的几种组织所构成。焊缝具体由哪些组织所构成，是由焊缝的化学成分和冷却条件决定的。生产实际中可根据焊接连续冷却组织转变图来确定其组织构成。

四、焊缝组织与性能的改善

焊缝的性能取决于焊缝的化学成分与组织形态。构成焊缝金属的化学成分不同，其力学等性能就不一样。具有相同化学成分的焊缝金属，由于结晶组织的不同，在性能上也会有很大的差异。因此，改善焊缝的性能应从调整化学成分和控制组织两个方面入手。

1. 改善焊缝金属一次组织的方法

（1）变质处理　在液态金属中加入某些合金元素，使结晶过程发生明显变化，从而达到晶粒细化的方法称为变质处理。变质处理是改善焊缝金属一次组织的有效方法之一。焊接时通过焊接材料（焊条、焊丝或焊剂）在金属熔池中加入少量合金元素，这些元素一部分固溶于基体组织（如铁素体）中起固溶强化作用；另一部分则以难熔质点（大多数为碳化物或氮化物）的形式成为晶核，从而增加晶核数量使晶粒细化，提高了焊缝金属的强度和韧性（图 2-16），也可提高抗裂性能。

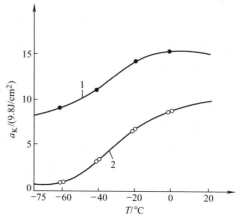

图 2-16　焊缝晶粒粗细对冲击韧度的影响
1—细晶粒　2—粗晶粒

目前常用作变质处理的合金元素有 Mo、V、Ti、Nb、B、Zr、Al 及稀土元素等。例如，J507MoV 焊条，除了具有 J507 焊条的强度和塑性之外，由于焊条药皮中加入少量的钒铁和钼铁，故具有更高的抗裂性能。

（2）振动结晶　使熔池产生一定频率的振动，打乱柱状晶的成长方向并对熔池产生强烈的搅拌作用，从而细化晶粒的方法称为振动结晶。常用的振动结晶方法有机械振动、超声振动和电磁振动。

1）低频机械振动。振动频率在 10kHz 之内属于低频振动，一般都是采用机械的方式实现的（振动器夹在焊丝或工件上），振幅一般在 2mm 以下。这种振动的作用可使熔池中成长的晶粒受机械的振动力而被打碎，同时也可以使熔池金属发生强烈的搅拌作用，不仅使成分均匀，还可以使气泡和夹杂物快速浮出。

2）高频超声振动。利用超声波发生器可得到 20kHz 以上的振动频率，但振幅只有 10^{-4}mm。这种振动对改善熔池一次结晶，消除气孔、夹杂物等比低频振动更为有效。

3）电磁振动。利用强磁场使合金熔池中的液态金属产生强烈的搅拌，使成长着的晶粒不断地受到"冲洗"造成剪应力。这种方法一方面可使晶粒细化，另一方面可以打乱结晶方向，改善结晶形态。电磁振动可以采用交流磁场，也可以采用直流磁场，但都必须保证磁力线穿过合金熔池，但一般采用交流磁场较多。

振动结晶与变质处理相比，使用设备复杂、成本高、效率低，故广泛应用于生产尚有一定的困难，但这是一种很有发展前途的方法。

2. 改善焊缝金属二次组织的方法

（1）焊后热处理　焊后热处理可以改善焊接接头的组织和性能，因此，一些重要的焊接结构，一般都要进行焊后热处理。例如，珠光体耐热钢的电站设备、电渣焊的厚板结构等，焊后都要进行不同的热处理（回火、正火或调质等）。但较大或较长的工件（如高温高压管道等）进行整体处理有困难，常采用局部热处理。

（2）多层焊接　焊接相同厚度的工件时，采用多层焊接可以提高焊缝金属的性能。这种方法主要是因为每层焊缝之间具有附加热处理的作用，而改善了二次组织。此外，由于每层焊缝断面变小，也改善了一次结晶的条件。

应当指出，多层焊接对于焊条电弧焊的效果较好，因为每一焊层的热作用可以达到前一焊层的整个厚度。而埋弧焊时，由于焊层厚度较厚（为6~10mm），后一焊层的热作用只能达到3~4mm深，而不能对整个焊层截面起后热作用。

（3）锤击焊道或坡口表面　锤击焊道表面（或坡口表面）可使前一层焊缝不同程度地产生晶粒破碎，使后一层焊缝晶粒细化。同时，逐层锤击可以使焊缝金属产生塑性变形而降低残余应力。因此，锤击焊道能提高焊缝的力学性能，特别是冲击韧度。

对于一般碳钢和低合金钢焊缝，多采用风铲锤击，锤头圆角以1~1.5mm为宜，锤痕深度为0.5~1.0mm，锤击焊缝的方向及顺序如图2-17所示。

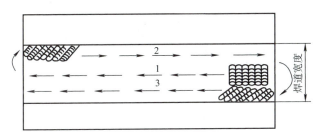

图2-17　锤击焊缝的方向及顺序

（4）跟踪回火　跟踪回火就是在焊完每道焊缝后用气焊火焰在焊缝表面跟踪加热，从而达到改善焊缝金属二次组织的方法。跟踪回火加热温度为900~1000℃，可对焊缝表层下3~10mm深度范围内的不同深度的金属起到不同的热处理作用。如焊条电弧焊，每一层焊缝的平均厚度为3mm，最上层的加热温度为900~1000℃，相当于正火处理；中间深度为3~6mm的一层的加热温度为750℃左右，相当于高温回火；表层下6~9mm的最下层，则相当于进行600℃左右的回火处理。这样除了表面一层外，每层焊道都相当于进行了一次焊后正火及不同次数的回火，组织与性能有了明显的改善。

跟踪回火使用中性焰，将焰心对准焊道"之"字形运动，火焰横向摆动的宽度应大于焊缝宽度 2~3mm，如图 2-18 所示。此外，对于大型结构和焊补件，采用跟踪回火可以显著提高熔合区的韧性。

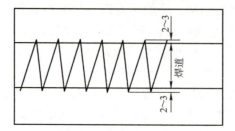

图 2-18　跟踪回火运行轨迹

第二节　焊接熔合区

熔合区是焊接接头中焊缝与母材交界的过渡区。在焊接接头横截面低倍组织图中可以看到焊缝的轮廓线，如图 2-19 所示，这就是通常所说的熔合线。而在显微镜下可以发现，这个所谓的熔合线实际上是具有一定宽度的、熔化不均匀的半熔化区。

图 2-19　焊接接头的熔合区

大量实践证明，熔合区是整个焊接接头的薄弱环节，冷裂纹、再热裂纹、脆性相等缺陷常起源于这里，并常常引起焊接结构的失效。

一、熔合区的形成

在焊接条件下，熔化过程是很复杂的，即使焊接参数保持稳定，由于电弧吹力的变化和金属熔滴过渡，都使传播到母材表面的热量会随时发生变化，造成母材熔化不均匀。另一方面，由于母材表面晶粒的取向各不相同，因此造成熔化程度不同，其中取向与导热方向一致的晶粒熔化较快。如图 2-20 所示，

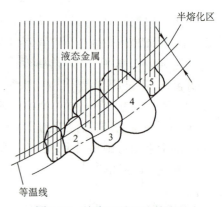

图 2-20　熔合区晶粒熔化情况

有阴影的部分是熔化了的晶粒，其中 1、3、5 等晶粒的取向有利于导热而熔化较多，2、4 晶粒则熔化较少。此外，母材各点的溶质分布（即化学成分）的不均匀，会使各点的实际熔化温度与理论熔化温度存在不同的差值，使实际熔化温度低于熔池温度的部分熔化，高于熔池温度的部分则不熔化。最后的结果就形成了固-液两相交错并存的半熔化区，即熔合区。熔合区范围很窄，低碳钢和低合金钢在电弧焊条件下，其熔合区宽度为 0.133~0.50mm，而奥氏体型不锈钢的熔合区宽度则为 0.06~0.12mm。

二、熔合区的特征

焊接熔合区存在着严重的化学不均匀性和物理不均匀性，这是成为焊接接头中的薄弱地带的主要原因。

对于一般钢材来讲，钢中合金元素及杂质在液相中的溶解度总是大于固相中的溶解度。因此，在熔池凝固过程中，随着固相的增加，溶质原子必然要大量地堆积在固相前沿的液相中。这样，在固-液交界的地方溶质的浓度将发生突变，如图 2-21 所示。图中实线表示固-液并存时溶质浓度的变化，虚线表示熔池完全凝固以后的情况，这说明了在凝固过程中堆积在固相前沿的液相中溶质，来不及扩散到液相中心，而将不均匀的分布状态保留到凝固以后。

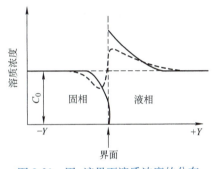

图 2-21 固-液界面溶质浓度的分布

熔合区的化学不均匀性，与熔池溶质原子的性质有关。扩散能力较强的元素还有可能在浓度梯度的推动下由焊缝向母材扩散，使化学不均匀性有所缓和。如同一种钢在焊接时，碳的扩散能力强，在凝固后仍可以扩散而趋于均匀，完全凝固后没有明显的偏析；而硫、磷等扩散能力弱的元素，凝固后浓度变化很小，保留了较严重的偏析。熔合区硫的分布如图 2-22 所示。

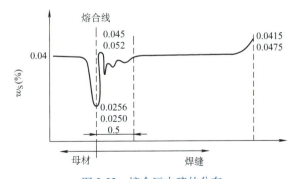

图 2-22 熔合区中硫的分布

上行数据的条件：$E=11.76$kJ/cm

下行数据的条件：$E=23.94$kJ/cm

熔合区在不平衡加热时，还会出现位错与空位等结晶缺陷的聚集或重新分布，形成物理不均匀性。其中空位的重新分布对金属的抗裂能力将有很大影响，常常可能成为焊接接头延迟裂纹形成的主要原因。

综上所述，由于熔合区内存在严重的化学不均匀性和物理不均匀性，因此在组织和性能上也是不均匀的，故成为焊接接头中的薄弱地带。

第三节 焊接热影响区

焊接热影响区（HAZ）是焊接过程中，母材因受热影响（但未熔化）而发生组织和力学性能变化的区域。由于焊接热影响区不同部位所受热作用的不一致性，造成其内部组织和性能的分布不均匀，以致可能使其成为焊接接头的最薄弱环节。

一、焊接热影响区的形成

凡是通过局部加热来达到连接金属的焊接方法，由于其加热的瞬时性和局部性，使焊缝附近的母材都经受了一种特殊热循环的作用。其特点为升温速度快，冷却速度快。因此，凡是与扩散有关的过程都很难充分进行。焊接加热的另一特点为热场分布极不均匀，紧靠焊缝的高温区内温度接近于熔点，远离焊缝的低温区内温度接近于室温。而且，峰值温度越高的部位，加热速度越快，冷却速度越大。因此，焊接过程中，在形成焊缝的同时不可避免地使其附近的母材经受了一次特殊的热处理，形成了一个组织和性能极不均匀的焊接热影响区。

二、焊接热影响区组织转变特点

焊接条件下的组织转变与热处理条件下的组织转变，从原理来讲是一致的，但由于焊接热循环的特点，使得焊接时组织转变具有一定的特殊性。

1. 焊接加热时热影响区的组织转变特点

（1）相变温度升高　由金属学原理知道，加热时由珠光体、铁素体转变为奥氏体的过程是扩散性重结晶过程，需要有孕育期。在快速加热的条件下，由于来不及完成扩散过程所需的孕育期，必然会引起实际加热相变温度（Ac_1、Ac_3）高于理论平衡相变温度（A_1、A_3）。加热速度越快，被焊金属的实际相变点 Ac_1 和 Ac_3 的温度越高。加热速度对相变温度 Ac_1、Ac_3 的影响见表 2-4。

需要注意的是，对于含有碳化物形成元素（如 V、Ti、Nb、W、Mo、Cr 等）的钢，由于这些元素的扩散速度小，同时它们本身还阻碍碳的扩散，因此加热速度对相变温度的影响更大，Ac_1、Ac_3 提高更显著。

表 2-4　加热速度对相变温度 Ac_1、Ac_3 的影响

钢种	相变点	平衡温度/℃	加热速度 v_H/（℃/s）				Ac_1、Ac_3 值的变化量/℃		
			6~8	40~50	250~300	1400~1700	40~50	250~300	1400~1700
45 钢	Ac_1	730	770	775	790	840	45	60	110
	Ac_3	770	820	835	860	950	65	90	180
40Cr	Ac_1	735	735	750	770	840	15	35	105
	Ac_3	780	775	800	850	940	25	75	165
23Mn	Ac_1	735	750	770	785	830	35	50	95
	Ac_3	830	810	850	890	940	40	60	110
30CrMnSi	Ac_1	740	740	775	825	920	15	85	180
	Ac_3	790	820	835	890	980	45	100	190
18Cr2WV	Ac_1	800	800	860	930	1000	60	130	200
	Ac_3	860	860	930	1020	1120	70	160	260

（2）奥氏体均质化程度降低、部分晶粒严重长大　焊接的快速加热不利于元素的扩散，使得已形成的奥氏体来不及均匀化。加热速度越高，高温停留时间越短，不均匀的程度就越低。

加热时奥氏体均质化的程度，将显著影响冷却过程的组织转变。加热时奥氏体均质化程度高，冷却过程转变的组织将均匀；反之，加热时奥氏体均质化程度很差，即使冷却时间拖得再长，也很难达到很高的均质化程度。同时，熔合线附近的热影响区峰值温度很高（达 1300~1350℃），接近于焊缝金属的熔点，因而造成晶粒过热而严重长大。

2. 焊接冷却时热影响区的组织转变特点

（1）相变温度降低，可形成非平衡组织　由于焊接的冷却速度较快，使实际相变温度（Ar_1、Ar_3、Ar_{cm}）低于理论平衡相变温度。也就是说，焊接冷却过程中的组织转变也不同于平衡状态的组织转变，转变过程向低温推移。同时，在快冷的条件下，共析成分也发生变化，甚至得到非平衡状态的伪共析组织。

（2）马氏体转变临界冷速发生变化　在焊接热循环的作用下，熔合线附近的晶粒因过热而粗化，增加了奥氏体的稳定性，使淬硬倾向增大；另一方面，钢中的碳化物由于加热速度快、高温停留时间短，而不能充分溶解在奥氏体中，降低了奥氏体的稳定性，使淬硬倾向降低。正是由于这两方面的共同作用，使冷却过程中马氏体转变临界冷速发生变化。

焊接冷却时热影响区的组织转变，可应用焊接热影响区连续冷却转变图来分析。焊接热影响区连续冷却转变图是用来表示热影响区金属在各种连续冷却条件下转变开始和终了温度、转变开始和终了时间，以及转变组织、室温硬度与冷却速度之间关系的曲线图。

实用的焊接热影响区连续冷却转变图一般都是按奥氏体化温度 t_A = 1350℃条件下绘制的。这是因为加热峰值温度为 1350℃左右的部位往往是整个接头的薄弱环节。Q355 钢焊接热影响区的连续冷却转变图如图 2-23 所示。

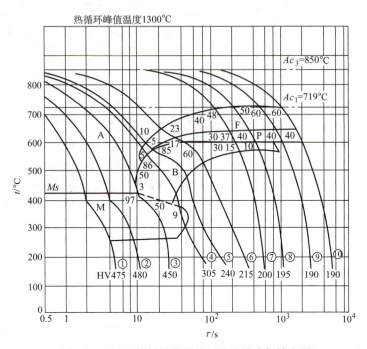

图 2-23　Q355 钢焊接热影响区的连续冷却转变图

图 2-23 中曲线①~⑩表示不同的冷却速度，坐标平面由各个转变点的连线划分为几个区域，连线与冷却速度曲线交点处的数字表示在该冷速下相应组织的百分比。利用焊接热影响区连续冷却转变图，可以根据冷却速度较方便来预测焊接热影响区的组织及性能，也可以根据预期的组织来确定所需的冷却速度，从而来选择焊接参数、预热等工艺措施。因此，国内外都很重视这项工作，常在新钢种投产前就测定出该钢种的焊接热影响区的连续冷却转变图。15MnMoVN 钢的焊接热影响区连续冷却转变图及不同速度的组织及硬度如图 2-24 所示。

三、焊接热影响区的组织

1. 不易淬火钢的焊接热影响区的组织

低碳钢及合金元素较少的低合金高强度结构钢（Q355、Q390）等属于不易淬火钢。不易淬火钢的焊接热影响区一般由过热区、正火区、不完全重结晶区和再结晶区组成，如图 2-25 所示。

（1）过热区　焊接热影响区中，具有过热组织或晶粒显著粗大的区域称为过热区，又称粗晶区。过热区的加热温度范围是在固相线以下到 1100℃左右之间。在这样高的温度下，奥氏体晶粒严重长大，冷却后呈现为晶粒粗大的过热组织，甚至出现魏氏组织。过热区塑性、韧性很低，尤其是冲击韧度比母材低 20%～30%，是热影响区中性能最差的区域。

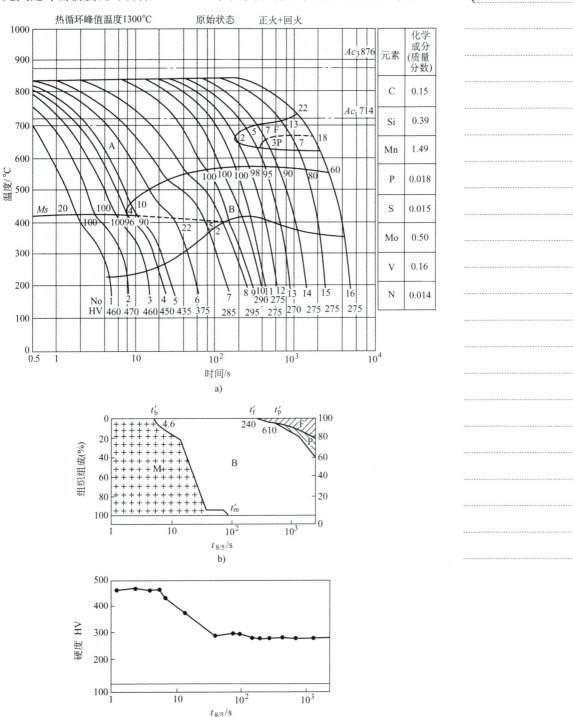

图 2-24　15MnMoVN 钢的焊接连续冷却转变图及不同冷却速度的组织及硬度

a）焊接连续冷却转变图　b）、c）不同冷却速度的组织及硬度

No.	$t_{8/5}$/s	HV	组织组成(%)	临界冷却时间/s	No.	$t_{8/5}$/s	HV	组织组成(%)	临界冷却时间/s
1	1.2	460	M100	t'_b 4.6	9	98	290	B100	t'_f 246
2	2.2	470	M100		10	146	275	B100	
3	3.6	460	M100		11	186	275	B100	
4	5.2	450	M96 B4	t'_m 84	12	278	275	B98 F2	t'_p 510
5	6.2	435	M90 B10		13	416	270	B95 F5	
6	13.4	375	M22 B78		14	689	275	B90 P3 F7	
7	39	285	M5 B95		15	1251	275	B80 P7 E13	
8	75	295	M2 B98		16	2466	275	B60 P18 F22	

d)

图 2-24　15MnMoVN 钢的焊接连续冷却转变图及不同冷却速度的组织及硬度（续）

d）热影响区数据表

（2）正火区　正火区的加热温度范围在 Ac_3～1000℃ 之间。加热时该区的铁素体和珠光体全部转变为奥氏体。由于温度不高，晶粒长大较慢，空冷后，获得均匀而细小的铁素体和珠光体，相当于热处理时的正火组织，因此该区也称相变重结晶区或细晶区。其力学性能略高于母材，是热影响区中综合力学性能最好的区域。

（3）不完全重结晶区　该区的加热温度范围处于 Ac_1～Ac_3 之间。加热时，该区的部分铁素体和珠光体转变为奥氏体，冷却时奥氏体转变为细小的铁素体和珠光体；而未溶入奥氏体的铁素体不发生转变，晶粒长大粗化，成为粗大的铁素体。所以这个区的金属组织是不均匀的，一部分是经过重结晶的晶粒细小的铁素体和珠光体，另一部分是粗大的铁素体。由于晶粒大小不同，所以力学性能也不均匀。

（4）再结晶区　对于焊前经过冷塑性变形（冷轧、冷成形）的母材，加热温度在 Ac_1～450℃ 之间区域，将发生再结晶。经过再结晶，塑性、韧性提高了，但强度却降低了。

2. 易淬火钢的热影响区的组织

中、高碳钢以及低、中碳调质合金钢（如 45、18MnMoNb、30CrMnSi）等属于易淬火钢。易淬火钢的焊接热影响区一般由淬火区和部分淬火区组成。调质状态的易淬火钢焊接热影响区除了淬火区、部分淬火外还有回火软化区，如图 2-25 所示。

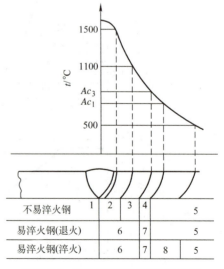

图 2-25　焊接热影响区组成示意图

1—熔合区　2—过热区　3—相变重结晶区
4—不完全重结晶区　5—母材　6—淬火区
7—部分淬火区　8—回火区

（1）淬火区　加热温度在固相线～Ac_3之间的区域为淬火区。加热时该区全部变为奥氏体，冷却后奥氏体转变为淬火组织马氏体。在紧靠焊缝，相当于过热区部分为粗大马氏体；相当于正火区部分为细小马氏体。因此，淬火区的硬度和强度高，塑性和韧性下降；尤其是粗晶马氏体区塑性和韧性严重下降。

（2）部分淬火区　加热温度在Ac_3～Ac_1之间的区域为部分淬火区。加热时的组织为铁素体和奥氏体。冷却后，奥氏体变为马氏体；原铁素体保持不变，其晶粒较大。因此，部分淬火区的组织为细小的马氏体和粗大的铁素体。这种不完全淬火组织使部分淬火区的性能不均匀程度增加，塑性和韧性下降。

（3）回火区　这一区域内的组织变化取决于焊前热处理状态，对于调质状态的易淬火钢热影响区，加热温度在Ac_1至高温回火温度之间的区域称为回火区。由于加热温度高于高温回火温度，其强度下降，又称回火软化区；对于热轧、正火和退火状态的易淬火钢的热影响区，则没有回火软化区。

焊接热影响区除了组织变化而引起性能变化外，热影响区尺寸对焊接接头中产生的应力与变形也有较大影响。一般来说，热影响区越窄，则焊接接头中内应力越大，越容易出现裂纹；热影响区越宽，则变形较大。所以在保证焊接接头不产生裂纹的前提下，应尽量减小热影响区的尺寸。

热影响区宽度的大小与焊接方法、焊接参数、焊件大小和厚度、金属材料热物理性质和接头形式等有关。采用小的焊接参数，如降低焊接电流、增加焊接速度、可以减少热影响区宽度。低碳钢各种焊接方法的热影响区尺寸见表2-5。

表2-5　各种焊接方法的热影响区尺寸

焊接方法	各区平均尺寸/mm			总尺寸/mm
	过热区	正火区	不完全重结晶区	
焊条电弧焊	2.2～3.0	1.5～2.5	2.2～3.0	6.0～8.5
埋弧焊	0.8～1.2	0.8～1.7	0.7～1.0	2.3～4.0
电渣焊	18～20	5.0～7.0	2.0～3.0	25～30
氧乙炔焊	21	4.0	2.0	27
真空电子束焊	—	—	—	0.05～0.75

总之，焊接热影响区的组织是不均匀的，因此，其性能必然也不均匀。其中过热区的晶粒粗化加之熔合区的化学不均匀性，构成整个焊接接头中的薄弱区，而此区往往就决定了焊接接头的性能。

四、焊接热影响区的性能

焊接热影响区的性能是不均匀的，这种不均匀表现在多方面，包括力学性能、耐蚀性、耐热性等。对于一般焊接结构来讲，主要考虑热影响区的硬度、脆化、软化以及综合的力学性能等。

1. 焊接热影响区的硬度分布

硬度是反映材料的成分、组织与力学性能的综合指标。一般情况下，硬度升高的同时，强度提高，塑性、韧性下降。因此，热影响区中硬度最高的部位往往就是接头中的薄弱地带。最高硬度值越高，接头的综合力学性能就越低，产生裂纹等缺陷的可能性就越大。因此常用热影响区的最高硬度值来间接判断热影响区的性能。图 2-26 为不同钢种焊接热影响区的硬度分布。

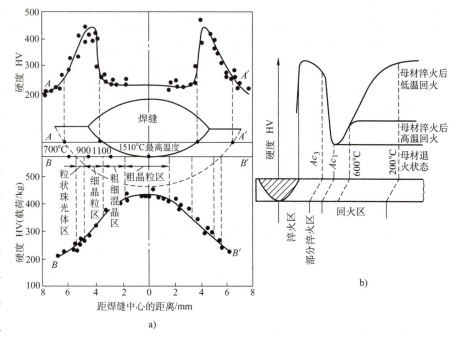

图 2-26 不同钢种焊接热影响区的硬度分布
a）不易淬火钢 20Mn b）易淬火钢

（1）最高硬度 由图可见，无论是易淬火钢，还是不易淬火钢，其焊接热影响区的硬度分布都是不均匀的，最高硬度值大都出现在熔合线附近的热影响区。热影响区的最高硬度值可以通过实测确定，也可以根据母材的化学成分估算。根据母材化学成分估算，最常用的方法就是碳当量估算法。所谓碳当量是把钢中的合金元素（包括碳）按其对淬硬（包括冷裂、脆化等）的影响程度折合成碳的相当含量。随着钢种碳当量增加，其硬度呈直线增加。

焊接热影响区最高硬度法比碳当量法能更好地判断钢种的淬硬倾向和冷裂纹敏感性，因为不仅反映了钢种化学成分的影响，而且也反映了金属组织的作用。由于该试验方法简单，被国际焊接学会（IIW）纳为标准。

对于一般用于焊接结构的钢材，钢厂都提供了焊接热影响区的最高硬度数据，常用焊接用钢的碳当量与焊接热影响区允许的最高硬度值见表 2-6。

表 2-6　常用焊接用钢的碳当量与允许的最高硬度值

钢　种	R_m/MPa	R_{eL}/MPa	碳当量		HV_{max}	
			非调质	调质	非调质	调质
Q355（16Mn）	353	520~637	0.415	—	390	—
Q390（15MnV）	392	559~676	0.3993	—	400	—
Q420（15MnVN）	441	588~706	0.4943	—	410	380（正火）
14MnMoV	490	608~725	0.5117	—	420	390（正火）
18MnMoNb	549	668~804	0.5782	—	—	420（正火）
12Ni3CrMoV	617	706~843	—	0.6693	—	435
Q690（14MnMoNbB）	686	784~931	—	0.4593	—	450
14Ni2CrMnMoVCuB	784	862~1030	—	0.6794	—	470
14Ni2CrMnMoVCuN	882	961~1127	—	0.6794	—	480

（2）最低硬度　由图 2-26 还可以看出，对于不易淬火的 20Mn 钢来讲，随着距熔合线距离的增大，热影响区的硬度单调降低，直至达到母材的水平。然而，对于易淬火的调质钢来讲，在峰值温度为 Ac_1 附近的热影响区上存在一个硬度最低的部位，而且母材焊前回火处理的回火温度越低，热影响区最低硬度与母材本身硬度的差异越大。这就是说，焊接热影响区发生了软化，造成了接头强度的损失，而且软化程度随着母材焊前强化程度的增大而增大。

但应指出，由于软化区只是接头很窄的一部分，并处在相邻的强体之间，承载变形时会受到相邻强体的约束而产生应变强化的效果，从而在一定程度上补偿了接头强度的部分损失。此外，从理论角度来看，这种软化现象也可在焊后采取重新调质的方法加以消除。

2. 焊接热影响区的脆化

脆化是指材料韧性急剧下降，而由韧性转变为脆性的现象。焊接热影响区的脆化常常是引起焊接接头开裂或脆性断裂的主要原因。

热影响区脆化的类型很多，主要有粗晶脆化、热应变时效脆化和氢脆。氢脆在氢对焊缝金属作用部分中做介绍。此外还有反常的混合组织，如中、高碳奥氏体在中等冷速条件下形成的片状马氏体（M）和残留奥氏体（A_R）的混合物以及钢中碳化物、氮化物等析出造成的组织脆化。

（1）粗晶脆化　在焊接热循环的作用下，焊接接头的熔合线附近和过热区发生的严重晶粒粗化现象，称为粗晶脆化。

粗晶脆化就是由晶粒严重粗化造成的。一般来讲，晶粒尺寸越大，韧脆转变温度就越高，脆化越严重。粗晶脆化受到多种因素的影响，主要有钢的化学成分、组织状态、加热温度和时间等。热影响区的粗晶脆化与一般单纯晶粒长大所造成的脆化不同，它是在化学成分、组织结构不均匀的非平衡状态下进行的，故脆化的程度更为严重。

对于不同的钢种，导致粗晶脆化的主要因素有所不同。不易淬火钢（如低碳钢等）主要是因过热使晶粒长大粗化，脆化程度不严重；易淬火钢主要是由于产生脆性组织（如片状马氏体等）所致。

（2）热应变时效脆化 在制造焊接结构的过程中，要进行各种加工，如剪切、弯曲成形、气割、矫形、焊接或其他热加工等。由这些加工引起的局部应变、塑性变形对焊接热影响区脆化有很大的影响，由此而引起的脆化称为热应变时效脆化。

热应变时效脆化多发生在低碳钢和碳锰低合金钢的热影响区（加热温度低于Ac_3的部位），在显微镜下看不出明显的组织变化。多层焊时，在熔合区也会出现热应变时效脆化。

关于热应变时效脆化的机理，一般认为是碳、氮原子聚集在位错附近对位错产生钉扎作用而引起的。钢中含有Cr、V、Mo、Al等碳化物、氮化物形成元素时，可降低热应变时效脆化的程度。

热影响区的脆化对整个焊接接头的性能有很大的影响。脆化后，显微裂纹很容易扩展成为宏观开裂。因此，当热影响区脆化严重时，即使母材与焊缝的韧性都很高，也没有什么实用价值。

图2-27所示为碳锰钢焊接热影响区韧脆转变温度（t_{cr}）分布。从图中可以看出，在过热区（约1500℃）和加热温度为400～600℃的部位，出现两个韧脆转变温度的峰值，前者为粗晶脆化，后者为热应变时效脆化。

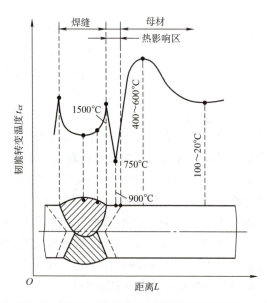

图2-27 碳锰钢焊接热影响区韧脆转变温度分布

3. 焊接热影响区的力学性能

焊接热影响区最基本的力学性能就是强度和塑性，焊接热影响区的力学性能对焊接接头的力学性能有较大影响，它反映了焊接接头的力学性能的好坏。图 2-28 所示为不易淬火钢 Q355 的焊接热影响区的力学性能。

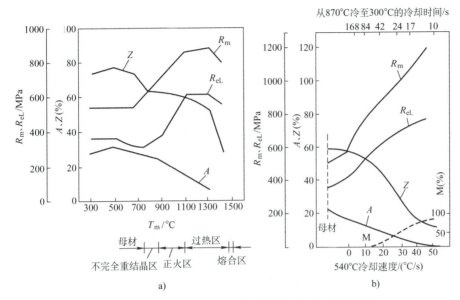

图 2-28　不易淬火钢 Q355 的焊接热影响区的力学性能
a）各区力学性能分布　b）冷却速度对过热区力学性能的影响

由图 2-28 可以看出，在不完全重结晶区，由于晶粒尺寸不均匀，R_{eL} 降至最低；加热温度超过 Ac_3 的部位，随温度上升，强度、硬度上升，塑性下降；加热温度在 1300℃ 左右时（过热区），强度、硬度达到最大值；加热温度超过 1300℃ 的部位，强度、塑性同时下降，这是因为晶粒严重粗化使晶界疏松而造成的。

热影响区中过热区的力学性能，除与钢中的化学成分和加热峰值温度有关之外，还与冷却速度有关。由图 2-28 可见，随冷却速度升高，强度和硬度上升，塑性下降。

4. 改善焊接热影响区性能的途径

焊接热影响区在焊接过程中不熔化，焊后化学成分基本不发生变化，因此，不能像焊缝那样通过调整化学成分来改善性能。改善焊接热影响区的性能主要有以下两个方面。

（1）控制焊接工艺　根据不同的母材，制订合理的焊接工艺，包括焊前预热、焊后热处理和焊接热输入等。

1）焊前预热。焊前预热的主要作用是降低焊后冷却速度。对于易淬火钢，预热可以减小热影响区淬硬程度，防止产生焊接裂纹。预热还可以减小焊接热影响区的温度差别，在较宽范围内得到比较均匀的温度分布，有助于减小因温度差别而造成的焊接应力。

2）焊后热处理。焊后热处理可以消除焊接残余应力，软化淬硬部位，改善焊缝和热影响区的组织和性能，提高接头的塑性和韧性，稳定结构的尺寸，是重要产品制造中常用的一种工艺方法。

3）焊接热输入。焊接热输入越大，则高温停留时间越长，焊接热影响区越宽，过热现象越严重，晶粒也越粗大，因而塑性和韧性严重下降；焊接热输入过小，则焊后冷却速度增大，易产生硬脆的马氏体组织，导致塑性和韧性严重下降，甚至产生冷裂纹。

因此，对于不易淬火钢，即使采用小的热输入时，淬硬倾向也不大，所以从减少过热，防止晶粒粗化出发，应选用小的热输入；对于易淬火钢，为降低淬硬倾向，热输入应偏大一些。但热输入过大，又会增大粗晶脆化倾向，这时采用预热等工艺措施配合小的热输入更合理些。

（2）选用高韧性母材　选用低碳微量多元素强化的钢种。这些钢在焊接热影响区可获得韧性较高的组织，如针状铁素体、下贝氏体或低碳马氏体。

第四节　焊接接头组织工程应用实例

【Q370q 桥梁用钢焊接热影响区组织和性能分析】

Q370q 钢是一种微合金化桥梁用钢，具有较高的塑性和低温韧性以及良好的焊接性，并具有低温时效敏感性，这种钢是为满足国内制造大跨度桥梁结构的需要而研制的。厚度 20mm 的 Q370q 桥梁用钢的化学成分和力学性能见表 2-7 和表 2-8。

表 2-7　Q370q 桥梁用钢的化学成分（质量分数，%）

C	Si	Mn	P	S	Nb+Ti	Al_T	碳当量 C_E	裂纹敏感指数 P_{cm}
0.15	0.36	1.37	0.015	0.005	0.069	0.0467	0.396	0.231

注：C_E = C+Mn/6+（Ni+Cu）/15+（Cr+Mo+V）/5；
P_{cm} = C+（Mn+Cu+Cr）/（20+Si/30+Ni/60+Mo/15+V/10+5B）。

表 2-8　Q370q 桥梁用钢的力学性能

项目	拉伸性能			冲击吸收能量/J				
	屈服强度 /MPa	抗拉强度 /MPa	断后伸长率（%）	20℃	0℃	-20℃	-40℃	-60℃
纵向	440	565	29	241	234	224	214	197
横向	465	570	26	165	167	150	126	63

采用 Gleeble-2000 型热模拟试验机测得的 Q370q 桥梁用钢的连续冷却组织转变图如图 2-29 所示，焊接特征参数 $t_{8/5}$（800~500℃的冷却时间）与热影响区（HAZ）组织组成的关系如图 2-30 所示，焊接特征参数 $t_{8/5}$ 与热影响区硬度的关系如图 2-31 所示。

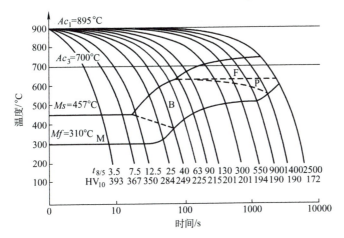

图 2-29 Q370q 桥梁用钢的焊接连续冷却组织转变图

M—马氏体 B—贝氏体 F—铁素体 P—珠光体 Ms—马氏体转变开始温度
Mf—马氏体转变终了温度 Ac_1—钢加热时开始形成奥氏体的温度
Ac_3—钢加热时所有铁素体全部转变为奥氏体的温度

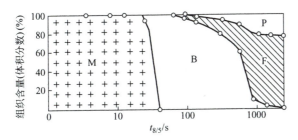

图 2-30 焊接特征参数 $t_{8/5}$ 与热影响区组织组成的关系

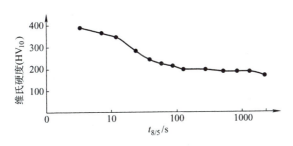

图 2-31 焊接特征参数 $t_{8/5}$ 与热影响区硬度的关系

由图 2-29、图 2-30 及图 2-31 可知，Q370q 高强度桥梁钢，在 $t_{8/5} \leqslant$ 12.5s 时，热影响区粗晶区中主要是马氏体组织；当 $12.5s \leqslant t_{8/5} < 40s$ 时，热影响区粗晶区中是马氏体和贝氏体混合组织；当 $40s \leqslant t_{8/5} < 90s$ 时，热影响区粗晶区中是贝氏体混合组织；当 $t_{8/5} = 90s$ 时，出现先共析铁素体；当 $t_{8/5} = 550s$ 时，出现块状铁素体；当 $t_{8/5} = 300s$ 时，出现珠光体组织。因此，在常用的焊接参数 $t_{8/5}$ 为 10~100s 条件下，热影响区粗晶区中主要是贝氏体组织和少量马氏体组织，硬度<350HV。硬度测试结果显示，在急速冷却的极限条件下，即 $t_{8/5} < 9s$ 时，热影响区粗晶区中全部是马氏体

组织，硬度>350HV，硬度较高，所以焊接中应尽量避免采用这种速冷的焊接工艺。

【1+X 考证训练】

一、填空题

1. 熔化极电弧焊时，熔焊条（焊丝）的热量有_____、_____和_____，其中_____起主要作用。

2. 金属熔滴向熔池过渡大致可分为_____、_____和_____三种。

3. 电弧焊时，作用在熔滴上的作用力有_____、_____、_____、_____和_____。

4. 立焊、横焊、仰焊时，促使熔滴过渡的力有_____、_____和_____。

5. 母材上由熔化的焊条或焊丝与母材金属所组成的具有一定_____的液体金属称为_____，其形状像一个不标准的_____。

6. 焊缝金属从熔池中高温的液态冷却至常温的固体状态经历了两次结晶的过程，它们是_____和_____。

7. 焊接熔池的一次结晶包括_____和_____两个过程。

8. 一般低碳钢焊缝的常温组织是_____和_____。

9. 焊缝中的偏析主要有_____、_____和_____三种。

10. 生产上用来改善一次结晶的方法很多，但归纳起来主要有两类，即_____处理和_____结晶。

11. 焊接熔合区的主要特征是存在着严重的_____不均匀性和_____不均匀性，因此在_____上也是不均匀的，这是其成为焊接接头中的_____地带的主要原因。

12. 焊接过程中，母材因受热影响（但未熔化）而发生_____和_____变化的区域称为焊接热影响区。

13. 不易淬火钢的焊接热影响区可分为_____、_____、_____和_____四个区域。

14. 焊接热输入增大时，热影响区宽度_____，加热到高温的区域_____，在高温停留的时间_____，同时冷却速度_____。

15. 相变重结晶区的温度范围在_____之间，它的组织是_____，由于该区室温组织相当于热处理的正火组织，故该区又称为_____。

16. 不完全重结晶区，由于处在_____温度范围内，只有部分组织发生了相变重结晶过程，故该区的组织是_____。

17. 易淬火钢的焊接热影响一般由_____区和_____区组成。如焊前为调质状态，其焊接热影响区还有_____区。

二、判断题（正确的画"√"，错误的画"×"）

1. 熔焊时，焊缝的组织是柱状晶。（   ）
2. 任何焊接位置，电磁压缩力都是促使熔滴向熔池过渡的。（   ）
3. 电弧气体的吹力总是有利于熔滴金属的过渡。（   ）
4. 斑点压力是阻碍熔滴过渡的力。（   ）
5. 坡口角度越大，熔合比越小；不开坡口，熔合比最大。（   ）
6. 采用小电流焊接的同时，降低电弧电压，熔滴会出现短路过渡形式。（   ）
7. 熔滴的重力在任何焊接位置都是促使熔滴向熔池过渡的。（   ）
8. 焊接熔池一次结晶时，晶体的成长方向总是和散热方向一致。（   ）
9. 气孔、夹杂、偏析等缺陷大多是在焊缝金属的二次结晶时产生的。（   ）
10. 延迟裂纹是在焊接熔池一次结晶时产生的。（   ）
11. 低碳钢焊缝金属冷却速度越快，则硬度越大，这是因为组织中珠光体含量增加的结果。（   ）
12. 合金钢由于合金元素较多，焊接时，焊缝中的显微偏析不严重。（   ）
13. 焊缝中心形成的热裂纹，往往是区域偏析的结果。（   ）
14. 不易淬火钢焊接热影响区中的部分相变区，由于部分组织发生变化，所以是整个热影响区中综合性能最好的一个区域。（   ）
15. 对于焊接未经塑性变形的母材，焊后热影响区中会出现再结晶区。（   ）
16. 低碳钢焊接热影响区中加热温度为 Ac_3~1000℃ 区域叫过热区。（   ）
17. 焊条电弧焊时，选用优质焊条不但能提高焊缝金属的质量，同时能改善热影响区的组织。（   ）
18. 把钢中的合金元素（不含碳）按其对淬硬（包括冷裂、脆化等）的影响程度折合成碳的相当含量称为碳当量。（   ）
19. 低碳钢焊接接头正火区的组织，在室温时为奥氏体加珠光体。（   ）
20. 熔合区是焊接接头中焊缝与母材交界的过渡区，是整个焊接接头的薄弱环节。（   ）
21. 易淬火钢加热温度在 Ac_3~Ac_1 之间的焊接热热影响区为部分淬火区。（   ）
22. 热影响区宽度的大小与焊接方法、焊接参数、焊件大小和厚度、金属材料热物理性质和接头形式等有关。（   ）
23. 焊接热影响区的脆化，主要有粗晶脆化、热应变时效脆化和氢脆。（   ）

24. 焊前经过热处理强化的钢，其软化部位在热影响区加热温度为焊前的回火温度~Ac_1 之间。（　　）

三、问答题

1. 什么是熔合比？影响熔合比的因素有哪些？它对焊缝金属有何影响？
2. 焊接熔池结晶的特点是什么？
3. 改善焊缝组织与性能的常用措施有哪些？
4. 熔合区是怎样形成的？为什么是整个焊接接头的薄弱地带？
5. 简述焊接热影响区的形成。焊接热影响区的性能及特点是什么？

第三章 焊接化学冶金过程

焊接区中各种物质（熔化金属、熔渣、气体）之间在高温下相互作用的过程称为焊接化学冶金过程。焊接化学冶金过程主要有两方面内容：一是对焊接区的金属进行保护，防止空气的有害作用；二是通过熔化金属、气体、熔渣之间的冶金反应，消除焊缝金属中的有害杂质（如氢、氧、氮、硫、磷等）及通过焊缝金属合金化增加焊缝金属中某些有益的合金元素，从而保证焊缝金属的各种性能。

第一节 焊接化学冶金的特殊性

焊接化学冶金的
特殊性-PDF

焊接化学冶金与普通冶金过程相比，具有两方面特殊性：一是焊接化学冶金需对焊接区的金属进行保护；二是焊接化学冶金过程是分区连续进行的。

一、焊接区金属的保护

1. 焊接区金属保护的必要性

用低碳钢光焊丝在空气中无保护焊接时，焊缝金属的成分和性能与母材和焊丝比较，发生了很大的变化。由于熔化金属与其周围的空气发生激烈的相互作用，使焊缝金属中氧和氮的含量显著增加，可分别达到 0.72% 和 0.22%，即为低碳钢焊丝含氧量和含氮量的 35 倍和 45 倍。同时锰、碳等有益合金元素因烧损和蒸发而减少。这时焊缝金属的塑性和韧性急剧下降，但是由于氮的强化作用，强度变化不大，焊缝的力学性能见表 3-1。此外，用光焊丝焊接时，电弧不稳定，飞溅大，成形差，焊缝易产生气孔。因此这种光焊丝无保护焊接是没有实用价值的。

表 3-1 低碳钢光焊丝无保护焊时焊缝的力学性能

力学性能	抗拉强度/MPa	断后伸长率（%）	冲击韧度/(J/cm^2)	冷弯角（°）
母材	390~440	25~30	>147.0	180
焊缝	330~390	5~10	4.9~24.5	20~40

为了提高焊缝金属的质量，就必须尽量减少焊缝金属中有害杂质的含量和有益合金元素的损失，使焊缝金属得到合适的化学成分。因此，焊接化学冶金的首要任务就是对焊接区内的金属加强保护，以免受空气

的有害作用。

2. 焊接区金属保护方式与效果

所谓保护,就是利用某种介质将焊接区与周围的空气隔离开来。从保护介质来看,保护可分为气体保护、熔渣保护、渣-气联合保护、真空保护以及自保护等。所有熔焊方法都是以这些保护方式实现焊接的,见表3-2。由于常用的保护介质中基本不含氮,因而可用焊缝金属中的含氮量来评价各种保护方式的保护效果。

表3-2 熔焊方法的保护方式

熔焊方法	焊条电弧焊	埋弧焊	电渣焊	氩弧焊	CO_2气体保护焊	等离子弧焊	激光焊	电子束焊	自保护焊
保护方式	渣-气联合保护	熔渣保护	熔渣保护	气体保护	气体保护	气体保护	气体保护	真空保护	自保护

(1)熔渣保护 熔渣保护是利用焊剂、药芯或药皮熔化形成的熔渣起到保护作用的。对于埋弧焊来讲,焊剂及其熔渣的保护效果是很好的,焊缝中氮的质量分数介于0.002%~0.007%。

一般来讲,焊剂及其熔渣的保护效果与焊剂的结构和松装密度有关。与玻璃状的焊剂相比,多孔性的浮石状焊剂具有较大的表面积,吸附的空气较多,保护的效果较差。

(2)气体保护 气体保护是利用外加气体对焊接区进行保护的方法。保护的效果取决于气体的性质和纯度,并按气体性质分为惰性气体保护和活性气体保护。

常用的惰性气体主要是氩,其次是氦。惰性气体的保护效果很好,熔化极氩弧焊焊缝中氮的质量分数只有0.0068%左右。常用的活性气体主要是具有氧化性的二氧化碳,保护效果也比较好,焊缝中氮的质量分数介于0.008%~0.015%。

(3)渣-气联合保护 渣-气联合保护是通过药皮或药芯中的造渣剂和造气剂在焊接过程中形成熔渣和气体而共同起到保护作用的。

造渣剂熔化以后形成熔渣,覆盖在熔滴和熔池的表面上将空气隔开,这种隔离作用通常称为机械保护。熔渣凝固以后,在焊缝上面形成渣壳,可以防止处于高温的焊缝金属与空气接触。同时造气剂(主要是有机物、碳酸盐等)受热以后分解,析出大量气体。这些气体在药皮套筒内被电弧加热膨胀,从而形成定向气流吹向熔池,将焊接区与空气隔开。

渣-气联合保护的保护效果,取决于其中保护材料的含量、熔渣的性质和焊接参数等,在这种联合保护作用下,均可保证焊缝含氮量小于0.014%,达到了一般保护效果要求。

(4)真空保护 真空保护是指利用真空环境使焊接区的空气含量显著降低的保护方法。在真空度高于0.01Pa的真空室内进行电子束焊接,保护效果是最理想的。这时虽然不能100%排除掉空气,但随着真空度的提高,可以把氧和氮的有害作用降至最低。

(5) 自保护　自保护焊不是利用机械隔离空气的办法来保护焊缝金属的,而是在焊丝中加入脱氧和脱氮剂,使空气进入焊缝的氧和氮反应生成氧化物和氮化物,并使其成渣,从而达到降低焊缝中的氧和氮的方法。由于没有外加的保护介质,故称自保护。自保护的保护效果较差,所以目前生产上很少使用。

二、焊接化学冶金的反应区

焊接化学冶金过程与普通化学冶金过程不同,它是分区域(或阶段)连续进行的,且各区的反应条件(反应物的性质和浓度、温度、反应时间、相接触面积、对流和搅拌运动等)也有较大的差异,因而也就影响到反应进行的可能性、方向、速度和限度。

不同的焊接方法有不同的反应区。最具代表性的是焊条电弧焊,它有药皮、熔滴和熔池三个反应区,如图3-1所示。熔化极气体保护焊时,只有熔滴反应区和熔池反应区。不填充的钨极氩弧焊和电子束焊则只有熔池反应区。下面以焊条电弧焊为例加以讨论。

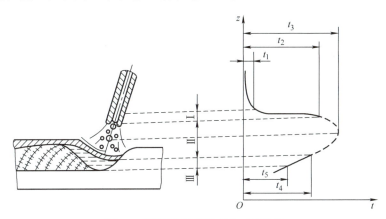

图 3-1　焊接化学冶金反应区的特性

Ⅰ—药皮反应区　Ⅱ—熔滴反应区　Ⅲ—熔池反应区　t_1—药皮开始反应温度
t_2—焊条端熔滴温度　t_3—弧柱间熔滴温度　t_4—熔池最高温度　t_5—熔池凝固温度

1. 药皮反应区

药皮反应区是指焊条端部药皮开始反应的温度至药皮熔点之间的区域(钢焊条为100~1200℃)。在药皮反应区发生的物理化学反应主要是:水分的蒸发、某些物质的分解和铁合金的氧化。

(1) 水分蒸发和物质分解　当药皮加热温度超过100℃时,药皮中的吸附水就开始蒸发;温度超过200℃时,药皮中的有机物,如木粉、纤维素和淀粉等则开始分解,产生CO_2、H_2等气体;温度超过300℃,药皮中某些组成物,如白泥、白云母中的结晶水开始蒸发;温度继续升高,药皮中的碳酸盐(如菱苦土、大理石等)和高价氧化物(如赤铁矿、锰矿等）也将发生分解，产生大量的 CO_2、O_2 等气体。

（2）铁合金氧化　上述反应产生的大量气体，一方面对熔化金属有保护作用，另一方面对被焊金属和药皮中的铁合金（如锰铁、硅铁和钛铁）有很大的氧化作用，结果使气相的氧化性大大下降。这个过程即所谓的"先期脱氧"。

药皮反应阶段为整个冶金过程的准备阶段。这一阶段反应的产物为熔滴和熔池阶段提供了反应物，所以它对整个焊接化学冶金过程和焊接质量有一定的影响。

2. 熔滴反应区

从熔滴形成、长大到过渡至熔池之前的区域都属于熔滴反应区。从反应区条件看，熔滴反应区有以下特点。

（1）熔滴的温度高　熔滴反应区是焊接区温度最高的部分。钢熔滴的温度接近于焊芯材料的沸点，约为 2800℃；熔滴的平均温度根据焊接参数不同，在 1800~2400℃ 的范围内变化。这样使熔滴金属的过热度很大，可达 300~900℃。

（2）熔滴的比表面积大　正常情况下，熔滴的比表面积可达 10^3~$10^4 cm^2/kg$，约为炼钢时的 1000 倍，所以熔滴金属与气体和熔渣的接触面积大，反应激烈。

（3）熔滴的作用时间短　熔滴在焊条末端停留的时间仅有 0.01~0.1s。熔滴向熔池过渡的速度高达 2.5~10m/s，经过弧柱区的时间极短，只有 0.0001~0.001s。由此可知，熔滴阶段的反应主要是在焊条末端进行的。

（4）熔滴金属与熔渣发生强烈的混合　熔滴在形成、长大和过渡过程中，不断地改变形状与尺寸，使其表面局部拉长或收缩。这时有可能拉断覆盖在熔滴表面上的渣层，使熔渣进入熔滴内部。这种混合增加了相的反应接触面，加快了反应速度。

由上述特点可知，熔滴反应区反应时间虽短，但因温度很高，相的接触面积很大，并有强烈混合作用，所以冶金反应最激烈，许多反应可以进行到相当完全，因而对焊缝成分影响最大。

3. 熔池反应区

从熔滴进入熔池到凝固结晶的区间属于熔池反应区。熔池反应区与熔滴反应区相比有以下主要特点。

（1）温度低、比表面积小、反应时间长　熔池的平均温度较低，为 1600~1900℃；比表面积较小，为 3~130cm^2/kg；反应时间稍长，但也不超过几十秒。例如，焊条电弧焊时通常为 3~8s，埋弧焊时为 6~25s。但在气流和等离子流等因素的作用下，熔池能发生有规律的对流和搅拌运动，这有助于加快反应速度，使熔池阶段的反应仍比一般冶金反应激烈。

（2）温度分布极不均匀　熔池反应区的温度分布极不均匀。在熔池的头部和尾部，反应可以同时向相反的方向进行。在熔池的头部发生金属的熔化、气体的吸收，有利于吸热反应进行。在熔池的尾部发生金属的凝固结晶、气体的析出，有利于放热反应进行。

（3）熔池中反应速度比熔滴中要小　熔池阶段系统中反应物的浓度与平衡浓度之差比熔滴阶段小，所以在其余条件相同的情况下，熔池阶段的反应速度比熔滴阶段要小。

（4）熔池反应物不断更新　熔池反应区的反应物是不断更新的。新熔化的母材、焊芯和药皮不断进入熔池的头部，凝固的金属和熔渣不断从熔池尾部退出反应区。在焊接参数一定的情况下，这种物质的更替过程可以达到稳定状态，从而得到成分均匀的焊缝金属。

由上述特点可知，熔池阶段的反应速度比熔滴阶段小，而且对整个化学冶金过程的贡献也较小。合金元素在熔池阶段被氧化损失的程度比熔滴阶段小就证明了这一点，见表3-3。但是在某些情况下（如大厚度药皮）熔池中的反应也会起到相当大的作用。

表 3-3　合金元素在不同阶段的损失

药　皮	元　素	元素的损失占原始含量的百分比（%）		
		总的损失	熔滴中损失	熔池中损失
赤铁矿 $K_b = 0.5$	C	87.5	80	7.5
	Mn	97	97	0
	Si	98.3	98.3	0
大理石80%、萤石20%（质量分数） $K_b = 0.27$	C	40	30	10
	Mn	47.2	29.2	18
	Si	75	47.5	27.5

第二节　焊接区内的气体和焊接熔渣

焊接区内的气体和焊接熔渣是参与焊接冶金反应重要的两相物质，因此必须了解它们的来源、成分结构和性质。

一、焊接区内的气体

1. 气体的来源

焊接过程中，焊接区内充满大量气体，其气体来源主要有以下几个方面。

（1）焊接材料　焊条药皮、焊剂和药芯焊丝中的造气剂、高价氧化物和水分都是气体的重要来源。造气剂（如碳酸盐、淀粉、纤维素等）和高价氧化物在加热时发生分解，放出大量的气体（如 CO_2、H_2、O_2 等）。若使用潮湿的焊条或焊剂焊接时，会析出大量的水蒸气。在气焊和气体保护焊时，焊接区内的气体主要来自所采用的燃气和保护气体。一一般情况下，焊丝和母材中因冶炼而残留的气体是很少的，对气相的成分影响不大。研究表明，焊接区内的气体主要来源于焊接材料。

（2）焊接区周围的空气　热源周围的空气是一种难以避免的气源，因为不管何种焊接方法，都不能完全排除电弧周围的空气，此外焊接过程中某些因素的变化也会使空气侵入，使保护效果变差。据估算，焊条电弧焊时，侵入电弧中的空气约占电弧区气体的3%。

（3）焊丝和母材表面的杂质　焊丝表面和母材坡口附近的铁锈、油污、油漆和吸附水等，在焊接时也会析出气体，并进入焊接区内。

（4）金属和熔渣蒸发产生的气体　在焊接过程中，除焊接材料中的水分发生蒸发外，金属元素和熔渣在电弧的高温作用下也会发生蒸发，形成的蒸气进入气相中。

2. 气体的高温分解

由于电弧的温度很高（5000K以上），各种来源、各种反应产生的气体都将进一步分解和电离，并对其在金属中的溶解或与金属的作用有很大影响。

（1）简单气体的分解　简单气体是指N_2、H_2、O_2等双原子气体，它们受热获得足够能量后，分解为单个原子或离子和电子。H_2、O_2、N_2双原子气体的分解度α（已分解的分子数与原始分子数之比）与温度变化的关系如图3-2所示。

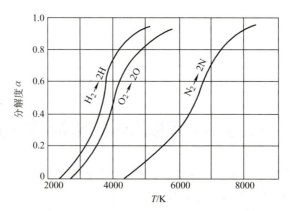

图3-2　氢、氧和氮的分解度α与温度变化的关系（$p=101$kPa）

（2）复杂气体的分解　焊接过程中常见的复杂气体有CO_2和H_2O，它们在焊接高温下也将发生分解。CO_2和H_2O在不同温度下分解形成的气体混合物平衡成分（体积分数）如图3-3、图3-4所示。

3. 气体的成分

焊接时，气相的成分和数量随焊接方法、焊接参数、药皮或焊剂的种类不同而变化。表3-4为低碳钢焊接区气体冷至室温时的气相成分。通过比较不同焊条和焊接方法气相的成分可以看出，用碱性焊条焊接时，气相中的主要成分是CO、CO_2，而H_2O和H_2的含量很少，故称"低氢型";埋弧焊时,气相中含 CO_2 和 H_2O 很少,因而气相的氧化性很小;焊条电弧焊时,气相中的 CO_2 和 H_2O 总量较多,氧化性相对较大。

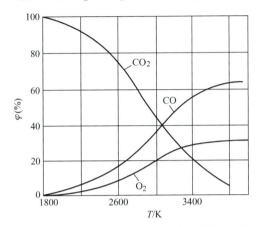

图 3-3 CO_2 分解形成的气体混合物平衡成分与温度的关系

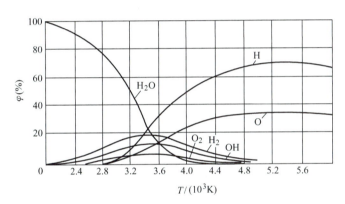

图 3-4 H_2O 分解形成的气体混合物平衡成分与温度的关系

表 3-4 低碳钢焊接区气体冷至室温时的气相成分

焊接方法	焊条或焊剂类型	气氛组成(体积分数,%)					备 注
		CO	CO_2	H_2	H_2O	N_2	
焊条电弧焊	钛型	50.7	5.9	37.7	5.7	—	焊条经 110℃ 烘干 2h,焊剂为玻璃状
	钛铁矿	48.1	4.8	36.6	10.5	—	
	金红石	46.7	5.3	35.5	13.5	—	
	氧化铁	55.6	7.3	24.0	13.1	—	
	纤维素	42.3	2.9	41.2	12.6	—	
	碱性	79.8	16.9	1.8	1.5	—	
埋弧焊	焊剂 330	86.2	—	9.3	—	4.5	
	焊剂 431	89~93	—	7~9	—	<1.5	

综上所述,电弧区内的气体是由 CO、CO_2、H_2O、O_2、H_2、N_2、金属和熔渣的蒸气以及它们分解或电离的产物组成的混合物,其中对焊接

质量影响最大的是 N_2、H_2、O_2、CO_2、H_2O，其中高温下 CO_2 和 H_2O 将发生进一步分解，因此焊接区金属与气体的作用可归结为氢、氧、氮的作用。

二、焊接熔渣

1. 熔渣的作用及分类

熔渣是指焊接过程中焊条药皮或焊剂熔化后，在熔池中参与化学反应而覆盖于熔池表面的熔融状非金属物质。熔渣在焊接区形成独立的相，它是焊接冶金反应的主要参与物之一。

（1）熔渣的作用

1）机械保护作用。焊接时形成的熔渣覆盖在熔滴和熔池的表面上，把液态金属与空气隔开，防止处于高温的焊缝金属受空气的有害作用，对焊缝金属起到机械保护作用。

2）冶金处理作用。熔渣和液态金属能够发生一系列物理化学反应，从而对焊缝金属的成分产生很大的影响。通过熔渣与熔化金属冶金处理作用，去除有害杂质（如氧、氢、硫、磷），添加有益元素，使焊缝获得符合要求的成分和性能。

3）改善焊接工艺性能。焊接工艺性能是指焊接操作时的性能，良好的焊接工艺性能是保证焊接化学冶金过程顺利进行的前提。在药皮和焊剂中加入适当的物质，可使电弧稳定燃烧，飞溅减少，保证具有良好的操作性、脱渣性和焊缝成形等。

（2）熔渣的成分和分类　根据焊接熔渣的成分，可将其分为盐型熔渣、盐-氧化物型熔渣和氧化物型熔渣三大类，其成分、特点及用途见表 3-5。在以上三类熔渣中，盐-氧化物型熔渣和氧化物型熔渣应用广泛。

表 3-5　焊接熔渣的成分、特点及用途

熔渣类型	熔渣的成分	特点及用途
盐型熔渣	主要由金属的氟酸盐、氯酸盐和不含氧的化合物组成。属于这个类型的渣系有：CaF_2-NaF、CaF_2-BaCl_2-NaF、$KCl-NaCl-Na_3AlF_6$、$BaF_2-MgF_2-CaF_2-LiF$ 等	熔渣氧化性很小，主要用于焊接易氧化的活泼金属，如铝、钛及其合金等。在某些情况下，也用于焊接含活性元素的高合金钢
盐-氧化物型熔渣	主要由氟化物和强金属氧化物组成。属于这个类型的熔渣有：$CaF_2-CaO-Al_2O_3$、$CaF_2-CaO-SiO_2$、$CaF_2-CaO-Al_2O_3-SiO_2$ 等	熔渣的氧化性较小，主要用于焊接重要的高合金钢及合金
氧化物型熔渣	主要由各种金属氧化物组成。属于这个类型的渣系有：$MnO-SiO_2$、$FeO-MnO-SiO_2$、$CaO-TiO_2-SiO_2$ 等	熔渣的氧化性较大，主要用于焊接低碳钢和低合金钢

表 3-6 给出了常用焊条和焊剂的熔渣成分。由表可见，焊接熔渣实质

上是由多种成分组成的复杂渣系。但为了研究方便，往往将这种复杂渣系简化为由含量高、影响大的成分组成的简单渣系，从而突出重点，解决关键问题。例如，碱性焊条的熔渣就可以看作是由 $CaO—SiO_2—CaF_2$ 组成的三元简化渣系。

表 3-6 常用焊条和焊剂的熔渣成分

焊条、焊剂类型	熔渣成分（质量分数,%）										熔渣碱度 B	熔渣类型
	SiO_2	TiO_2	Al_2O_3	FeO	MnO	CaO	MgO	Na_2O	K_2O	CaF_2		
钛铁矿	29.2	14.0	1.1	15.6	26.5	8.7	1.3	1.4	1.1	—	0.88	氧化物型
金红石	23.4	37.7	10.0	6.9	11.7	3.7	0.5	2.2	2.9	—	0.43	氧化物型
钛型	25.1	30.2	3.5	9.5	13.7	8.8	5.2	1.7	2.3	—	0.76	氧化物型
纤维素	34.7	17.5	5.5	11.9	14.4	2.1	5.8	3.8	4.3	—	0.60	氧化物型
氧化铁	40.4	1.3	4.5	22.7	19.3	1.3	4.6	1.8	1.5	—	0.60	氧化物型
碱性	24.1	7.0	1.5	4.0	3.5	35.8	—	0.8	0.8	20.3	1.86	盐-氧化物型
焊剂 430	38.5	—	1.3	4.7	43.0	1.7	0.45	—	—	6.0	0.62	氧化物型
焊剂 251	18.2~22.0	—	18.0~23.0	≤1.0	7.0~10.0	3.0~6.0	14.0~17.0	—	—	23.0~30.0	1.15~1.44	盐-氧化物型

2. 焊接熔渣的性质

（1）熔渣的碱度　碱度是表征熔渣碱性强弱的一个指标，是熔渣的重要化学性质。碱度的倒数称为酸度。熔渣的其他性质，如熔渣的黏度、表面张力等都与熔渣的碱度有密切关系。

熔渣主要由氧化物组成，熔渣的碱度可理解为熔渣中碱性氧化物总含量与酸性氧化物总含量之比，但考虑到计算方便，氧化物含量改用质量分数表示，故熔渣碱度 B 的计算公式为

$$B = \frac{\sum 碱性氧化物质量分数}{\sum 酸性氧化物质量分数}$$

按碱度值大小，可以把熔渣分为碱性渣、酸性渣和中性渣。当 $B>1$ 时为碱性渣，$B<1$ 时为酸性渣，$B=1$ 时为中性渣。

由于以上计算公式中没有考虑不同碱性氧化物或不同酸性氧化物的强弱，也没有考虑碱性氧化物、酸性氧化物会形成中性复合物，并且在一些复合物中，少量的酸性氧化物会占有较多的碱性氧化物，因此当 $B>1.3$ 时，熔渣才为碱性渣。

（2）熔渣的黏度　黏度是焊接熔渣的重要物理性质之一。它表示熔渣内部相对运动时各层之间的内摩擦力。

焊接时，熔渣的黏度大小会直接影响其机械保护作用和焊接冶金反应进行的程度。熔渣黏度过大，则流动性差，阻碍熔渣与液态金属之间的冶金反应充分进行，使气体从焊缝金属中排出困难，容易形成气孔，

焊接熔渣-PDF

使焊缝表面凸凹不平，成形不良。熔渣黏度过小，则流动性过大，使之难以完全覆盖焊缝金属表面，空气容易进入，丧失保护作用，使焊缝成形与焊缝金属力学性能变差，而且全位置焊接十分困难。

熔渣的黏度主要取决于温度和它的化学成分。温度升高，黏度变小；反之温度降低，黏度增加。按照熔渣黏度随温度下降的变化率的不同，熔渣可以分为长渣与短渣。黏度随温度降低而缓慢增加的熔渣，称为长渣；黏度随温度降低而迅速增加的熔渣，称为短渣。长渣和短渣的黏度-温度曲线如图3-5所示。

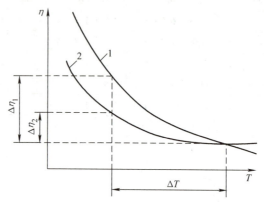

图 3-5　长渣和短渣的黏度-温度曲线

1—长渣　2—短渣

在进行立焊或仰焊时，为防止熔池金属在重力作用下流失，希望熔渣在较窄的温度范围内凝固，因而应选择短渣焊接；而在平焊位置焊接时，则希望熔渣为黏度随温度降低而缓慢增加的长渣。几种常用焊条和焊剂熔渣的黏度-温度曲线如图3-6所示。其中 E4303 和 E5015 焊条属于短渣，焊剂 HJ431 为长渣。

熔渣的化学成分对其黏度影响较大，熔渣中 SiO_2 含量增加，黏度增大；而在熔渣中加入 TiO_2、CaF_2，则黏度下降。焊条药皮中加入萤石（CaF_2）、金红石（TiO_2）来降低熔渣黏度，增加其流动性就是基于这个道理。

（3）熔渣的表面张力　表面张力是液体表面所受到的指向液体内部的力。熔渣的表面张力对熔滴过渡、焊缝成形、脱渣性以及许多冶金反应都有重要影响。

氧化物的表面张力与其本身的化学键能有关。键能越大，其表面张力就越大。具有离子键的物质，如 CaO、MnO、MgO、FeO 等键能比较大，它们的表面张力也较大；而 TiO_2、SiO_2、B_2O_3、P_2O_5

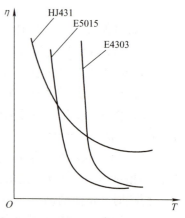

图 3-6　常用焊条和焊剂熔渣的
黏度-温度曲线

具有共价键，键能较小，其表面张力也较小。

温度升高，熔渣的表面张力下降。这是因为温度升高，组成熔渣的物质间的距离增大，相互作用减弱所致。

熔渣的表面张力和熔渣与液态金属间的界面张力越小，则熔滴越细，熔渣覆盖的情况越好。但是，界面张力过小，则难以实现焊条对全位置的焊接，也容易引起焊缝夹渣。

(4) 熔渣的熔点　焊接熔渣组成比较复杂，其熔化是在一定温度范围内进行的，而不是固定的数值，因此常将固态熔渣开始熔化的温度称为熔渣的熔点。熔渣的熔点与药皮开始熔化的温度不同，后者称为造渣温度。一般造渣温度比熔渣的熔点高 100~200℃。

熔渣的熔点对焊接工艺性能和焊缝质量影响较大。熔渣的熔点过高，将使其与液态金属之间的反应不充分，易形成夹渣和气孔，使焊缝成形变坏。熔点过低，使熔渣的覆盖性能变差，焊缝表面粗糙不平，并降低熔渣的保护效果，同时导致全位置焊接性变差。一般熔渣的熔点比焊缝金属熔点低 200~450℃。

一般酸性焊条熔渣熔化温度范围在 100~300℃ 之间，随着熔渣碱度的提高，其熔化温度区间变窄。

(5) 密度和线胀系数　密度也是熔渣的物理性质之一，它对熔渣从焊缝金属中浮出的速度、形成焊缝夹渣的难易以及流动性等都有直接的影响。所以，熔渣的密度必须低于焊缝金属的密度。

熔渣的线胀系数主要影响脱渣性。熔渣与焊缝金属的线胀系数的差值越大，脱渣性越好。

第三节　焊接区气体、熔渣与焊缝金属的作用

焊接区中气体、熔渣与焊缝金属的作用主要是氮、氢对焊缝金属的作用，焊缝金属的氧化还原，脱硫与脱磷等。

一、氮对焊缝金属的作用

焊接区周围的空气是气相中氮的主要来源。尽管焊接时采取了保护措施，但总有或多或少的氮侵入焊接区，与熔化金属发生作用。

1. 氮在金属中的溶解

(1) 氮的溶解方式　氮在金属中的溶解一般认为有以下三种形式。

1) 以原子形式溶入。焊接区的氮气分子首先被金属表面所吸附并分解为氮原子，然后氮原子穿过金属表面层向金属内部溶解。

2) 以离子形式溶入。氮原子受到高速电子的碰撞而分解为 N^+，氮离子在电场的作用下向阴极运动，并在阴极表面上与电子中和，溶入金属中。

3) 以 NO 形式溶入。当气相中同时存在氮和氧时，在电弧高温作用

下,氮与氧会形成一定浓度的 NO。当 NO 与温度较低的熔滴和熔池金属相遇时,分解为原子氮与氧而溶于金属中。

(2)氮的溶解度 氮在铁中的溶解度与温度的关系如图 3-7 所示。从图中看出,氮在液态铁中的溶解度随温度的升高而增大;当温度为 2200℃时,氮的溶解度达到最大值 47cm³/100g(0.059%);继续升高温度,溶解度急剧下降,至铁的沸点(2750℃)溶解度降为零。同时还可以看出,当液态铁凝固时,氮的溶解度突然下降至 1/4 左右。这意味着焊接熔池结晶时会有大量的氮需要逸出,若氮的逸出速度小于熔池的结晶速度,则氮就将残留在焊缝中,从而对焊缝性能产生影响。

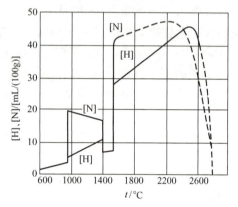

图 3-7 H_2、N_2 在铁中的溶解度与温度的关系

2. 氮对焊接质量的影响

(1)形成气孔 在碳钢焊缝中,氮是有害的杂质,它是促使焊缝产生气孔的主要原因之一。如上所述,液态金属在高温时可以溶解大量的氮,而在其凝固时氮的溶解度突然下降。这时过饱和的氮以气泡的形式从熔池中向外逸出,当焊缝金属的结晶速度大于它的逸出速度时,就形成气孔。

(2)降低焊缝金属的力学性能 氮是提高低碳钢和低合金钢焊缝金属强度、降低塑性和韧性的元素。室温下氮在 α-Fe 中的溶解度很小,仅为 0.001%。如熔池中含有较多的氮,则由于焊接时冷却速度很大,一部分氮将以过饱和的形式存在于固溶体中,另一部分氮则以针状氮化物(Fe_4N)的形式析出,分布于晶界或晶内,因而使焊缝金属的强度、硬度升高,塑性、韧性急剧下降。氮对焊缝金属力学性能的影响,如图 3-8 所示。

(3)时效脆化 氮是促使焊缝金属时效脆化的元素。焊缝金属中过饱和的氮处于不稳定状态,随着时间的延长,过饱和的氮逐渐析出,形成稳定的针状 Fe_4N,这样就会使焊缝金属的强度上升,而韧性和塑性下降。在焊缝金属中加入能形成稳定氮化物的元素,如钛、铝和锆等,可以抑制或消除时效脆化现象。

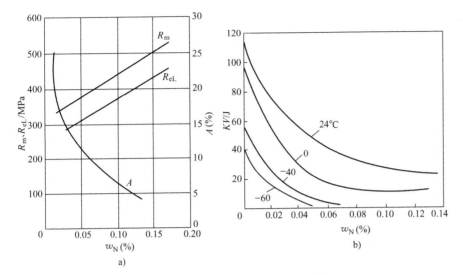

图 3-8 氮对焊缝金属力学性能的影响
a）常温强度及塑性 b）低温韧性

应当指出，氮与铜、镍等某些金属是不发生作用的，它们既不溶解氮，也不形成氮化物。因此，焊接这类金属时，可以采用氮作为保护气体。

3. 控制焊缝中含氮量的措施

为了消除氮对焊缝金属的有害作用，控制含氮量的措施主要有以下几种。

（1）加强焊接区的保护　氮不同于氧，一旦进入液态金属，脱氮就比较困难，又由于氮主要来源于空气，所以控制氮的主要措施是加强保护，防止空气与液态金属发生作用。

（2）选择正确的焊接参数　增加电弧电压即增加电弧长度，会导致保护变坏，氮与熔滴的作用时间增长，故使焊缝金属的含氮量增加。为减少焊缝中的氮含量，应尽量采用短弧焊。

增加焊接电流，熔滴过渡频率增加，氮与熔滴的作用时间缩短，增加焊丝伸出长度，降低熔滴过热等，都可使焊缝金属含氮量下降。

此外，直流正极性焊接时焊缝含氮量比反极性时高，多层焊的焊缝含氮量比单层焊时高等，这些都必须引起注意。

（3）控制焊接材料中的合金元素　增加焊丝或药皮中含碳量，可降低焊缝中的含氮量。这是因为碳能够降低氮在铁中的溶解度，碳氧化生成 CO、CO_2，加强了焊接区保护，碳氧化引起的熔池沸腾有利于氮的逸出。

在焊丝中加入一定量的合金元素（如钛、铝、锆等），可以减少焊缝中的含氮量。因为这些元素对氮的亲和力较大，能形成稳定的氮化物，且它们不溶于液态金属而进入熔渣。同时，这些元素对氧的亲和力也较大，可减少气相中 NO 的含量，也减少了焊缝含氮量。自保护焊时，就是根据这个原理在焊丝中加入这一类元素进行脱氮的。

二、氢对焊缝金属的作用

焊接时，氢主要来源于焊接材料中的水分、有机物及电弧周围空气中的水蒸气、焊丝和母材坡口表面上的铁锈及油污等。

1. 氢在金属中的溶解

（1）氢的溶解方式　焊接方法不同，氢向金属中溶解的途径也不同。在气体保护焊时，氢是通过气相与液态金属的界面以原子或质子的形式溶入金属的；在良好的渣保护时，氢是通过熔渣层溶入金属的。这是因为，熔渣中氢多是以 OH^- 形式存在，经与铁离子交换电子形成氢原子而溶入金属；此外，溶解在渣中的部分氢原子，通过熔池对流和搅拌到达金属表面，然后溶入金属。

（2）氢的溶解度　氢在铁中的溶解度与温度有关。在常温、常压条件下，氢在固态铁中的溶解度极小，小于 0.6mL/100g。随着温度的上升，溶解度增加，在 1350℃ 时为 10.1mL/100g。氢的溶解度与温度的关系如图 3-7 所示。从图中可以看出，氢的溶解度在由液态凝固成固态时急剧下降。

此外，氢的溶解度还与金属的结构有关。氢在面心立方晶格中的溶解度比在体心立方晶格中的溶解度要大得多。

2. 氢在金属中的扩散

在焊缝金属中，氢大部分是以 H、H^+ 形式存在的，它们与焊缝金属形成间隙固溶体。由于氢的原子和离子的半径很小，这一部分氢可以在焊缝金属的晶格中自由扩散，故称之为扩散氢。还有一部分氢扩散聚集到金属的晶格缺陷、显微裂纹和非金属夹杂物边缘的空隙中，结合为氢分子，因其半径增大，不能自由扩散，故称之为残余氢。一般认为，钢焊缝中的扩散氢占总氢量的 80%~90%，是造成氢危害的主要部分，显著影响接头的性能。但残余氢对接头性能的影响也不能忽视，因为残余氢只要获得足够高的能量，也可重新转变为扩散氢。

焊缝金属中的含氢量，随着放置时间的增加，一部分扩散氢会从焊缝中逸出，一部分变为残余氢。因此扩散氢量减少，残余氢量增加，而总氢量下降，如图 3-9 所示。通常所说的焊缝含氢量，是指焊后立即按标准方法测定并换算为标准状态下的含氢量。

用不同焊接方法焊接低碳钢时，焊缝金属中的含氢量各不相同，见表 3-7。由表可看出，所有焊接方法都使焊缝金属增氢，都大于低碳钢母材和焊丝的含氢量（一般为 0.2~0.5mL/100g）。焊条电弧焊中，用碱性焊条焊接的焊缝含氢量最低。CO_2 气体保护焊焊缝含氢量最低，是一种超低氢的焊接方法。

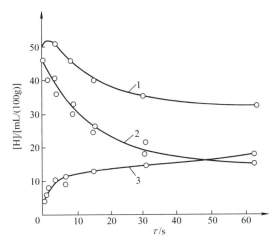

图 3-9 焊缝中含氢量与焊后放置时间的关系
1—总氢量 2—扩散氢 3—残余氢

表 3-7 焊接低碳钢时焊缝金属中的含氢量

焊接方法		扩散氢 /(mL/100g)	残余氢 (mL/100g)	总氢量 /(mL/100g)	备 注
焊条电弧焊	纤维素	35.8	6.3	42.1	
	金红石	39.1	7.1	46.2	
	钛铁矿	30.1	6.7	36.8	
	氧化铁	32.3	6.5	38.8	
	碱性	4.2	2.6	6.8	
埋弧焊		4.40	1~1.5	5.9	在 40~50℃ 停留 48~72h 测定扩散氢;真空加热测定残余氢
CO_2 气体保护焊		0.04	1~1.5	1.54	
氧乙炔焊		5.00	1~1.5	6.5	

3. 氢对焊接质量的影响

氢是还原性气体,它在电弧气氛中有助于减少金属的氧化。在氩弧焊焊接高合金钢时,氩气中加入少量的氢可以改善焊接工艺性能。但在大多数情况下,氢的有害作用是主要的。

氢的有害作用可分为两类:一类是暂态现象,包括氢脆、白点、硬度升高等,这类现象的特点是经过时效或热处理之后,氢能自焊接接头中逸出,即可消除;另一类是永久现象,包括气孔、裂纹等,这类现象一旦出现,是不可消除的。

(1) 氢脆 金属中因吸收氢而导致塑性严重下降的现象称为氢脆。氢对钢的强度没有明显影响,但其塑性,特别是断后伸长率、断面收缩率随含氢量增加而显著下降,如图 3-10 所示。对焊缝金属进行去氢处理后,其塑性可以基本恢复。

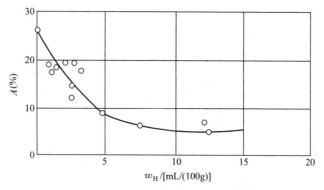

图 3-10　氢含量对低碳钢塑性的影响

氢脆现象是由溶解在金属晶格中的氢引起的。在试件拉伸过程中，金属中的位错发生运动和堆积，结果形成显微空腔。与此同时，溶解在晶格中的氢原子不断地沿着位错运动的方向扩散，最后聚集到显微空腔内，结合为氢分子。这个过程的发展使空腔内产生很高的压力，导致金属变脆。

氢脆与焊缝金属的含氢量、试验温度及焊缝金属的组织结构等有关。焊缝含氢量越高，氢脆的倾向越大。氢脆只有在一定的试验温度范围内（如室温）才明显表现出来。因为温度较高时，氢可以迅速扩散外逸；而温度很低时，氢的扩散速度很小，来不及扩散聚集。另外，氢脆也与金属组织有关，在马氏体中氢脆最严重，而在奥氏体中氢脆不明显。

(2) 白点　对于碳钢或低合金钢焊缝，如含氢量较高，则常常在其拉伸或弯曲试件的断面上，出现银白色圆形局部脆断点，称之为白点。白点的直径一般为 $0.5 \sim 3mm$，其周围为韧性断口，故用肉眼即可辨认。在大多数情况下，白点的中心有小夹杂物或气孔，好像鱼眼一样，故又称鱼眼。如果焊缝金属产生了白点，则其塑性将大大降低。若焊件预先进行消氢处理，则不会出现白点。

焊缝金属对白点的敏感性与含氢量、金属的组织等因素有关。试件含氢量越多，则出现白点的可能性越大。纯铁素体和奥氏体钢焊缝不出现白点。前者是因为氢在其中扩散快，易于逸出；后者是因为氢在其中的溶解度大，且扩散很慢。碳钢和用 Cr、Ni、Mo 合金化的焊缝，尤其是这些元素含量较大时，对白点很敏感。

(3) 气孔　如果熔池吸收了大量的氢，在熔池凝固结晶时，由于氢的溶解度发生突变（图 3-7），必然发生氢由固态向液态中聚集，而在液态中形成过饱和状态。这时部分原子氢将结合为分子氢进而形成气泡。当气泡外逸速度小于结晶速度时，就留在焊缝中形成了气孔。

(4) 产生冷裂纹　冷裂纹是焊接接头冷却到较低温度时产生的一种裂纹，其危害性很大。氢是产生冷裂纹的因素之一，焊缝含氢量越高，产生冷裂纹倾向越大。

4. 控制氢的措施

(1) 限制焊接材料中的含氢量　制造焊条、焊剂、药芯焊丝用的各种材料，如有机物、天然云母、白泥、长石、水玻璃、铁合金等，都程度不同地含有吸附水、结晶水、化合水或溶解的氢，是焊缝中氢的主要来源。因此，要控制这些材料的用量，特别是制造低氢和超低氢［氢含量<1mL/(100g)］型焊条和焊剂时，应尽量选用不含或少含氢量的材料。

在生产中经常采用以下措施，来减少焊接材料中的水分。

1) 焊条、焊剂在使用前进行严格的烘干。烘干后的焊条、焊剂应立即使用，或放在保温筒（箱）中，随取随用。

2) 存放焊接材料时，加强防潮。焊接材料应放在离地、离墙300mm以上的木架上；焊接材料一级库内应配有空调设备和去湿机，保证室温在5~25℃之间，相对湿度低于60%等。

3) 控制保护气体水分。焊接保护气体，如Ar和CO_2等常含有水分，应对其采取脱水、干燥等措施。

(2) 清除焊丝和焊件表面上的杂质　焊丝和焊件坡口表面上的铁锈、油污、吸附的水分以及其他含氢物质是增加焊缝含氢量的又一主要来源，因此，焊前应仔细清理。为了防止焊丝生锈，通常在焊丝表面进行镀铜处理。

焊接铜、铝、铝镁合金、钛及钛合金时，因其表面常形成含氢的氧化物薄膜，如$Al(OH)_3$、$Mg(OH)_2$等，所以必须采用机械或化学方法进行清理，否则由于氢的作用可能产生气孔、裂纹等缺陷。

(3) 冶金处理　冶金处理就是通过调整焊接材料的成分，通过冶金作用使氢在焊接过程中生成比较稳定的、不溶于液态金属的氢化物，如HF、OH等，从而降低氢在液态金属中的溶解度，达到降低焊缝中氢含量的目的。

1) 在药皮和焊剂中加入氟化物。在焊条药皮或焊剂中加入氟化物（CaF_2），可以不同程度地降低焊缝含氢量。反应生成的HF是比较稳定的气态产物，它在高温下既不发生分解，也不溶于液态金属，而是随焊接烟尘一起散发到大气中，因而起到了脱氢的作用。

$$CaF_2 + 2H = Ca + 2HF$$

在高硅高锰焊剂中加入适当比例的CaF_2和SiO_2，可显著降低焊缝的含氢量。CaF_2与SiO_2共同作用去氢，可认为是经过下列反应最终形成稳定的HF的结果。

$$2CaF_2 + 3SiO_2 = SiF_4 + 2CaSiO_3$$
$$SiF_4 + 2H_2O = 4HF + SiO_2$$
$$SiF_4 + 3H = 3HF + SiF$$

2) 增加焊接材料的氧化性。焊条药皮中的碳酸盐分解析出的CO_2及气体保护焊的氧化性气体CO_2，可夺取氢生成高温稳定的OH而去氢。其反应式为

$$CO_2 + H = CO + OH$$

CO_2 气体保护焊时，尽管其中含有一定的水分，但焊缝中的含氢量很低，其原因就在于 CO_2 气体具有氧化性；氩弧焊焊接不锈钢、铝、铜和镍时，为了消除气孔、改善工艺性能，常在氩气中加入体积分数为 5% 左右的氧气，就是以此为理论依据的。

（4）控制焊接参数　焊接参数对焊缝金属的含氢量有一定的影响。

焊条电弧焊时，在其他焊接参数不变的情况下，增大焊接电流，使熔滴吸收的氢量增加；气体保护焊时，采用射流过渡比滴状过渡形式，可降低焊缝中的氢含量。

电弧焊时，电流种类和极性对焊缝含氢量也有影响，如图 3-11 所示。用交流电焊接时，焊缝含氢量比用直流电焊接时多；采用直流负极性焊接时，焊缝含氢量比采用正极性焊接时少。正极性与负极性焊缝含氢量的不同，可由图 3-12 来解释。当直流正极性时，电弧中的 H^+ 向阴极运动，阴极为高温的熔滴，氢的溶解较大；负极性时，H^+ 仍向阴极运动，但这时阴极是温度较低的熔池，氢的溶解度减少。交流焊接时，由于电流做周期性变化，使弧柱温度做周期性变化，在电流通过零点的瞬时，弧柱温度都要迅速下降，因而引起周围气氛的体积变化，在气体膨胀、收缩时，熔滴就有更多机会接触气体，因而气孔的倾向增大。

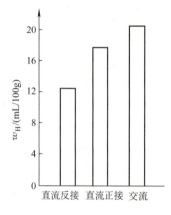

图 3-11　电流种类和极性对焊缝含氢量影响

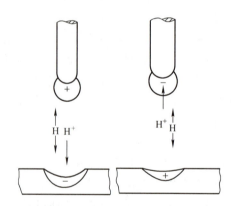

图 3-12　正极性与负极性含氢量的不同

（5）焊后脱氢处理　焊后加热焊件，促使氢扩散外逸，从而减少接头中含氢量的工艺叫脱氢处理。加热温度越高，保温时间越长，脱氢效果越明显，如图 3-13 所示。一般把焊件加热到 350℃ 以上，保温 1h，几乎可以将扩散氢全部去除。在生产上，对于易产生冷裂纹的焊件，常要求进行脱氢处理。

三、氧对焊缝金属的作用

焊接时的氧主要来自电弧中氧化性气体（CO_2、O_2、H_2O 等）、氧化性熔渣及焊件和焊丝表面的铁锈、水分、氧化物等。

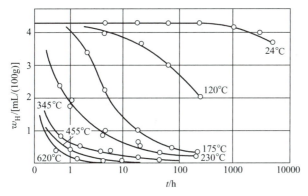

图 3-13 焊后脱氢处理对焊缝含氢量的影响

1. 氧在金属中的溶解

氧在电弧高温作用下会分解为原子,氧以原子氧和 FeO 两种形式溶于液态铁中。氧在金属铁中的溶解度与温度有关。温度越高,溶解度越大;反之,溶解度急剧下降。在 1600℃ 以上,氧的溶解度为 0.3%;在凝固结晶时,降为 0.16%;由体心立方 δ-Fe 转变为面心立方 γ-Fe 时,氧的溶解度又下降到 0.05% 以下;到室温体心立方 α-Fe 时几乎不溶解氧(溶解度 <0.001%)。因此,氧在焊缝金属中大部分以氧化物形式存在,以固溶形式存在焊缝金属中的,只有极少部分。

2. 氧对焊接质量的影响

氧在焊缝中不论以何种形式存在,对焊缝金属的性能都有很大的影响,主要是降低力学性能、降低物理和化学性能、产生气孔及合金元素烧损等方面。

(1) 降低力学性能、物理和化学性能　随着焊缝金属含氧量的增加,其强度、塑性、韧性明显下降,尤其是低温冲击韧性急剧下降,严重降低其力学性能,如图 3-14 所示。

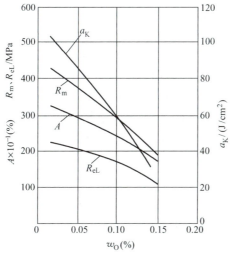

图 3-14　氧对低碳钢焊缝常温力学性能的影响

氧还引起热脆、冷脆和时效硬化，还会降低焊缝金属的物理性能和化学性能，如降低导电性、导磁性和耐蚀性等。

（2）产生气孔　溶解在熔池中的氧与碳发生反应，生成不溶于金属的 CO，在熔池结晶时，CO 气泡来不及逸出就会形成气孔。

（3）合金元素烧损　氧使有益的合金元素烧损，使焊缝的力学性能达不到母材的水平。同时，熔滴中含氧和碳多时，它们相互作用生成的 CO 受热膨胀，使熔滴爆炸，造成飞溅，影响焊接过程的稳定性。

3. 焊缝金属的氧化

焊缝金属的氧化主要有气相对焊缝金属的氧化、熔渣对焊缝金属的氧化及焊件表面氧化物对金属的氧化等。

（1）气相对焊缝金属的氧化　气相对焊缝金属的氧化是指气相中的氧化性气体 O_2、CO_2、H_2O 等对焊缝金属的氧化。

1）自由氧对焊缝金属的氧化。在焊接低碳钢或低合金钢时，主要考虑铁的氧化，高温时铁的氧化物主要是 FeO。

焊条电弧焊时，虽然采取了渣-气联合保护措施，但空气中氧总是或多或少地侵入电弧，高价氧化物等物质受热分解也会产生氧，从而使铁氧化，其化学反应式为

$$[Fe]+1/2O_2 = FeO+26.97kJ/mol$$

$$[Fe]+O = FeO+515.76kJ/mol$$

由反应的热效应看，原子氧对铁的氧化比分子氧更激烈。

在焊接钢时，除铁发生氧化外，钢液中其他对氧亲和力比铁大的元素，如 C、Si、Mn 等也会发生氧化，其化学反应式为

$$[C]+1/2O_2 = CO(气)$$

$$[Si]+O_2 = SiO_2$$

$$[Mn]+1/2O_2 = MnO$$

2）CO_2 对焊缝金属的氧化。焊条电弧焊时，药皮中的碳酸盐分解会产生 CO_2，CO_2 气体保护焊时 CO_2 本身就是保护介质。高温时，CO_2 将发生分解，分解的 O_2 使铁氧化，其反应式为

$$CO_2 = CO+1/2O_2$$

$$[Fe]+CO_2 = FeO+CO(气)$$

温度越高，CO_2 分解度越大，CO_2 对焊缝金属的氧化作用也就越强。

实践表明，不仅纯 CO_2 具有强烈的氧化性，即使当气相中有少量的 CO_2 时，也会对焊缝金属有较强的氧化作用。因此，在含有碳酸盐的药皮中，必须加入一些锰、硅等元素进行脱氧；对于 CO_2 气体保护焊，焊丝中必须加入一定量的锰和硅脱氧元素，才能保证焊接质量。

3）H_2O 对焊缝金属的氧化。焊接区的水蒸气在高温下发生分解，产生的氧也会对焊缝金属发生氧化作用，其化学反应式为

$$H_2O(气)+[Fe] = FeO+H_2$$

在相同条件下，CO_2 比 H_2O 的氧化性强。但是，水蒸气不仅使铁氧

化,还会使焊缝增氢。

需要注意的是,焊条电弧焊时,气相不是单一气体,而是多种气体的混合物。因此,除单一气体的基本作用外,还要考虑各气体之间的相互作用,从而分析出整个气相的氧化性大小。

(2) 熔渣对焊缝金属的氧化　熔渣对焊缝金属的氧化有两种基本形式,即扩散氧化和置换氧化。

1) 扩散氧化。FeO 由熔渣向焊缝金属扩散而使焊缝金属增氧的过程称为扩散氧化。FeO 既溶于熔渣又溶于液态金属,在一定温度下平衡时,它在两相中的浓度符合分配定律,即

$$L = \frac{w_{(FeO)}}{w_{[FeO]}}$$

式中　L——FeO 在熔渣和液态金属中的分配常数;

$w_{(FeO)}$——FeO 在熔渣中的质量分数;

$w_{[FeO]}$——FeO 在液态金属中的质量分数。

图 3-15 是不同性质熔渣中的 FeO 浓度与焊缝中含氧量的关系。在温度不变的情况下,不管是碱性渣还是酸性渣,当增加熔渣中 FeO 的浓度时,将促使 FeO 向熔池金属中扩散,使焊缝中的含氧量增加,即焊缝中的含氧量随着熔渣中 FeO 含量的增加成直线上升。

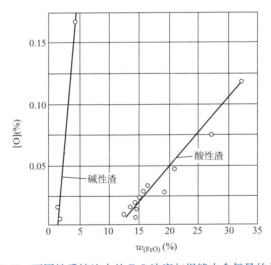

图 3-15　不同性质熔渣中的 FeO 浓度与焊缝中含氧量的关系

FeO 的分配常数 L 与温度和熔渣的性质有关。温度升高,L 减小,即在高温时 FeO 更容易向熔池金属扩散。所以,扩散氧化主要发生在熔滴阶段和熔池头部高温区。

在同样的温度下,FeO 在碱性渣中比在酸性渣中更容易向金属中分配。也就是说,在熔渣 FeO 浓度相同的情况下,碱性渣时焊缝含氧量比酸性渣时大(图 3-15)。这是因为碱性渣中含 SiO_2、TiO_2 等酸性氧化物较少,FeO 的活度大,易向金属中扩散,而使焊缝增氧。正因为如此,在碱

性焊条药皮中一般不加入含 FeO 的物质,并要求焊接时清除焊件表面上的氧化皮和铁锈,否则将使焊缝增氧并可能产生气孔等缺陷。这就是碱性焊条对铁锈和氧化皮敏感性大的原因。相反,酸性渣中含 SiO_2、TiO_2 等酸性氧化物较多,它们与 FeO 形成复合物如 $FeO \cdot SiO_2$,使 FeO 的活度减小,故在 FeO 含量相同的情况下,焊缝含氧量减少。

但是,不应由此认为碱性焊条的焊缝含氧量比酸性焊条高,恰恰相反,碱性焊条的焊缝含氧量比酸性焊条低,这是因为严格控制了碱性渣中的 FeO 含量,又在药皮中加入较多的脱氧剂的缘故。

2)置换氧化。焊缝金属与熔渣中易分解的氧化物发生置换反应而被氧化的过程,称为置换氧化。例如,用低碳钢焊丝配合高硅高锰焊剂(HJ431)进行埋弧焊时,发生一系列化学反应:

$$SiO_2 + 2[Fe] = [Si] + 2FeO$$
$$MnO + [Fe] = [Mn] + FeO$$

反应的结果使焊缝中硅和锰增加,同时使铁氧化,生成的 FeO 大部分进入熔渣,小部分溶于液态铁中,使焊缝增氧。温度升高,反应向右进行,焊缝增氧,因此置换氧化反应主要发生在熔滴阶段和熔池头部的高温区。

焊接碳钢和低合金钢时,尽管上述反应使焊缝增氧,但因硅、锰含量同时增加,使焊缝性能仍能满足使用要求,所以高硅高锰焊剂配合低碳钢焊丝广泛用于焊接低碳钢和低合金钢。但是,在焊接中、高合金钢时,焊缝中含氧量和含硅量增加,使它的抗裂性和力学性能特别是低温韧性显著降低。所以,要求药皮或焊剂中不加 SiO_2,并不用含硅酸盐的黏结剂,这是在研制焊接高合金钢及其合金焊条或焊剂时必须注意的。

(3)焊件表面氧化物对金属的氧化 焊接时,焊件表面上的氧化皮和铁锈都对金属有氧化作用。

铁锈的成分为 $mFe_2O_3 \cdot nH_2O$,其中 $w_{Fe_2O_3} \approx 83.28\%$,$w_{FeO} \approx 5.7\%$,$w_{H_2O} \approx 10.7\%$。铁锈在高温下分解后,其 H_2O 进入气相,增加了气相的氧化性,而 Fe_2O_3 和液态铁发生反应:

$$Fe_2O_3 + [Fe] = 3FeO$$

氧化铁皮的主要成分是 Fe_3O_4,它与铁也发生反应:

$$Fe_3O_4 + [Fe] = 4FeO$$

反应生成的这些 FeO 大部分进入熔渣,一部分进入焊缝使之增氧。因此,焊前清理焊件坡口边缘及焊丝表面的氧化物、油污等杂质,对保证焊接质量是非常重要的。

4. 控制氧的措施

焊接条件下,控制氧的措施主要有纯化焊接材料、采取严格的焊接工艺措施及用冶金方法脱氧等。

在正常焊接条件下,焊缝中氧的主要来源不是热源周围的空气,而是焊接材料、水分、焊件和焊丝表面上的铁锈、氧化膜等。

（1）纯化焊接材料　在焊接某些要求比较高的合金钢、合金、活性金属时，应尽量少用或不用含氧的焊接材料。例如，采用高纯度的惰性气体作为保护气体，采用低氧或无氧焊条、焊剂，甚至在真空中进行焊接。表 3-8 是焊接时低氧焊条与一般碱性焊条焊缝中氧含量的比较。

表 3-8　焊接时低氧焊条与一般碱性焊条焊缝中氧含量的比较

焊条	药皮组成（质量分数）	焊丝	氧含量(%) 焊丝	氧含量(%) 焊缝
低氧焊条	$CaCO_3$ 10%～15% CaF_2 85%～90%	Cr20Ni80	0.013	0.010
一般碱性焊条	$CaCO_3$ 40%～48%			0.035

（2）采取严格的焊接工艺措施　焊缝中的含氧量与焊接工艺有密切关系。采用短弧焊、选用合适的气体流量等，都能防止空气侵入，减少氧与熔滴的接触，从而减少焊缝的含氧量增加。清理焊件及焊丝表面的水分、油污、锈迹，按规定温度烘干焊剂、焊条等焊接材料也是控制焊缝中含氧量的措施。此外，焊接电流的种类和极性以及熔滴过渡的特性等也有一定的影响。

（3）脱氧　焊接时，除采取措施防止熔化金属氧化外，设法在焊丝、药皮、焊剂中加入一些合金元素，去除或减少已进入熔池中的氧，是保证焊缝质量的关键，这个过程称为焊缝金属的脱氧。用于脱氧的元素或合金叫脱氧剂。对焊缝金属脱氧是生产实际中行之有效的控制焊缝含氧量的办法。

1）脱氧剂选择的原则。

① 脱氧剂在焊接温度下对氧的亲和力应比被焊金属的亲和力大。元素对氧的亲和力大小按递减顺序为：Al、Ti、Si、Mn、Fe。

在实际生产中，常用它们的铁合金或金属粉，如锰铁、硅铁、钛铁、铝粉等作为脱氧剂。元素对氧的亲和力越大，脱氧能力越强。

② 脱氧后的产物应不溶于液态金属而容易被排除入渣；脱氧后的产物熔点应较低，密度应比金属小，易从熔池中上浮入渣。

2）焊缝金属的脱氧途径。脱氧反应是分阶段或区域进行的，按其进行的方式和特点有先期脱氧、沉淀脱氧和扩散脱氧三种方式。

① 先期脱氧。焊接时，在焊条药皮加热过程中，药皮中的碳酸盐（$CaCO_3$、$MgCO_3$）或高价氧化物（Fe_2O_3）受热分解放出 CO_2 和 O_2，这时药皮内的脱氧剂，如锰铁、硅铁、钛铁等便与其起氧化反应生成氧化物，从而使气相氧化性降低，这种在药皮加热阶段发生的脱氧方式称为先期脱氧。

先期脱氧的目的是尽可能早期地把氧去除，减少熔化金属氧化。先期脱氧是不完全的，脱氧过程和脱氧产物一般不和熔滴金属发生直接关系。

由于铝、钛对氧的亲和力很大，它们在先期脱氧过程中大部分被烧损，故它们主要用于先期脱氧，很难进行沉淀脱氧。由于药皮加热阶段的温度比较低、反应时间短，故先期脱氧是不完全的，需进一步脱氧。

② 沉淀脱氧。沉淀脱氧是利用溶解在熔滴和熔池中的脱氧剂直接与 FeO 进行反应脱氧，并使脱氧后的产物排入熔渣而清除。沉淀脱氧的对象主要是液态金属中的 FeO，沉淀脱氧常用的脱氧剂有锰铁、硅铁、钛铁等。

下面以酸、碱性焊条为例来分析沉淀脱氧原理。酸性焊条（E4303）一般用锰铁脱氧；碱性焊条（E5015）一般用硅铁、锰铁联合脱氧。硅铁、锰铁的脱氧化学反应式如下：

$$2FeO + Si \Longleftrightarrow SiO_2 + 2Fe$$
$$FeO + Mn \Longleftrightarrow MnO + Fe$$

Si 对氧的亲和力比 Mn 对氧的亲和力大，按理说脱氧作用比 Mn 强，那么为什么酸性焊条（E4303）中，不用 Si 而必须用 Mn 来脱氧呢？这是由于酸性焊条（E4303）的熔渣中含有大量的酸性氧化物 SiO_2 及 TiO_2，而用 Si 脱氧后的生成物也是 SiO_2，这些生成物无法与熔渣中存在的大量酸性氧化物结合成稳定的复合物而进入熔渣，所以脱氧反应难以进行而无法脱氧。而 MnO 是碱性氧化物，因此很容易与酸性氧化物（SiO_2、TiO_2）结合成稳定的复合物（$MnO \cdot SiO_2$ 及 $MnO \cdot TiO_2$）而进入熔渣，所以脱氧反应易于进行，有利于脱氧。

那么碱性焊条（E5015）为何又不能用 Mn 脱氧，而必须用 Si、Mn 来联合脱氧呢？这是因为碱性焊条（E5015）熔渣中含有大量的 CaO 等碱性氧化物，而 Mn 脱氧后的生成物 MnO 也是碱性氧化物，这些生成物无法与熔渣中存在的大量的碱性氧化物结合成稳定的复合物进入熔渣。如用 Si、Mn 来联合脱氧，则脱氧后的产物是稳定的复合物 $MnO \cdot SiO_2$。实践证明，当 [Mn]/[Si] = 3~7 时，其密度小、熔点低、容易聚合为半径大的质点浮到熔渣中去，从而降低焊缝中的含氧量，达到了脱氧目的。

需要注意的是，硅的脱氧能力虽然比锰强，但生成的 SiO_2 熔点高，不易上浮，易形成夹杂，故一般不宜单独作脱氧剂。

③ 扩散脱氧。利用 FeO 既能溶于熔池金属，又能溶解于熔渣的特性，使 FeO 从熔池扩散到熔渣，从而降低焊缝含氧量，这种脱氧方式称为扩散脱氧。扩散过程如下：

$$[FeO] \rightarrow (FeO)$$

扩散脱氧是扩散氧化的逆过程。由温度与分配常数 L 的关系可知：温度下降，L 增加，有利于扩散脱氧进行。因此，扩散脱氧是在熔池尾部的低温区进行的。

酸性焊条焊接时，由于熔渣中存在大量的 SiO_2、TiO_2 等酸性氧化物，作为碱性氧化物的 FeO 就比较容易从熔池扩散到熔渣中去，与之结合成稳定的复合物 $FeO \cdot TiO_2$、$FeO \cdot SiO_2$，从而降低熔池中 FeO 的含量。所以，酸性焊条焊接以扩散脱氧作为主要脱氧方式。

碱性焊条焊接时，由于在碱性熔渣中存在大量的强碱性的 CaO 等氧化物，而熔池中的 FeO 也是碱性氧化物，因此扩散脱氧难以进行，所以扩散脱氧在碱性焊条中基本不存在。

由此可见，酸性焊条主要以扩散脱氧为主，碱性焊条主要以沉淀脱氧为主。

四、焊缝中硫和磷的控制

焊接时，除氮、氢、氧对焊接质量有不利影响外，硫和磷的存在，也会严重影响焊缝的质量，因此焊接时必须对硫、磷加以严格控制。

1. 硫、磷的来源及存在形式

焊缝中的硫、磷主要来自母材、焊丝、药皮、焊剂等原材料。硫在焊缝中主要以 FeS 和 MnS 形式存在，由于 MnS 在液态铁中溶解度极小，且易排除入渣，即使不能排走而留在焊缝中，也呈球状分布于焊缝中，因而对焊缝质量影响不大。所以，焊缝中以 FeS 形式最为有害。磷在焊缝中主要以铁的磷化物 Fe_2P、Fe_3P 的形式存在。

2. 硫、磷的危害

硫是焊缝中的有害杂质。FeS 可无限地溶解于液态铁中，而在固态铁中的溶解度只有 0.015%~0.020%，因此熔池凝固时 FeS 会析出，并与 Fe、FeO 等形成低熔点共晶（FeS+Fe）和（FeS+FeO），尤其焊接高 Ni 合金钢时，硫与 Ni 形成的（NiS+Ni）共晶的熔点更低。这些低熔点共晶呈液态薄膜聚集于晶界，导致晶界处开裂，产生结晶裂纹。此外，硫还能引起偏析，降低焊缝金属的冲击韧度和耐腐蚀性能。当焊缝金属中含碳量增加时，会促使硫发生偏析，从而增加它的危害性。

磷在多数钢焊缝中是一种有害的杂质。在液态铁中可溶解较多的磷，主要以 Fe_2P 和 Fe_3P 的形式存在，而在固态铁中磷的溶解度极低。磷与铁和镍可以形成低熔点共晶（Fe_3P+Fe）和（Ni_3P+Ni），因此在熔池快速结晶时，磷易发生偏析，促使形成结晶裂纹。磷化铁常分布于晶界，减弱了晶粒之间的结合力，同时它本身既硬又脆。这就增加了焊缝金属的冷脆性，即冲击韧度降低，脆性转变温度升高。

因此，应尽量减少焊缝中的含硫、含磷量。一般在低碳钢和低合金钢焊缝中，硫、磷的质量分数应分别小于 0.035% 和 0.045%，而在合金钢焊缝中，应分别小于 0.025% 和 0.035%。

硫化物、磷化物低熔点共晶的熔点见表 3-9。

表 3-9 硫化物、磷化物低熔点共晶的熔点

共晶物	（FeS+Fe）	（FeS+FeO）	（NiS+Ni）	（Fe_3P+Fe）	（Ni_3P+Ni）
熔点/℃	985	940	644	1050	880

3. 控制硫和磷的措施

控制硫和磷的措施主要有限制母材、焊接材料等原材料的原始硫、

磷含量和采取冶金措施,在焊缝中脱硫、脱磷。

(1) 限制母材、焊接材料等原材料的原始硫、磷含量　限制母材、焊接材料等原材料的原始硫、磷含量即控制了焊缝中的硫、磷来源,如低碳钢及低合金钢焊丝中硫的质量分数应不大于0.04%;合金钢焊丝中硫的质量分数应不大于0.035%;不锈钢焊丝中硫的质量分数应不大于0.02%等,而磷的质量分数不大于0.040%。图3-16是焊缝中磷的增量与焊剂中含磷量的关系,可以看出,焊剂中含磷量越高,焊缝中磷的含量、磷的增量越大。

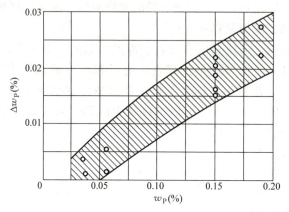

图3-16　焊缝中磷的增量 Δw_P 与焊剂含磷量 w_P 的关系

(2) 冶金脱硫　焊接过程中脱硫的主要措施有元素脱硫和熔渣脱硫两种。

1) 元素脱硫。元素脱硫就是在液态金属中加入一些对硫的亲和力比铁大的元素,把铁从FeS中还原出来,形成的硫化物不熔于金属而进入熔渣,从而达到脱硫的目的。在焊接中最常用的是Mn元素脱硫,因为Mn脱硫产物MnS几乎不溶于金属而进入熔渣,其反应式为

$$[FeS]+[Mn] = (MnS)+[Fe]$$

2) 熔渣脱硫。熔渣脱硫是利用熔渣中的碱性氧化物如CaO、MnO及CaF_2等进行脱硫。脱硫产物CaS、MnS进入熔渣被排除,从而达到脱硫目的。其反应式如下:

$$[FeS]+(MnO) = (MnS)+(FeO)$$
$$[FeS]+(CaO) = (CaS)+(FeO)$$

Ca比Mn对硫的亲和力强,并且CaS完全不溶于金属,所以CaO脱硫效果较MnO好。

CaF_2脱硫主要是利用氟与硫能化合成挥发性氟硫化合物及CaF_2与SiO_2作用可产生CaO来进行的。

(3) 冶金脱磷　焊接过程中脱磷分为以下两步。

1) 将P氧化成P_2O_5,其反应式如下:

$$2Fe_3P+5FeO = P_2O_5+11Fe$$

$$2Fe_2P + 5FeO = P_2O_5 + 9Fe$$

2)利用碱性氧化物与 P_2O_5 形成稳定的磷酸盐进入熔渣。

P_2O_5 是酸性氧化物，易与碱性氧化物结合成稳定的磷酸盐进入熔渣，从而达到脱磷目的。碱性氧化物中 CaO 效果最好，因此常用 CaO 脱磷，其反应式如下：

$$P_2O_5 + 3(CaO) = (CaO)_3 \cdot P_2O_5$$
$$P_2O_5 + 4(CaO) = (CaO)_4 \cdot P_2O_5$$

从上述反应可知，增加熔渣的碱度可减少焊缝的含磷量。此外，在碱性渣中加入 CaF_2 也有利于脱磷，这是因为 CaF_2 在渣中能与 P_2O_5 形成稳定的复合物，CaF_2 还能降低渣的黏度，有利于物质扩散。

（4）酸性焊条和碱性焊条的脱硫和脱磷　酸性焊条熔渣中碱性氧化物 CaO 及 MnO 较少，熔渣脱硫能力弱，仅靠 Mn 元素脱硫。同时，碱性氧化物 CaO 较少，脱磷能力差。所以，酸性焊条脱硫、脱磷效果较差。

碱性焊条药皮中含有大量的大理石、萤石和铁合金，熔渣中有大量的碱性氧化物 CaO、MnO 等，既能进行熔渣脱硫，又能脱磷，同时又可元素脱硫。所以，碱性焊条的脱硫、脱磷能力比酸性焊条强。这是碱性焊条的力学性能、抗裂性能比酸性焊条强的重要原因。

必须注意的是：虽然冶金反应脱硫、脱磷能降低焊缝中的含硫、含磷量，但由于焊接冶金时间短，脱硫、脱磷反应来不及充分进行，总的来说，酸性焊条和碱性焊条的脱硫和脱磷效果仍较差。因此，严格控制母材和焊接材料中的硫、磷的来源，是控制焊缝金属中含硫含磷量的主要措施。

第四节　焊缝金属的合金化

焊缝金属的合金化就是将所需的合金元素由焊接材料通过焊接冶金过程过渡到焊缝金属中去的过程，也称焊缝金属的渗合金。

1. 焊缝金属合金化的目的

1）补偿焊接过程中由于合金元素氧化和蒸发等造成的损失，以保证焊缝金属的成分、组织和性能符合预定的要求。

2）通过向焊缝金属中渗入母材不含或少含的合金元素，以满足焊件对焊缝金属的特殊要求。如用堆焊的方法来过渡 Cr、Mo、W、Mn 等合金元素，提高焊件表面耐磨性、耐热性、耐蚀性等。

3）消除焊接工艺缺陷，改善焊缝金属的组织和性能。如向焊缝金属中加入锰以消除硫引起热裂纹，在焊接某些结构钢时，常向焊缝加入微量的 Ti、B 等，以细化晶粒，提高焊缝的韧性等。

2. 焊缝金属合金化的方式

焊缝金属合金化主要通过应用合金焊丝（焊芯）、药芯焊丝、焊条药皮或烧结焊剂等进行，也可将合金粉末输送至焊接区或直接撒在焊件表面（坡口），使焊接时熔合形成合金化的焊缝。

（1）应用合金焊丝或带极　把所需要的合金元素加入焊丝、带极或板极内，配合碱性药皮或低氧、无氧焊剂进行焊接或堆焊，从而把合金元素过渡到焊缝中去。其优点是焊缝成分稳定、均匀可靠，合金损失少；缺点是合金成分不易调整，制造工艺复杂，成本高。对于脆性材料如硬质合金不能轧制、拔丝，故不能采用此方式。

（2）用药芯焊丝或药芯焊条　药芯焊丝的结构是各式各样的。最简单的是圆形断面，其外皮可用低碳钢或其他合金卷制而成，里面填满铁合金、铁粉等物质。用这种药芯焊丝可进行埋弧焊、气体保护焊和自保护焊。也可以在药芯焊丝表面涂上碱性药皮，制成药芯焊条。这种合金化方式的优点是药芯中合金成分的比例可任意调整，因此，可得到任意成分的堆焊金属，且合金的损失较少；缺点是不易制造，成本较高。

（3）应用合金药皮或烧结焊剂　这种方式是把所需要的合金元素以纯金属或铁合金的形式加入药皮或烧结焊剂中，配合普通焊丝使用。它的优点是制造容易，成本低。但由于氧化损失较大并有一部分残留在渣中，故合金利用率较低。用烧结焊剂埋弧焊时，焊缝成分受焊接工艺，特别是电弧电压的影响较大，工艺参数波动易使焊缝合金成分不均匀。

（4）应用合金粉末　将需要的合金元素按比例配制成具有一定粒度的合金粉末，把它输送到焊接区，或直接涂敷在焊件表面或坡口内，在热源作用下与母材熔合后就形成合金化的堆焊金属。其优点是合金成分的比例调配方便，不必经过轧制、拔丝等工序，制造容易，合金的损失不大。但成分的均匀性较差。

此外，还可以通过从金属氧化物中还原金属的方式来合金化，如高锰高硅焊剂埋弧焊时，硅锰还原反应使焊缝增硅增锰，用的就是此法。但这种方式合金化的程度是有限的，还会造成增氧。

需要注意的是，这些合金化的方式，在实际生产中可根据具体条件和要求来选择，有时可以几种方式同时使用。

3. 合金元素的过渡系数及其影响因素

（1）合金元素的过渡系数　焊接过程中，合金元素不能全部过渡到焊缝金属中去，为了说明合金元素过渡情况，常用合金元素的过渡系数，即合金元素过渡到熔敷金属中的数量与其原始含量的百分比来表达。其表达式为

$$\eta = w_d / w_o$$

式中　η——合金元素的过渡系数；

w_d——合金元素在熔敷金属中的实际含量；

w_o——合金元素在焊接材料中的原始含量。

合金元素的过渡系数 η 可以通过试验测定。若已知 η 值，则可根据焊条中合金元素的原始含量，利用公式预先算出合金元素在熔敷金属中的含量并估算出焊缝金属成分。或者根据焊缝金属成分的要求，求出合

金元素在焊条或焊剂中应当具有的含量。可见，合金元素的过渡系数对于设计和选择焊接材料是有实用价值的。

(2) 影响合金元素过渡系数的因素　在焊缝合金化过程中，合金元素主要损失于氧化、蒸发和残留在渣中。一般来说，凡能减少合金元素损失的因素，都可提高过渡系数；反之，则降低过渡系数。

1) 合金元素的物理化学性质。合金元素对氧的亲和力越大，其氧化损失越大，过渡系数越小。例如，在1600℃时各元素对氧的亲和力由小至大的顺序为：Cu、Ni、Co、Fe、W、Mo、Cr、Mn、V、Si、Ti、C、Zr、Al。

其中Ni、Cu与氧的亲和力最小，几乎无氧化损失，过渡系数$\eta \approx 1$；而Ti、Zr、Al对氧的亲和力很大，氧化损失严重，所以一般很难过渡到焊缝中去。为了过渡这类元素必须创造低氧或无氧的焊接条件，如用无氧焊剂、惰性气体保护，甚至在真空中焊接。

合金元素的沸点越低，焊接时的蒸发损失越大，其过渡系数越小。如锰易蒸发，故在其余条件相同的情况下，锰的过渡系数较小。

当用几种合金元素同时合金化时，只有在无氧的条件下，才可认为其中每种元素的过渡是彼此无关的。否则，其中对氧亲和力较大的元素将依靠自身的氧化，减少其他元素的氧化损失，提高它们的过渡系数。例如，碱性药皮中加入铝和钛，可提高硅和锰的过渡系数。

2) 焊接区介质的氧化性。焊接区介质的氧化性大小对合金元素的过渡系数影响很大。例如，硅在纯氩气体环境中焊接时，过渡系数高达97%；在CO_2中焊接时，只有72%。

3) 合金元素的含量。试验表明，随着药皮或焊剂中合金元素含量的增加，其过渡系数η逐渐增加，最后趋于一个定值。药皮或焊剂的氧化性和元素对氧的亲和力越大，合金元素含量对过渡系数的影响越大。

4) 合金剂的粒度。增加合金剂的粒度，其表面积和氧化损失减少，过渡系数增大。需要注意的是，如合金剂粒度过大，则不易熔化，可使渣中残留损失增大，过渡系数减小。

对于合金剂不易被氧化或在无氧条件下焊接，粒度对过渡系数实际上没有影响。一般合金剂的粒度比脱氧剂的大。

5) 药皮（或焊剂）的成分。药皮或焊剂的成分决定了气相和熔渣的氧化性、熔渣的碱度和黏度等性能，因此对合金元素过渡系数影响很大。

药皮或焊剂的氧化性越大，则合金过渡系数越小。赤铁矿和大理石的氧化性最强，甚至超过了空气和CO_2，故合金过渡系数最小。而CaF_2和$CaO-BaO-Al_2O_3$渣系的氧化性很小，过渡系数较大。所以焊接高合金钢时，常采用碱性药皮或低氧、无氧焊剂。

当合金元素及其氧化物在药皮中共存时，能够提高该元素的过渡系数，因此常在药皮、焊芯中加入需添加合金元素的氧化物。

在其他条件相同时，若合金元素氧化物的酸碱性与熔渣的酸碱性相同时，有利于提高过渡系数；否则，会降低过渡系数。SiO_2是酸性的，随着熔渣碱度的增加，硅的过渡系数减小；MnO 是碱性的，随着碱度增加，锰的过渡系数增大；两性氧化物（如 Cr_2O_3）熔渣的酸碱性对其过渡系数影响不大。熔渣的碱度与过渡系数关系如图 3-17 所示。

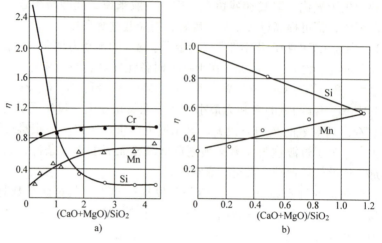

图 3-17 熔渣的碱度与过渡系数关系

a）药皮质量分数为 20% 的大理石，焊芯 H0Cr19Ni9Ti　b）无氧药皮，H08A

6）药皮重量系数和焊接参数。在药皮中合金剂相同的情况下，药皮重量系数 K_b 增加，合金元素过渡系数 η 减小。因为药皮加厚，熔渣增厚，合金剂进入金属溶液所通过的平均路程增长，使氧化的和残留渣中的合金元素均有所增加。为提高 η 值，可采用双层药皮，里面一层主要加合金剂；外层加造气剂、造渣剂及脱氧剂。

用烧结焊剂进行埋弧焊时，合金元素过渡系数与焊接参数有关。如电弧电压增大，焊剂熔化量增大，损耗增大，过渡系数减少；此外，直流反接时，合金元素过渡系数比直流正接少。

第五节　焊接冶金工程应用实例

[通过焊丝与焊剂的冶金反应控制焊缝性能]

埋弧焊中焊丝与焊剂的匹配非常重要，它们的化学冶金反应对焊缝力学性能有直接的影响。

（1）试验材料　试验采用的焊丝为 H10MnSi，直径 4mm；试验母材为 Q355R，试板宽度 150mm。采用对接焊，试件坡口尺寸如图 3-18 所示。Q355R 母材和 H10MnSi 焊丝的化学成分见表 3-10。焊剂选用 HJ431（高锰高硅焊剂）和 HJ350（中锰中硅焊剂），两种焊剂的成分见表 3-11。试验使用 H10MnSi 焊丝分别配合 HJ431、

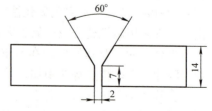

图 3-18　Q355R 试件坡口尺寸

HJ350 焊剂焊制试件,并对试件进行化学成分分析、力学性能试验。采用的埋弧焊焊接参数为:焊接电流 350~640A,电弧电压 35~38V,焊接速度 32m/h。

表 3-10 母材和焊丝的化学成分(质量分数,%)

材料	C	Mn	Si	S	P
Q355R	≤0.22	0.35~0.80	0.15~0.30	<0.035	<0.035
H10MnSi	≤0.14	0.80~1.10	0.60~0.90	<0.03	<0.04

表 3-11 试验用焊剂的成分(质量分数,%)

焊剂	MnO	SiO_2	CaF_2	MgO	CaO	Al_2O_3	FeO
HJ350	14~19	30~35	14~20	—	10~18	13~18	≤1
HJ431	34~38	40~44	3~7	5~8	≤6	≤4	≤1.8

(2)试验结果及分析 不同焊丝—焊剂匹配的焊缝金属的化学成分见表 3-12,焊缝金属的力学性能见表 3-13。

表 3-12 焊缝金属的化学成分(质量分数,%)

焊丝—焊剂匹配	C	Mn	Si	S	P
H10MnSi-HJ350	0.12	1.31	0.36	0.03	0.03
H10MnSi-HJ431	0.12	1.40	0.71	0.03	0.03

表 3-13 焊缝金属的力学性能(平均值)

焊丝—焊剂匹配	抗拉强度/MPa	屈服强度/MPa	断后伸长率(%)	冲击吸收能量(常温)/J
H10MnSi-HJ350	628.5	381	23.5	94.5
H10MnSi-HJ431	606.0	342	16.5	60.0

用 H10MnSi 焊丝匹配 HJ431 焊剂进行埋弧焊时,焊缝金属中的 Si 含量比采用 HJ350 焊剂时增加近一倍,Mn/Si 值前者为 1.97,后者为 3.64。试验分析及生产实践表明,低合金钢埋弧焊,如选用 H10MnSi 焊丝匹配高锰高硅 HJ431 焊剂,易发生焊缝塑性不合格的情况。因此,焊接生产中应使埋弧焊的焊丝、焊剂匹配科学,避免将含硅的焊丝与高锰高硅焊剂(HJ431)相匹配,应尽量与中锰中硅的焊剂(HJ350)匹配。

【1+X 考证训练】

一、填空题

1. 焊接区的氧主要来自_____、_____、_____和_____。
2. 焊接区中的氮主要来源是_____,控制其含量主要措施是_____。
3. 焊接区中的氢主要来自_____、_____、_____、_____。

4. 降低焊缝中含硫、磷量的关键措施是_____。

5. 焊缝成形系数越小，形成热裂纹倾向_____。

6. 焊缝金属的脱氧主要有三个途径，即_____、_____和_____。

7. 在焊接过程中脱硫的主要方法有_____和_____两种。其前者最常用的脱硫元素是_____；后者最常用的脱硫物质是_____、_____、_____。

8. 硫在低碳钢中主要以_____和_____形式存在。前者虽然能无限地溶解于液态中，但在固态铁中的溶解度很少，因此，在熔池凝固时能析出 FeS，并与 α-Fe、FeO 等形成_____，产生热裂纹；后者在液态铁中的溶解度极小，所以容易排除入渣，即使不能排走而留在焊缝中，也由于它熔点高，并呈_____状分布，也不易开裂。

9. 焊缝金属中的磷是以_____和_____形式存在，该磷化物能与铁形成_____，聚集于晶界，易引起_____裂纹，此外，这些低熔点共晶削弱了晶粒间的结合力，增加了焊缝金属的_____，使_____。

10. 焊接熔池中脱磷反应可分为二步：第一步是_____；第二步是_____。

11. 焊条电弧焊时，向焊缝中渗合金的方式有两种：一是_____；二是_____。

二、判断题（正确的画"√"，错误的画"×"）

1. 焊接化学冶金过程与普通化学冶金过程一样，是分区域（或阶段）连续进行的。（   ）

2. 由于硅、锰的脱氧效果不如钛、铝，所以焊接常用的脱氧剂是钛和铝。（   ）

3. E4303 焊条的脱硫效果比 E5015 焊条好。（   ）

4. E5015 焊条的脱磷效果比 E4303 焊条好。（   ）

5. 酸性焊条主要采用脱氧剂脱氧，碱性焊条主要采用扩散脱氧。（   ）

6. 扩散脱氧主要依靠熔渣中的碱性氧化物，如 CaO 等。（   ）

7. 沉淀脱氧主要是脱去熔池中 FeO。（   ）

8. FeO 具有脱磷作用。（   ）

9. 在其他条件相同时，若合金元素氧化物的酸碱性与熔渣的酸碱性相同时，有利于提高过渡系数；否则，会降低过渡系数。（   ）

10. 碱性熔渣脱硫、脱磷的效果比酸性熔渣好。（   ）

11. 焊缝金属渗合金的目的之一是可以获得具有特殊性能的堆焊金属。（   ）

12. 焊接时，采用短弧可以提高合金元素的过渡系数。（   ）

13. 清除焊件表面的铁锈、油污等，其目的是提高焊缝金属的强度。（   ）

14. 焊条电弧焊时，采用短弧可减少气孔的产生。（   ）

15. 适当增加电弧气氛中的氧化性，能减少氢气孔的产生。（   ）

16. 由于 Ti、Si 对氧化物的亲和力比 Mn 对氧的亲和力大，所以在酸性焊条中，常用 Ti、Si 来脱氧而不用 Mn 来脱氧。（   ）

三、问答题

1. 焊接时，为什么要对焊缝金属进行保护？常用的保护方法有哪些？
2. 焊条电弧焊有几个焊接化学冶金反应区？各有何特点？
3. 焊接区内气体的主要来源有哪些？
4. 氢对焊接质量有何影响？控制焊缝中氢含量的主要措施有哪些？
5. 氮对焊接质量有何影响？控制焊缝中氮含量的主要措施有哪些？
6. 焊缝金属氧化的途径有哪些？控制焊缝中氧含量的措施有哪些？
7. 焊接熔渣分为哪几类？简述焊接熔渣的性质。
8. 焊缝金属合金化的目的是什么？合金化方式主要有哪几种？
9. 什么是合金元素的过渡系数？其影响因素有哪些？

【榜样的力量：大国工匠】

大国工匠：李万君（中车长春轨道客车股份有限公司电焊工）

李万君先后参与了我国几十种城铁车、动车组转向架的首件试制焊接工作，总结并制定了 30 多种转向架焊接规范及操作方法，技术攻关 150 多项，其中 27 项获得国家专利。他的"拽枪式右焊法"等 30 余项转向架焊接操作方法，累计为企业节约资金和创造价值 8000 余万元。

所获荣誉：全国劳动模范、全国优秀共产党员、全国五一劳动奖章、全国技术能手、中华技能大奖、2016 年度"感动中国"十大人物、吉林省特等劳动模范。

第四章 焊接材料及选用

焊接时所消耗的材料叫焊接材料。焊接材料常用的有焊条、焊丝、焊剂、电极、熔剂及焊接用气体等。焊接材料选用正确与否，不仅影响焊接过程的稳定性、接头性能和质量，而且也影响焊接生产率和产品成本。

第一节 焊 条

焊条是焊条电弧焊用的焊接材料。焊条电弧焊时，焊条既作电极，又作填充金属熔化后与母材熔合形成焊缝。

一、焊条的组成及作用

焊条由焊芯和药皮组成。焊条前端药皮有45°左右的倒角，以便于引弧，在尾部有段裸焊芯，长为10~35mm，便于焊钳夹持和导电，焊条长度一般为250~450mm。焊条直径是以焊芯直径来表示的，常用的有 $\phi2.0mm$、$\phi2.5mm$、$\phi3.2mm$、$\phi4.0mm$、$\phi5.0mm$、$\phi6.0mm$ 等几种规格。

1. 焊芯

焊条中被药皮包覆的金属芯称为焊芯。焊接时，焊芯有两个作用：一是传导焊接电流，产生电弧把电能转换成热能；二是焊芯本身熔化作为填充金属，与液体母材金属熔合形成焊缝。

焊芯一般是一根具有一定长度及直径的钢丝。这种焊接专用钢丝，用作制造焊条，就是焊芯。如果用于埋弧焊、气体保护电弧焊、电渣焊、气焊等作为填充金属时，则称为焊丝。不同种类焊条所用的焊芯见表4-1。

表4-1 不同种类焊条所用的焊芯

焊条种类	所用的焊芯
碳钢焊条	低碳钢焊芯（H08A、H08E等）
低合金钢焊条	低碳钢或低合金钢焊芯
不锈钢焊条	不锈钢或低碳钢焊芯
堆焊焊条	低碳钢或合金钢焊芯
铸铁焊条	低碳钢、铸铁、非铁合金芯
有色金属焊条	有色金属焊芯

2. 药皮

压涂在焊芯表面上的涂料层称为药皮。生产实践证明,焊芯和药皮之间要有一个适当的比例,这个比例就是焊条药皮与焊芯(不包括夹持端)的重量比,称为药皮的重量系数,用 K_b 表示。K_b 值一般为 40%~60%。

(1)焊条药皮的作用

1)机械保护作用 利用焊条药皮熔化后产生大量的气体和形成的熔渣,起隔离空气作用,防止空气中的氧、氮侵入,保护熔滴和熔池金属。

2)冶金处理渗合金作用 通过熔渣与熔化金属冶金反应,除去有害杂质(如氧、氢、硫、磷)和添加有益元素,使焊缝获得符合要求的力学性能。

3)改善焊接工艺性能 焊接工艺性能是指焊条使用和操作时的性能,它包括稳弧性、脱渣性、全位置焊接性、焊缝成形、飞溅大小等。好的焊接工艺性能使电弧稳定燃烧、飞溅少、焊缝成形好、易脱渣、熔敷效率高、适用全位置焊接等。

(2)焊条药皮的组成 焊条药皮是由各种矿物类、铁合金和金属类、有机物类及化工产品等原料组成。焊条药皮组成物按其在焊接过程中的作用可分为稳弧剂、造渣剂、造气剂、脱氧剂、黏结剂及合金化元素(如需要)6大类,其成分、作用见表4-2。

表4-2 焊条药皮组成物的名称、成分及主要作用

名称	组成成分	主要作用
稳弧剂	碳酸钾、碳酸钠、钾硝石、水玻璃及大理石或石灰石、花岗石、钛白粉等	稳弧剂的主要作用是改善焊条引弧性能和提高焊接电弧稳定性
造渣剂	钛铁矿、赤铁矿、金红石、长石、大理石、石英、花岗石、萤石、菱苦土、锰矿、钛白粉等	造渣剂的主要作用是能形成具有一定物理、化学性能的熔渣,产生良好的机械保护作用和冶金处理作用
造气剂	造气剂有有机物和无机物两类。无机物常用碳酸盐类矿物,如大理石、菱镁矿、白云石等;有机物常用木粉、纤维素、淀粉等	造气剂的主要作用是形成保护气氛,有效地保护焊缝金属,同时也有利于熔滴过渡
脱氧剂	锰铁、硅铁、钛铁等	脱氧剂的主要作用是对熔渣和焊缝金属脱氧
黏结剂	水玻璃或树胶类物质	黏结剂的主要作用是将药皮牢固地粘结在焊芯上
合金化元素	铬、钼、锰、硅、钛,钨、钒的铁合金和金属铬、锰等纯金属	合金化元素的主要作用是向焊缝金属中掺入必要的合金成分,以补偿已经烧损或蒸发的合金元素和补加特殊性能要求的合金元素

必须指出的是,焊条药皮中的许多物质,往往同时可起几种作用。例如,大理石既有稳弧作用,又是造气剂和造渣剂;某些铁合金(如锰铁、硅铁)既可作脱氧剂,又可作合金化元素;水玻璃虽然主要作为黏

结剂，但实际上也是稳弧剂和造渣剂。

二、焊条的分类

1. 焊条的分类方法

焊条的分类方法很多，可按不同的方法进行分类，见表4-3。

表4-3 焊条的分类

分类方法	类别名称
按药皮类型分类	钛型焊条
	纤维素焊条
	金红石焊条
	钛铁矿焊条
	氧化铁焊条
	金红石+铁粉焊条
	氧化铁+铁粉焊条
	碱性焊条
	碱性+铁粉焊条
	钛酸型焊条
按熔渣特性分类	酸性焊条
	碱性焊条
按焊条的用途分类	非合金钢及细晶粒钢焊条
	热强钢焊条
	不锈钢焊条
	堆焊焊条
	低温钢焊条
	铸铁焊条
	铜及铜合金焊条
	铝及铝合金焊条
	镍及镍合金焊条
	特殊用途焊条
按焊条性能分类	超低氢焊条
	低尘、低毒焊条
	向下立焊条
	底层焊条
	铁粉高效焊条
	抗潮焊条
	水下焊条
	重力焊条
	躺焊焊条

2. 酸性焊条和碱性焊条

按焊条药皮熔化后的熔渣特性，焊条可分为酸性焊条和碱性焊条两大类。焊条药皮熔化后的熔渣主要是以酸性氧化物组成的焊条，称为酸性焊条，钛型、钛铁矿型、纤维素型、金红石型及氧化铁型等药皮类型的焊条为酸性焊条；焊条药皮熔化后的熔渣主要是以碱性氧化物组成的焊条，称为碱性焊条，碱性型药皮类型的焊条为碱性焊条。碱性焊条的力学性能、抗裂纹性能优于酸性焊条，而酸性焊条的工艺性能则优于碱性焊条，酸性焊条和碱性焊条的性能对比见表4-4。

表4-4 酸性焊条和碱性焊条的性能对比

序号	酸性焊条	碱性焊条
1	对水、铁锈的敏感性不大，使用前需经75~150℃烘干，保温1~2h	对水、铁锈的敏感性较大，使用前需经350~400℃烘干，保温1~2h
2	电弧稳定，可用交流或直流施焊	需用直流反接施焊，当药皮中加稳弧剂后，可交、直流两用
3	焊接电流较大	电流比同规格酸性焊条小10%~15%
4	可长弧操作	需短弧操作，否则易引起气孔
5	合金元素过渡效果差	合金元素过渡效果好
6	熔深较浅，焊缝成形较好	熔深较深，焊缝成形一般
7	熔渣呈玻璃状，脱渣较方便	熔渣呈结晶状，脱渣不及酸性焊条
8	焊缝的常、低温冲击韧度一般	焊缝的常、低温冲击韧度高
9	焊缝的抗裂性较差	焊缝的抗裂性好
10	焊缝的含氢量较高，影响塑性	焊缝的含氢量低
11	焊接时烟尘较少	焊接时烟尘稍多，烟尘中含有有害物质

三、焊条的型号

1. 非合金钢及细晶粒钢焊条型号

按照国家标准GB/T 5117—2012《非合金钢及细晶粒钢焊条》规定，焊条型号是根据熔敷金属力学性能、药皮类型、焊接位置、电流类型、熔敷金属化学成分和焊后状态等进行划分的。

第一部分字母"E"表示焊条；第二部分"E"后紧邻的两位数字表示熔敷金属最小抗拉强度代号（43、50、55、57）；第三部分"E"后的第三和第四两位数表示药皮类型、焊接位置和电流类型，见表4-5，常用药皮成分、性能特点见表4-6；第四部分为熔敷金属化学成分分类代号，可为"无标记"或短划"-"后的字母、数字或字母和数字的组合；第五部分为焊后状态代号，其中"无标记"表示焊态，"P"表示热处理状态,"AP"表示焊态和焊后热处理两种状态均可。除了以上强制分类代号外,根据供需双方协商,可在型号后依次附加可选代号。

焊条型号举例如下：

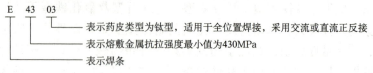

表 4-5 焊条药皮类型代号

代号	药皮类型	焊接位置	电流类型	备注
03	钛型	全位置	交流或直流正、反接	非合金钢及细晶粒钢焊条、热强钢焊条
10	纤维素	全位置	直流反接	非合金钢及细晶粒钢焊条、热强钢焊条
11	纤维素	全位置	交流或直流反接	非合金钢及细晶粒钢焊条、热强钢焊条
12	金红石	全位置	交流或直流正接	非合金钢及细晶粒钢焊条
13	金红石	全位置	交流或直流正、反接	非合金钢及细晶粒钢焊条、热强钢焊条
14	金红石+铁粉	全位置	交流或直流正、反接	非合金钢及细晶粒钢焊条
15	碱性	全位置	直流反接	非合金钢及细晶粒钢焊条、热强钢焊条
16	碱性	全位置	交流或直流反接	非合金钢及细晶粒钢焊条、热强钢焊条
18	碱性+铁粉	全位置	交流或直流反接	非合金钢及细晶粒钢焊条、热强钢焊条
19	钛铁矿	全位置	交流或直流正、反接	非合金钢及细晶粒钢焊条、热强钢焊条
20	氧化铁	平焊、平角焊	交流或直流正接	非合金钢及细晶粒钢焊条、热强钢焊条
24	金红石+铁粉	平焊、平角焊	交流或直流正、反接	非合金钢及细晶粒钢焊条
27	氧化铁+铁粉	平焊、平角焊	交流或直流正、反接	非合金钢及细晶粒钢焊条、热强钢焊条
28	碱性+铁粉	平焊、平角焊、横焊	交流或直流反接	非合金钢及细晶粒钢焊条
40	不做规定	由制造商确定		非合金钢及细晶粒钢焊条、热强钢焊条
45	碱性	全位置	直流反接	非合金钢及细晶粒钢焊条
48	碱性	全位置	交流或直流反接	非合金钢及细晶粒钢焊条

表 4-6　常用药皮成分、性能特点

药皮代号	药皮类型	药皮成分、性能特点
03	钛型	包含二氧化钛和碳酸钙的混合物，同时具有金红石焊条和碱性焊条的某些性能，交、直流两用。全位置焊接
10	纤维素	含有大量的可燃有机物，尤其是纤维素，由于其强电弧特性，特别适用于向下立焊。由于钠影响电弧稳定性，焊条主要适用于直流焊接，通常使用直流反接。全位置焊接
11	纤维素	含有大量的可燃有机物，尤其是纤维素，由于其强电弧特性，特别适用于向下立焊。由于钾增强电弧稳定性，适用于交、直流两用，直流时使用直流反接。全位置焊接
13	金红石	含有大量的二氧化钛（金红石）和增强电弧稳定性的钾，能在低电流条件下产生稳定电弧，特别适于金属薄板的焊接，交、直流两用。全位置焊接
14	金红石+铁粉	在金红石药皮类型的基础上，添加了少量铁粉。加入铁粉可以提高电流承载能力和熔敷效率，适用于全位置焊接，交、直流两用
15	碱性	碱度较高，含有大量的氧化钙和萤石。由于钠影响电弧稳定性，只适用于直流反接。可得到低氢含量、高冶金性能的焊缝。全位置焊接
16	碱性	碱度较高，含有大量的氧化钙和萤石。由于钾增强电弧稳定性，适用于交流焊接。可得到低氢含量、高冶金性能的焊缝。全位置焊接
19	钛铁矿	包含钛和铁的氧化物，通常在钛铁矿获取。虽然不属于碱性药皮焊条，但可以制造出高韧性的焊缝金属。交、直流两用。全位置焊接
20	氧化铁	包含大量的铁氧化物，熔渣流动性好，通常只在平焊和平角焊中使用。主要用于角焊缝和搭接焊缝，采用交流和直流正接

2. 热强钢焊条型号

按照国家标准 GB/T 5118—2012《热强钢焊条》规定，焊条型号是根据熔敷金属力学性能、药皮类型、焊接位置、电流类型、熔敷金属化学成分等进行划分的。

第一部分字母"E"表示焊条；第二部分"E"后紧邻的两位数字表示熔敷金属最小抗拉强度代号（50、52、55、62）；第三部分"E"后的第三和第四两位数表示药皮类型、焊接位置和电流类型，见表 4-5。常用药皮成分、性能特点见表 4-6。第四部分为熔敷金属化学成分分类代号，为短划"-"后的字母、数字或字母和数字的组合。

除了以上强制分类代号外，根据供需双方协商，可在型号后附加扩散氢代号"H×"。焊条型号示例如下：

3. 不锈钢焊条型号

按照国家标准 GB/T 983—2012《不锈钢焊条》规定，不锈钢焊条型号是根据熔敷金属化学成分、焊接位置和药皮类型等进行划分的。

第一部分字母"E"表示焊条；第二部分"E"后面的数字表示熔敷金属化学成分分类，数字后的字母"L"表示碳含量较低，"H"表示碳含量较高，如有其他特殊要求的化学成分，该化学成分用元素符号表示，放在数字后面；第三部分为短划"-"后的第一位数字，表示焊接位置，"1"表示平焊、平角焊、仰角焊、向上立焊，"2"表示平焊、平角焊，"4"表示平焊、平角焊、仰角焊、向上立焊和向下立焊；第四部分为最后一位数字，表示药皮类型和电流类型，见表 4-7。焊条型号示例如下：

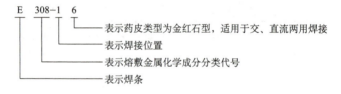

表 4-7 焊条药皮类型代号

代号	药皮类型	电流类型	药皮成分、性能特点
5	碱性	直流	含有大量碱性矿物质和化学物质，如石灰石（碳酸钙）、白云石（碳酸钙、碳酸镁）和萤石（氟化钙），通常只使用直流反接
6	金红石	交流和直流	含有大量金红石矿物质，主要是二氧化钛（氧化钛），含有低电离元素
7	钛酸型	交流和直流	以改进的金红石类，使用一部分二氧化硅代氧化钛，熔渣流动性好，引弧性能良好，电弧易喷射过渡，但不适用于薄板的立向上位置的焊接

注：46 型、47 型采用直流焊接。

四、焊条牌号

焊条型号和牌号都是焊条的代号。焊条型号是指国家标准规定的各类焊条的代号，牌号则是焊条制造厂对作为产品出厂的焊条规定的代号。我国焊条制造厂在原机械电子工业部组织下，编写了《焊接材料产品样本》，实行了统一牌号制度。近年来，由于焊条的国家标准参照国际标准做了较大修改，造成了《焊接材料产品样本》中的焊条牌号与国家标准的焊条型号不能完全一一对应。虽然焊条牌号不是国家标准，但考虑到多年使用已成习惯，故现在生产中仍一直沿用。

按照《焊接材料产品样本》规定，焊条牌号由汉字（或汉语拼音字母）和三位数字组成。汉字（或汉语拼音字母）表示按用途分的焊条各大类，前二位数字表示各大类中的若干小类，第三位数字表示药皮类型和电流种类。焊条牌号中表示各大类的汉字（或汉语拼音字母）含义见表 4-8，牌号中第三位数字的含义见表 4-9。

表 4-8 焊条牌号中各大类汉字（或汉语拼音字母）

焊条类别		大类的汉字（或汉语拼音字母）	焊条类别	大类的汉字（或汉语拼音字母）
结构钢焊条	碳钢焊条	结（J）	低温钢焊条	温（W）
	低合金钢焊条		铸铁焊条	铸（Z）
钼和铬钼耐热钢焊条		热（R）	铜及铜合金焊条	铜（T）
不锈钢焊条	铬不锈钢焊条	铬（G）	铝及铝合金焊条	铝（L）
	铬镍不锈钢焊条	奥（A）	镍及镍合金焊条	镍（Ni）
堆焊焊条		堆（D）	特殊用途焊条	特殊（TS）

表 4-9 焊条牌号中第三位数字的含义

焊条牌号	药皮类型	电流种类	焊条牌号	药皮类型	电流种类
××0	不定型	不规定	××5	纤维素型	交、直流
××1	氧化钛型	交、直流	××6	低氢钾型	交、直流
××2	钛钙型	交、直流	××7	低氢钠型	直流
××3	钛铁矿型	交、直流	××8	石墨型	交、直流
××4	氧化铁型	交、直流	××9	盐基型	直流

1. 结构钢焊条牌号

汉字"结（J）"表示结构钢焊条；第一、二位数字表示熔敷金属抗拉强度等级；第三位数字表示药皮类型和电流种类。

例如，结 422（J422）：表示熔敷金属抗拉强度最小值为 420MPa，药皮类型为钛钙型，交、直流两用的结构钢焊条。

2. 钼和铬钼耐热钢焊条牌号

汉字"热（R）"表示钼和铬钼耐热钢焊条；第一位数字表示熔敷金属主要化学成分等级，见表 4-10；第二数字表示同一熔敷金属主要化学成分组成等级中的不同编号，按 0、1、…、9 顺序排列；第三位数字表示药皮类型和电流种类。

例如，热 307（R307）：表示熔敷金属中铬的质量分数为 1%、钼的质量分数为 0.5%，编号为 0，药皮类型为低氢钠型，直流反接的钼和铬钼耐热钢焊条。

表 4-10　钼和铬钼耐热钢焊条牌号第一位数字含义

焊条牌号	焊缝金属主要化学成分等级（质量分数,%）	
	铬	钼
热 1××（R1××）	—	0.5
热 2××（R2××）	0.5	0.5
热 3××（R3××）	1	0.5
热 4××（R4××）	2.5	1
热 5××（R5××）	5	0.5
热 6××（R6××）	7	1
热 7××（R7××）	9	1
热 8××（R8××）	11	1

3. 不锈钢焊条牌号

不锈钢焊条包括铬不锈钢焊条和铬镍不锈钢焊条，汉字"铬（G）"表示铬不锈钢焊条，"奥（A）"表示铬镍不锈钢焊条；第一位数字表示熔敷金属主要化学成分等级，见表 4-11；第二数字表示同一熔敷金属主要化学成分组成等级中的不同编号，按 0、1、…、9 顺序排列；第三位数字表示药皮类型和电流种类。

表 4-11　不锈钢焊条牌号第一位数字含义

焊条牌号	焊缝金属主要化学成分等级（质量分数,%）	
	铬	镍
铬 2××（G2××）	13	—
铬 3××（G3××）	17	—
奥 0××（A0××）	18（超低碳）	9
奥 1××（A1××）	18	9
奥 2××（A2××）	18	12
奥 3××（A3××）	25	13
奥 4××（A4××）	25	20
奥 5××（A5××）	16	25
奥 6××（A6××）	15	35
奥 7××（A7××）	铬锰氮不锈钢	

例如，铬 202（G202）：表示熔敷金属铬的质量分数为 13%，编号为 0，药皮类型为钛钙型，交、直流两用的铬不锈钢焊条。

奥137（A137）：表示熔敷金属铬的质量分数为18%、镍的质量分数为9%，编号为3，药皮类型为低氢钠型，直流反接的铬镍奥氏体不锈钢焊条。

4. 低温钢焊条牌号

汉字"温（W）"表示低温钢焊条；第一、二位数字表示低温钢焊条工作温度等级，见表4-12；第三位数字表示药皮类型和电流种类。

表4-12 低温钢焊条牌号第一、二位数字含义

焊条牌号	低温温度等级/℃	焊条牌号	低温温度等级/℃
温70×（W70×）	-70	温19×（W19×）	-196
温90×（W90×）	-90	温25×（W25×）	-253
温10×（W10×）	-100		

例如，温707（W707）：表示工作温度等级为-70℃、药皮类型为低氢钠型、直流反接的低温钢焊条。

5. 堆焊焊条牌号

汉字"堆（D）"表示堆焊焊条；第一位数字表示焊条的用途、组织或熔敷金属的主要成分，见表4-13；第二位数字表示同一用途、组织或熔敷金属的主要成分中的不同牌号顺序，按0、1、…、9顺序排列；第三位数字表示药皮类型和电流种类。

表4-13 堆焊焊条牌号第一位数字含义

焊条牌号	用途、组织或熔敷金属的主要成分	焊条牌号	用途、组织或熔敷金属的主要成分
堆0××（D0××）	不规定	堆5××（D5××）	阀门用
堆1××（D1××）	普通常温用	堆6××（D6××）	合金铸铁用
堆2××（D2××）	普通常温用及常温高锰钢	堆7××（D7××）	碳化钨型
堆3××（D3××）	刀具及工具用	堆8××（D8××）	钴基合金
堆4××（D4××）	刀具及工具用	堆9××（D9××）	待发展

例如，堆127（D127）：表示普通常温用、编号为2、药皮类型为低氢钠型、直流反接的堆焊焊条。

需要注意的是，对于不同特殊性能的焊条，可在焊条牌号后缀上主要用途的汉字（或汉语拼音字母），如高韧性、压力容器用焊条有J507R；超低氢焊条有J507H；打底焊条有J507D；低尘焊条有J507DF；向下立焊条有J507X等。

五、常用焊条型号与牌号的对照

1. 常用非合金钢及细晶粒钢焊条、热强钢焊条的型号与牌号的对照

（见表4-14）

表4-14 常用非合金钢及细晶粒钢、热强钢焊条型号与牌号对照表

序号	型号	牌号	序号	型号	牌号
1	E4303	J422	10	E5003-1M3	R102
2	E4311	J425	11	E5015-1M3	R107
3	E4316	J426	12	E5503-CM	R202
4	E4315	J427	13	E5515-CM	R207
5	E5003	J502	14	E5515-1CM	R307
6	E5016	J506	15	E5514-2CMWVB	R347
7	E5015	J507	16	E6215-2C1M	R407
8	E5015-G	J507MoNb、J507NiCu	17	E5515-N5	W707Ni
9	E5515-G	J557、J557Mo、J557MoV	18	E5516-N7	W906Ni

2. 常用不锈钢焊条的型号与牌号对照表（见表4-15）

表4-15 常用不锈钢焊条型号与牌号对照表

序号	型号（新）	型号（旧）	牌号	序号	型号（新）	型号（旧）	牌号
1	E410-16	E1-13-16	G202	8	E309-15	E1-23-13-15	A307
2	E410-15	E1-13-15	G207	9	E310-16	E2-24-21-16	A402
3	E410-15	E1-13-15	G217	10	E310-15	E2-24-21-15	A407
4	E308L-16	E00-19-10-16	A002	11	E347-16	E0-19-10Nb-16	A132
5	E308-16	E0-19-10-16	A102	12	E347-15	E0-19-10Nb-15	A137
6	E308-15	E0-19-10-15	A107	13	E316-16	E0-18-12Mo2-16	A202
7	E309-16	E1-23-13-16	A302	14	E316-15	E0-18-12Mo2-15	A207

六、焊条的选用及管理

1. 焊条的选用原则

1）低碳钢、中碳钢及低合金钢按焊件的抗拉强度来选用相应强度的焊条，使熔敷金属的抗拉强度与焊件的抗拉强度相等或相近，该原则称为"等强原则"。如焊接 Q235A 时，由于其抗拉强度在 420MPa 左右，故选用熔敷金属抗拉强度最小值为 430MPa 的 E4303（J422）、E4316（J426）、E4315（J427）。如结构复杂、刚性大的焊件，可以考虑选用比母材强度低一级的焊条。

2）对于不锈钢、耐热钢堆焊等焊件选用焊条时，应从保证焊接接头的特殊性能出发，要求焊缝金属化学成分与母材相同或相近。如焊接 06Cr19Ni10 不锈钢时，由于其含铬、镍量分别约为 19%、10%，为了使焊缝与焊件具有相同的耐蚀性，必须要求焊缝金属化学成分与母材相同或相近，所以应选用铬、镍量相近的 E308-16（A102）或 E308-15（A107）焊条焊接。

3）对于强度不同的低碳钢之间、低合金钢高强钢之间及二者之间的异种钢焊接，要求焊缝或接头的强度、塑性和韧性都不能低于母材中的最低值，故一般根据强度等级较低的钢材来选用相应的焊条。如焊接 Q235A 与 Q355 异种钢时，按 Q235A 来选用抗拉强度为 420MPa 左右的 E4303（J422）、E4316（J426）、E4315（J427）。对于碳钢、低合金钢与奥氏体钢异种钢焊接，应选用铬、镍量较高的奥氏体钢焊条。

4）重要焊缝要选用碱性焊条。所谓重要焊缝就是受压元件（如锅炉、压力容器）的焊缝；承受振动载荷或冲击载荷的焊缝；对强度、塑性、韧性要求较高的焊缝；焊件形状复杂、结构刚度大的焊缝等，对于这些焊缝要选用力学性能好、抗裂性能强的碱性焊条。如焊接 20 钢时，按等强原则选用 E4303（J422）、E4316（J426）、E4315（J427）焊条都可符合要求，如焊接抗拉强度相等的压力容器用钢 Q245R 时，则须选用同强度的碱性焊条 E4316（J426）、E4315（J427）。

5）在满足性能前提下尽量选用酸性焊条。因为酸性焊条的工艺性能要优于碱性焊条，即酸性焊条对铁锈、油污等不敏感；析出有害气体少；稳弧性好，可交、直流两用；脱渣性好；焊缝成形美观等。总之，在酸性焊条和碱性焊条均能满足性能要求的前提下，应尽量选用工艺性能较好的酸性焊条。

常用钢材推荐选用的焊条见表 4-16。

表 4-16　常用钢材推荐选用的焊条

钢号	焊条型号	对应牌号	钢号	焊条型号	对应牌号
Q235AF Q235A、10、20	E4303	J422	12Cr1MoV	E5515-1CMV	R317
Q245R（20R、20g）	E4316	J426	12Cr2Mo 12Cr2Mo1 12Cr1Mo1R	E6215-2C1M	R407
	E4315	J427			
25	E4303	J422			
	E5003	J502			
Q295（09Mn2V、 9Mn2VD、9Mn2VDR）	E5015	J507	15Mo	E5015-1M3	R107
	E4316	J426			
Q355（16Mn、16MnDR） Q355R（16MnR、 16Mng）	E5003	J502	07Cr19Ni11Ti	E308-16	A102
	E5016	J506		E308-15	A107
	E5015	J507		E347-16	A132
Q390（16MnD、 16MnDR）	E5016	J506RH		E347-15	A137
	E5015	J507RH	06Cr19Ni10	E308-16	A102
Q390（15MnVR、 15MnVRE）	E5016	J506		E308-15	A107
	E5015	J507	06Cr18Ni11Ti	E347-16	A132
	E5515-G	J557		E347-15	A137

(续)

钢号	焊条型号	对应牌号	钢号	焊条型号	对应牌号
20MnMo	E5015	J507	022Cr19Ni10	E308L-16	A002
	E5515-G	J557			
15MnVNR	E5716		06Cr17Ni12Mo2	E316-16	A202
	E5715-G			E316-15	A207
15MnMoV 18MnMoNbR 20MnMoNb		J707	06Cr17Ni12Mo2Ti	E316L-16	A022
				E318-16	A212
12CrMo	E5515-CM	R207			
15CrMo 15CrMoR	E5515-1CM	R307	06Cr13	E410-16	G202
				E410-15	G207

2. 焊条的管理

焊条（包括其他焊接材料）的管理包括验收、烘干、保管领用等方面，其控制程序图如图 4-1 所示。

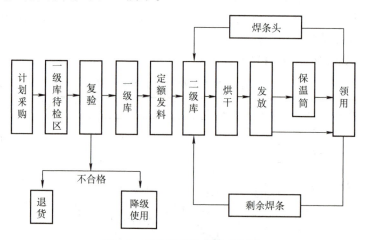

图 4-1　焊条管理控制程序简图

（1）焊条的验收　对于制造锅炉、压力容器等重要焊件的焊条，焊前必须进行焊条的验收，也称复验。复验前要对焊条的质量证明书进行审查，正确齐全符合要求者方可复验。复验时，应对每批焊条编"复验编号"，按照其标准和技术条件进行外观、理化试验等检验，复验合格后，焊条方可入一级库，否则应退货或降级使用。

另外，为了防止焊条在使用过程中混用、错用，同时也便于为万一出现的焊接质量问题分析找出原因，焊条的"复验编号"不但要登记在一级库、二级库台账上，而且在烘烤记录单、发放领料单上，甚至焊接施工卡也要登记，从而保证焊条使用时的追踪性。

（2）焊条保管、领用、发放　焊条实行三级管理：一级库管理、二级库管理、焊工焊接时管理。一、二级库内的焊条要按其型号牌号、规格分门别类堆放，放在离地面、离墙面300mm以上的木架上。

一级库内应配有空调设备和去湿机，保证室温不低于5℃，相对湿度不大于60%。

二级库应有焊条烘烤设备，焊工施焊时也需要妥善保管好焊条，焊条要放入保温筒内，随取随用，不可随意乱丢、乱放。

焊条领用发放要建立严格的限额领料制度，"焊接材料领料单"应由焊工填写，二级库保管人员凭焊接工艺要求和焊材领料单发放，并审核其型号牌号、规格是否相符，同时还要按发放焊条根数收回焊条头。

（3）焊条烘干　焊条烘干时间、温度应严格按标准要求进行，并做好温度、时间记录，烘干温度不宜过高或过低。温度过高会使焊条中一些成分发生氧化，过早分解，从而失去保护等作用。温度过低，焊条中的水分就不能完全蒸发掉，焊接时就可能产生气孔、裂纹等缺陷。

此外，还要注意温度、时间配合问题。据有关资料介绍，烘干温度和时间相比，温度较为重要，如果烘干温度过低，即使延长烘干时间，其烘干效果也不佳。

一般酸性焊条烘干温度为75~150℃，时间为1~2h；碱性焊条在空气中极易吸潮且药皮中没有有机物，因此烘干温度较酸性焊条高些，一般为350~400℃，保温1~2h。焊条累计烘干次数一般不宜超过3次。

第二节　焊　丝

焊丝是焊接时作为填充金属或同时用来导电的金属丝。它是埋弧焊、电渣焊、气体保护焊与气焊的主要焊接材料。

一、焊丝的作用及分类

焊丝的作用主要是用来作填充金属或同时用来传导焊接电流，此外还可通过其向焊缝金属过渡合金元素。对于自保护药芯焊丝，在焊接过程中还起到保护、脱氧及去氢作用。

焊丝按用途分可分为碳钢焊丝、低合金钢焊丝、不锈钢焊丝、硬质合金堆焊焊丝、铜及铜合金焊丝、铝及铝合金焊丝以及铸铁气焊焊丝等。

焊丝按焊接方法分可分为埋弧焊用焊丝、气体保护焊用焊丝、气焊用焊丝以及电渣焊用焊丝等。

焊丝按其截面形状及结构又可分为实芯焊丝和药芯焊丝。对于药芯焊丝，还可进一步细分为很多小的类别。

二、实芯焊丝

大多数熔焊方法，如埋弧焊、电渣焊、CO_2气体保护焊、气焊等普遍使用实芯焊丝。为了防止生锈，碳钢焊丝、低合金钢焊丝表面都进行了镀铜处理。

1. 钢焊丝

钢焊丝适用于埋弧焊、电渣焊、氩弧焊、CO_2 气体保护焊及气焊等焊接方法，用于碳钢、合金钢、不锈钢等材料的焊接。对于低碳钢、低合金高强钢主要按等强度的原则，选择满足力学性能的焊丝；对于不锈钢、耐热钢等主要按焊缝金属与母材化学成分相同或相近的原则选择焊丝。

（1）埋弧焊、电渣焊及气焊焊丝　埋弧焊、电渣焊及气焊焊丝的牌号应符合 GB/T 3429—2015《焊接用钢盘条》、YB/T 5092—2016《焊接用不锈钢丝》等规定。

焊丝的牌号编制方法为：字母"H"表示焊丝；"H"后的一位或两位数字表示含碳量；化学元素符号及其后的数字表示该元素的近似含量，当某合金元素的质量分数低于1%时，可省略数字，只记元素符号；尾部标有"A"或"E"时，分别表示为"优质品"或"高级优质品"，表明 S、P 等杂质含量更低。焊丝牌号示例如下：

埋弧焊焊丝型号按 GB/T 5293—2018《埋弧焊用非合金钢及细晶粒钢实心焊丝、药芯焊丝和焊丝-焊剂组合分类要求》、GB/T 12470—2018《埋弧焊用热强钢实心焊丝、药芯焊丝和焊丝-焊剂组合分类要求》和 GB/T 36034—2018《埋弧焊用高强钢实心焊丝、药芯焊丝和焊丝-焊剂组合分类要求》选用。

埋弧焊实心焊丝型号根据化学成分进行划分，其中字母 SU 表示埋弧焊实心焊丝，SU 后的数字或数字与字母组合表示其化学成分分类。焊丝型号示例如下：

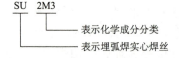

埋弧焊、电渣焊及气焊的不锈钢焊丝型号，根据 GB/T 29713—2013《不锈钢焊丝和焊带》规定由两部分组成。第一部分的首位字母表示产品分类，其中 S 表示焊丝；S 后的数字或数字与字母组合表示其化学成分分类，其中 L 表示含碳量较低，H 表示含碳量较高。如有其他特殊要求的化学成分，用元素符号表示放在后面。该标准也适用于熔化极气体保护焊、非熔化极气体保护焊、等离子弧焊及激光焊等。焊丝型号示例如下：

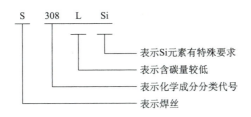

埋弧焊、电渣焊及气焊常用钢焊丝的型号与牌号对应见表4-17。

表4-17 常用钢焊丝型号与牌号对应表

序号	钢种	牌号	型号	序号	钢种	牌号	型号
1	碳素结构钢	H08A	SU08A	12	合金结构钢	H10Mn2MoV	SUM4V
2		H08E	SU08E	13		H08CrMo	SU1CM2
3		H08Mn	SU26	14		H08CrMoV	SU1CMV
4		H15Mn	SU27	15		H30CrMoSi	SU1CMVH
5	合金结构钢	H10Mn2	SU34	16	不锈钢	H022Cr21Ni10	S308L
6		H08Mn2Si	SU45	17		H022Cr21Ni10Si	S308LSi
7		H10MnSi	SU28	18		H06Cr21Ni10	S308
8		H10MnMo	SU3M3	19		H06Cr19Ni10Ti	S321
9		H11Mn2NiMo	SU2M31	20		H022Cr24Ni13	S309L
10		H08MnMo	SUM3	21		H022Cr24Ni13Mo2	S309LMo
11		H08Mn2Mo	SUM31	22		H06Cr26Ni21	S310S

（2）气体保护电弧焊焊丝

GB/T 8110—2020《熔化极气体保护电弧焊用非合金钢及细晶粒钢实心焊丝》规定了熔化极气体保护电弧焊用非合金钢及细晶粒钢实心焊丝的型号、技术要求、试验方法、复验和供货技术条件等内容，适用于熔敷金属最小抗拉强度要求值不大于570MPa的熔化极气体保护电弧焊用非合金钢及细晶粒钢实心焊丝。

不锈钢非熔化极惰性气体保护电弧焊及熔化极惰性气体保护电弧焊用焊丝的牌号，可按 YB/T 5091—2016《惰性气体保护焊用不锈钢丝》选用，焊丝的型号则根据 GB/T 29713—2013《不锈钢焊丝和焊带》选择。

GB/T 8110—2020《熔化极气体保护电弧焊用非合金钢及细晶粒钢实心焊丝》规定，焊丝型号按熔敷金属力学性能、焊后状态、保护气体类型和焊丝化学成分等进行划分。

焊丝型号由五部分组成。

第一部分：用字母"G"表示熔化极气体保护电弧焊用实心焊丝；

第二部分：表示在焊态、焊后热处理条件下，熔敷金属抗拉强度代号，见表4-18；

第三部分：表示冲击吸收能力（KV_2）不小于27J时的试验温度代号；

第四部分：表示保护气体类型代号，保护气体类型代号按 GB/T 39255 规定；

第五部分：表示焊丝化学成分分类，常用焊丝化学成分见表 4-19；

除以上强制代号外，可在型号中附加可选代号：字母"U"附加在第三部分之后，表示在规定的试验温度下冲击吸收能力（KV_2）应不小于 47J；无镀铜代号"N"附加在第五部分之后，表示无镀铜焊丝。

例如：

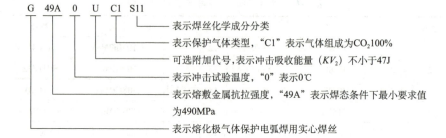

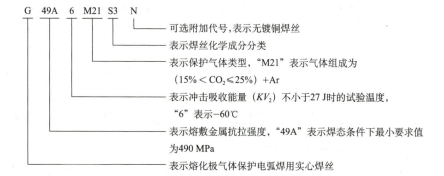

表 4-18 熔敷金属抗拉强度代号

抗拉强度代号[①]	抗拉强度 R_m/MPa	屈服强度[②] R_{eL}/MPa	断后伸长率 A（%）
43×	430~600	≥330	≥20
49×	490~670	≥390	≥18
55×	550~740	≥460	≥17
57×	570~770	≥490	≥17

① ×代表"A""P"或者"AP"，"A"表示在焊态条件下试验；"P"表示在焊后热处理条件下试验。"AP"表示在焊态和焊后热处理条件下试验均可。

② 当屈服发生不明显时，应测定规定塑性延伸强度 $R_{p0.2}$。

目前在我国，CO_2 气体保护焊已得到广泛应用，主要用于碳钢、低合金钢的焊接，最常用的焊丝是 G49AYUC1S10（ER49-1）和 G49A3C1S6（ER50-6）。G49A3C1S6（ER50-6）应用更广。

常用低碳钢、低合金钢埋弧焊、电渣焊、CO_2 气体保护焊实芯焊丝选用见表 4-20，气焊钢实芯焊丝的选用见表 4-21。

第四章　焊接材料及选用

表4-19　常用焊丝化学成分

序号	化学成分分类	焊丝成分代号	化学成分（质量分数，%）										
			C	Mn	Si	P	S	Ni	Cr	Mo	V	Cu	Al	Ti+Zr
1	S2	ER50-2	0.07	0.90~1.40	0.40~0.70	0.025	0.025	0.15	0.15	0.15	0.03	0.50	0.05~0.15	Ti: 0.05~0.15 Zr: 0.02~0.12
2	S3	ER50-3	0.06~0.15	0.90~1.40	0.45~0.75	0.025	0.025	0.15	0.15	0.15	0.03	0.50	—	—
3	S4	ER50-4	0.06~0.15	1.00~1.50	0.65~0.85	0.025	0.025	0.15	0.15	0.15	0.03	0.50	—	—
4	S6	ER50-6	0.06~0.15	1.40~1.85	0.80~1.15	0.025	0.025	0.15	0.15	0.15	0.03	0.50	—	—
5	S7	ER50-7	0.07~0.15	1.50~2.00	0.50~0.80	0.025	0.025	0.15	0.15	0.15	0.03	0.50	—	—
6	S10	ER49-1	0.11	1.80~2.10	0.65~0.95	0.025	0.025	0.30	0.20	—	—	0.50	—	—
7	S4M31	ER55-D2	0.07~0.12	1.60~2.10	0.50~0.80	0.025	0.025	0.15	—	0.40~0.60	—	0.50	—	—
8	S4M31T	ER55-D2-Ti	0.12	1.20~1.90	0.40~0.80	0.025	0.025	—	—	0.20~0.50	—	0.50	—	Ti: 0.05~0.20

103

表 4-20　常用低碳钢、低合金钢埋弧焊、电渣焊、CO_2 气体保护焊焊丝选用

钢号	埋弧焊 焊丝	电渣焊 焊丝	CO_2 气体保护焊焊丝
Q235、Q255、245R、25、30	H08A H08MnA	H08Mn H10MnSi	G49AYUC1S10（ER49-1）， G49A3C1S6（ER50-6）
Q275	H08A H08Mn	H10Mn2 H10MnSi	G49AYUC1S10（ER49-1）， G49A3C1S6（ER50-6）
Q355 （16Mn、14MnNb）	薄板：H08A H08Mn 不开坡口对接 H08A 中板开坡口对接 H08Mn H10Mn2 厚板深坡口 H10Mn2 H08MnMo	H08MnMo	G49AYUC1S10（ER49-1）， G49A3C1S6（ER50-6）
Q390 （15MnV、16MnNb）	不开坡口对接 H08Mn 中板开坡口对接 H10Mn2 H10MnSi 厚板深坡口 H08MnMo	H10MnMo H08Mn2MoV	G49AYUC1S10（ER49-1）， G49A3C1S6（ER50-6）
Q420（15MnVN、14MnVTiRE）	H10Mn2 H08MnMo H08Mn2Mo	H10MnMo H08Mn2MoV	G49AYUC1S10（ER49-1）， G49A3C1S6（ER50-6）
18MnMoNbR、Q500	H08MnMo H08Mn2Mo H08Mn2NiMo	H10MnMo H10Mn2MoV H11Mn2NiMo	—
X60、X65	H08Mn2Mo H08MnMo	—	

表 4-21　气焊钢焊丝的选用

碳素结构钢焊丝		合金结构钢焊丝		不锈钢焊丝	
牌号	用途	牌号	用途	牌号	用途
H08	焊接一般低碳钢结构	H10Mn2 H08Mn2Si	用途与 H08Mn 相同	H022Cr21Ni10	焊接超低碳不锈钢

第四章　焊接材料及选用

（续）

碳素结构钢焊丝		合金结构钢焊丝		不锈钢焊丝	
牌号	用途	牌号	用途	牌号	用途
H08A	焊接较重要低、中碳钢及某些低合金钢结构	H10Mn2Mo	焊接普通低合金钢	H06Cr21Ni10	焊接18-8型不锈钢
H08E	用途与H08A相同工艺性能较好	H10Mn2MoV	焊接普通低合金钢	H07Cr21Ni10	焊接18-8型不锈钢
H08Mn	焊接较重要的碳素钢及普通低合金钢结构，如锅炉、受压容器等	H08CrMo	焊接铬钼钢等	H06Cr19Ni10Ti	焊接18-8型不锈钢
		H18CrMo	焊接结构钢，如铬钼钢、铬锰硅钢等	H10Cr24Ni13	焊接高强度结构钢和耐热合金钢等
H15	焊接中等强度焊件	H30CrMoSi	焊接铬锰硅钢	H11Cr26Ni21	焊接高强度结构钢和耐热合金钢等
H15Mn	焊接中等强度焊件	H10CrMo	焊接耐热合金钢		

需要注意的是，焊丝的选用有时还需考虑焊接工艺因素，如坡口、接头形式等。当焊剂确定后，对于同种母材由于坡口和接头形式不同，焊丝的匹配也应有所不同。如用 HJ431 配 H08A 埋弧焊焊接不开坡口的 Q355（16Mn）对接接头时，可满足力学性能要求；若焊接中厚板开坡口的 Q355（16Mn）对接接头时，如仍用 H08A 焊丝，由于熔合比较小，焊缝强度就会偏低，因此应采用 H08MnA 或 H10Mn2 焊丝。由于角接接头、T 形接头冷却速度较对接接头大，此时焊接 Q355（16Mn）时，应选用 H08A 焊丝，否则采用 H08MnA 或 H10Mn2 焊丝，则焊缝塑性就会偏低。

2. 非铁金属及铸铁焊丝

（1）铜及铜合金焊丝　根据 GB/T 9460—2008《铜及铜合金焊丝》规定，铜及铜合金焊丝型号由三部分组成：第一部分为字母"SCu"，表示铜及铜合金焊丝；第二部分为四位数，表示焊丝型号；第三部分为可选部分，表示化学成分代号。焊丝型号示例如下：

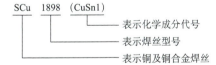

常用铜及铜合金焊丝的型号、成分及用途见表 4-22。

表 4-22　常用铜及铜合金焊丝的型号、成分及用途

焊丝型号	焊丝牌号	名称	主要化学成分（质量分数,%）	熔点/℃	用途
SCu1898（CuSn1）	HS201	纯铜焊丝	Sn(≤1.0)、Si(0.35~0.5)、Mn(0.35~0.5)，其余为 Cu	1083	纯铜的气焊、氩弧焊及等离子弧焊等

(续)

焊丝型号	焊丝牌号	名称	主要化学成分（质量分数,%）	熔点/℃	用途
SCu6560（CuSi3Mn）	HS211	青铜焊丝	Si（2.8~4.0）、Mn（≤1.5），其余为Cu	958	青铜的气焊、氩弧焊及等离子弧焊等
SCu4700（CuZn40Sn）	HS221	黄铜焊丝	Cu（57~61）、Sn（0.25~1.0），其余为Zn	886	黄铜的气焊、氩弧焊及等离子弧焊等
SCu6800（CuZn40Ni）	HS222	黄铜焊丝	Cu（56~60）、Sn（0.8~1.1）、Si（0.05~0.15）、Fe（0.25~1.20）、Ni（0.2~0.8），其余为Zn	860	
SCu6810A（CuZn40SnSi）	HS223	黄铜焊丝	Cu（58~62）、Si（0.1~0.5）、Sn（≤1.0），其余为zn	905	

（2）铝及铝合金焊丝 根据 GB/T 10858—2008《铝及铝合金焊丝》规定，铝及铝合金焊丝型号由三部分组成：第一部分为字母"SAl"表示铝及铝合金焊丝；第二部分为四位数，表示焊丝型号；第三部分为可选部分，表示化学成分代号。焊丝型号示例如下：

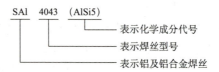

常用铝及铝合金焊丝的型号、牌号、成分及用途见表 4-23。

表 4-23 常用铝及铝合金焊丝的型号、牌号、成分及用途

焊丝型号	焊丝牌号	名称	主要化学成分（质量分数,%）	熔点/℃	用途
SAl1450（Al99.5Ti）	HS301	纯铝焊丝	Al≥99.5	660	纯铝的气焊及氩弧焊
SAl4043（AlSi5）	HS311	铝硅合金焊丝	Si（4.5~6），其余为Al	580~610	焊接除铝镁合金外的铝合金
SAl3103（AlMn1）	HS321	铝锰合金焊丝	Mn（1.0~1.6），其余为Al	643~654	铝锰合金的气焊及氩弧焊
SAl5556（AlMg5Mn1Ti）	HS331	铝镁合金焊丝	Mg（4.7~5.5）、Mn（0.4~1.0）、Ti（0.05~0.2），其余为Al	638~660	焊接铝镁合金及铝锌镁合金

（3）铸铁焊丝 根据 GB/T 10044—2006《铸铁焊条及焊丝》规定，铸铁焊丝型号是以"R"表示填充焊丝，以"Z"表示焊丝用于铸铁焊接，RZ 后用字母表示熔敷金属类型，以"C"表示灰铸铁、以"CH"表示合金铸铁、以"CQ"表示球墨铸铁，再细分时用数字表示，并以短线"-"与前面化学元素分开。焊丝型号示例如下：

铸铁焊丝的型号、成分及用途见表4-24。

表4-24 铸铁焊丝的型号、成分及用途

焊丝型号	化学成分（质量分数，%）					用途
	C	Mn	S	P	Si	
RZC-1	3.2~3.5	0.6~0.75	≤0.10	0.5~0.75	2.7~3.0	焊补灰铸铁
RZC-2	3.5~4.5	0.3~0.8	≤0.10	≤0.5	3.0~3.8	
RZCQ-1	3.2~4.0	0.1~0.4	≤0.015	≤0.05	3.2~3.8	焊补球墨铸铁
RZCQ-2	3.5~4.2	0.5~0.8	≤0.03	≤0.10	3.5~4.2	

三、药芯焊丝

药芯焊丝是继焊条、实芯焊丝之后广泛应用的又一类焊接材料。药芯焊丝是由包有一定成分粉剂（药粉或金属粉）的不同截面形状的薄钢管或薄钢带经拉拔加工而形成的焊丝。这种焊丝中的药粉具有与焊条药皮相似的作用，只是它们所在的部位不同而已。正因为如此，药芯焊丝具有实芯焊丝无法比拟的优点，同时又克服了焊条不能自动化焊接的缺点，因此是很有发展前途的焊接材料。

1. 药芯焊丝的分类

（1）根据焊丝截面分 药芯焊丝按截面形状不同，有"E"形、"O"形和"梅花"形、中间填丝形、"T"形等几种，各种药芯焊丝的截面形状如图4-2所示，其中"O"形即管状焊丝应用最广。

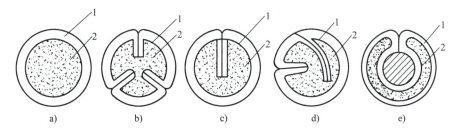

图4-2 药芯焊丝的截面形状
a）O形 b）梅花形 c）T形 d）E形 e）中间填丝形
1—钢带 2—药粉

（2）根据焊接过程中外加的保护方式分

1）气体保护焊用药芯焊丝。气体保护焊用药芯焊丝根据保护气体的种类可细分为CO_2气体保护焊用药芯焊丝、熔化极惰性气体保护焊用药芯焊丝、混合气体保护焊用药芯焊丝以及钨极惰性气体保护焊用药芯焊丝。其中 CO_2 气体保护焊药芯焊丝主要用于结构件的焊接制造，应用最广，且多为钛型、钛钙型，规格有直径 $\phi1.6mm$、$\phi2.0mm$、$\phi2.4mm$、$\phi2.8mm$、$\phi3.2mm$ 等几种。

2) 埋弧焊用药芯焊丝。这种焊丝主要应用于表面堆焊。由于药芯焊丝制造工艺较实芯焊丝复杂、生产成本高，因此焊接普通结构时，一般不采用药芯焊丝埋弧焊。

3) 自保护药芯焊丝。主要指在焊接过程中不需要外加保护气体或焊剂的一类焊丝。通过焊丝药芯中的造渣剂、造气剂在电弧高温作用下产生的气、渣对熔滴和熔池进行保护。

2. 药芯焊丝的特点

（1）焊接工艺性能好　采用气渣联合保护，保护效果好，抗气孔能力强，焊缝成形美观，电弧稳定性好，飞溅少且颗粒细小。

（2）焊丝熔敷速度快，生产率高　熔敷速度明显高于焊条，并略高于实芯焊丝，熔敷效率和生产率都较高，生产率比焊条电弧焊高 3~4 倍，经济效益显著。且可用大焊接电流进行全位置焊接。

（3）焊接适应性强　通过调整药粉的成分与比例，可焊接和堆焊不同成分的钢材。且由于药粉改变了电弧特性，对焊接电源无特殊要求，交、直流，平缓外特性电源均可。

（4）综合成本低　焊接相同厚度的钢板，使用药芯焊丝焊接时，单位长度焊缝的综合成本明显低于焊条，且略低于实芯焊丝。使用药芯焊丝经济效益是非常显著的。

（5）焊丝制造过程复杂　送丝较实心焊丝困难，需要采用降低送丝压力的送丝机构；焊丝外表易锈蚀、药粉易吸潮，故使用前应对焊丝外表进行清理和 250~300℃ 的烘烤。

3. 药芯焊丝的型号及牌号

（1）非合金钢及细晶粒钢药芯焊丝的型号　根据 GB/T 10044—2018《非合金钢及细晶粒钢药芯焊丝》标准规定，焊丝型号按力学性能、使用特性、焊接位置、保护气体类型、焊后状态和熔敷金属化学成分划分。仅适用于单道焊的焊丝，其型号划分中不包括焊后状态和熔敷金属化学成分。该标准适用于最小抗拉强度不大于 570MPa 的气体保护焊和自保护电弧焊用药芯焊丝。

焊丝型号由八部分组成：

第一部分：字母 T 表示药芯焊丝；

第二部分：表示用于多道焊时焊态或焊后热处理条件下，熔敷金属的抗拉强度代号（43、49、55、57）。或者表示用于单道焊时焊态条件下焊接接头的抗拉强度代号（43、49、55、57）。

第三部分：表示冲击吸收能量不小于 27J 时的试验温度代号。仅适用于单道焊的焊丝无此代号。

第四部分：表示使用特性代号，见表 4-25。

第五部分：表示焊接位置代号。0 表示平焊、平角焊，1 表示全位置焊。

第六部分：表示保护气体类型代号，自保护为 N，仅适用于单道焊的焊丝在该代号后添加字母 S。

第七部分：表示焊后状态代号。其中 A 表示焊态，P 表示焊后热处理状态，AP 表示焊态和焊后热处理两种状态均可。

第八部分：表示熔敷金属化学成分分类。

除以上强制代号外，可在其后依次附加可选代号：字母 U 表示在规定的试验温度下，冲击吸收能量应不小于 47J；扩散氢代号 H×，其中×可为数字 15、10 或 5，分别表示每 100g 熔敷金属中扩散氢含量最大值（mL）。

焊丝型号示例如下：

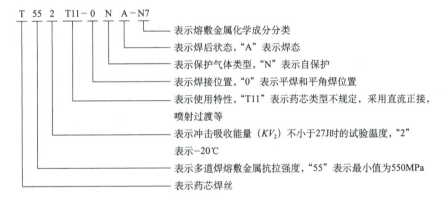

表 4-25 使用特性代号

使用特性代号	保护气体	电流	熔滴过渡	药芯类型	焊接位置	特性	焊接类型
T1	要求	直流反接	喷射过渡	金红石	0 或 1	飞溅少，平或微凸焊道，熔敷速度高	单道焊和多道焊
T2	要求	直流反接	喷射过渡	金红石	0	与 T1 相似，高锰和/或高硅提高性能	单道焊
T3	不要求	直流反接	粗滴过渡	不规定	0	焊接速度极高	单道焊
T4	不要求	直流反接	粗滴过渡	碱性	0	熔敷速度极高，优异的抗热裂性能，熔深小	单道焊和多道焊
T5	要求	直流反接	粗滴过渡	氧化钙-氟化物	0 或 1	微凸焊道，不能完全覆盖焊道的薄渣，与 T1 相比冲击韧性好，有较好的抗冷裂和热裂性能	单道焊和多道焊

(续)

使用特性代号	保护气体	电流	熔滴过渡	药芯类型	焊接位置	特性	焊接类型
T6	不要求	直流反接	喷射过渡	不规定	0	冲击韧性好,焊缝根部熔透性好,深坡口中仍有优异的脱渣性能	单道焊和多道焊
T7	不要求	直流正接	细熔滴到喷射过渡	不规定	0或1	熔敷速度高,优异的抗热裂性能	单道焊和多道焊
T8	不要求	直流正接	细熔滴或喷射过渡	不规定	0或1	良好的低温冲击韧性	单道焊和多道焊
T10	不要求	直流正接	细熔滴过渡	不规定	0	任何厚度上具有高熔敷速度	单道焊
T11	不要求	直流正接	喷射过渡	不规定	0或1	仅用于薄板焊接,制造商需要给出板厚限制	单道焊和多道焊
T12	要求	直流反接	喷射过渡	金红石	0或1	与T1相似,提高冲击韧性和低锰要求	单道焊和多道焊
T13	不要求	直流正接	短路过渡	不规定	0或1	用于有根部间隙的焊接	单道焊
T14	不要求	直流正接	喷射过渡	不规定	0或1	涂层、镀层薄板上进行高速焊接	单道焊
T15	要求	直流反接	微细熔滴喷射过渡	金属粉型	0或1	药芯含有合金和铁粉、熔渣覆盖率低	单道焊和多道焊
TG	供需双方协定							

(2) 药芯焊丝的牌号 焊丝牌号以字母"Y"表示药芯焊丝,其后字母表示用途或钢种类别,见表4-26。字母后的第一、二位数字表示熔敷金属抗拉强度保证值,单位为MPa。第三位数字表示药芯类型及电流种类(与焊条相同)。第四位数字代表保护形式,见表4-27。

表4-26 药芯焊丝类别

字母	钢类别	字母	钢类别
J	结构钢用	G	铬不锈钢
R	低合金耐热钢	A	奥氏体型不锈钢
D	堆焊		

表4-27 药芯焊丝的保护类型

牌号	焊接时保护类型	牌号	焊接时保护类型
YJ××-1	气保护	YJ××-3	气保护、自保护两用
YJ××-2	自保护	YJ××-4	其他保护形式

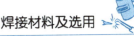

焊丝牌号示例如下：

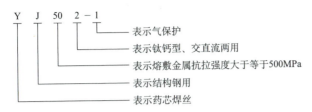

典型合金结构钢药芯焊丝的化学成分和力学性能见表4-28。

表4-28 典型合金结构钢药芯焊丝的化学成分和力学性能

牌号	熔敷金属化学成分（质量分数,%）							熔敷金属力学性能			
	C	Si	Mn	Ni	Cr	Mo	Cu	R_m/MPa	R_{eL}/MPa	A(%)	KV/J
YJ420-1	≤0.1	≤0.5	≤1.2	—	—	≤0.1	—	≥420	—	≥22	-20℃ ≥47
YJ502-1	≤0.1	≤0.5	≤1.2	—	—	—	—	≥490	—	≥22	-20℃ ≥47
YJ502CuCr-1	≤0.12	≤0.6	0.5~1.2	—	0.25~0.60	—	0.2~0.5	≥490	≥350	≥20	0℃ ≥47
YJ506-2	0.2	≤0.9	≤1.75	—	—	—	—	≥490	—	≥16	0℃ ≥27
YJ507-1	≤0.1	≤0.5	≤1.2	—	—	—	—	≥490	—	≥22	-20℃ ≥47
YJ507-2	0.2	≤0.9	≤1.75	0.5	—	0.3	—	≥490	≥390	≥20	-30℃ ≥27
YJ607-1	≤0.12	≤0.6	1.2~1.75	—	—	0.25~0.45	—	≥590	≥530	≥15	-50℃ ≥27
YJ707-1	≤0.1	≤0.5	≤1.2	—	—	≤0.1	—	≥420	—	≥22	-20℃ ≥47

第三节　焊　剂

焊接时，能够熔化形成熔渣和气体，对熔化金属起保护作用并进行复杂的冶金反应的颗粒状物质叫焊剂。焊剂是埋弧焊、电渣焊等使用的焊接材料。

需要注意的是，电渣焊是通过焊剂熔化形成的熔渣所产生的电阻热来熔化填充金属和母材的，所以电渣焊焊剂不要求具有通过焊剂向焊缝金属渗合金的作用。目前国内生产的电渣焊专用焊剂是HJ360和HJ170，此外HJ431也广泛用于电渣焊。

一、焊剂的作用及分类

1. 焊剂的作用

（1）焊接时熔化产生气体和熔渣，能有效保护电弧和熔池。

（2）对焊缝金属渗合金，改善焊缝的化学成分和提高其力学性能。

（3）改善焊接工艺性能，使电弧能稳定燃烧，脱渣容易，焊缝成形美观。

2. 焊剂的分类

焊剂的分类方法很多，具体分类方法如图 4-3 所示。

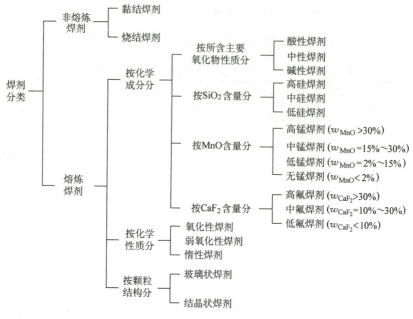

图 4-3　焊剂的分类方法

（1）按制造方法分类　焊剂可分为熔炼焊剂和非熔炼焊剂。熔炼焊剂和非熔炼焊剂的制造过程、特点及用途见表 4-29。

表 4-29　熔炼焊剂和非熔炼焊剂的制造过程、特点及用途

焊剂类型	熔炼焊剂	非熔炼焊剂	
		烧结焊剂	黏结焊剂
制造过程	将各种矿物原料混合后，在电炉中经过熔炼，再倒入水中粒化，经烘干、筛选而成	向一定比例的各种配料中加入适量的黏结剂，混合搅拌后在高温（400～1000℃）下烧结而成	向一定比例的各种配料中加入适量的黏结剂，混合搅拌后粒化并在低温（400℃以下）烘干而成
特点及用途	颗粒强度高，化学成分均匀，合金元素烧损严重，不能依靠焊剂向焊缝金属大量渗入合金元素；对铁锈敏感，不易吸潮，可不必再烘干；耗电多、成本高。是目前应用最多的一类焊剂，主要应用于低碳钢、低合金钢高强钢等材料的焊接	没有熔炼过程，化学成分不均匀，焊缝性能不均匀，但可以在焊剂中添加铁合金，增大焊缝金属合金化；对铁锈不敏感，易吸潮，必须再烘干；脱渣性好；耗电少、成本低。非熔炼焊剂特别是烧结焊剂，现主要应用于焊接高合金钢和堆焊	

(2) 按焊剂化学成分分类

1) 按 SiO_2 含量可分为高硅焊剂、中硅焊剂和低硅焊剂。

2) 按 MnO 含量可分为高锰焊剂、中锰焊剂、低锰焊剂和无锰焊剂。

3) 按 CaF_2 含量可分为高氟焊剂、中氟焊剂和低氟焊剂。

(3) 按焊剂的氧化性分类　焊剂可分为氧化性焊剂、弱氧化性焊剂和惰性焊剂。

1) 氧化性焊剂。焊剂对焊缝金属具有较强的氧化作用。可分为两种：一种是含有大量 SiO_2、MnO 的焊剂；另一种是含较多的 FeO 的焊剂。

2) 弱氧化性焊剂。焊剂含 SiO_2、MnO、FeO 等氧化物较少，所以对金属有较弱的氧化作用，焊缝含氧量较低。

3) 惰性焊剂。焊剂中基本不含 SiO_2、MnO、FeO 等氧化物，所以对于焊接金属没有氧化作用。此类焊剂的成分是由 Al_2O_3、CaO、MgO、CaF_2 等组成。

(4) 按焊剂的酸碱度分类　焊剂可分为酸性焊剂、中性焊剂和碱性焊剂。

1) 酸性焊剂。工艺性能好，焊缝成形美观，焊缝含氧量高，冲击韧性较差。

2) 中性焊剂。熔敷金属与焊丝化学成分相近，合金元素烧损少，焊缝含氧量有所降低。

3) 碱性焊剂。焊缝金属含氧量低，冲击韧性好，工艺性能差。

二、焊剂的型号与牌号

1. 焊剂型号

依据 GB/T 36037—2018《埋弧焊和电渣焊用焊剂》的规定，焊剂型号按适用焊接方法、制造方法、焊剂类型和适用范围等进行划分。

焊剂型号由以下四部分组成。

第一部分：表示焊剂适用的焊接方法，S 表示适用于埋弧焊，ES 表示适用于电渣焊；

第二部分：表示焊剂制造方法，F 表示熔炼焊剂，A 表示烧结焊剂，M 表示混合焊剂；

第三部分：表示焊剂类型代号，见表 4-30；

第四部分：表示焊剂适用范围代号，见表 4-31。

除以上强制分类代号外，根据供需双方协商，可在型号后依次附加可选代号：冶金性能代号，用数字、元素符号、元素符号和数字组合等表示焊剂烧损或增加合金程度；电流类型代号，用字母表示，DC 表示适用于直流焊接，AC 表示适用于交流和直流焊接；扩散氢代号 H×，其中×可为数字 2、4、5、10 或 15，分别表示每 100g 熔敷金属中扩散氢含量最大值（mL）。

表 4-30 焊剂类型代号及主要化学成分

焊剂类型代号	主要化学成分（质量分数,%）	
MS（硅锰型）	$MnO+SiO_2$	≥50
	CaO	≤15
CS（硅钙型）	$CaO+MgO+SiO_2$	≥55
	CaO+MgO	≥15
CG（镁钙型）	CaO+MgO	5~50
	CO_2	≥2
	Fe	≤10
CB（镁钙碱型）	CaO+MgO	30~80
	CO_2	≥2
	Fe	≤10
CG-Ⅰ（铁粉镁钙型）	CaO+MgO	5~45
	CO_2	≥2
	Fe	15~60
CB-Ⅰ（铁粉镁钙碱型）	CaO+MgO	10~70
	CO_2	≥2
	Fe	15~60
GS（硅镁型）	$MgO+SiO_2$	≥42
	Al_2O_3	≤20
	$CaO+CaF_2$	≤14
ZS（硅锆型）	ZrO_2+SiO_2+MnO	≥45
	ZrO_2	≥15
RS（硅钛型）	TiO_2+SiO_2	≥50
	TiO_2	≥20
AR（铝钛型）	$Al_2O_3+TiO_2$	≥40
BA（碱铝型）	$Al_2O_3+CaF_2+SiO_2$	≥55
	CaO	≥8
	SiO_2	≤20
AAS（硅铝酸型）	$Al_2O_3+SiO_2$	≥50
	CaF_2+MgO	≥20
AB（铝碱型）	$Al_2O_3+CaO+MgO$	≥40
	Al_2O_3	≥20
	CaF_2	≤22
AS（硅铝型）	$Al_2O_3+SiO_2+ZrO_2$	≥40
	CaF_2+MgO	≥30
	ZrO_2	≥5

(续)

焊剂类型代号	主要化学成分（质量分数,%）	
AF （铝氟碱型）	$Al_2O_3+CaF_2$	≥70
FB （氟碱型）	$CaO+MgO+CaF_2+MnO$	≥50
	SiO_2	≤20
	CaF_2	≥15
G	其他协定成分	

表 4-31 焊剂适用范围代号

代号	适用范围
1	用于非合金钢及细晶粒钢、高强钢、热强钢和耐候钢，适合于焊接接头和/或堆焊。在接头焊接时，一些焊剂可应用于多道焊和单/双道焊
2	用于不锈钢和/或镍及镍合金，主要适用于接头焊接，也能用于带极堆焊
2B	用于不锈钢和/或镍及镍合金，主要适用于带极堆焊
3	主要用于耐磨堆焊
4	1 类~3 类都不适用的其他焊剂，例如铜合金用焊剂

焊剂型号示例如下：

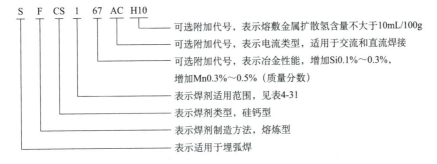

2. 焊剂牌号

（1）熔炼焊剂牌号表示法　焊剂牌号表示为"HJ×××"，HJ 后面有三位数字，具体内容是：

1）第一位数字表示焊剂中氧化锰的平均质量分数，见表 4-32。

表 4-32 焊剂中氧化锰的平均质量分数

焊剂牌号	焊剂类型	氧化锰平均质量分数
HJ1××	无锰	<2%
HJ2××	低锰	2%~15%
HJ3××	中锰	15%~30%
HJ4××	高锰	>30%

2)第二位数字表示焊剂中二氧化硅、氟化钙的平均质量分数,见表 4-33。

表 4-33 焊剂中二氧化硅、氟化钙的平均质量分数

焊剂牌号	焊剂类型	二氧化硅、氟化钙平均质量分数
HJ×1×	低硅低氟	$SiO_2<10\%$,$CaF_2<10\%$
HJ×2×	中硅低氟	$SiO_2\approx10\%\sim30\%$,$CaF_2<10\%$
HJ×3×	高硅低氟	$SiO_2>30\%$,$CaF_2<10$
HJ×4×	低硅中氟	$SiO_2<10\%$,$CaF_2\approx10\%\sim30\%$
HJ×5×	中硅中氟	$SiO_2\approx10\%\sim30\%$,$CaF_2\approx10\%\sim30\%$
HJ×6×	高硅中氟	$SiO_2>30\%$,$CaF_2\approx10\%\sim30\%$
HJ×7×	低硅高氟	$SiO_2<10\%$,$CaF_2>30\%$
HJ×8×	中硅高氟	$SiO_2\approx10\%\sim30\%$,$CaF_2>30\%$

3)第三位数字表示同一类型焊剂的不同牌号。对同一种牌号焊剂生产两种颗粒度时,则在细颗粒产品后面加一"×"。

焊剂牌号示例如下:

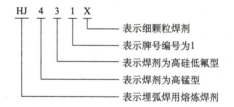

HJ 4 3 1 X
— 表示细颗粒焊剂
— 表示牌号编号为1
— 表示焊剂为高硅低氟型
— 表示焊剂为高锰型
— 表示埋弧焊用熔炼焊剂

(2)烧结焊剂的牌号表示方法 焊剂牌号表示为"SJ×××",SJ 后面有三位数字,具体内容是:

1)第一位数字表示焊剂熔渣的渣系类型,见表 4-34。

2)第二、第三位数字表示同一渣系类型焊剂中的不同牌号,按 01、02、…、09 顺序排列。

表 4-34 烧结焊剂牌号及其渣系

焊剂牌号	熔渣渣系类型	主要组分质量分数
SJ1××	氟碱型	$CaF_2\geq15\%$,$(CaO+MgO+CaF_2)>50\%$,$SiO_2\leq20\%$
SJ2××	高铝型	$Al_2O_3\geq20\%$,$(Al_2O_3+CaO+MgO)>45\%$
SJ3××	硅钙型	$(CaO+MgO+SiO_2)>60\%$
SJ4××	硅锰型	$(MnO+SiO_2)>50\%$
SJ5××	铝钛型	$(Al_2O_3+TiO_2)>45\%$
SJ6××	其他型	

烧结焊剂牌号示例如下：

三、焊剂的选用及保管

1. 焊剂的选用

焊剂的选用必须与焊丝同时进行，因为它们的不同组合可获得不同性能的焊缝金属。

1）焊接低碳钢和强度较低的合金钢时，以保证焊缝金属的力学性能为主，使焊缝与母材等强度，宜采用高锰高硅焊剂配合低锰或含锰焊丝，如 HJ431、HJ430 配合 H08A 或 H08MnA 焊丝，或采用无锰高硅或低锰高硅焊剂配合高锰焊丝，如 HJ130、HJ230 配合 H10Mn2 焊丝。

2）焊接低合金高强钢时，除使焊缝与母材等强度外，还需特别注意焊缝的塑性和韧性，可选用中锰中硅或低锰中硅焊剂，如 HJ350、HJ250 等，配合相应的低合金高强钢焊丝。

3）焊接有特殊要求的合金钢如低温钢、耐热钢、耐蚀钢、不锈钢等，以满足焊缝金属的化学成分为主，要选用相应的合金钢焊丝，配合碱性、中性的焊剂。

目前国内熔炼焊剂占焊剂用量绝大多数，其中 HJ431 又占 80% 左右；非熔炼焊剂，特别是烧结焊剂主要应用于焊接高合金钢和堆焊焊接，在国外已得到广泛应用。

常用焊剂的选用见表 4-35。

表 4-35 常用焊剂的选用

焊剂牌号	成分类型	酸碱性	配用焊丝	电流种类	用途
HJ131	无 Mn 高 Si 低 F	中性	Ni 基焊丝	交、直流	Ni 基合金
HJ150	无 Mn 中 Si 中 F	中性	H2Cr13	直流	扎辊堆焊
HJ151	无 Mn 中 Si 中 F	中性	相应钢种焊丝	直流	奥氏体不锈钢
HJ172	无 Mn 低 Si 高 F	碱性	相应钢种焊丝	直流	高 Cr 铁素体钢
HJ251	低 Mn 中 Si 中 F	碱性	CrMo 钢焊丝	直流	珠光体耐热钢
HJ260	低 Mn 高 Si 中 F	中性	不锈钢焊丝	直流	不锈钢、轧辊堆焊
HJ350	中 Mn 中 Si 低 F	中性	MnMo、MnSi 及含 Ni 高强钢焊丝	交、直流	重要低合金高强钢
HJ430	高 Mn 高 Si 低 F	酸性	H08A、H08Mn	交、直流	优质碳素结构钢
HJ431	高 Mn 高 Si 低 F	酸性	H08A、H08Mn	交、直流	优质碳素结构钢、低合金钢
HJ432	高 Mn 高 Si 低 F	酸性	H08A	交、直流	优质碳素结构钢
HJ433	高 Mn 高 Si 低 F	酸性	H08A	交、直流	优质碳素结构钢

(续)

焊剂牌号	成分类型	酸碱性	配用焊丝	电流种类	用途
SJ101	氟碱型	碱性	H08Mn、H08MnMo	交、直流	重要低碳钢、低合金钢
SJ301	硅钙型	中性	H08Mn、H08MnMo	交、直流	低碳钢、锅炉钢
SJ401	硅锰型	酸性	H08A	交、直流	低碳钢、低合金钢
SJ501	铝钛型	酸性	H08Mn	交、直流	低碳钢、低合金钢
SJ502	铝钛型	酸性	H08A	交、直流	重要低碳钢和低合金钢
SJ601	其他型	碱性	H022Cr21Ni10、H06Cr19Ni10Ti 等	直流	多道焊不锈钢
SJ604	其他型	碱性	H022Cr21Ni10、H06Cr19Ni10Ti 等	直流	多道焊不锈钢

2. 焊剂的使用和保管

为保证焊接质量，焊剂应正确地保管和使用，应存放在干燥库房内，防止受潮；使用前应对焊剂进行烘干，熔炼焊剂要求 200~250℃下烘焙 1~2h；烧结焊剂应在 300~400℃烘焙 1~2h。使用回收的焊剂，应清除其中的渣壳、碎粉及其他杂物，并与新焊剂混匀后使用。

第四节 其他焊接材料

一、焊接用气体

焊接用气体有氩气、二氧化碳、氧气、乙炔、液化石油气、氦气、氮气、氢气等。氩气、二氧化碳、氦气、氮气、氢气是气体保护焊用的保护气体，常用的是氩气和二氧化碳；氧气、乙炔、液化石油气是用以形成气体火焰进行气焊、气割的助燃和可燃气体。

1. 焊接用气体的性质

（1）氩气 氩气是无色、无味的惰性气体，不与金属起化学反应，也不溶解于金属。且氩气密度比空气大 25%，使用时气流不易漂浮散失，有利于对焊接区的保护作用。氩弧焊对氩气的纯度要求很高，按我国现行标准规定，其纯度应达到 99.99%。焊接用工业纯氩以瓶装供应，在温度20℃时满瓶压力为 14.7MPa，容积一般为 40L。氩气钢瓶外表涂银灰色，并标有深绿色"氩气"的字样。

（2）二氧化碳 二氧化碳是无色、无味、无毒的气体，具有氧化性，比空气密度大，来源广、成本低。

焊接用的二氧化碳一般是将其压缩成液体贮存于钢瓶内，液态二氧化碳在常温下容易汽化，1kg 液态二氧化碳可汽化成 509L 气态的二氧化碳。气瓶内汽化的二氧化碳气体中的含水量，与瓶内的压力有关，当压力降低到 0.98MPa 时，二氧化碳气体中含水量大为增加，便不能继续使用。焊接用二氧化碳气体的纯度应大于 99.5%，含水量不超过 0.05%，否则会降低焊缝的力学性能，焊缝也易产生气孔。如果二氧化碳气体的纯度达不到标准，可进行提纯处理。

二氧化碳气瓶容量为 40L，涂色标记为铝白色，并标有黑色"液化二氧化碳"的字样。

（3）氧气　在常温、常态下氧是气态，氧气的分子式为 O_2。氧气是一种无色、无味、无毒的气体，比空气密度略大。

氧气是一种化学性质极为活泼的气体，它能与许多元素化合生成氧化物，并放出热量。氧气本身不能燃烧，但却具有强烈的助燃作用。

气焊与气割用的工业用氧气一般分为两级，一级纯度氧气含量不低于 99.2%，二级纯度氧气含量不低于 98.5%。通常，由氧气厂和氧气站供应的氧气可以满足气焊与气割的要求。对于质量要求较高的气焊，应采用一级纯度的氧。气割时，氧气纯度不应低于 98.5%。

贮存和运输氧气的氧气瓶外表涂淡蓝色，瓶体上用黑漆标注"氧气"字样。常用氧气瓶的容积为 40L，在 15MPa 压力下，可贮存 $6m^3$ 的氧气。

（4）乙炔　乙炔是由电石（碳化钙）和水相互作用分解而得到的一种无色而带有特殊臭味的碳氢化合物，其分子式为 C_2H_2，比空气密度小。

乙炔是可燃性气体，它与空气混合时所产生的火焰温度为 2350℃，而与氧气混合燃烧时所产生的火焰温度为 3000~3300℃，因此足以迅速熔化金属进行焊接和切割。

乙炔是一种具有爆炸性的危险气体，使用时必须注意安全。乙炔与铜或银长期接触后会生成爆炸性的化合物乙炔铜（Cu_2C_2）和乙炔银（Ag_2C_2），所以凡是与乙炔接触的器具设备，禁止用银或含铜量超过 70% 的铜合金制造。

贮存和运输乙炔的乙炔瓶外表涂白色，并用大红漆标注"乙炔"字样。瓶内装有浸满着丙酮的多孔性填料，能使乙炔安全地贮存在乙炔瓶内。

（5）液化石油气　液化石油气的主要成分是丙烷（C_3H_8）、丁烷（C_4H_{10}）、丙烯（C_3H_6）等碳氢化合物，在常压下以气态存在，在 0.8~1.5MPa 压力下，就可变成液态，便于装入瓶中储存和运输，液化石油气由此而得名。工业用液化石油气瓶外表涂棕色，并用白漆标注"液化石油气"字样。

液化石油气与氧气的燃烧温度为 2800~2850℃，比乙炔的温度低，且在氧气中的燃烧速度仅为乙炔的 1/3，其完全燃烧所需氧气量比乙炔所需氧气量大。液化石油气与乙炔一样，也具有爆炸性，但比乙炔安全得多。

（6）氩气　氩气是一种无色无嗅的惰性气体，比空气密度小很多。氩气的化学性质也很不活泼，不与任何金属产生化学反应，不溶于液态及固态金属中。因此，在焊接过程中也不会发生合金元素的氧化与烧损。但氩气价格昂贵。氩气瓶外表涂银灰色，并用深绿漆标注"氩"字样。

(7) 氢气 氢气是所有元素中密度最小的气体,无色无嗅。氢气能燃烧,是一种强烈的还原剂。它在常温下不活泼,高温下十分活泼,可作为金属矿和金属氧化物的还原剂。氢能大量溶入液态金属,冷却时容易产生气孔。氢气瓶外表涂淡绿色,并用大红漆标注"氢"字样。

(8) 氮气 氮气是一种无色无嗅的气体。氮气既不能燃烧,也不能助燃,化学性质很不活泼。但加热后能与锂、镁、钛等元素化合,高温时常与氢、氧直接化合,焊接时能溶于液态金属起有害作用,但对铜及铜合金不起反应,有保护作用。氮气瓶外表涂黑色,并用白色标注"氮"字样。

2. 焊接用气体的应用

(1) 气体保护焊用气体 焊接时用作保护气体的主要是氩气(Ar)、二氧化碳气体(CO_2),此外还有氦气(He)、氮气(N_2)、氢气(H_2)等。

氩气、氦气是惰性气体,对化学性质活泼而易与氧起反应的金属,是非常理想的保护气体,故常用于铝、镁、钛等金属及其合金的焊接。由于氦气的消耗量很大,而且价格昂贵,所以很少用单一的氦气,常和氩气等混合起来使用以改善电弧特性。

氮气、氢气是还原性气体。氮可以同多数金属起反应,是焊接中的有害气体,但不溶于铜及铜合金,故可作为铜及合金焊接的保护气体。氢气主要用于氢原子焊,目前这种方法已很少应用。另外氮气、氢气也常和其他气体混合起来使用。

二氧化碳气体是氧化性气体。由于二氧化碳气体来源丰富,而且成本低,因此值得推广应用,目前主要用于碳素钢及低合金钢的焊接。

混合气体是一种保护气体中加入适当份量的另一种(或两种)其他气体。应用最广的是在惰性气体氩(Ar)中加入少量的氧化性气体(CO_2、O_2 或其混合气体),用这种气体作为保护气体的焊接方法称为熔化极活性气体保护焊,简称为 MAG 焊。由于混合气体中氩气所占比例大,故常称为富氩混合气体保护焊,常用其来焊接碳钢、低合金钢及不锈钢。常用的保护气体的应用见表 4-36。

表 4-36 常用保护气体的应用

被焊材料	保护气体	混合比(%)	化学性质	焊接方法
铝及铝合金	Ar	—	惰性	熔化极和钨极
	Ar+He	He10		
铜及铜合金	Ar	—	惰性	熔化极和钨极
	Ar+N_2	$N_2$20		熔化极
	N_2	—	还原性	
不锈钢	Ar	—	惰性	钨极
	Ar+O_2	$O_2$1~2	氧化性	熔化极
	Ar+O_2+CO_2	$O_2$2;$CO_2$5		

(续)

被焊材料	保护气体	混合比（%）	化学性质	焊接方法
碳钢及低合金钢	CO_2	—	氧化性	熔化极
	$Ar+CO_2$	CO_2 20~30		
	CO_2+O_2	O_2 10~15		
钛锆及其合金	Ar	—	惰性	熔化极和钨极
	Ar+He	He 25		
镍基合金	Ar+He	He 15	惰性	熔化极和钨极
	$Ar+N_2$	N_2 6	还原性	钨极

（2）气焊、气割用气体 氧气、乙炔、液化石油气是气焊、气割用的气体，乙炔、液化石油气是可燃气体，氧气是助燃气体。乙炔用于金属的焊接和切割。液化石油气主要用于气割，近年来推广迅速，并部分的取代了乙炔。

此外，可燃气体除了乙炔、液化石油气外，还有丙烯、天然气、焦炉煤气、氢气，以及丙炔、丙烷与丙烯的混合气体、乙炔与丙烯的混合气体、乙炔与丙烷的混合气体、乙炔与乙烯的混合气体及以丙烷、丙烯、液化石油气为原料，再辅以一定比例的添加剂的气体和经雾化后的汽油。这些气体主要用于气割，但综合效果均不及液化石油气。

二、钨极

钨极是钨极氩弧焊的不熔化电极，对电弧的稳定性和焊接质量影响很大。要求钨极具有电流容量大、损耗小、引弧和稳弧性能好等特性。

根据 GB/T 32532—2016《焊接与切割用钨极》，钨极有纯钨极、钍钨极、铈钨极、镧钨极、锆钨极和复合钨极。钍钨极、铈钨极、镧钨极、锆钨极和复合钨极，分别是在纯钨中主要添加氧化物 ThO_2、CeO_2、La_2O_3、ZrO_2 和 CeO_2、Y_2O_3、La_2O_3 等，目前常用的是纯钨极、钍钨极和铈钨极三种。

纯钨型号为 WP，其熔点高达 3400℃，沸点约为 5900℃，在电弧热作用下不易熔化与蒸发，可以作为不熔化电极材料，基本上能满足焊接过程的要求，但电流承载能力低，空载电压高，目前已很少使用。

在纯钨中主要添加氧化物为氧化钍（ThO_2），即为钍钨极，型号有 WTh10、WTh20 和 WTh30。由于钍是一种电子发射能力很强的稀土元素，钍钨极与纯钨极相比，具有容易引弧、不易烧损、使用寿命长、电弧稳定性好等优点。其缺点是成本比较高，且有微量放射性，必须加强劳动防护。

铈钨极，是在纯钨中主要添加氧化物为氧化铈（CeO_2），型号为 WCe20。它比钍钨极有更多的优点，引弧容易、电弧稳定性好，许用电流密度大，电极烧损小，使用寿命长，且几乎没有放射性，所以是一种理想的电极材料。我国目前建议尽量采用铈钨极。

钨极的化学成分及颜色标志、常用钨极性能的比较分别见表 4-37 和表 4-38。

表 4-37　钨极的化学成分及颜色标志

钨极类别	型号	化学成分（质量分数,%）						颜色标志
		W	ThO_2	CeO_2	La_2O_3	ZrO_2	CeO_2、Y_2O_3、La_2O_3 等	杂质	
纯钨极	WP	≥99.95	—	—	—	—	—	≤0.5	绿色
镧钨极	WLa10	余量	—	—	0.8~1.2	—	—	≤0.5	黑色
钍钨极	WTh20	余量	1.7~2.2	—	—	—	—	≤0.5	红色
锆钨极	WZr3	余量	—	—	—	0.15~0.5	—	≤0.5	棕色
铈钨极	WCe20	余量	—	1.8~2.2	—	—	—	≤0.5	灰色
复合钨极	WX10	余量	—	—	—	—	0.8~1.2	≤0.1	淡绿色

表 4-38　常用钨极性能比较

钨极类别	空载电压	电子逸出功	小电流下断弧间隙	电弧电压	许用电流	放射性剂量	化学稳定性	大电流时烧损	寿命
纯钨极	高	高	短	较高	小	无	好	大	短
钍钨极	较低	较低	较长	较低	较大	小	好	较小	较长
铈钨极	低	低	长	低	大	无	较好	小	长

为了使用方便，钨极一端常涂有颜色，以便识别。各种型号钨极颜色标志具体见表 4-37。

常用的钨极的直径有 $\phi 0.25$ mm、$\phi 0.5$ mm、$\phi 1.0$ mm、$\phi 1.5$ mm、$\phi 1.6$ mm、$\phi 2.0$ mm、$\phi 2.4$ mm、$\phi 2.5$ mm、$\phi 3.0$ mm、$\phi 4.0$ mm、$\phi 5.0$ mm 等规格。

根据 GB/T 32532—2016《焊接与切割用钨极》，钨极型号由以下三部分组成。

1) 第一部分用字母 W 表示钨极。

2) 第二部分为钨极的化学成分分类代号。其中，没有添加氧化物用字母 P 表示；添加氧化物用主氧化物的非氧元素符号表示；添加多元复合氧化物用字母 X 表示；上述之外的用字母 G 和主氧化物的非氧元素符号表示。

3) 第三部分是一或两位数字，为添加的主要或多元氧化物名义含量（质量分数）乘以 1000。

钨极型号示例如下：

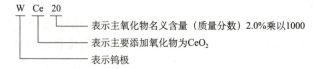

三、气焊熔剂

气焊熔剂是气焊时的助熔剂，其作用是与熔池内的金属氧化物或非金属夹杂物相互作用生成熔渣，覆盖在熔池表面，使熔池与空气隔离，从而有效防止熔池金属的继续氧化，改善焊缝的质量。所以气焊非铁金属（如铜及铜合金、铝及铝合金）、铸铁及不锈钢等材料时，通常必须采用气焊熔剂。

气焊熔剂可以在焊前直接撒在焊件坡口上或者蘸在气焊丝上加入熔池。常用气焊熔剂的牌号、性能及用途见表 4-39。

表 4-39 常用气焊熔剂的牌号、性能及用途

熔剂牌号	名称	基本性能	用途
CJ101	不锈钢及耐热钢气焊熔剂	熔点为900℃，有良好的湿润作用，能防止熔化金属被氧化，焊后熔渣易清除	用于不锈钢及耐热钢气焊
CJ201	铸铁气焊熔剂	熔点为650℃，呈碱性反应，具有潮解性，能有效地去除铸铁在气焊时所产生的硅酸盐和氧化物，有加速金属熔化的功能	用于铸铁件气焊
CJ301	铜气焊熔剂	系硼基盐类，易潮解，熔点约为650℃。呈酸性反应，能有效地熔解氧化铜和氧化亚铜	用于铜及铜合金气焊
CJ401	铝气焊熔剂	熔点约为560℃，呈酸性反应，能有效地破坏氧化铝膜，因极易吸潮，在空气中能引起铝的腐蚀，焊后必须将熔渣清除干净	用于铝及铝合金气焊

气焊熔剂牌号用 CJ 加三位数表示，其编制方法为：CJ×××。

其中，CJ 表示气焊熔剂。第一位数表示气焊熔剂的用途类型："1"表示不锈钢及耐热钢用熔剂；"2"表示铸铁气焊用熔剂；"3"表示铜及铜合金气焊用熔剂；"4"表示铝及铝合金气焊用熔剂。第二、三位数表示同一类型气焊熔剂的不同牌号。气焊熔剂牌号示例如下：

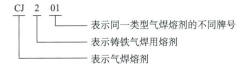

第五节　焊接材料工程应用实例

【焊接生产中，如何防止使用 E5016 焊条出现气孔】

E5016 属于低氢焊条，药皮成分以碳酸盐和萤石为主，其熔敷金属有良好的抗裂性和较高的冲击韧度及塑性等综合力学性能，可全位置焊接，常用于重要结构件或结构形状复杂、刚性及厚度大的焊件，被焊接材料一般为中碳钢及低合金钢。但是 E5016 焊条的焊接工艺性一般，尤其对气孔的敏感性较大，给焊接质量带来不利影响。如何防止使用该焊条时

出现气孔，始终是一个值得注意的问题。根据多年焊接操作的实际经验，总结出较合理的焊接工艺措施来消除焊接气孔。

1. 选择合理的坡口形式

板材厚度在 20mm 以上的对焊坡口，应该是 U 形或双边 U 形，而不应是 V 形或 X 形。因为 V 形或 X 形坡口根部夹角较小，焊条的端部不容易接近坡口根部，常在打底焊时造成电弧偏吹，其后果不是产生夹渣、未焊透，就是出现气孔。而 U 形坡口具有焊条端部与坡口根部接触面积大、便于施焊、能有效地保证打底焊道质量的工艺特点，所以，应选择 U 形坡口。

2. 尽量防止电弧偏吹

在施焊过程中的电弧偏吹容易造成电弧燃烧不稳定，因此易使焊缝金属产生气孔或未焊透等缺陷。为了有效地防止电弧偏吹，可以采取以下工艺措施：选择直流反接；采用小直径焊条；焊接电流不宜过大；压低电弧；施焊时不要对着强气流。

3. 选择适当的焊接电流

使用 E5016 焊条时的焊接电流与酸性焊条相比要小一些。因为焊接电流过大，熔池变深，冶金反应就会剧烈。在合金元素烧损严重的情况下，很容易产生气孔。根据多年的实际经验，E5016 焊条的焊接电流可按下式计算：

$$I = Kd^2$$

式中　　I——焊接电流（A）；

　　　　K——系数，取 9～10；

　　　　d——焊条直径（mm）。

在实际焊接中，在平焊位置多层焊时，应从第 2 层开始将焊接电流增大 10%，盖面焊道的焊接电流应减小 10%。各种焊接位置的焊接电流见表 4-40。

EML8020 模具焊条的研制-生产案例

表 4-40　各种焊接位置的焊接电流　（单位：A）

焊条直径/mm	平焊	横焊	立焊	仰焊
3.2	105～115	100～110	95～100	100～105
4	160～180	150～160	140～150	145～155
5	230～250	220～230	210～220	215～225

4. 采用短弧焊

如以长弧施焊，因金属熔滴向熔池过渡的距离过长，而使外界空气进入焊接区的机会增多，产生气孔的可能性就增大。所以在施焊过程中，始终要采用短弧焊，这是防止气孔的重要环节，千万不可忽视。实践证明，用 E5016 焊条焊接时弧长应小于焊条直径。如果技术熟练，可使焊条末端贴着熔池金属，这样操作可获得较高的焊接质量。

5. 尽量采用直线运条

由于在电弧高温下，空气中的氧、氢、氮等气体分子吸热后分解出来的原子十分活泼，如果焊条摆动过大，焊道过宽，就会给它们侵入熔池创造有利条件。因此，在焊接宽坡口时，其横向摆动幅度也不得超过15mm，还应以直线运条为主。

6. 按规定对焊条进行烘干

焊前须将 E5016 焊条按规定在烘干箱内进行 300～400℃ 的烘焙，时间为 2h，从烘干箱里取出的焊条须放在保温筒内待用。若没有保温筒，必须遵守随用随取的原则。

7. 进行合理的引弧和收弧

合理的引弧与收弧是防止出现气孔的措施之一。引弧时，应将焊条端部在引弧板上燃烧 5～6s，待电弧稳定后，先将其过渡到焊件端部 10mm 左右处，然后将其拉回到端部施焊。将近熄弧时，要尽量把电弧压短一些。待至终点时，先在终点绕上 2～3 圈，然后将电弧返回到已焊好的焊缝上收弧。

【1+X 考证训练】

一、填空题

1. 焊条是由_____和_____组成，在焊条前端药皮有 45°左右倒角是为了_____。在焊条尾部有一段裸露的焊芯，约为_____，作用是_____。

2. 焊芯有两个作用，一是_____，二是_____。

3. 焊条焊芯中的主要合金元素和常用杂质是_____、_____、_____、_____、_____、_____和_____。

4. 在焊芯牌号 H08A 中的"H"表示_____，"08"表示_____，"A"表示_____。

5. 焊条电弧焊时，焊芯金属约占整个焊缝金属的_____，所以焊芯的化学成分直接影响焊缝的质量。

6. 生产实践证明，焊条中的药皮重量与焊芯重量要有一个适当的比值，这个重量比值叫做_____，一般在_____左右。

7. 焊接专用钢丝，用作制造焊条，就称为_____。用于埋弧焊、气体保护焊、气焊等熔焊方法作填充金属时，则称为_____。

8. 焊条药皮组成物按在焊接过程中所起的作用通常分为_____、_____、_____、_____、_____和_____。

9. 焊条药皮中的稳弧剂的作用是_____和_____，常用的稳弧剂是_____。

10. 造渣剂的作用是_____和_____。

11. 焊条药皮中的造气剂主要作用是_____和_____；造气剂有_____和_____两类。

12. 使用 E4315 碱性药皮焊条，必须采用直流电源，这是因为碱性焊条药皮中含有_____。

13. 焊条型号 E4303 的"E"表示_____，"43"表示_____；"0"表示_____，"03"表示_____。这种焊条的牌号为_____。

14. E5015 焊条的药皮是_____型，其主要成分是_____和_____，其电源应选用_____。E5016 焊条的药皮属于_____型，它是在 E5015 焊条药皮基础上加入了_____，故其电源既可用_____，又可用_____。

15. 酸性焊条的力学性能比碱性焊条的力学性能要_____，酸性焊条的抗裂性比碱性焊条的抗裂性要_____。

16. Q235 钢焊接时，可选用型号为_____的焊条；20 钢焊接时，可选用型号为_____的焊条。

17. 碱性焊条药皮中是加入_____来降低熔渣黏度的。

18. 低碳钢、中碳钢和普通低合金钢是按母材的_____来选用焊条的。

19. 不锈钢、耐热钢等是按母材的_____来选用焊条的。

20. 焊条药皮是由_____、_____、_____和_____等原材料组成。

21. 焊条按用途可分为_____、_____、_____、_____、_____、_____和_____等。

22. 药皮中脱氧剂在焊接过程中的主要作用是对_____和_____脱氧。

23. 药皮中的合金化元素的主要作用是向_____中渗入必要的合金成分。

24. 焊条按药皮熔化后的熔渣特性可分为_____焊条和_____焊条，其熔渣的主要成分分别为_____氧化物和_____氧化物。

25. 焊接时因受条件限制，低碳钢坡口处的铁锈、油污、氧化皮等脏物无法清理时，应选用_____焊条。

26. 焊剂按其制造方法可分为_____和_____。

27. 焊剂牌号"SJ501"中，"SJ"表示_____，"5"表示_____，"01"表示_____。

28. 焊剂 HJ431 为_____锰_____硅_____氟型焊剂。

29. CO_2 气体保护焊用 CO_2 气体的纯度要大于_____，含水量不超过_____。

30. CO_2 气瓶外涂_____色，并标有_____色的 CO_2 的字样。

31. CO_2 气瓶容量为_____，可装_____液体二氧化碳。

32. 氩气瓶外涂_____色，并标有_____色的氩气字样。

33. 药芯焊丝由_____和_____组成，其截面形状有_____形、_____形、_____形、_____形和_____形等。

第四章 焊接材料及选用

34. 常用的钨极有_____、_____和_____三种。
35. 氧气瓶外表是_____色，氧气字样为_____色；乙炔瓶外表是_____色，乙炔字样颜色为_____色；液化石油气瓶外表涂_____色，液化石油气字样为_____色。

二、判断题（正确的画"√"，错误的画"×"）

1. 焊缝金属与熔渣的线膨胀系数之差越大，脱渣越容易。（ ）
2. 碳能提高钢的强度和硬度，所以焊芯中应该具有较高的含碳量。
（ ）
3. 硅能脱氧和提高钢的强度，所以碳素结构钢焊芯的含硅量越大越好。（ ）
4. H08E 是表示碳素结构钢用高级优质的焊芯。（ ）
5. 焊条电弧焊时，在整个焊缝金属中，焊芯金属只占极少的一部分。
（ ）
6. 使用碱性焊条焊接时的烟尘较酸性焊条少。（ ）
7. 焊条直径就是指焊芯直径。（ ）
8. 萤石是作为稳弧剂加入到焊条药皮中去的，所以，用含有萤石的焊条焊接时，电弧特别稳定。（ ）
9. 锰铁、硅铁在药皮中既可作脱氧剂，又可作合金化元素。（ ）
10. 水玻璃除在药皮中起黏结剂作用外，还起到稳弧和造渣作用。
（ ）
11. 交、直流两用的焊条都是酸性焊条。（ ）
12. 焊条的型号就是焊条的牌号。（ ）
13. 酸性焊条对铁锈、水分和油污的敏感性较小。（ ）
14. Q235 钢与 Q355 钢焊接时，应选用 E5015 焊条。（ ）
15. 当焊接结构刚性大、受力情况复杂时，可选用比母材强度低一级的焊条来焊接。（ ）
16. 对于塑性、韧性、抗裂性能要求较高的焊缝，宜选用碱性焊条来焊接。（ ）
17. 对于低碳钢、低合金钢，应根据母材的抗拉强度来选择相应强度级别的焊条。（ ）
18. 碱性焊条对气孔的敏性较强，故抗气孔能力强。（ ）
19. 对于不锈钢、耐热钢，应根据母材的化学成分来选择相应的焊条。（ ）
20. 碱性药皮的焊条使用时，只能用直流电源。（ ）
21. 凡是可以使用交流电源的焊条，都属于交、直流两用焊条。
（ ）
22. 酸性焊条药皮类型使用较多的是钛钙型，碱性焊条药皮类型使用较多的是低氢钠型。（ ）
23. E5015 是典型的碱性焊条。（ ）

24. E4303 是典型的酸性焊条。（　）
25. 从保障焊工的身体健康出发，应尽量选用酸性焊条。（　）
26. 焊接低碳钢和低合金钢常用的埋弧焊焊剂牌号为 HJ431。（　）
27. 焊剂 HJ431 中的主要成分是 MnO、SiO_2、CaF_2。（　）
28. 焊剂 HJ431 的前两位数字表示焊缝金属的抗拉强度。（　）
29. 埋弧焊焊接 Q355（16Mn）时，可用 H08MnA 焊丝配合 HJ431 来进行。（　）
30. 焊剂 HJ431 属高锰高硅低氟焊剂。（　）
31. CO_2 气体保护焊和埋弧焊用的都是焊丝，所以一般可以互用。（　）
32. 氧化性气体由于本身氧化性强，所以不适宜作为保护气体。（　）
33. 因氮气不溶于铜，故可用氮气作为焊接铜及铜合金的保护气体。（　）
34. CO_2 气体保护焊用的焊丝有镀铜和不镀铜两种，镀铜的作用是防止生锈，改善焊丝导电性能，提高焊接过程的稳定性。（　）
35. 气焊时，一般碳素结构钢不需气焊熔剂，而不锈钢、铝及铝合金、铸铁等必须用气焊熔剂。（　）

三、问答题

1. 什么是焊接材料？熔焊的焊接材料主要包括哪些？
2. 焊条药皮的类型主要有哪些？钛钙型、低氢钠型药皮各有什么特点？
3. 什么是碱性焊条？什么是酸性焊条？各有何优、缺点？
4. 焊条的储存、保管、烘干有何要求？
5. 什么是焊剂？什么是焊丝？焊丝、焊剂的选配原则是什么？
6. 气焊熔剂的作用是什么？常用的气焊熔剂有哪些？

第五章 焊接缺陷及控制

焊接过程中在焊接接头中产生的金属不连续、不致密或连接不良的现象称为焊接缺陷。焊接缺陷的存在，不仅破坏了接头的连续性，而且还引起了应力集中，缩短结构的使用寿命，严重的甚至会导致结构的脆性破坏，危及生命、财产安全。

焊接缺陷按其在焊缝中的位置不同，可分为外部缺陷和内部缺陷。外部缺陷，即缺陷位于焊缝外表面，用肉眼或低倍放大镜就可以看到，如焊缝形状尺寸不符合要求、咬边、焊瘤、烧穿、凹坑与弧坑、表面气孔和表面裂纹等。内部缺陷，即缺陷位于焊缝内部，这类缺陷可用无损探伤或破坏性检验方法来发现，如未焊透、未熔合、夹渣、偏析、内部气孔和内部裂纹等。焊接结构中危害性最大的缺陷是裂纹、气孔和未熔合等。

第一节 焊缝中的气孔

焊接时，熔池中的气泡在凝固时未能及时逸出而残留下来所形成的空穴称为气孔，如图5-1所示。在碳钢、高合金钢及非铁金属的焊缝中都有产生气孔的可能。气孔的存在会削弱焊缝的有效工作断面，造成应力集中，降低焊缝金属的强度和塑性，尤其是冲击韧度和疲劳强度降低得更为显著，个别情况下，气孔还会引起裂纹。

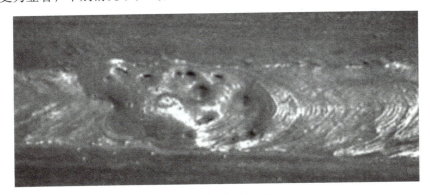

图5-1 焊缝中的气孔

一、气孔的分类及产生原因

根据气孔产生的气体来分，气孔有氢气孔（H_2）、氮气孔（N_2）、一氧化碳（CO）气孔和水（H_2O）蒸气气孔。

根据气孔产生的原因来分，气孔可分为析出型气孔（H_2、N_2）和反应型气孔（CO、H_2O）。

根据气孔在焊缝中的位置，气孔可分为内部气孔和外部气孔，如图 5-2a、b 所示。根据气孔的形状，气孔有球形、条虫状和针状等多种形状。根据气孔的分布状况，气孔有单个分布的、有密集分布的、也有连续分布的，如图 5-2c、图 5-2d 所示。

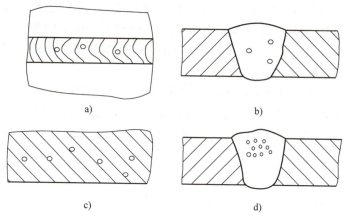

图 5-2 气孔在焊缝中的位置和分布状况

a) 外部分布　b) 内部分布　c) 连续分布　d) 密集分布

常见的、对焊缝质量影响最大的是氢气孔和一氧化碳气孔。

（1）氢气孔　氢气孔是析出型气孔，它是因氢气在液、固金属中的溶解度差（从液态转为固态时，氢的溶解度从 32mL/100g 急剧降至 10mL/100g）造成过饱和状态的气体析出所形成的气孔。

在低碳钢和低合金钢焊缝中，大多数情况下，氢气孔出现在焊缝表面，气孔的断面形状如螺钉状，内壁光滑，在焊缝表面上看呈喇叭口形，如图 5-3 所示。

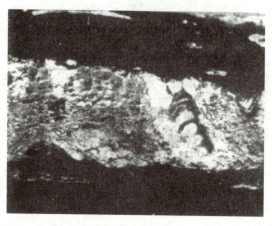

图 5-3 氢气孔

但有时氢气孔也会出现在焊缝内部。如焊条药皮中含有较多的结晶水,使焊缝中的含氢量过高,或焊接密度较小的轻金属(如铝、镁合金等)时,由于液态金属中氢溶解度随温度下降而急剧降低,析出的气体在凝固时来不及上浮而残存在焊缝内部形成内部气孔。

此外,氮气孔也是析出型气孔,产生的机理与氢气孔相似,也多出现在焊缝表面,但多数情况下是成堆出现,类似蜂窝状。一般发生氮气孔的机会较少,只有在熔池保护条件较差,较多的空气侵入熔池时才会产生。

(2)一氧化碳气孔 一氧化碳气孔是反应型气孔,它是因熔池中冶金反应产生了不溶于液态金属的CO气体,在结晶过程中来不及逸出而残留在焊缝内部形成的。一氧化碳气孔多在焊缝内部,沿结晶方向分布,呈条虫状,表面光滑,如图5-4所示。

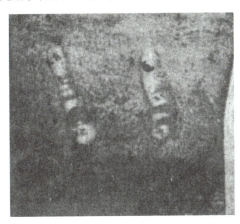

图5-4 一氧化碳气孔

在焊接碳钢时,当液态金属中碳含量较高而脱氧不足时,会通过下列冶金反应产生CO。

$$[C]+[O] \Longrightarrow CO$$
$$[FeO]+[C] \Longrightarrow CO+[Fe]$$
$$[MnO]+[C] \Longrightarrow CO+[Mn]$$
$$[SiO_2]+2[C] \Longrightarrow 2CO+[Si]$$

以上反应可以发生在熔滴过渡的过程中,也可以发生在熔池里熔渣与金属相互作用的过程中。由于CO不溶于金属,所以在高温时冶金反应产生的CO就会以气泡的形式从熔池中高速逸出,引起飞溅,但不会形成气孔,而且气泡析出时使熔池沸腾,有助于其他气体和杂质排出。

但是,在冶金反应的后期,熔池开始凝固时,由于铁碳合金溶质浓度偏析的结果(即先结晶的较纯,后结晶的溶质浓度偏高,杂质较多),使液态金属中的碳和FeO的浓度在局部某些地方偏高,从而有利于冶金反应的进行。同时在结晶过程中,熔池金属的黏度不断增大,此时产生的CO就不易逸出,很容易被围困在晶粒之间,特别是在树枝状晶体凹陷最低处产生的 CO 更不易逸出，便产生气孔。由于 CO 形成的气泡是在结晶过程中产生的，并且它的逸出速度小于结晶速度，因此形成了沿结晶方向条虫形的内部气孔。

此外，水蒸气气孔也是反应型气孔，是由于焊接铜、镍时铜的氧化物和镍的氧化物与溶解于金属中的氢反应生成水蒸气未及时逸出造成的。

总之，焊接高温的熔池内存在着多种气体，一部分是能溶解于液态金属中的氢气和氮气；另一部分是冶金反应产生的不溶于液态金属中的 CO、水蒸气。焊缝结晶时，由于氢、氮溶解度突变，熔池中就有一部分超过固态溶解度的"多余的"氢、氮。这些"多余的"氢、氮与不溶解于熔池的 CO 和水蒸气就要从液体金属中析出形成气泡上浮，由于焊接熔池结晶速度快，气泡来不及逸出而残留在焊缝中形成了气孔，这就是气孔产生的原因。

二、气孔的形成过程

焊缝中气孔形成的过程是由三个相互联系而又彼此不同的阶段所组成，即气泡的生核、气泡的长大和气泡的逸出。

1. 气泡的生核

气泡生核应具备两个条件：即液态金属中有过饱和气体和满足气泡生核的能量消耗。

气孔的形成-微课

液态金属中存在过饱和的气体是形成气孔的重要物质条件。焊接时，在电弧高温的作用下，熔池与熔滴吸收的气体大大超过了其在熔点时的溶解度。以铁为例，在直流正接时，熔池中氢的含量可以达到它在铁的熔点时溶解度的 1.4 倍，而 CO 在液态中是不溶解的。因此，熔池金属有获得形成气泡所需气体的充分条件。

气泡生核需要一定的能量消耗。在极纯的液体金属中形成气泡核是很困难的，所需的能量很大。而在焊接熔池中，有不均匀的熔质质点，特别是树枝晶成长界面等存在的现成表面，使气泡形核所需能量大大降低。因此，焊接熔池中气泡的形核率较高，而且往往在树枝状晶界上生核。

2. 气泡的长大

熔池金属中气泡核形成之后，就要继续长大。气泡长大需满足一个条件，即气泡内部的压力足以克服阻碍气泡长大的外部压力。

气泡内部的压力是各种气体（H_2、N_2、CO、水蒸气等）分压的总和。事实上在具体条件下，只有其中一种气体起主要作用，而另外一些气体只起辅助作用。

作用于气泡的外压是由大气压力、气泡上部的金属和熔渣的压力以及克服表面张力所构成的附加压力所组成。一般金属和熔渣的压力及大气压力相对很小，可以忽略，故气泡的外压决定于附加压力。

气泡附加压力大小与气泡的半径成反比。由于气泡开始形成时体积很小（即半径很小），故附加压力很大。计算表明，当气泡半径为10^{-4}cm时，附加压力为大气压力的20倍左右。在这样大的外压作用下，气泡很难长大。但当气泡依附于某些现成表面形核时，呈椭圆形，半径比较大，从而降低了附加压力，为气泡长大提供了条件。同时形核的现成表面对气体有吸附作用，使局部的气体浓度大大提高，缩短了气泡长大所需的时间，为气泡长大提供了条件。

3. 气泡的逸出

气泡在形核和长大到一定尺寸后，就要从熔池中逸出。气泡的逸出要经历脱离现成表面和气泡上浮两个过程。

气泡上浮首先必须脱离所依附的现成表面，其难易程度与气泡和现成表面附着力大小有关。附着力较小时，气泡类似于水银球状，与现成表面成锐角（$\theta<90°$），则气泡尚未长大到很大尺寸，便可脱离所依附的现成表面。附着力较大时，气泡与形成表面成钝角（$\theta>90°$），则气泡必须长大到较大尺寸，并形成缩颈后才能脱离现成表面，不仅所需时间长，不利于上浮，而且还会残留一个不大的透镜状的气泡核，该气泡核可成为新的气泡核心。气泡脱离现成表面情况如图5-5所示。

气泡脱离现成表面后，能否上浮逸出，取决于熔池的结晶速度和气泡的上浮速度这两个因素。

熔池的结晶速度较小时，气泡可以有较充分的时间上浮逸出，容易得到无气孔的焊缝。当熔池的结晶速度较大时，气泡可能来不及上浮逸出而形成气孔。

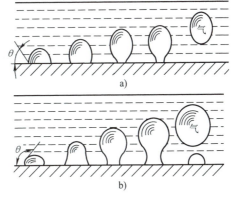

图5-5 气泡脱离现成表面示意图
a) 附着力小 b) 附着力大

气泡的上浮速度与液体金属的密度、气泡的半径及液体金属的黏度等因素有关。气泡的半径越小，由熔池中浮出的速度就越小；液态金属的密度越小，气泡的上浮逸出速度也越小，产生气孔的可能性越大，焊接轻金属及其合金时（如铝、镁合金等）易产生气孔就与此密切相关；对气泡上浮速度影响最大的是液体金属的黏度，当温度降低时，特别是金属开始结晶时，黏度急剧增大，气泡的上浮逸出速度大为减慢，当气泡上浮速度小于熔池的结晶速度时，就在焊缝中形成了气孔。

三、影响气孔的形成因素

影响焊缝中产生气孔的因素很多，有时是几种因素共同作用的结果，下面从冶金因素和工艺因素两个方面进行简要分析。

1. 冶金因素的影响

冶金因素主要是指熔渣的氧化性、药皮或焊剂的成分、保护气体的气氛、水分及铁锈等。

（1）熔渣氧化性的影响　熔渣氧化性的大小对焊缝是否产生气孔具有很重要的影响。当熔渣的氧化性增大时，引起 CO 气孔的倾向是增加的，而氢气孔的倾向是降低的；相反，当熔渣的氧化性减小（还原性增加）时，氢气孔的倾向增加，而 CO 气孔的倾向降低。

这是因为氧对气孔的产生有双重作用所致，一方面氧可与氢化合形成稳定的 OH，抑制氢气孔产生；另一方面氧的存在使 $w_{[C]} \times w_{[O]}$ 增大，使 CO 气孔倾向增大（一般常用焊缝中 $w_{[C]} \times w_{[O]}$ 的乘积来表示 CO 气孔的倾向）。因此，适当调整熔渣的氧化性，可以有效地防止焊缝中氢气孔和 CO 气孔的产生。

不同类型焊条的氧化性对气孔倾向的影响见表 5-1。在酸性焊条的焊缝中，当 $w_{[C]} \times w_{[O]}$ 的乘积为 $31.36 \times 10^{-4}\%$ 时还未出现气孔，而在碱性焊条的焊缝中，当 $w_{[C]} \times w_{[O]}$ 的乘积仅为 $27.30 \times 10^{-4}\%$ 时，就出现了更多的气孔。同时，碱性焊条只有在 $w_{[C]} \times w_{[O]}$ 为 $(2.16 \sim 12.16) \times 10^{-4}\%$、[H] 为 $(2.61 \sim 3.17)$ mL/100g 范围时才不会产生气孔；而酸性焊条的 $w_{[C]} \times w_{[O]}$ 为 $(23.03 \sim 31.36) \times 10^{-4}\%$、[H] 为 $(4.53 \sim 5.24)$ mL/100g 范围内不会产生气孔，二者均高于碱性焊条。这就是碱性焊条对 CO 气孔和氢气孔敏感性大于酸性焊条的原因。

表 5-1　不同类型焊条的氧化性对气孔倾向的影响

焊条类型		焊缝中含量			氧化性	气孔倾向
		$w_{[O]}$ (%)	$w_{[C]} \times w_{[O]} \times 10^{-4}$ (%)	[H] /(mL/100g)		
酸性焊条	J424-1	0.0046	4.37	8.80	增加	较多气孔（H_2）
	J424-2	—	—	6.82		个别气孔（H_2）
	J424-3	0.0271	23.03	5.24		无气孔
	J424-4	0.0448	31.36	4.53		无气孔
	J424-5	0.0743	46.07	3.47		较多气孔（CO）
	J424-6	0.1113	57.88	2.70		更多气孔（CO）
碱性焊条	J507-1	0.0035	3.32	3.90	增加	个别气孔（H_2）
	J507-2	0.0024	2.16	3.17		无气孔
	J507-3	0.0047	4.04	2.80		无气孔
	J507-4	0.0160	12.16	2.61		无气孔
	J507-5	0.0390	27.30	1.99		更多气孔（CO）
	J507-6	0.1680	94.08	0.80		密集大量气孔（CO）

（2）焊条药皮和焊剂的影响　一般碱性焊条药皮中均含有一定量的萤石（CaF_2），焊接时它直接与氢发生反应，产生大量的 HF，这是一种稳定的气体化合物，即使高温也不易分解。由于大量的氢被 HF 占据，因

此可以有效降低氢气孔的倾向。

在低碳钢及一些低合金钢埋弧焊用的焊剂中，也含有一定量的萤石和较多的 SiO_2。当熔渣中 CaF_2 与 SiO_2 同时存在时，会产生 SiF_4，SiF_4 与 H_2 或 H_2O 反应又形成 HF，对消除氢气孔最为有效。

另外，药皮和焊剂中适当增加氧化性组成物，如酸性焊条药皮中的 SiO_2、MnO 和 FeO，碱性焊条药皮中的碳酸盐分解物等，对消除氢气孔也是有效的，因为这些氧化物在高温时能与氢化合生成稳定性仅次于 HF 的 OH，而 OH 也不溶于液态金属，可以占据大量的氢而消除氢气孔。

应当指出，CaF_2 对防止氢气孔是很有效的。但是，焊条药皮中含有较多的 CaF_2 时，一方面影响电弧的稳定性，另一方面也会产生可溶性氟化物（KF 和 NaF），影响焊工的健康。

为了增加电弧的稳定性，常在药皮或焊剂中加入含有钾和钠的低电离电位物质，如 Na_2CO_3、K_2CO_3、水玻璃等。但是钾、钠在高温时对氟的亲力比对氢的亲力大，会使 HF 发生分解，从而又使焊缝生成气孔的倾向增加。

J506 焊条和 J507 焊条的不同之处，就是前者含有较多的钾，提高了焊条的稳弧性，可交、直流两用，但两种焊条在同样条件下焊接时，J506 焊条比 J507 焊条更易出现氢气孔。

（3）铁锈及水分的影响　母材表面的氧化皮、铁锈、水分、油污以及焊接材料中的水分都是导致气孔产生的原因，尤以母材表面的铁锈影响最大。

铁锈是金属腐蚀以后的产物，一般钢材很难避免。铁锈的成分为 $mFe_2O_3 \cdot nH_2O$，其中含有较多的 Fe_2O_3 和结晶水，对熔池金属一方面有氧化作用，另一方面又析出大量的氢。

由于增加了氧化作用，在结晶时就会促使焊缝生成 CO 气孔。铁锈中的结晶水，在高温时分解出氢气，溶入熔池金属后，增加了焊缝生成氢气孔的倾向。由此可见，铁锈是一种极其有害的杂质，对于两类气孔均有敏感性。

钢板上的氧化皮，主要由 Fe_3O_4 组成，虽无结晶水，但对产生 CO 气孔还是有较大的影响。所以，在生产中应尽可能清除钢板上的铁锈、氧化皮等杂质。

此外，焊条受潮或烘干不足，以及空气潮湿，都可增加产生气孔的倾向，所以对焊条的烘干应予以重视。

2. 工艺因素的影响

工艺因素是指焊接参数、电流种类以及操作技巧等。

（1）焊接参数的影响　焊接参数主要包括焊接电流、电弧电压和焊接速度等。

焊接电流增大，虽能增长熔池存在时间，有利于气体逸出，但会使熔滴变细，比表面积增大，使熔滴吸收的气体较多，反而增加了形成气孔的倾向。使用不锈钢焊条时，当焊接电流增大时，焊芯的电阻热增大，药皮中的一些组成物（如碳酸盐）会提前分解，保护效果变差，因而也增加了形成气孔的倾向。

电弧电压增大，弧长增长，熔滴过渡的路径增大，保护效果变差，易使空气中的氮侵入熔池，使焊缝出现氮气孔。特别是焊条电弧焊和自保护药芯焊丝电弧焊，对这方面影响最敏感。

焊接速度过大，熔池的结晶速度加快，易使气泡的逸出速度小于结晶速度，使气泡残留在焊缝中而形成气孔。

（2）电流种类和极性的影响　电流种类和极性对焊缝产生气孔的敏感性有影响。实践证明，在使用未经烘干的焊条焊接时，采用交流电源容易产生气孔；采用直流正接，氢气孔较少；采用直流反接，氢气孔最少。所以，碱性低氢钠型焊条焊接时，必须采用直流反接。

（3）工艺操作方面的影响　在一般的生产条件下，产生气孔比较多的原因往往是由于工艺操作不当而造成的，工艺操作方面的影响主要有以下几点。

1）焊前没有仔细清理焊丝及母材坡口表面以及焊缝两侧 20～30mm 范围内的铁锈、油污等。

2）对所用焊条、焊剂未严格按规定烘干，或烘干后放置时间过长。

3）焊接工艺不合理，如焊接电流、电弧电压、焊接速度过大，低氢钠型焊条未采用短弧焊及直流反接等。

四、防止焊缝形成气孔的措施

从根本上说，防止焊缝形成气孔的措施就在于限制熔池溶入或产生气体，以及排除熔池中存在的气体。

（1）控制气体来源

1）表面清理。对钢焊件，焊前应仔细清理焊件及焊丝表面的氧化膜或铁锈以及油污等。对于铁锈，一般采用砂轮打磨、钢丝刷清理等机械方法清理，也可采用化学方法清洗。

非铁金属铝、镁对表面污染引起的气孔非常敏感，因而对焊件的清理有严格要求。如铝焊件清洗后应及时装配焊接，否则焊件表面会重新氧化。一般清理后的焊丝或焊件存放时间不超过 24h，在潮湿条件下，不应超过 4h。

2）焊接材料的防潮和烘干。各种焊接材料均应防潮包装与存放。焊条和焊剂焊前应按规定温度和时间烘干，烘干后应放在专用烘箱或保温筒中，随用随取。

3）加强保护。加强保护的目的是防止空气侵入熔池而引起气孔。引弧时常不能获得良好保护，低氢焊条引弧时易产生气孔，就是因为药皮中造气物质 $CaCO_3$ 未能及时分解生成足够的 CO_2 保护所致。焊接过程中如果药皮脱落、焊剂或保护气体中断，都将破坏正常的保护。气体保护焊时，必须防风，保护气体的流量也必须合适，保护气体的纯度也必须严格控制。

（2）正确选用焊接材料 焊接材料的选用必须考虑与母材的匹配要求，例如低氢型焊条抗锈性能很差，不能用于不便清理的带锈构件的焊接，而氧化铁型焊条却有很好的抗锈性。埋弧焊时，若使用高碱度烧结焊剂，则会对铁锈敏感性显著减小。

在气体保护焊时，从防止氢气孔产生的角度考虑，保护气氛的性质选用活性气体优于惰性气体。因为活性气体 O_2 或 CO_2 均能限制溶氢，同时还能降低液体金属的表面张力和增大其活动性能，有利于气体的排出。因此焊接钢材时，富 Ar 气体保护焊的抗锈能力不如纯 CO_2 焊接。为兼顾抗气孔性及焊缝韧性，富 Ar 气体保护焊接时，多用体积分数为 80%Ar 加 20%CO_2 的混合气体。

非铁金属焊接时，为减少氢的有害作用，在 Ar 中添加氧化性气体 CO_2 或 O_2 有一定效果，但其数量必须严格控制。数量少时无克制氢的效果，数量多时会使焊缝明显氧化，焊波外观变差。

低碳钢 CO_2 焊时采用含碳量较低而增加脱氧元素的 H08Mn2SiA 焊丝就可以防止气孔。非铁金属焊接时，脱氧更是最基本的要求，以防止溶入的氢被氧化为水蒸气，因此，焊接纯镍时，应采用含有 Al 和 Ti 的焊丝（或焊条）。纯铜氩弧焊时，必须用硅青铜或磷青铜合金焊丝。

（3）控制焊接工艺条件 控制焊接工艺条件的目的是创造熔池中气体逸出的有利条件，同时也应有利于限制电弧外围气体向熔化的液态金属中溶入。

对于反应型气孔气体而言，首先应着眼于创造有利的排出条件，即适当增大熔池的液态存在时间。由此可知，增大热输入和适当预热都是有利的。

对于氢和氮而言，也只有气体逸出条件比气体溶入条件改善更多，才有减少形成气孔的可能性，因此，焊接参数应有最佳值，而不是简单地增大或减小。

铝合金 TIG 焊时，应尽量采用小热输入以减少熔池存在的时间，从而减少氢的溶入，同时又要充分保证根部熔化，以便于根部氧化膜上的气泡浮出，由此采用大电流配合较高的焊接速度比较有利。

铝合金 MIG 焊时，焊丝氧化膜影响更为主要，减少熔池存在时间难以有效地防止焊丝氧化膜分解出来的氢向熔池侵入，因此，要增大熔池存在时间，以利于气泡逸出，即增大焊接电流和降低焊接速度或增大热输入有利于减少气孔。

此外，焊接位置也将影响气孔的形成。横焊或仰焊条件下，因为气体排出条件不利，将比平焊时更易产生气孔。向上立焊的气孔较少，向下立焊的气孔则较多，这是因为此时熔化的液态金属易向下坠落，不但不利于气体排出，而且还有卷入空气的可能。

第二节 焊缝中的偏析和夹杂

一、焊缝金属的偏析

在熔池结晶过程中，由于冷却速度很大，合金元素来不及扩散，而在每个温度下析出的固溶体成分都要偏离平衡固相线所对应的成分，同时先后结晶的固相成分又来不及互相扩散。这种偏离平衡条件的结晶称为不平衡结晶。在不平衡结晶下得到的焊缝金属，其化学成分是不均匀的。把焊缝金属中化学成分分布不均匀的现象称为偏析。偏析主要是在一次结晶时产生的，它不仅因化学成分不均匀而导致性能改变，同时也是产生裂纹、气孔和夹杂物等焊接缺陷的主要原因之一。

焊缝中的偏析主要有显微偏析、区域偏析和层状偏析三种形式。

1. 显微偏析

我们知道，钢在结晶过程中，液、固两相的合金成分是变化的。一般来讲，先结晶的固相含溶质的浓度较低，也就是先结晶的固相比较纯，而后结晶的固相含溶质浓度较高，并富集了较多的杂质。在平衡条件下，这种由于结晶先后造成的化学成分的差异，可以在缓慢的冷却过程中，通过扩散而消除。但在焊接条件下，由于冷却速度很快而来不及扩散，这种成分的差异将很大程度上保留在焊缝金属中，这就形成了显微偏析。图 5-6 是显微偏析的示意图，从图中可以看出，晶轴部分的溶质浓度出现了低谷，而晶界部分则达到了最大值（C_{max}）。

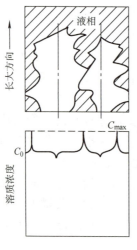
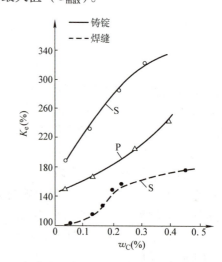

图 5-6 显微偏析示意图　　图 5-7 含碳量对碳钢焊缝及铸锭中硫、磷偏析的影响

显微偏析与母材的化学成分、晶粒尺寸大小密切相关。S、P、C 是最容易偏析的元素，并且交互作用往往促进偏析。含碳量对碳钢焊缝及铸锭中硫、磷偏析的影响如图 5-7 所示，当钢中碳的质量分数由 0.1% 增

至 0.47% 时，可使硫偏析增加 65%~70%；当钢中含碳量增加时，磷的偏析明显增强，但不如硫偏析严重。

在低碳钢中，碳及合金元素的含量都比较低，固、液相温度差比较小，显微偏析不明显。但对碳及合金含量较高的钢，显微偏析就比较严重，对焊缝质量有一定的影响。

晶粒尺寸对显微偏析也有影响，较细的晶粒由于晶界面积增大，偏析分散，偏析程度减弱。因此，从减少偏析的角度考虑，也希望焊缝金属具有较细的晶粒。

2. 区域偏析

在焊缝结晶过程中，柱状晶不断长大和推移，把低熔点物质（一般为杂质）排挤到焊缝熔池中心，使焊缝中心杂质的浓度明显增大，造成整个焊缝横截面范围内形成明显的成分不均匀性，即区域偏析，又称宏观偏析。杂质的集中使焊缝横截面中出现了低性能的区域，特别是焊缝成形系数比较小时，焊缝窄而深（图 5-8a），杂质集中在焊缝中心，在横向应力作用下，容易产生焊缝纵向裂纹。而成形系数较大时，焊缝宽而浅，杂质聚集在焊缝上部（图 5-8b），这种焊缝具有较强的抗热裂纹（结晶裂纹）能力。因此，可以利用这一特点来降低焊缝产生热裂纹的可能。如同样厚度的钢板，用多层多道焊要比一次深熔焊的焊缝，抗热裂纹的能力强得多。

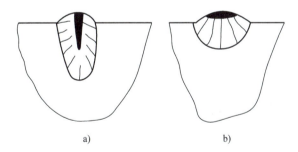

图 5-8　不同成形系数的焊缝区域偏析
a）成形系数小　b）成形系数大

3. 层状偏析

如果将焊缝的横截面进行抛光浸蚀，就会看到颜色不同的分层结构，各层基本平行，但距离不等。把焊缝表面经过抛光浸蚀后，也能见到同样的层状线。这是因为溶质浓度不同，对浸蚀的反应也不同，因而浸蚀后的颜色就不一样。溶质浓度最高的区域颜色最深，溶质为平均浓度的区域颜色较淡，较宽的浅颜色区则为溶质贫化区。实验证明，这些分层是由于化学成分分布不均匀所造成的，这种偏析称为层状偏析，如图 5-9 所示。

焊接熔池结晶时，金属的熔滴过渡及热量的提供、传递具有周期性变化和熔池结晶过程中放出的结晶潜热使结晶过程周期性地停顿，都会

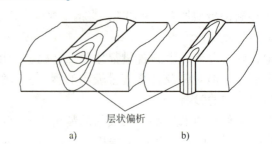

图 5-9 焊缝的层状偏析
a）焊条电弧焊　b）电子束焊

使晶体成长速度出现周期性地增加和减少。晶体长大速度的变化，引起结晶前沿液体金属中溶质浓度的变化，这就形成了周期性的偏析现象。层状偏析常集中了一些有害的元素，因而缺陷也往往出现在偏析层中。图 5-10 所示是由层状偏析所造成的气孔。层状偏析还会造成焊缝金属力学性能不均匀，耐蚀性不一致等缺陷。

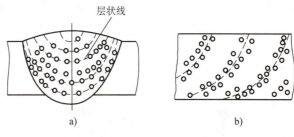

图 5-10 层状偏析造成的气孔
a）横截面　b）纵截面

二、焊缝中的夹杂物

由焊接冶金反应产生的、焊后残留在焊缝金属中的微观非金属杂质，称为夹杂物。焊缝中的夹杂物主要有硫化物、氧化物和氮化物三种，它们都是在熔池较快凝固结晶过程中，残留在焊缝金属中形成的。

1. 夹杂物的种类

（1）氧化物夹杂　氧化物夹杂是指凝固过程中，在焊缝金属内部残留的金属氧化物。氧化物夹杂较为普遍，主要组成为 SiO_2，其次是 MnO、TiO_2 及 Al_2O_3 等，一般多以硅酸盐的形式存在。这种夹杂物主要是降低焊缝的韧性，如果以密集的块状或片状分布时，常在焊缝中引起热裂纹。

氧化物夹杂主要是由于熔池中的 FeO 与其他元素作用而生成的，只有少数是因工艺不当而从熔渣中直接混入的。因此，熔池脱氧越完全，焊缝中氧化物夹杂就越少。

（2）氮化物夹杂　在良好的保护条件下，焊缝中存在氮化物夹杂的可能性很小，只有在保护不好的情况下焊接时，焊缝中才会有较多的氮化物夹杂。

焊接低碳钢和低合金钢时，氮化物夹杂主要是 Fe_4N。Fe_4N 具有很高的硬度，是焊缝在时效过程中，从过饱和固溶体中析出的，以针状分布在晶粒上或贯穿晶界，使焊缝金属的塑性和韧性急剧下降。如低碳钢焊缝中氮的质量分数为 0.15% 时，其断后伸长率只有 10%。

应当指出，由于一些氮化物具有强化作用，有时也把氮作为合金元素加入钢中，例如，钢中含有 Mo、V、Nb、Ti 和 Al 等合金元素时，能与氮形成弥散状的氮化物，在不过多损失韧性的条件下，大幅度提高钢的强度。经过热处理（如正火），可使钢具有良好的综合力学性能，如 15MnVN 钢、06AlNbCuN 钢等。

（3）硫化物夹杂　硫化物夹杂主要来源于焊条药皮或焊剂，经冶金反应后转入熔池。但有时也因母材或焊丝中含硫量偏高而形成硫化物夹杂。

钢中的硫化物夹杂主要有两种形态，即 MnS 和 FeS。一般来讲，MnS 对钢的性能影响不大，而 FeS 则对钢的性能有较大影响。因为熔池结晶时，FeS 是沿晶界析出，并与 Fe 或 FeO 形成低熔点共晶，易引起焊缝产生热裂纹。

2. 防止形成夹杂物的措施

焊缝中的夹杂物对焊缝性能影响很大。一般来讲，分布均匀的细小显微夹杂物，对塑性和韧性的影响较小，甚至还可使焊缝的强度有所提高。所以，需要采取措施防止的是宏观的大颗粒夹杂物。

防止焊缝中产生夹杂物的主要措施，首先是正确选择符合化学成分要求的母材和焊接材料，如低硫的焊条、焊剂和焊件等，控制其来源以减少夹杂物产生。其次是正确选择焊条、焊剂与药芯焊丝的渣系，使之能在焊接过程中更好地脱氧、脱硫等。最后是采取正确的焊接工艺措施。常见的焊接工艺措施有以下几点。

1）选用合适的焊接参数，如选用较大的热输入，控制熔池存在的时间，以便使夹杂物在熔池结晶前随渣排出。

2）多层焊时，要注意清除干净前层焊缝的熔渣。

3）焊条电弧焊时，焊条要适当地摆动，以便让夹杂物熔渣浮出。

4）操作时，要注意保护熔池，采用短弧，以防止空气侵入。

第三节　焊接裂纹

在焊接应力及其他致脆因素共同作用下，焊接接头中局部地区的金属原子结合力遭到破坏而形成的新界面所产生的缝隙称为焊接裂纹。裂纹具有尖锐的缺口和大的长宽比特征。裂纹不仅降低接头强度，而且还会引起严重的应力集中，使结构断裂破坏，所以裂纹是一种危害性很大的缺陷。

一、焊接裂纹的分类及特征

在焊接生产中，由于母材和结构类型的不同，可能出现各种各样的裂纹。图 5-11 所示为焊接裂纹宏观形态及分布示意图。焊接裂纹的分类方法很多，可按裂纹走向、产生区域以及产生的本质进行划分。就目前的研究，焊接裂纹按其产生本质可大致分为热裂纹、冷裂纹、再热裂纹、应力腐蚀裂纹和层状撕裂五大类。各类裂纹的形成原因、分布位置及基本特征等见表 5-2。

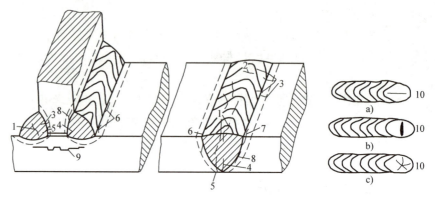

图 5-11 焊接裂纹宏观形态及分布示意图

a) 纵向裂纹 b) 横向裂纹 c) 星形裂纹

1—焊缝中纵向裂纹 2—焊缝中横向裂纹 3—熔合区裂纹 4—焊缝根部裂纹
5—热影响区根部裂纹 6—焊趾纵向裂纹（延迟裂纹）
7—焊趾纵向裂纹（液化裂纹、再热裂纹）
8—焊道下裂纹（延迟裂纹、液化裂纹、多边化裂纹）
9—层状撕裂 10—弧坑裂纹（火口裂纹）

表 5-2 焊接裂纹的类型及特征

裂纹类型		形成原因	敏感的温度区间	被焊材料	分布位置及裂纹走向
热裂纹	结晶裂纹	在结晶后期，由于低熔点共晶形成的液态薄膜削弱了晶粒间的联结，在拉伸应力作用下发生开裂	固相线以上稍高的温度（固液状态）	杂质较多的碳钢、低中合金钢、镍基合金及铝	焊缝上，少量在热影响区沿奥氏体晶界
	多边化裂纹	已凝固的结晶前沿，在高温和应力的作用下，晶格缺陷发生移动和聚集，形成二次边界，在高温处于低塑性状态，在应力作用下产生的裂纹	固相线以下再结晶温度	纯金属及单相奥氏体合金	焊缝上，少量在热影响区沿奥氏体晶界
	液化裂纹	在焊接热循环峰值温度的作用下，在热影响区和多层焊的层间发生重熔，在应力作用下产生的裂纹	固相线以下稍低温度	含 S、P、C 较多的镍铬高强度钢、奥氏体钢、镍基合金	热影响区及多层焊的层间沿晶界开裂

(续)

裂纹类型		形成原因	敏感的温度区间	被焊材料	分布位置及裂纹走向
再热裂纹		厚板焊接结构消除应力处理过程中,在热影响区的粗晶区存在不同程度的应力集中时,由于应力松弛所产生附加变形大于该部位的蠕变塑性,则发生再热裂纹	600~700℃范围内再次加热	含有沉淀强化元素的高强钢、珠光体钢、奥氏体钢、镍基合金等	热影响区的粗晶区 沿晶界开裂
冷裂纹	延迟裂纹	在淬硬组织、氢和拘束应力的共同作用下而产生的具有延迟特征的裂纹	Ms 点以下	中、高碳钢,低、中合金钢,钛合金等	热影响区,少量在焊缝 沿晶或穿晶
	淬硬脆化裂纹	主要是由淬硬组织在焊接应力作用下而产生的裂纹	Ms 点附近	含碳的 Ni-Cr-Mo 钢、马氏体不锈钢、工具钢	热影响区,少量在焊缝 沿晶或穿晶
	低塑性脆化裂纹	在较低温度下,由于被焊材料的收缩应变,超过了材料本身的塑性储备而产生的裂纹	400℃以下	铸铁、堆焊硬质合金	热影响区及焊缝 沿晶或穿晶
层状撕裂		主要由于钢板内部存在有分层的夹杂物(沿轧制方向),在焊接时产生的垂直于轧制方向的应力,致使在热影响区或稍远的地方,产生"台阶"式层状开裂	400℃以下	含有杂质的低合金高强钢厚板结构	热影响区附近 沿晶或穿晶
应力腐蚀裂纹		某些焊接结构(如容器、管道等),在腐蚀介质和应力的共同作用下产生的延迟开裂	任何工作温度下	碳钢、低合金钢、不锈钢、铝合金等	焊缝和热影响区 沿晶或穿晶开裂

二、结晶裂纹

焊缝结晶过程中,在固相线附近由于凝固金属收缩时,残余液相金属不足而不能及时填充,在应力作用下发生沿晶界的开裂,称为结晶裂纹,故又称凝固裂纹。结晶裂纹是最常见的一种热裂纹,如图5-12所示。

1. 结晶裂纹的特征

1)结晶裂纹在显微镜下观察时,可以发现具有晶间破坏的特征。多数情况下,在裂纹的断面上,可以发现有氧化的色彩,说明这种裂纹是在高温下产生的。

2)结晶裂纹主要产生在含杂质(S、P、Si等)较多的碳钢、低合金钢和单相奥氏体钢、镍基合金及某些铝合金的焊缝中。而某些含杂质较多的高强钢,除焊缝外,有时也出现在热影响区。

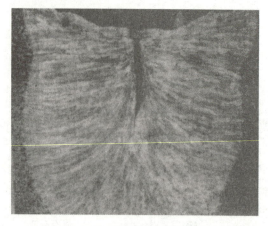

图 5-12 焊缝中的结晶裂纹

3) 结晶裂纹一般是沿焊缝中的树枝状晶的交界处发生和发展的，如图 5-13 所示。最常见的是沿焊缝中心的纵向开裂，如图 5-14 所示。有时也发生在焊缝内部两个树枝状晶粒之间。

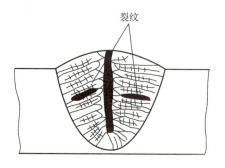

图 5-13 焊缝中结晶裂纹出现的地带

图 5-14 沿焊缝中心的纵向裂纹

2. 结晶裂纹的形成原因

焊缝金属的结晶，总要经历液固、固液和完全凝固三个阶段，下面从这三个阶段来分析结晶裂纹的形成原因。

（1）液固阶段 熔池开始结晶，首先仅有少量晶核，以后逐渐晶核成长和出现新的晶核，但始终保持有较多的液相，相邻晶粒之间不发生接触，液态金属可在晶粒之间自由流动。此时，虽有拉伸应力存在，但流动的液体可以及时地填满被拉开的缝隙，因而不会产生裂纹。

（2）固液阶段 当结晶继续进行时，晶粒不断增多，且不断长大，冷却到某一阶段时，晶粒彼此发生接触，并不断拥挤在一起，这时液态金属的流动就会发生困难，即熔池结晶进入了固液阶段。在固液阶段最后凝固的往往是低熔点共晶物质并富集在晶界成为薄膜状，即所谓的"液态薄膜"，如图 5-15

图 5-15 液态薄膜示意图

所示。液态薄膜强度低、变形能力差，是金属中的薄弱地带，此时只要有拉伸应力存在，就易在此产生微小缝隙，由于凝固后期液态金属（低熔点共晶）数量少，缝隙无法得到填充，因此很容易在薄弱地带开裂产生结晶裂纹。由于此阶段塑性最低，故把这个阶段对应的温度区间称为脆性温度区。

（3）完全凝固阶段　在这一阶段，晶粒之间的少量液体金属已经完全凝固，变成了整体的固态金属。当受拉伸应力时，变形不再集中于晶粒的边界上，而由整个焊缝金属承担，因而塑性较好，不再发生裂纹。

需要注意的是，人们在研究中发现低熔点共晶体的数量超过一定界线之后，反而不产生裂纹，即具有"愈合"裂纹的作用。这是因为当低熔点共晶体的数量较多时，它可以自由流动，填充有裂口的部位，起到愈合作用。例如，焊接某些高强铝合金时，为了防止结晶裂纹的产生，常采用硅的质量分数为 5% 的铝硅合金焊丝，就是利用低熔点共晶体的愈合作用来消除裂纹的。

应当指出，处于脆性温度区间的金属塑性低，只是结晶裂纹产生的一个条件，此时如果没有拉伸应力的作用，也不会产生结晶裂纹。但焊缝金属经历固液阶段时是在冷却过程中，冷却造成的金属收缩必然在焊缝中产生拉应力。因此，结晶裂纹是焊缝凝固后期存在的液态薄膜和拉应力共同作用的结果。

3. 影响结晶裂纹形成的因素

影响结晶裂纹形成的因素可归纳为两个方面，即冶金因素和力的因素。

（1）冶金因素的影响　冶金因素主要是指化学成分、合金相图类型和结晶组织形态等。

1）合金元素对结晶裂纹的影响。合金元素的影响十分复杂，并且多种合金元素之间还会相互影响，在某些情况下，甚至彼此是矛盾的。下面仅讨论碳钢和低合金钢中合金元素对结晶裂纹倾向的影响。

① 硫、磷。硫和磷几乎在各类钢中都会增加结晶裂纹的倾向。这是因为硫和磷的存在，即使是微量存在，也会使结晶温度区间大大增加。图 5-16 所示为各种元素对铁的结晶温度区间的影响情况，可见硫、磷使结晶温度区间的增加最为剧烈。

硫和磷在钢中能形成低熔点共晶，在结晶过程中极易形成液态薄膜，因而显著增大裂纹倾向。

硫和磷都是偏析度较大的元素，在钢中易引起偏析。由于偏析可能在钢的局部地方形成低熔点共晶，从而产生裂纹。

② 碳。碳是钢中影响结晶裂纹的主要元素。碳不仅本身对结晶裂纹的影响是显著的，而且会加剧硫、磷的有害作用。

当碳的质量分数大于 0.16% 时，随钢中含碳量的增加，结晶温度区间增大，因而增大了结晶裂纹敏感性。同时，当含碳量增加时，结晶初生相可由 δ 相转为 γ 相，而硫、磷在 γ 相中的溶解度比在 δ 相中的溶解

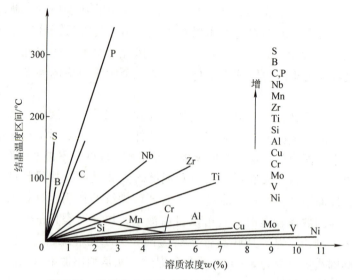

图 5-16 各种合金元素对铁的结晶温度区间的影响

度低很多,结果使硫、磷富集于晶界,使结晶裂纹倾向增大。表 5-3 为硫、磷在 δ 相和 γ 相中的最大溶解度。

表 5-3 硫、磷在 δ 相和 γ 相中的最大溶解度(1350℃)

元素	最大的溶解度(%)	
	在 δ 相中	在 γ 相中
S	0.18	0.05
P	2.8	0.25

③ 锰。锰具有脱硫作用,能将薄膜状的 FeS 转变为球状分布的易入渣的 MnS,从而提高了焊缝的抗裂性。因此,为了防止因硫引起结晶裂纹,常加入一定量的锰,并根据含碳量保证一定的 Mn/S 比值。碳的质量分数与 Mn/S 比值的关系见表 5-4。

表 5-4 碳的质量分数与 Mn/S 比值的关系

碳的质量分数(%)	Mn/S 比值 ≥
≤0.10	22
0.11~0.125	30
0.126~0.155	59

需要注意,当含碳量超过包晶点(即 $w_C = 0.16\%$)时,磷对形成结晶裂纹的作用就超过了硫,继续增加 Mn/S 的比值,对于消除裂纹就无意义了,此时必须严格控制磷在金属中的原始含量。

④ 硅。硅是 δ 相形成元素,故有利于消除结晶裂纹,但当 w_{Si} 超过 0.4% 时,容易形成低熔点的硅酸盐夹杂,从而增加结晶裂纹的倾向。

⑤ 镍。在焊缝中加入镍，可改善焊缝低温韧性，但它易与硫形成低熔点共晶体（NiS+Ni），与磷形成低熔点共晶体（Ni_3P+Ni），增大结晶裂纹倾向，所以应控制其在焊缝中的含量。

此外，一些可以形成高熔点硫化物的元素如 Ti、Zr 和一些稀土金属，都具有良好的脱硫效果，也能提高焊缝金属的抗结晶裂纹能力。一些能细化晶粒的元素，由于晶粒细化后可以扩大晶界面积，打乱柱状晶的方向性，也能起到抗结晶裂纹的作用。但 Ti、Zr 和一些稀土金属大都与氧的亲和力很强，焊接时通过焊接材料过渡到熔池中比较困难。

2）结晶温度区间的影响。结晶裂纹倾向的大小是随合金相图结晶温度区间的增大而增加的。图 5-17 给出了结晶温度区间与裂纹倾向的关系，由图可见，随着合金元素的增加，结晶温度区间随之增大，同时脆性温度区的宽度也增大（图中阴影部分的垂直距离），一直到 S 点，此时结晶温度区间最大，裂纹的倾向也最大。当合金元素进一步增加时，结晶温度区间和脆性温度区间变小，结晶裂纹的倾向降低。

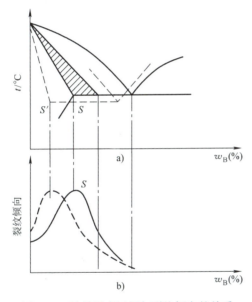

图 5-17　结晶温度区间与裂纹倾向的关系

由于实际生产中，焊缝结晶属于不平衡结晶，故实际的固相线要比平衡条件下的固相线向左下方移动（图 5-17a 中的虚线），它的最大固溶度由 S 点移至 S′，裂纹倾向的曲线也随之向左移动（图 5-17b 中的虚线），使原来结晶温度区较小的低浓度区裂纹倾向剧烈增加。

3）一次结晶组织形态的影响。焊缝金属在结晶过程中，晶粒的大小、形态和方向，以及析出的初生相等对焊缝的抗裂性有很大的影响。一次结晶的晶粒越粗大，柱状晶的方向越明显，则产生结晶裂纹的倾向就越大。如果结晶过程中的初生相是 γ 相，会使硫、磷偏析严重，也会增大结晶裂纹的倾向。因此，常在焊缝中加入一些能细化晶粒的合金元素（如钛、钼、铌、钒、铝和稀土等），一方面可以破坏液态薄膜的连续性，另一方面还可以打乱柱状晶的方向。

图 5-18 所示为奥氏体不锈钢焊缝中分布的铁素体。因为在单相粗大的奥氏体（γ）柱状晶之间有铁素体（δ）存在时，细化了晶粒，打乱了柱状晶的方向，同时 δ 相还具有比 γ 相能溶解更多的 S、P 的有利作用，因此，存在的铁素体可以提高焊缝的抗裂能力。

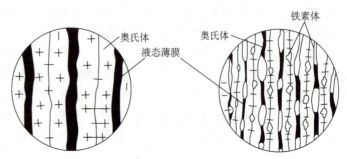

图 5-18 奥氏体焊缝中分布的铁素体

4）低熔点共晶的影响。各种杂质的低熔点共晶所形成的液态薄膜是产生结晶裂纹的重要原因，但也与其分布形态及数量有关。如果晶界的液态薄膜以球粒状形态分布时，就可以显著提高抗裂纹的能力。例如，适当提高焊缝中含氧的浓度时，可以使硫化物以球粒状形态分布，因而提高了抗结晶裂纹的性能。

此外，由前面分析可知，低熔点共晶的数量超过一定界限之后，反而有"愈合"裂纹的作用。因此焊接共晶型的铝合金时，常应用这一原理来防止结晶裂纹的产生。

（2）力的因素的影响　焊缝金属中存在低熔点共晶，在结晶过程中的固液阶段在晶界位置形成液态薄膜，造成焊缝金属塑性降低，但这只是产生结晶裂纹的一个条件。如果焊缝结晶过程中没有应力的存在，即使晶界形成了液态薄膜，也不会产生热裂纹。只有焊接结构中存在一定水平的应力，才会促使处于脆性温度区间的焊缝金属产生结晶裂纹。

焊缝金属在结晶过程中所承受的应力主要是热应力。由于金属具有热胀冷缩的性质，当已结晶的焊缝金属冷却时，将会产生收缩，从而对邻近部位尚处于固液两相中的晶间液膜产生拉伸作用。在拉伸应力与液态薄膜的共同作用下，便在晶界产生了裂纹。

4. 防止结晶裂纹的措施

焊接时影响结晶裂纹产生的因素很多，所以防止结晶裂纹的措施主要应从冶金和工艺两个方面着手，其中冶金措施更为重要。

（1）防止结晶裂纹的冶金措施

1）控制焊缝中硫、磷、碳等元素的含量。硫、磷、碳等元素主要来源于母材和焊接材料，因此首先要控制其来源。一般碳钢、低合金钢焊丝中硫的质量分数不大于 0.04%、磷的质量分数不大于 0.04%，碳的质量分数不超过 0.12%。焊接高合金钢时，对钢材和焊接材料的要求更高。

2) 改善焊缝金属的一次结晶。改善焊缝一次结晶，细化晶粒可以提高焊缝金属的抗裂性。常用的方法是向熔池中加入细化晶粒的元素，如 Mo、V、Ti、Nb、Zr 等，这种方法称为变质处理。

3) 调整熔渣的碱度。焊接熔渣的碱度越高，熔池中脱硫、脱磷能力越强，杂质越少。因此，焊接一些重要的结构时，应采用碱性焊条或焊剂。

(2) 防止结晶裂纹的工艺措施

1) 合理选择焊接参数。合理选择焊接参数，可得到抗裂能力较强的焊缝成形系数 $\phi(\phi=B/H)$。焊缝成形系数为焊缝宽度与焊缝厚度之比，一般情况下，成形系数随电弧电压升高而增加，随焊接电流的增加而减小。

焊缝成形系数比较小时，焊缝窄而深，杂质集中在焊缝中心，容易在焊缝中心产生结晶裂纹；成形系数较大时，焊缝宽而浅，杂质聚集在焊缝上部，这种焊缝具有较强的抗结晶裂纹能力。因此，生产中可通过适当提高成形系数（通常要求 $\phi>1$）来防止结晶裂纹产生。但成形系数不宜过大，如当 $\phi>7$ 时，由于焊缝过薄，抗裂能力反而下降。低碳钢焊缝的成形系数与结晶裂纹的关系如图 5-19 所示。

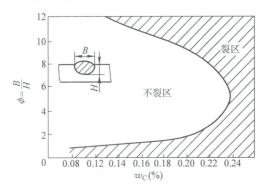

图 5-19 低碳钢焊缝的成形系数与结晶裂纹的关系

2) 选用正确的焊接接头形式。焊接接头的形式不同，它的刚性不同，而且散热条件、结晶特点也不同，因而产生结晶裂纹的倾向也不一样。接头形式对抗裂倾向的影响如图 5-20 所示。

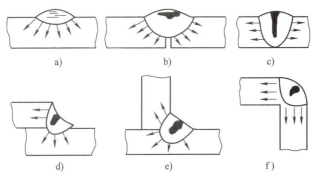

图 5-20 接头形式对抗裂倾向的影响

堆焊和熔深较浅的对接接头抗裂性较高，熔深较大的对接接头和各种角焊缝（包括搭接接头、T形接头和角接接头等）的抗裂性较差，抗裂性差的原因是焊缝所受到的应力基本作用在杂质聚集的结晶面上所致。

3）合理安排焊接顺序，降低焊接应力。合理安排焊接顺序，尽可能让焊缝能自由收缩，能有效降低焊接接头的刚性，减少焊接拉应力，从而降低结晶裂纹的倾向。

图5-21所示为一大型容器底部，它是由许多平板拼接而成的。考虑到焊缝能自由收缩的原则，焊接应从中间向四周进行，使焊缝的收缩由中间向外依次进行。同时，应先焊错开的短焊缝，后焊直通的长焊缝。否则，会由于焊缝横向收缩受阻而产生很大的应力。正确的焊接顺序见图5-21中所标的数字。

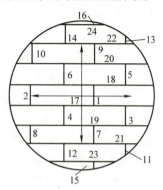

图 5-21 大型容器底部拼接焊接顺序

又如图5-22所示的锅炉管板上管束的焊接，若采用同心圆或平行线的焊接顺序，都不利于应力的疏散，只有采用放射交叉式的焊接顺序才能分散应力。

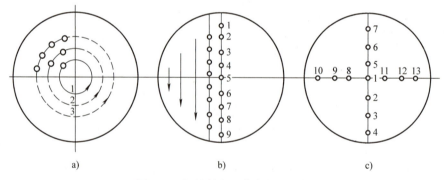

图 5-22 锅炉管板上管束焊接顺序
a）同心圆式（不好） b）平行式（不好） c）放射交叉式（好）

此外，采用预热也可以降低冷却速度，减少焊接拉应力，从而降低结晶裂纹的倾向。但要注意，结晶裂纹形成于固相线附近的高温区，需要用较高的温度才能降低高温的冷却速度。同时高温预热将提高成本，恶化劳动条件，有时还会影响接头金属的性能，因此，只有在焊接一些对结晶裂纹非常敏感的材料时（如中、高碳钢或某些高合金钢），才采用预热来防止结晶裂纹。

三、延迟裂纹

焊接接头冷却到较低温度时产生的裂纹，统称冷裂纹。冷裂纹大约在钢的马氏体转变温度（M_s）附近，主要发生在中、高碳钢和低合金钢、中合金钢等的焊接热影响区，个别情况下，如焊接超高强钢和某些钛合金时，冷裂纹也会出现在焊缝上。据统计，在由焊接裂纹引发的事故中，冷裂纹约占 90%，所以冷裂纹是焊接生产中较为普遍发生的一种裂纹，也是焊接中影响较大的一种缺陷。

延迟裂纹是冷裂纹中的一种普遍形态，它的主要特点是不在焊后立即出现，而是有一定的孕育期，具有延迟现象，故称延迟裂纹，如图 5-23 所示。产生这种裂纹主要决定于钢种的淬硬倾向、焊接接头的应力状态和熔敷金属中扩散氢的含量。

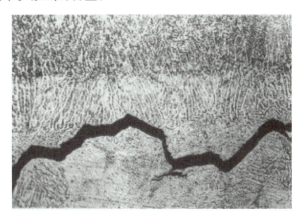

图 5-23　HY-80 钢焊接热影响区中的延迟裂纹

1. 延迟裂纹的特征

（1）分布形态　延迟裂纹大多发生在具有缺口效应的焊接热影响区或有物理化学不均匀性的氢聚集的局部地带。主要有焊道下裂纹、焊根裂纹和焊趾裂纹三种分布形式。

焊道下裂纹一般为微小裂纹，形成于距焊缝边界约 0.1~0.2mm 的焊接热影响区中，经常发生在淬硬倾向较大、含氢量较高的焊接热影响区。一般情况下，裂纹走向与熔合线平行，但也有垂直于熔合线的。

源于应力集中的焊缝根部（缺口部位）的延迟裂纹是焊根裂纹，它主要发生在含氢量较高、预热不足的情况下。焊根裂纹可能出现在热影响区的粗晶区，也可能出现在焊缝中，取决于母材和焊缝的强韧度以及根部的形状。

沿应力集中的焊趾处（缺口部位）所形成的延迟裂纹为焊趾裂纹，它一般向热影响区粗晶区扩展，有时也向焊缝扩展。

（2）形成温度　延迟裂纹都是在较低温度下产生的，对钢来说冷裂纹的形成温度大体在 -100~100℃ 之间，具体温度随母材与焊接条件不同而异。

（3）产生时间　延迟裂纹是在焊后经过一段时间才出现，有孕育期，时间可能是几小时、几天或更长，有时甚至在使用过程中才出现，即具有延迟开裂特性。

（4）断口特征　宏观上看，延迟裂纹的断口具有脆性断裂的特征，表面有金属光泽，呈人字形态发展。从微观上看，裂纹多源于粗大奥氏体晶粒的晶界交错处。延迟裂纹可以沿晶界扩展，也可以穿晶扩展，常常是沿晶与穿晶断口共存。

(5) 产生部位　延迟裂纹大多出现在焊接热影响区，通常发源于熔合区，有时也出现在高强钢或钛合金的焊缝中。

2. 延迟裂纹的产生原因

大量的生产实践和理论研究证明，延迟裂纹的产生是扩散氢、钢的淬硬倾向以及焊接接头的拘束应力三者共同作用的结果。通常把这三个基本因素称为形成延迟裂纹的三要素。

(1) 氢的作用　钢中的含氢量分为两部分，即残余氢和扩散氢。由于扩散氢能在固态金属中"自由移动"，因而在焊接延迟裂纹的产生过程中起到了至关重要的作用。试验研究证明，随着焊缝中扩散氢含量的增加，延迟裂纹倾向增大。

氢在延迟裂纹形成过程中的作用与其溶解和扩散规律有关。由于含碳量较高的钢材对裂纹和氢脆有较大的敏感性，因此，常控制焊缝金属的含碳量低于母材。

在焊接的过程中，由于热源的高温作用，焊缝金属中溶解了很多的氢，冷却时氢进行扩散和逸出。氢原子从焊缝向热影响区扩散的情况如图 5-24 所示。

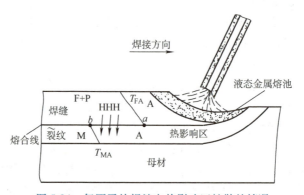

图 5-24　氢原子从焊缝向热影响区扩散的情况

由于焊缝的含碳量低于母材，因此焊缝在较高的温度先于母材发生相变，即由奥氏体分解为铁素体、珠光体、贝氏体以及低碳马氏体等（根据焊缝化学成分和冷却速度而定）。此时，母材热影响区因含碳量较高，发生相变滞后，仍为奥氏体，也就是说，焊缝金属的奥氏体转变温度 T_{FA} 高于母材的转变温度 T_{MA}。当焊缝由奥氏体转变为铁素体时，氢的溶解度突然下降，而氢在铁素体中的扩散速度很快（图 5-25），因此，氢就会很快地从焊缝越过熔合线 ab 向尚未发生奥氏体分解的热影响区扩散。由于氢在奥氏体中扩散速度较小，不能很快地把氢扩散到距熔合线较远的母材中去，而在熔合线附近的热影响区形成了富氢地带。在随后此处的奥氏体向马氏体转变时,氢便以过饱和状态残留在马氏体中,促使该区在氢和马氏体复合作用下脆化。如果这个部位有缺口效应,并且氢的浓度足够高时,就可能产生根部裂纹或焊趾裂纹。若氢的浓度更高,可使马氏体更加脆化,也可能在没有缺口效应的焊缝下产生裂纹。

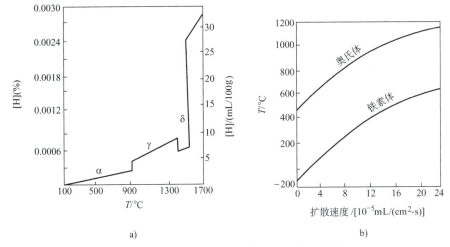

图 5-25　氢在铁素体与奥氏体中的溶解度及扩散速度

需要注意的是,氢的延迟开裂只是在一定温度范围发生(-100~100℃),温度太高则氢易逸出,温度太低则氢的扩散受到抑制,都不会发生延迟裂纹。

焊接某些高强钢时,焊缝的合金成分较高,淬硬性高于母材,使热影响区的转变可能先于焊缝,此时氢反而从热影响区向焊缝扩散,原来焊缝中较高的氢含量也滞留在焊缝中,延迟裂纹就可能在焊缝上产生。

延迟裂纹从裂源开始孕育并形成、扩散都需要时间,因而有延迟特征。延时的长短则与焊接接头的拘束情况、应力集中程度、焊缝金属的扩散氢含量、冷却速度以及接头缺口处(根部或焊趾)金属的韧性等条件有关。

(2) 钢的淬硬倾向　钢的淬硬倾向越大,接头中出现马氏体可能性越大,就越容易产生延迟裂纹。因为马氏体是碳在 α-铁中的过饱和固溶体,晶格发生较大的畸变,致使组织处于脆硬状态。特别是在焊接条件下,焊接热影响区的加热温度高达 1350~1400℃,使奥氏体晶粒严重长大,当快速冷却时,粗大的奥氏体将转变为粗大的马氏体。这种脆硬的马氏体在断裂时所需能量较低,因此,焊接接头中有马氏体存在时,裂纹易于形成和扩展。

钢的淬硬倾向主要决定于化学成分、板厚、焊接工艺和冷却条件等。钢的含碳量越高、合金元素越多,淬硬倾向越大;冷却速度越大,淬硬倾向越大。

此外,不同的马氏体形态对裂纹的敏感性也有很大影响。低碳马氏体呈板条状，有自回火作用，具有较高的强度和韧性；高碳马氏体呈片状，硬度很高、组织很脆，对裂纹的敏感性很大。

马氏体对延迟裂纹的影响除了它本身的脆性外，还与因不平衡结晶所造成的较多晶格缺陷有关。这些缺陷在应力的作用下会迁移、聚集而形成裂纹源。裂纹源数量增多，扩展所需能量又低，必然使延迟裂纹敏感性明显增大。

（3）焊接接头的拘束应力　焊接接头的拘束应力包括接头在焊接过程中因加热不均匀所产生的热应力、金属相变时组织变化所产生的相变应力和结构自身拘束条件（如结构形式、焊接顺序等）所造成的应力。上述三个方面的应力都是结构焊接时不可避免的，但都与拘束条件有关，因此，把三种应力的综合作用统称为拘束应力。

拘束应力也是形成延迟裂纹的重要因素之一，在其他条件一定时，拘束应力达到一定数值时就会产生裂纹。

因此，形成延迟裂纹的原因在于钢淬硬之后受氢的作用使之脆化，在焊接拘束应力作用下产生了裂纹。

3. 防止延迟裂纹的措施

防止延迟裂纹的措施主要有以下几方面。

（1）控制母材的化学成分　母材的化学成分不仅决定了本身的组织性能，而且决定了所用的焊接材料，因而对接头的延迟裂纹敏感性有着决定性作用。生产中一般常用碳当量或冷裂纹敏感系数来判断钢材的冷裂纹敏感性。因此，选用碳当量或冷裂纹敏感系数较小的母材可以有效地防止冷裂纹的产生。

（2）严格控制氢的来源

1）选用优质低氢的焊接材料和低氢焊接方法，是防止延迟裂纹的有效措施之一。一般对于不同强度级别的钢材，都有相应匹配的焊条、焊丝和焊剂，基本上可以满足要求。对于重要结构，则应选用低氢、高强韧性的焊接材料。采用 CO_2 气体保护焊，由于具有一定的氧化性，因此可获得低氢焊缝。

2）严格按规定对焊接材料进行烘焙并对焊件表面进行焊前清理。生产现场使用的烘干焊条，应放在保温筒内，随取随用。

（3）提高焊缝金属的塑性和韧性

1）通过焊接材料向焊缝过渡一些提高焊缝塑性和韧性的合金元素，如 Ti、Nb、Mo、V、B、稀土元素等，利用焊缝的塑性储备来减轻热影响区的负担，从而降低整个焊接接头对延迟裂纹的敏感性。

2）采用奥氏体焊条焊接某些淬硬倾向较大的中、低合金高强度钢，可以较好地防止延迟裂纹。例如，用 A407 焊条补焊 20CrMoV 气缸体和用 A202 焊接 30CrNiMo 钢，都可以取得较好的效果。但由于奥氏体本身强度较低，故对焊接接头强度要求较高的焊缝不宜采用。

（4）控制预热温度和道间温度　焊接开始前对焊件的全部（或局部）

进行加热的工艺措施称预热。按照焊接工艺的规定，预热需要达到的温度叫预热温度。

焊前预热可以有效地降低冷却速度，改善接头组织，降低拘束应力，并有利于氢的析出，可有效防止延迟裂纹，这是焊接生产中常用的方法。

预热温度的确定主要应考虑钢的强度等级、焊条类型、板厚、坡口形式和环境温度等因素。钢的强度等级越高、板厚越大，预热温度也越高，钢的强度等级及板厚与预热温度的关系如图 5-26 所示；焊条药皮的类型不同，焊缝金属的含氢量也不同。在相同条件下，采用低氢碱性焊条的预热温度应低于酸性焊条；接头坡口根部的应力集中越严重，要求预热温度越高；环境温度过低，预热温度应相应提高。

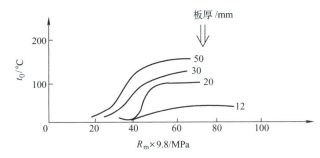

图 5-26　钢的强度等级及板厚与预热温度的关系

在开坡口的多层多道焊时，还要注意道间温度（也称层间温度）。所谓道间温度，就是在施焊后继焊道之前，其相邻焊道应保持的温度。道间温度不应低于预热温度。

（5）控制焊接热输入　增加焊接热输入可以降低冷却速度，从而降低延迟裂纹倾向。但焊接热输入过大，会使热影响区晶粒粗大，反而会降低接头的抗裂性能；焊接热输入过小，又会使热影响区形成淬硬组织而使延迟裂纹倾向增加。因此，对于不同的母材，应正确选用焊接热输入。

（6）后热和焊后热处理　焊接后立即对焊件的全部（或局部）进行加热或保温，使其缓冷的工艺措施叫后热，它不等于焊后热处理。

后热的作用是避免形成淬硬组织及使氢逸出焊缝表面，防止裂纹产生。对于延迟裂纹倾向性大的钢，还有一种专门的后热处理，称为消氢处理，即在焊后立即将焊件加热到 250~350℃ 温度范围，保温 2~6h 后空冷。消氢处理的目的，主要是使焊缝金属中的扩散氢加速逸出，大大降低焊缝和热影响中的氢含量，防止产生延迟裂纹。

应当指出，对于焊后进行热处理的焊件，因为在热处理过程中可以达到去氢目的，故不需另做消氢处理。但是，焊后若不能立即热处理而焊件又必须及时去氢时，则需及时做消氢处理，否则焊件有可能在热处理前的放置期间产生裂纹。

焊后为改善焊接接头的组织和性能或消除残余应力而进行的热处理，

叫焊后热处理。焊后热处理的主要作用是消除焊接残余应力，软化淬硬部位，改善焊缝和热影响区的组织和性能，提高接头的塑性和韧性，从而起到防止延迟裂纹产生的作用。最常用的焊后热处理是在600~650℃范围内的消除应力退火和低于Ac_1点温度的高温回火。

(7) 控制拘束应力　从设计开始以及施焊工艺制订中，均需力求减少刚度或拘束度，并避免形成缺口；调整焊接顺序，使焊缝能自由收缩；对于T形杆件，必须避免弯曲变形或角变形，以防止产生焊根裂纹。

四、再热裂纹

再热裂纹是指焊后焊接接头在一定温度范围内再次加热而产生的裂纹。一些重要结构如厚壁压力容器、核电站的反应容器等，焊后常要求进行消除应力处理，这种在消除应力处理过程中产生的裂纹又称为消除应力处理裂纹，简称SR裂纹。一些耐热钢和合金的焊接接头在高温服役时见到的裂纹，也可称为再热裂纹。

再热裂纹多发生在含有沉淀强化元素（如Cr、Mo、V等）的低合金高强钢、珠光体耐热钢、奥氏体型不锈钢和某些镍基合金的焊接接头中。碳素钢和固溶强化的金属材料一般不产生再热裂纹。

1. 再热裂纹的主要特征

1) 再热裂纹发生在焊接热影响区的粗晶部位并呈晶间开裂，裂纹大体沿熔合线发展，不一定连续，遇细晶区就停止扩展。晶粒越粗，越易产生再热裂纹。

2) 再热裂纹的先决条件是再次加热前，焊接区存在较大的残余应力并有不同程度的应力集中。应力集中系数K越大，产生再热裂纹所需的临界应力σ_{cr}就越小，如图5-27所示。

3) 再热裂纹存在一个最易产生的敏感温度区间，具有"C"形曲线特征，这个区间因材料的不同而异。如沉淀强化的低合金钢为500~700℃，在此温度范围内裂纹率C_R最高（图5-28），而且开裂所需时间最短。

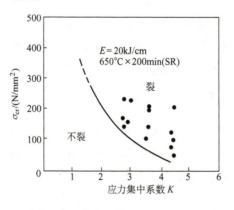

图5-27　应力集中系数与临界应力的关系

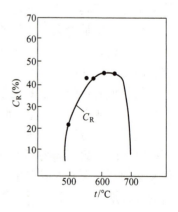

图5-28　再热温度与裂纹率C_R的关系

2. 再热裂纹产生的原因

大量的试验研究表明，再热裂纹的产生是由于晶界优先滑动导致微裂发生并扩展所致，也就是说，在焊后再热时，在残余应力的松弛过程中，粗晶区应力集中部位的晶界滑动变形量超过了该部位的塑性变形能力所致，其具体原因是杂质偏聚弱化晶界和晶内析出强化相弱化晶界作用的结果。

（1）杂质偏聚弱化晶界　晶界上的杂质及析出物会强烈弱化晶界，使晶界滑动时失去聚合力导致晶界脆化，显著降低蠕变抗力。例如，钢中 P、S、Sb、Sn、As 等元素在 500～600℃ 再热处理过程中向晶界析聚，大大降低晶界的塑性变形能力。

（2）晶内析出强化作用　由于晶内析出强化相 Cr、Mo、V、Ti、Nb 等碳化物或氮化物，使残余应力松弛形成的应变或塑性变形将集中于相对弱化的晶界，而导致沿晶开裂。

3. 防止再热裂纹的措施

再热裂纹的产生主要取决于钢的化学成分和过热区的应力集中部位残余应力的大小。因此，防止措施主要应从这两个方面着手。

（1）选用对再热裂纹敏感性低的母材　在制造焊后必须进行消除应力处理的结构时，应选用对再热裂纹敏感性低的母材，这样可以从根本上避免再热裂纹的产生。

（2）选用低强度高塑性的焊接材料　在保证强度足够的条件下，采用强度稍低、塑性较高的焊接材料，提高焊缝的塑性和韧性，可以改善母材热影响区粗晶部位的受力状态，从而提高抵抗再热裂纹的能力。

（3）预热及后热　预热可以有效地防止再热裂纹，但预热温度必须高于一般情况的预热温度或配合后热效果才显著。采用回火焊道（焊趾覆盖或 TIG 重熔）有助于细化热影响区晶粒，减少应力集中及应力，有利于防止再热裂纹。

（4）控制结构刚性、降低残余应力　改进焊接接头的形式，可降低结构的刚性及减少残余应力。如大型厚壁容器的人孔接管或下降管采用内伸式时，接头刚度大，应力集中严重，焊后有较高的残余应力，增加了再热裂纹的敏感性。若将接管的顶端改为与筒体内壁平齐，就可以大大降低再热裂纹的敏感性。图 5-29 为改进前后的下降管接头形式。

此外，合理安排焊接顺序，将焊缝余高磨平，防止焊缝产生咬边、未焊透等焊接缺陷等，都能减少接头的拘束度，减小残余应力。

（5）焊接方法与焊接热输入　增大焊接热输入，可减小残余应力，使再热裂纹倾向减少。但焊接热输入过大，会使接头过热，晶粒粗大，反而增大再热裂纹倾向。

不同的焊接方法正常焊接时，其焊接热输入不同。对于一些晶粒长大敏感的钢种，热输入大的电渣焊、埋弧焊时再热裂纹的敏感性比焊条电弧焊大，而对一些淬硬倾向较大的钢种，焊条电弧焊反而比埋弧焊时的再热裂纹倾向大。

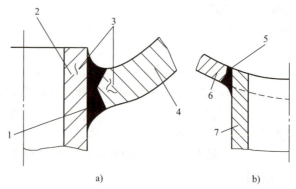

图 5-29 下降管的接头形式
a) 改进前 b) 改进后
1、5—焊缝 2、7—下降管 3—裂纹 4、6—筒身

五、层状撕裂

层状撕裂是指在焊接时,焊接结构件中沿钢板轧层形成的呈阶梯状的一种裂纹,如图 5-30 所示。层状撕裂一般产生于接头内部的微小裂纹,即使通过无损检测也难于发现,它是一种难以修复的结构破坏,甚至会造成灾难性的事故。层状撕裂主要发生在低合金高强钢的厚板焊接结构中,如海洋采油平台、核反应堆、压力容器及建筑结构的箱形梁柱等。

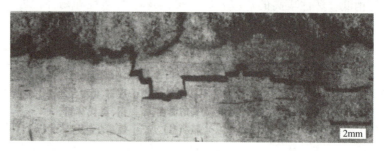

图 5-30 层状撕裂

1. 层状撕裂的特征

1)层状撕裂多发生在轧制厚板的 T 形接头、十字接头和角接接头的贯通板中,有时也发生在厚板的对接接头中,开裂沿母材轧制方向,具有阶梯状形态特征。各种接头的层状撕裂如图 5-31 所示。

2)层状撕裂发生的位置在焊接热影响区或远离热影响区的母材,有些在焊趾或焊根处由冷裂纹诱发而形成。其中工程中最常见的是热影响区的层状撕裂。

3)层状撕裂属于冷裂纹范畴,对于低合金高强度钢,其撕裂温度不超过 400℃。它的产生与钢的强度级别无直接关系,主要与钢中夹杂物(硫化物、氧化物等)含量及分布形态有关。层状撕裂可在焊接过程中形成,也可在焊接结束后启裂和扩展,具有延迟破坏性质。

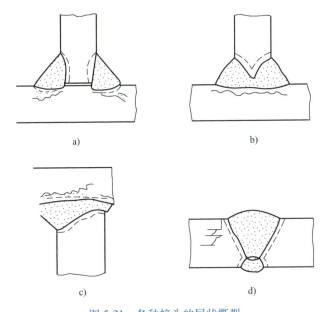

图 5-31 各种接头的层状撕裂
a）T形接头 b）深熔T形接头 c）角接接头 d）对接接头

2. 层状撕裂形成的原因

厚板结构的焊接接头，特别是T形接头和角接接头，在焊接时刚性拘束条件下，焊缝收缩时会在母材厚度方向（简称 Z 向）产生较大的拉伸应力和应变，当应变超过母材金属（Z 向）的塑性变形能力之后，夹杂物与金属基体之间就会发生分离而形成微裂纹，在应力的继续作用下，裂纹尖端沿着夹杂物所在平面扩展，形成所谓"平台"。同时，相邻平台之间由于不在同一平面上而发生剪切应力，形成所谓"剪切壁"。这些大体与板面平行的平台和大体与板面垂直的壁，就构成了层状撕裂特有的阶梯状形态。

因此，产生层状撕裂的根本原因是钢中存在较多的平行于钢板表面沿轧制方向分布的片状夹杂物，这些片状夹杂物大大削弱了钢板在 Z 向的力学性能，于是在 Z 向焊接拉伸应力作用下就产生了裂纹。

3. 防止层状撕裂的措施

（1）选用具有抗层状撕裂的钢材

1）选用断面收缩率（Z 向）较高、硫含量较低的精炼钢。

2）选用添加了 V、Nb、稀土等微量元素的钢材。这类钢材控制了夹杂物特别是硫化物的含量与形态，改善了 Z 向性能，具有较好的抗层状撕裂的能力。如我国研制的抗层状撕裂钢 D36 等。

（2）改善接头设计

1）尽量采用双面焊缝，避免单侧焊缝。这样可以缓和焊缝根部的应力分布并减小应力集中，如图 5-32a 所示。

2）在强度允许的条件下，尽量采用焊接量小的对称角焊缝来代替焊接量大的全焊透焊缝,以减小应力,如图5-32b所示。

3)改变坡口位置,坡口应开在承受 Z 向应力的一侧,如图5-32c所示。

4)对于T形接头,可在横板上预堆焊一层低强度的金属,以防止出现焊根裂纹,同时可以缓和横板上的 Z 向应力,如图5-32d所示。

5)将贯通板端部伸长一定长度,以防止裂纹,如图5-32e、f所示。

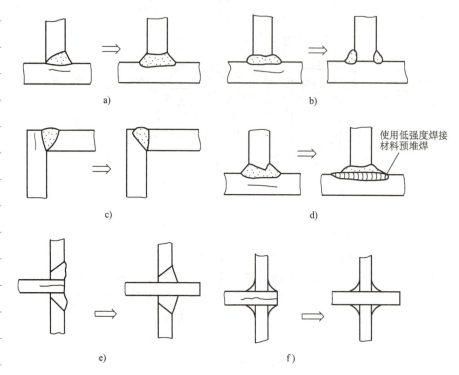

图5-32 改变接头形式防止层状撕裂

(3)采用正确的焊接工艺 采用碱性低氢型焊接材料,提高接头的塑性和韧性,有利于改善抗层状撕裂的性能;控制焊接热输入,热输入过大,晶粒粗大,接头塑性下降;热输入过小,冷却速度大,焊接应力大;采用小焊道多道焊及焊前预热等措施。

第四节 其他焊接缺陷

一、未熔合和未焊透

1. 未熔合

熔焊时,焊道与母材之间或焊道与焊道之间未完全熔化结合的部分称为未熔合,如图5-33所示。未熔合直接降低了接头的力学性能,严重的未熔合会使焊接结构无法承载。

第五章 焊接缺陷及控制

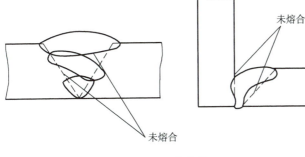

图 5-33　未熔合

（1）产生未熔合的原因　焊接热输入太低；焊条、焊丝或焊炬火焰偏于坡口一侧，使母材或前一层焊缝金属未得到充分熔化就被填充金属覆盖而造成；坡口及层间清理不干净；单面焊双面成形焊接时第一层的电弧燃烧时间过短等。

（2）防止措施　焊条、焊丝和焊炬的角度要合适，运条摆动应适当，要注意观察坡口两侧熔化情况；选用稍大的焊接电流和火焰能率，焊速不宜过快，使热量增加，足以熔化母材或前一层焊缝金属；电弧偏吹应及时调整角度，使电弧对准熔池；加强坡口及层间清理。

2. 未焊透

未焊透是焊接时接头根部未完全熔透的现象，对于对接焊缝也指焊缝深度未达到设计要求的现象，如图 5-34 所示。根据未焊透产生的部位，可分根部未焊透、边缘未焊透、中间未焊透和层间未焊透等。

 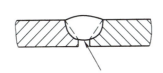 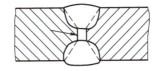

图 5-34　未焊透

未焊透是一种比较严重的焊接缺陷，它使焊缝的强度降低，引起应力集中。因此，重要的焊接接头不允许存在未焊透。

（1）产生未焊透的原因　焊接坡口钝边过大，坡口角度太小，装配间隙太小；焊接电流过小，焊接速度太快，使熔深浅，边缘未充分熔化；焊条角度不正确，电弧偏吹，使电弧热量偏于焊件一侧；层间或母材边缘的铁锈或氧化皮及油污等未清理干净。

（2）防止措施　正确选用坡口形式及尺寸，保证装配间隙；正确选用焊接电流和焊接速度；认真操作，防止焊偏，注意调整焊条角度，使熔化金属与母材金属充分熔合。

二、夹渣和夹钨

1. 夹渣

夹渣是指焊后残留在焊缝中的熔渣，如图 5-35 所示。夹渣削弱了焊缝的有效断面，降低了焊缝的力学性能；夹渣还会引起应力集中，易使焊接结构在承载时遭受破坏。

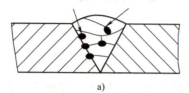 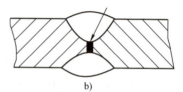

图 5-35　夹渣
a）单面焊缝　b）双面焊缝

（1）产生夹渣的原因　焊件边缘及焊道、焊层之间清理不干净；焊接电流太小，焊接速度过大，使熔渣来不及浮出；运条角度和运条方法不当，使熔渣和液态金属分离不清，以致阻碍了熔渣上浮等。

（2）防止措施　采用具有良好工艺性能的焊条；选择适当的焊接参数；焊前、焊间要做好清理工作，清除残留的锈皮和熔渣；操作过程中注意熔渣的流动方向，调整焊条角度和运条方法，特别是在采用酸性焊条时，必须使熔渣在熔池的后面，若熔渣流到熔池的前面，就很易产生夹渣等。

2. 夹钨

钨极惰性气体保护焊时，由钨极进入到焊缝中的钨粒称为夹钨。

（1）产生夹钨的原因　当焊接电流过大或钨极直径太小时，使钨极强烈地熔化烧损、端部熔化；氩气保护不良引起钨极烧损；炽热的钨极触及熔池或焊丝而产生的飞溅等，均会引起焊缝夹钨。

（2）防止措施　根据焊件的厚度选择相应的焊接电流和钨极直径；使用符合标准要求纯度的氩气；施焊时，采用高频振荡器引弧，在不妨碍操作情况下，尽量采用短弧，以增强保护效果；操作要仔细，不使钨极触及熔池或焊丝产生飞溅；经常修磨钨极端部。

三、形状缺陷

1. 焊缝形状尺寸不符合要求

焊缝形状及尺寸不符合要求主要是指焊缝外形高低不平，波形粗劣；焊缝宽窄不均，太宽或太窄；焊缝余高过高或高低不均；角焊缝焊脚不均以及变形较大等，如图 5-36 所示。

焊缝宽窄不均，除了造成焊缝成形不美观外，还影响焊缝与母材的结合强度；焊缝余高太高，使焊缝与母材交界处突变，形成应力集中；而焊缝低于母材，就不能得到足够的接头强度；角焊缝的焊脚不均，且无圆滑过渡，也易造成应力集中。

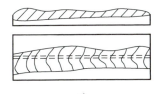 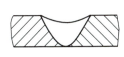 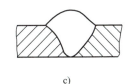

a) b) c)

图 5-36 焊缝形状及尺寸不符合要求

a）焊缝高低不平、宽窄不均、波形粗劣　b）焊缝低于母材　c）余高过高

（1）产生焊缝形状及尺寸不符合要求的原因　焊接坡口角度不当或装配间隙不均匀；焊接电流过大或过小；运条速度或手法不当以及焊条角度选择不合适；埋弧焊主要是焊接参数选择不当。

（2）防止措施　选择正确的坡口角度及装配间隙；正确选择焊接参数；提高焊工操作技术水平，正确地掌握运条手法和速度，随时适应焊件装配间隙的变化，以保持焊缝的均匀。

2. 咬边

由于焊接参数选择不当或操作方法不正确，沿焊趾的母材部位产生的沟槽或凹陷称为咬边，如图 5-37 所示。咬边减少了母材的有效面积，降低了焊接接头强度，并且在咬边处形成应力集中，容易引发裂纹。

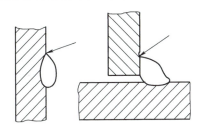 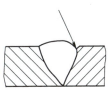

图 5-37　咬边

（1）产生咬边的原因　焊接电流过大以及运条速度不合适；角焊时，焊条角度或电弧长度不适当；埋弧焊时，焊接速度过快等。

（2）防止措施　选择适当的焊接电流、保持运条均匀；角焊时焊条要采用合适的角度和保持一定的电弧长度；埋弧焊时要正确选择焊接参数。

3. 焊瘤

焊瘤是焊接过程中，熔化金属流淌到焊缝之外未熔化的母材上所形成的金属瘤，如图 5-38 所示。焊瘤不仅影响了焊缝的成形，而且在焊瘤的部位，往往还存在着夹渣和未焊透。

（1）产生焊瘤的原因　焊接电流过大，焊接速度过慢，引起熔池温度过高、液态金属凝固较慢，在自重作用下形成。操作不熟练和运条不当，也易产生焊瘤。

（2）防止措施　提高操作技术水平，选用正确的焊接电流，控制熔池的温度。使用碱性焊条时宜采用短弧焊接，运条方法要正确。

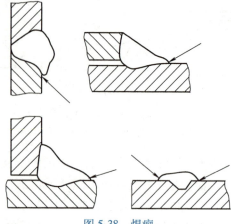

图 5-38　焊瘤

4. 凹坑与弧坑

凹坑是焊后在焊缝表面或背面形成的低于母材表面的局部低洼部分。弧坑是在焊缝收弧处产生的下陷部分,如图 5-39 所示。

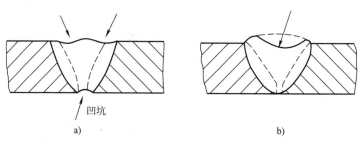

图 5-39　凹坑与弧坑

a)凹坑　b)弧坑

凹坑与弧坑使焊缝的有效截面减少,削弱了焊缝强度。对弧坑来说,由于杂质的集中,往往导致产生弧坑裂纹。

（1）产生凹坑与弧坑的原因　操作技能不熟练,电弧拉得过长;焊接表面焊缝时,焊接电流过大,焊条又未适当摆动,熄弧过快;过早进行表面焊缝焊接或中心偏移等,都会导致凹坑;埋弧焊时,导电嘴压得过低,造成导电嘴粘渣,也会使表面焊缝两侧凹陷。

（2）防止措施　提高焊工操作技能;采用短弧焊接;填满弧坑,如焊条电弧焊时,焊条在收弧处做短时间的停留或做几次环形运条;使用引出板;CO_2 气体保护焊时,选用有"火口处理"（弧坑处理）装置的焊机。

5. 下塌与烧穿

下塌是指单面熔焊时,由于焊接工艺不当,造成焊缝金属过量透过背面,而使焊缝正面塌陷,背面凸起的现象;烧穿即是在焊接过程中,熔化金属自坡口背面流出,形成穿孔的缺陷,如图 5-40 所示。

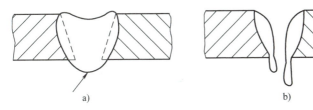

图 5-40 下塌与烧穿

a) 下塌 b) 烧穿

下塌和烧穿是焊条电弧焊和埋弧焊中常见的缺陷，前者削弱了焊接接头的承载能力；后者则是使焊接接头完全失去了承载能力，是一种绝对不允许存在的缺陷。

（1）产生下塌和烧穿的原因　焊接电流过大，焊接速度过慢，使电弧在焊缝处停留时间过长；装配间隙太大，也会产生上述缺陷。

（2）防止措施　正确选择焊接电流和焊接速度；减少熔池高温停留时间；严格控制焊件的装配间隙。

第五节　焊接缺陷控制工程应用实例

【铁路敞车中梁埋弧焊裂纹分析与工艺改进】

四川省眉山车辆厂出口巴基斯坦的铁路敞车中梁为箱形组焊结构梁，在首批车辆制造时采用的母材为 Q355，第二批生产时选用了耐候钢 Q355GNH，在中梁埋弧焊后发现出现了大量裂纹，造成工厂暂时停产。为尽快解决这一问题，对此进行了分析和研究。

1. 中梁的结构型式

中梁的结构简图如图 5-41 所示。由图可知，埋弧焊焊缝在上、下盖板与腹板（1）、（2）的连接处，将中梁置于船形位置，采用龙门车进行埋弧焊接，两端带坡口段，分打底和盖面两层焊接，中间段一道焊成。

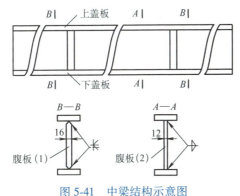

图 5-41　中梁结构示意图

2. 材料的焊接性分析

母材化学成分见表 5-5。根据国际焊接学会碳当量计算公式：

$$C_E = C + Mn/6 + (Cr + Mo + V)/5 + (Ni + Cu)/15$$

计算出母材的碳当量为 0.26%，可见该钢的淬硬倾向小，焊接性良好。

表 5-5 母材化学成分　　　　　　　　　　　　　　　（%）

w_C	w_{Mn}	w_{Cr}	w_{Ni}	w_{Mo}	w_V	w_{Cu}
0.090	0.380	0.350	0.220	0.006	0.006	0.280

3. 焊接裂纹原因分析

1）经试验分析，焊接裂纹可能是因焊接工艺、焊接材料、焊件表面污物等引起。

2）从焊接现场来看，焊后有大量裂纹产生，因此，估计是由于母材硫化物过量偏析而引起的热裂纹。

3）焊后检查中梁，从焊缝成形、焊缝波纹形状可以看出，焊接速度偏快，焊缝成形不饱满，影响了焊缝强度，这可能是导致焊缝在焊后和矫正后出现裂纹的主要原因。

4. 材料理化检验

为了检验母材是否存在硫化物过量偏析，对钢板取样进行了检查，小部分试样在扫描电子显微镜下发现，试样中心位置有明显的贫碳偏析带，在偏析带的附近有明显的硫化物分布。因此，可以判断母材局部有偏析可能会引起焊接裂纹。其大量出现裂纹的主要原因是由其他因素引起的。

5. 工艺试验

经理化检验分析，怀疑出现裂纹的原因是由焊接参数选择不当引起的。同时，考虑母材局部存在成分偏析，选择了含 Mn 量比 H08MnA 高的 H10Mn2 焊丝，以此来降低硫化物偏析带来的焊接热裂纹倾向。在实验室进行了以下几组试验：

1）斜 Y 形坡口裂纹试验，焊后检查未发现裂纹。

2）进行船形位置埋弧焊，焊丝 H08MnA、ϕ3.2mm，焊接电流 510A，电弧电压 37V，焊接速度 39cm/min，焊后检查未发现裂纹。

3）船形位置埋弧焊接，焊丝 H10Mn2、ϕ4mm，SJ101，焊接电流 530A，电弧电压 39V，焊接速度 39cm/min，焊后检查未发现裂纹。

试验结果表明，焊接性能良好，正常施焊未发现裂纹，考虑到实验室和现场还是有较大差别，中梁焊接完成后还需经矫正等多道工序，矫正过程中焊缝承受较大的应力，因此又在车间按上述 2）、3）两种方法做了两组工艺试验，严格按照实验室的焊接参数操作和控制（两端盖面焊缝适当加大了焊接电流）。焊后矫正检查，方法 2）有两处微裂纹，方法 3）未发现裂纹，因此，决定采用 H10Mn2 焊丝代替 H08MnA 焊丝，严格控制焊接参数进行生产。经焊接矫正等工序，探伤检查，未发现裂纹。

第五章 焊接缺陷及控制

6. 焊接工艺要点

1）严格控制组装质量。中梁腹板与上、下盖板间组装间隙应不大于 1mm，局部允差不大于 2mm，对于间隙超差的，应先用焊条电弧焊打底后再进行埋弧焊。

2）焊剂 SJ101，300~350℃烘干 1~2h。

3）两端打底焊接参数：焊接电流（520±30）A，电弧电压（36±3）V，焊接速度（39±1.5）cm/min；两端盖面焊焊接参数：焊接电流（600±30）A，电弧电压（37±3）V，焊接速度（39±1.5）cm/min。

4）焊接完成后及时检查焊缝，并对肉眼可见的缺陷进行修补后方可矫正。

7. 结论

出口巴基斯坦的铁路敞车中梁埋弧焊产生裂纹的原因部分是因材料成分偏析引起的，但最主要的原因是操作时由于焊接参数选用不当，担心烧穿而选用了较小的焊接电流，同时一味追求高效率而采用了较快的焊接速度，造成焊缝有效厚度不足，焊缝强度下降，而矫正工序又使中梁焊缝承受了较大的应力。通过工艺试验，有效地防止了裂纹的产生，保证了生产的顺利进行。

【1+X 考证训练】

一、填空题

1. 焊缝的内部缺陷有_____、_____、_____、_____和_____等。

2. 焊缝的外部缺陷有_____、_____、_____、_____、_____、_____和_____等。

3. 在沿焊趾的母材部位，咬边不仅减弱母材的有效面积，从而减弱焊接接头强度，而且在咬边处受载易产生_____，从而引起裂纹。

4. 焊接接头产生咬边的原因，主要是_____过大、_____过长、焊条角度不正确、运条方法不当等造成的。

5. 焊瘤不仅影响焊缝的成形，而且在焊瘤的部位，往往还存在_____和_____缺陷。

6. 焊接结构中，焊接缺陷的危害主要有_____和_____两个方面。危害性最大的缺陷是_____、_____和_____。

7. 焊缝形状及尺寸不符合要求主要表现在_____、_____、_____、_____和_____等方面。

8. 焊缝余高过高，使焊缝与母材交界处突变，容易形成_____。

9. 凹坑是焊后在焊缝_____或_____形成的低于母材表面的局部低洼部分。弧坑是在_____处产生的下陷部分。

10. 弧坑使焊缝的有效截面减少，削弱了焊缝_____，由于杂质的集中，还会导致_____裂纹。

11. 未焊透是焊接时，接头根部未完全_____的现象，对于对接焊缝也指_____未达到设计要求的现象。

12. 未焊透产生的原因主要是：焊接电流_____，焊接速度过快，_____角度过小，根部间隙_____或钝边_____。

13. 熔焊时，焊道与母材之间或焊道与焊道之间未完全_____结合的部分，称为未熔合。未熔合直接降低了焊接接头的_____性能，严重的未熔合会使焊接结构无法承载。

14. 容易在焊缝中形成气孔的主要气体是_____、_____和_____。

15. 采用直流弧焊电源时，选择_____极性可减少气孔形成。

16. 焊缝中的夹杂物主要有_____、_____和_____三种。

17. 焊接裂纹按其产生本质可大致分为_____、_____、_____、_____和_____五类。

18. _____是焊接裂纹，它具有_____和_____特征。

二、判断题（正确的画"√"，错误的画"×"）

1. 冷裂纹主要发生在中碳钢、高碳钢、低合金或中合金高强度钢的焊缝中。（　　）

2. 焊前预热、焊后缓冷，可防止产生热裂纹和冷裂纹。（　　）

3. 选择合适的焊接参数，适当提高焊缝成形系数，能防止结晶裂纹的产生。（　　）

4. 焊接过程中，母材的淬硬倾向越大，焊接接头越易产生冷裂纹。（　　）

5. 焊缝的余高越高，连接强度就越大，因此余高越高越好。（　　）

6. 焊缝余高太高，易在焊趾处产生应力集中，所以余高不能太高，但焊缝也不能低于母材金属。（　　）

7. 气孔是在焊接过程中，熔池中的气泡在凝固时未能及时逸出而残留下来所形成的空穴。（　　）

8. 咬边是焊接参数选择不当或操作方法不正确造成的，沿焊趾的母材部位产生的沟槽或凹陷。（　　）

9. 在焊接热循环峰值温度的作用下，在热影响区和多层焊的层间发生重熔，在应力作用下产生的裂纹，称为液化裂纹。（　　）

10. 再热裂纹多发生在含有沉淀强化元素（如 Cr、Mo、V 等）的低合金高强钢、珠光体耐热钢、奥氏体不锈钢和某些镍基合金的焊接接头中。（　　）

11. 焊接结构件中沿钢板轧层形成的呈阶梯状的裂纹称为层状撕裂。（　　）

12. 焊接结构（如容器、管道等）在腐蚀介质和拉伸应力共同作用下，所产生的延迟开裂称为应力腐蚀裂纹。（　　）

13. 硫和磷在钢中能形成低熔点共晶体，因而显著增大裂纹倾向。（ ）

14. 结晶裂纹主要产生在含杂质（S、P、C、Si 等）较多的碳钢、低合金钢和单相奥氏体钢、镍基合金与某些铝合金的焊缝中。（ ）

15. 一氧化碳气孔多在焊缝内部产生，沿结晶方向分布，呈条虫状，表面光滑。（ ）

三、问答题

1. 什么是气孔？简要说明气孔形成的原因。
2. 气孔的形成过程是什么？其形成的影响因素有哪些？
3. 什么是结晶裂纹？其形成的影响因素是什么？防止措施有哪些？
4. 什么是延迟裂纹？延迟裂纹的特征有哪些？防止措施主要有哪些？
5. 什么是层状撕裂？防止措施主要有哪些？
6. 什么是再热裂纹？防止措施主要有哪些？

【榜样的力量：大国工匠】

大国工匠：艾爱国

艾爱国，男，汉族，1950 年 3 月生，1985 年 6 月入党，湖南攸县人，湖南华菱湘潭钢铁有限公司焊接顾问，湖南省焊接协会监事长，党的十五大代表，第七届全国人大代表。艾爱国是工匠精神的杰出代表，秉持"做事情要做到极致、做工人要做到最好"的信念，在焊工岗位奉献 50 多年，集丰厚的理论素养和操作技能于一身，多次参与我国重大项目焊接技术攻关，攻克数百个焊接技术难关。作为我国焊接领域"领军人"，他倾心传艺，在全国培养焊接技术人才 600 多名，先后荣获"七一勋章""全国劳动模范""全国十大杰出工人"等称号。

第六章
金属材料的焊接性及评定

绝大部分作为结构材料的金属要通过焊接方法进行连接,因而金属材料的焊接性是一项很重要的性能指标。实践证明,不同金属材料获得优质焊接接头的难易程度是不同的,或者说各种金属材料对焊接加工的适应性和使用的可靠性是不同的。金属材料的这种对焊接加工的适应性和使用的可靠性就是金属材料的焊接性。

第一节 金属材料的焊接性

金属材料的焊接性-PPT

一、焊接性概念

金属的焊接性是指金属材料在限定的施工条件下,焊接成符合规定设计要求的构件,并满足预定服役要求的能力。也就是指金属材料在一定的焊接工艺条件下,焊接成符合设计要求,满足使用要求的构件的难易程度,即金属材料对焊接加工的适应性和使用的可靠性。

二、影响焊接性的因素

影响金属材料焊接性的因素,归纳起来有材料、焊接方法及工艺、构件类型和使用条件四个方面。

1. 材料方面

材料方面不仅包括焊件本身,还包括使用的焊接材料,如焊条、焊丝、焊剂、保护气体等。它们在焊接时都参与熔池或半熔化区内的冶金过程,直接影响焊接质量。如母材与焊接材料匹配不当,就会造成焊缝金属化学成分不合格,力学性能和其他使用性能降低。因此,为了保证良好的焊接性,必须对材料因素予以充分重视。

2. 焊接方法及工艺方面

焊接方法对焊接性的影响主要表现在两方面。一是根据焊接热源特点(如能量密度大小、温度高低等)选择焊接方法和焊接工艺,如对于有过热敏感的高强度钢,从防止过热出发,适宜选用窄间隙焊接,采用等离子弧焊接、电子束焊接等方法,有利于改善焊接性。相反,对于灰铸铁焊接时,从防止白口出发,应选用气焊、电渣焊等方法。二是对熔池和接头保护,如钛合金对氧、氮、氢极为敏感,用气焊和焊条电弧焊不可能焊好,而用氩弧焊或真空电子束焊,就比较容易焊接。

第六章 金属材料的焊接性及评定

工艺措施对防止焊接接头缺陷，提高使用性能也有重要的作用。如焊前预热、焊后缓冷和消氢处理等，对防止热影响区淬硬变脆，降低焊接应力，防止裂纹是比较有效的措施。又如合理安排焊接顺序，也能减小应力与变形。

3. 构件类型方面

焊接构件的结构设计会影响应力状态，从而对焊接性也会发生影响。应使焊接接头处于刚度较小的状态，能够自由收缩，以利于防止焊接裂纹。缺口、截面突变、焊缝余高过大、交叉焊缝等都容易引起应力集中，要尽量避免。不必要地增大焊件厚度或焊缝体积，就会产生多向应力，也应注意防止。

4. 使用条件方面

焊接结构的使用是多种多样的，有高温、低温下工作和腐蚀介质中工作及在静载荷或冲击载荷条件下工作等。当在高温工作时，可能产生蠕变；低温工作或冲击载荷工作时，容易发生脆性破坏；在腐蚀介质下工作时，接头要求具有耐蚀性。总之，使用条件越不利，焊接性就越不容易保证。

必须注意的是，金属的焊接性是一个相对概念，与材料、焊接方法、工艺、构件类型及使用要求等密切相关，所以，不能脱离这些因素而单纯从材料本身的性能来评价金属材料的焊接性。若一种金属材料可以在很简单的焊接工艺条件下，获得完好的接头并能够满足使用要求，就可以说其焊接性良好。反之，若必须在较复杂的工艺条件（如高温预热、高纯度保护气氛、焊后热处理等）下才能够焊接，或者所焊的接头在性能上不能很好地满足使用要求，就可以说焊接性差。

第二节 金属材料焊接性评定方法

评定金属焊接性的方法很多，可分为间接估算法和直接试验法两类。间接估算法一般不需要焊接焊缝，只需对金属材料的化学成分、物理及化学性能、金相组织及力学性能指标等进行分析与测定，从而推测被评估金属的焊接性。间接估算法有碳当量法、焊接冷裂纹敏感指数法、焊接热影响区最高硬度法、合金相图及焊接连续冷却转变图判断法、物理及化学性能判断法等。

直接试验法主要是模拟实际焊接条件，通过焊接过程考查是否发生某种焊接缺陷，或发生缺陷的严重程度，直接去评价金属材料焊接性优劣的方法。直接试验法常用的有斜 Y 形坡口焊接裂纹试验法、插销试验法、压板对接焊接裂纹试验法和 T 形接头焊接裂纹试验法等。

一、焊接性间接估算法

1. 碳当量法

钢材的化学成分对焊接热影响区的淬硬及冷裂倾向有直接影响，因此，可用化学成分来间接估算其焊接性。在钢材的各种化学元素中，对焊接性影响最大的是碳，碳是引起淬硬及冷裂的主要元素，故常把钢中含碳量的多少作为判断钢材焊接性的主要标志，钢中含碳量越高，其焊接性越差。为了便于分析和研究钢中合金元素对钢的焊接性影响，引入了碳当量概念。所谓碳当量就是指把钢中合金元素（包括碳）的含量，按其作用换算成碳的相当含量。用碳当量大小来评定钢材焊接性的方法，称为碳当量法。由于碳当量只考虑了化学成分对焊接性的影响，而没有考虑焊接方法、构件类型等因素影响，因此，碳当量法只是一个近似的间接的估算焊接性的方法。

碳当量的估算公式有很多形式，国际焊接学会（IIW）推荐的主要适用非调质低合金高强度钢（R_m = 500~900MPa）的碳当量公式为

$$C_E = C + Mn/6 + (Cr + Mo + V)/5 + (Ni + Cu)/15$$

日本 JIS 标准规定的主要适用低碳调质低合金高强度钢（R_m = 500~1000MPa）的碳当量公式为

$$C_E = C + Mn/6 + Si/24 + Ni/40 + Cr/5 + Mo/4 + V/14$$

需注意的是，两式中元素符号均表示其在钢中的质量分数，计算时取上限，两式主要适用含碳量偏高的钢种，其化学成分范围为：$w_C \leq 0.2\%$，$w_{Si} \leq 0.55\%$，$w_{Mn} \leq 1.5\%$，$w_{Cu} \leq 0.5\%$，$w_{Ni} \leq 2.5\%$，$w_{Cr} \leq 1.25\%$，$w_{Mo} \leq 0.7\%$，$w_V \leq 0.1\%$，$w_B \leq 0.006\%$。

根据经验：当 $C_E < 0.4\%$ 时，钢材的淬硬倾向不明显，焊接性优良，焊接时不必预热；当 $C_E = 0.4\% \sim 0.6\%$ 时，钢材的淬硬倾向增大，需要采取适当预热、控制焊接参数等工艺措施；当 $C_E > 0.6\%$ 时，淬硬、冷裂倾向强，属于较难焊的材料，需采取较高的预热温度和严格的工艺措施。

2. 焊接冷裂纹敏感指数法

对于低碳微量多合金元素的低合金高强度钢，碳当量估算法就不适用了，日本伊藤等人采用斜 Y 形坡口焊接裂纹试验，考虑扩散氢和拘束条件，对 200 多个钢种进行了大量试验，得出了焊接冷裂纹敏感指数计算公式为

$$P_c = C + Si/30 + (Mn + Cu + Cr)/20 + Ni/60 + Mo/15 + V/10 + 5B + \delta/600 + [H]/60$$

式中　P_c——焊接冷裂纹敏感指数；

　　　δ——板厚（mm）；

　　　[H]——甘油法测定的扩散氢含量（mL/100g）。

该公式的适用范围是：$w_C = 0.07\% \sim 0.22\%$，$w_{Si} = 0 \sim 0.60\%$，$w_{Mn} = 0.4\% \sim 1.4\%$，$w_{Cu} = 0 \sim 0.5\%$，$w_{Ni} = 0 \sim 1.2\%$，$w_{Mo} = 0 \sim 0.7\%$，$w_V = 0 \sim 0.12\%$，$w_{Nb} = 0 \sim 0.04\%$，$w_{Ti} = 0 \sim 0.05\%$，$w_B = 0 \sim 0.005\%$。

焊接冷裂纹敏感指数越大，则对冷裂纹越敏感，焊接性越差。

根据 P_c 值，可以经过经验公式求出斜 Y 形坡口对接裂纹试验条件下，为了防止冷裂纹所需要的最低预热温度 T_0（℃）为

$$T_0 = 1440P_c - 392$$

3. 焊接热影响区最高硬度法

焊接热影响区最高硬度法比碳当量法能更好地判断钢种的淬硬倾向和冷裂纹敏感性，因为最高硬度法不仅反映了钢种化学成分的影响，而且也反映了金属组织的作用。由于该试验方法简单，因此被国际焊接学会（IIW）纳为标准。

最高硬度法试件用气割下料，如图 6-1 所示。试件尺寸见表 6-1，试件标准厚度为 20mm，厚度超过 20mm 时，则需机加工成 20mm，只保留一个轧制表面；当厚度小于 20mm 时，无须加工。

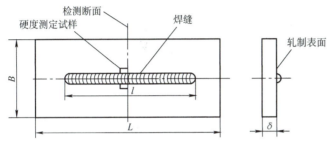

图 6-1　最高硬度法试件

表 6-1　热影响区最高硬度法试件尺寸　　　　（单位：mm）

试件号	L	B	l
1 号试件	200	75	125±10
2 号试件	200	150	125±10

焊前应仔细去除试件表面的油污、水分和铁锈等杂质。焊接时试件两端由支承架空，下面留有足够的空间。1 号试件在室温下进行焊接，2 号试件在预热温度下进行焊接。焊接参数为：焊条直径 4mm，焊接电流 170A，焊接速度 150mm/min。沿轧制方向在试件表面中心线水平位置焊长（125±10）mm 的焊道，如图 6-1 所示，焊后自然冷却 12h 后，采用机加工法垂直切割焊道中部，然后在断面上切取硬度测定试样，切取时，必须在切口处冷却，以免焊接热影响区的硬度因断面升温而下降。

测量时，试样表面经研磨后，进行腐蚀，按图 6-2 所示位置，在 O 点

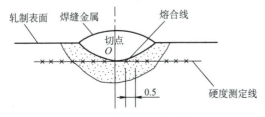

图 6-2　硬度测定的位置

两侧各取 7 个以上的点作为硬度测定点，每点的间距为 0.5mm，采用载荷为 100N 的维氏硬度计在室温下进行测定。

最高硬度试验法的评定标准，国际焊接学会（IIW）提出，当 $HV_{max} \geqslant 350HV$ 时，即表示钢材的焊接性恶化，这是以不允许热影响区出现马氏体为依据。近年来大量实践证明，对不同钢种，不同工艺条件下上述的统一标准是不够科学的。这是因为，首先焊接性除了与钢材的成分组织有关外，还受应力状态、含氢量等因素的影响；其次，对低碳低合金钢来说，即使热影响区有一定量的马氏体组织存在，仍然具有较高的韧性及塑性。因此，对不同强度等级和不同含碳量的钢种，应该确定出不同的 HV_{max} 许可值来评价钢种的焊接性才能客观、准确。常用焊接用钢的焊接热影响区允许的最高硬度值见第二章。

4. 合金相图及焊接连续冷却转变图判断法

金属材料大多是合金，因而可利用其相图分析其焊接性。由第五章知道，热裂纹（结晶裂纹）倾向的大小是随合金状态相图结晶温度区间的增大而增加的，因此根据合金相图可间接判断合金的焊接性。

焊接连续冷却转变图即焊接连续冷却组织转变曲线图是用来表示焊缝及热影响区金属在各种连续冷却条件下转变开始和终了温度、时间以及转变组织、室温硬度与冷却速度之间关系的曲线图。根据焊接连续冷却转变图可以较方便地预测焊接热影响区的组织、性能和硬度，从而可推测某钢在一定焊接条件下的淬硬倾向和冷裂纹敏感性，间接判断其焊接性，并作为确定正确焊接工艺的依据。

在焊接连续冷却转变图中，用模拟法绘制的模拟焊接热影响区的连续冷却转变曲线（SHCCT 图）应用最多。图 6-3 为 15MnMoVN 钢的焊接连续冷却转变图，通过此图可间接判断该钢在不同焊接条件下的淬硬倾向和冷裂纹倾向。

5. 物理及化学性能判断法

由于金属材料的物理性能对焊接热循环、熔池的冶金过程、焊缝的结晶与相变有明显影响，因此，根据其影响可间接判断金属材料的焊接性并制订相应的工艺措施。例如，热导率大的铜，由于导热性好，传热快，散热严重，使母材与填充金属难以熔合；同时焊缝的凝固速度快，易形成气孔；另外，铜的线胀系数和收缩率都比钢大，加上铜的导热性好，使焊接热影响区加宽，因此焊接时还易产生较大的变形。又如，焊接密度小的铝及铝合金，由于其密度较小，气泡的上浮逸出速度也较小，焊缝中易产生气孔和夹杂。

根据金属材料的化学性能，也能间接判断金属材料的焊接性。化学性质活泼的金属，在焊接时极易氧化，有些甚至对氧、氮、氢极为敏感，焊接时易产生未熔合、气孔及接头脆化等问题。如钛合金对氧、氮、氢极为敏感，焊接过程中易出现接头脆化、气孔、裂纹等缺陷，焊接时就必须采用氩弧焊或真空电子束焊等保护效果好的焊接方法。

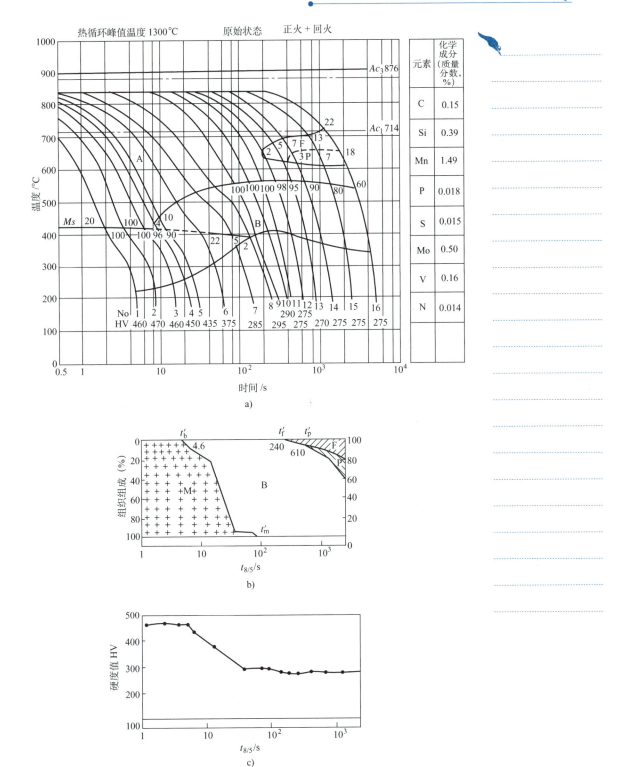

图 6-3 15MnMoVN 钢的焊接连续冷却转变图

a) 焊接连续冷却转变图　b)、c) 不同冷却速度的组织及硬度

No	$t_{8/5}$/s	HV	组织组成（%）	临界冷却时间/s	No	$t_{8/5}$/s	HV	组织组成（%）	临界冷却时间/s
1	1.2	460	M100	t'_b4.6	9	98	290	B100	t'_f246
2	2.2	470	M100		10	146	275	B100	
3	3.6	460	M100		11	186	275	B100	
4	5.2	450	M96 B4		12	278	275	B98 F2	
5	6.2	435	M90 B10	t'_m84	13	416	270	B95 F5	t'_p510
6	13.4	375	M22 B78		14	689	275	B90 P3 F7	
7	39	285	M5 B95		15	1251	275	B80 P7 F13	
8	75	295	M2 B98		16	2466	275	B60 P18 F22	

d）

图 6-3　15MnMoVN 钢的焊接连续冷却转变图（续）

d）焊接连续冷却转变图数据表

二、焊接性直接试验法

焊接性直接试验法即通过焊接性试验来评定母材的焊接性方法。通过焊接性试验可以选择适用于母材金属的焊接材料；确定合适的焊接参数，如焊接电流、电弧电压、预热温度等；还可以用于研制新的焊接材料。焊接性试验方法很多，目前应用较广的是斜 Y 形坡口焊接裂纹试验法、插销试验法、压板对接焊接裂纹试验法和 T 形接头焊接裂纹试验法等。

1. 斜 Y 形坡口焊接裂纹试验法

斜 Y 形坡口焊接裂纹试验法又称小铁研法，主要用于评价碳钢和低合金高强度钢焊接热影响区冷裂纹敏感性，是一种在工程上广泛应用的试验方法。

试件的形状和尺寸如图 6-4 所示，由被焊钢材制成。板厚 δ 不作规

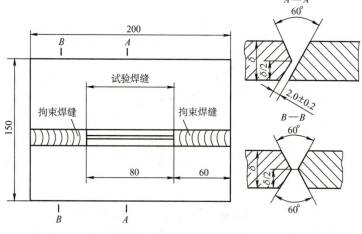

图 6-4　试件的形状和尺寸

定，常用厚度为 9~38mm，试件坡口采用机械切削加工，每一种试验条件要制备两块以上试件。两侧各在 60mm 范围内施焊拘束焊缝，采用双面焊透。要保持待焊试验焊缝处有 2mm 装配间隙和不产生角变形。

试验焊缝所用的焊条原则上与试验钢材相匹配，焊前要严格进行烘干；根据需要可在各种预热温度下焊接；推荐采用下列焊接参数：焊条直径 4mm，焊接电流（170±10）A，电弧电压（24±2）V，焊接速度（150±10）mm/min。在焊接试验焊缝时，如果采用焊条电弧焊时，按图 6-5 所示进行焊接；如果采用焊条自动送进装置焊接时，按图 6-6 所示施焊。均只焊接一道焊缝且不填满坡口，焊后试件经 48h 后，对试件进行检测和解剖。

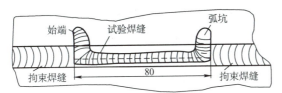

图 6-5　焊条电弧焊试验焊缝

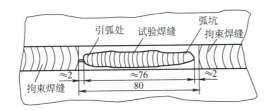

图 6-6　焊条自动送进试验焊缝

检测裂纹时用肉眼或手持放大镜仔细检查焊接接头表面和断面是否有裂纹，并按下列方法分别计算表面、根部和断面的裂纹率。图 6-7 为试样裂纹长度的计算。

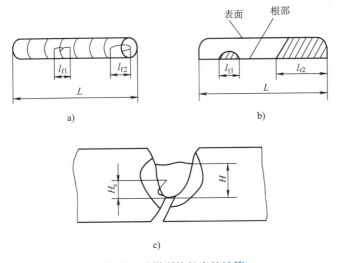

图 6-7　试样裂纹长度的计算
a）表面裂纹　b）根部裂纹　c）断面裂纹

1) 表面裂纹率 C_f。

$$C_f = \sum l_f / L$$

式中 $\sum l_f$ ——表面裂纹长度之和（mm）；
      L ——试验焊缝长度（mm）。

2) 根部裂纹率 C_r。

$$C_r = \sum l_r / L$$

式中 $\sum l_r$ ——根部裂纹长度之和（mm）。

3) 断面裂纹率 C_s。

$$C_s = \sum H_s / \sum H$$

式中 $\sum H_s$ ——5 个断面裂纹深度的总和（mm）；
      $\sum H$ ——5 个断面焊缝的最小厚度的总和（mm）。

由于斜 Y 形坡口焊接裂纹试验接头的拘束度远比实际结构大，根部尖角又有应力集中，因此试验条件比较苛刻。一般认为，在这种试验中若裂纹率低于 20%，在实际结构焊接时就不致发生裂纹。这种试验方法的优点是试件易于加工，不需特殊装置，操作简单，试验结果可靠；缺点是试验周期较长。

除斜 Y 形坡口试件外，也可以仿照此标准做成直 Y 形坡口的试件，用于考核焊条或异种钢焊接的裂纹敏感性，其试验程序以及裂纹率的检测和计算与斜 Y 形坡口试件相同。

2. 插销试验法

插销试验法主要用于测定碳钢和低合金高强度钢焊接热影响区对冷裂纹敏感性的一种定量试验方法。因试验消耗钢材少，试验结果稳定可靠，故在国内外都广泛应用。这种试验方法的设备附加其他装置亦可用于测定再热裂纹和层状撕裂的敏感性。

插销试验法的基本原理是根据产生冷裂纹的三大要素（即钢的淬硬倾向、氢的行为和局部区域的应力状态），以定量的方法测出被焊钢焊接冷裂纹的"临界应力"，作为冷裂纹敏感性指标。具体方法是把被焊钢材做成直径为 8mm（或 6mm）的圆柱形试棒（插销），插入与试棒直径相同的底板孔中，其上端与底板的上表面平齐。试棒的上端有环形或螺形缺口，然后在底板上按规定的焊接热输入熔敷一道焊缝，尽量使焊道中心线通过插销的端面中心。该焊道的熔深，应保证缺口位于热影响区的粗晶部位，如图 6-8 及图 6-10 所示。

当焊后冷至 100～150℃ 时加载（有预热时，应冷至高出预热温度 50～70℃ 时加载），当保持载荷 16h 或 24h（有预热）期间试棒发生断裂，即得到该试验条件下的"临界应力"。如果在保持载荷期间未发生断裂，需经过几次调整载荷后直至发生断裂为止。改变含氢量、焊接热输入和预热温度，会得到不同的临界应力。临界应力越小的金属材料，其冷裂纹敏感性就越大。

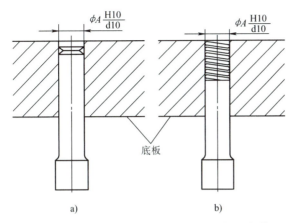

图 6-8 插销试棒缺口处于热影响区的粗晶部位
a) 环形缺口试棒 b) 螺形缺口试棒

插销试棒的形状和尺寸如图 6-9 所示。插销试棒各部位的尺寸见表 6-2。对于环形缺口的插销试棒,缺口与端面的距离应使焊道熔深与缺口根部所截的平面相切或相交,但缺口根部圆周被熔透的部分不得超过 20%,如图 6-10 所示。

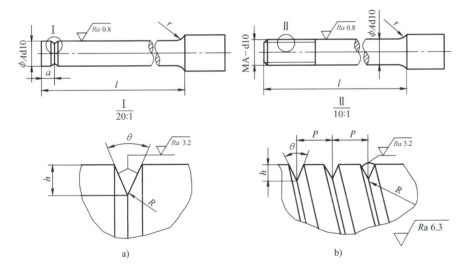

图 6-9 插销试棒的形状和尺寸
a) 环形缺口试棒 b) 螺形缺口试棒

表 6-2 插销试棒各部位的尺寸

缺口类型	ϕA/mm	h/mm	θ (°)	R/mm	P/mm	l/mm
环形缺口	8	0.5±0.05	40±2	0.1±0.02	—	大于底板厚度,一般为 30~150
螺形缺口	8	0.5±0.05	40±2	0.1±0.02	1	大于底板厚度,一般为 30~150
环形缺口	6	0.5±0.05	40±2	0.1±0.02	—	大于底板厚度,一般为 30~150
螺形缺口	6	0.5±0.05	40±2	0.1±0.02	1	大于底板厚度,一般为 30~150

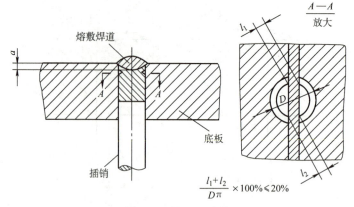

图 6-10 熔透比计算

3. 压板对接焊接裂纹试验法

压板对接焊接裂纹试验法主要用于评定碳钢、低合金钢、奥氏体不锈钢焊条及焊缝的热裂纹敏感性。

试验装置如图 6-11 所示。在 C 形夹具中，垂直方向有 14 个螺栓以 $3×10^5$N 的力压紧试板，横向有 4 个螺栓以 $6×10^4$N 的力顶住试板，这样使试板牢牢固定在试验装置内。试板形状尺寸如图 6-12 所示，坡口为 I 形。试板在试验装置内安装时用定位塞 5 来保证坡口间隙（变化范围 0~6mm）。

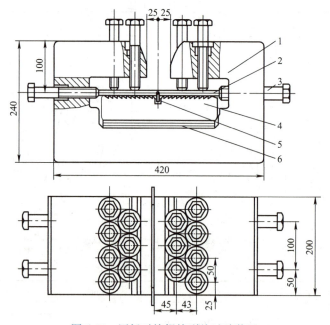

图 6-11 压板对接焊接裂纹试验装置

1—C 形拘束框架　2—试件　3—横向螺栓　4—齿形底座　5—定位塞　6—调节板

焊接时，先将横向螺栓紧固，再将垂直方向的螺栓用测力扳手紧固。然后按生产上使用的焊接参数依次焊接 4 条长约 40mm、间距为 10mm 的试验焊缝,弧坑不必填满,如图 6-13 所示。焊后经过 10min 取下试板,待冷却至室温后将试板沿焊缝纵向弯断,观察有无裂纹,测量裂纹长度并计算出裂纹率,以此来评定试板对热裂纹的敏感性。裂纹率 C 计算公式如下:

$$C = \sum l / \sum L$$

式中　$\sum l$——4 条试验焊缝裂纹长度之和（mm）；

　　　$\sum L$——4 条试验焊缝长度之和（mm）。

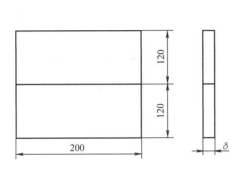

图 6-12　试板形状尺寸

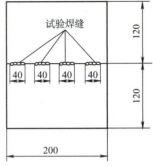

图 6-13　试验焊缝位置

4. T 形接头焊接裂纹试验法

T 形接头焊接裂纹试验法主要用于评定碳素钢及低合金钢角焊缝的热裂纹敏感性,也可以评定焊条及工艺参数对热裂纹的影响。试件的形状和尺寸如图 6-14 所示。

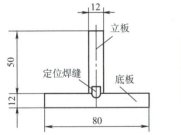
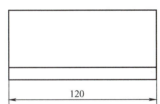

图 6-14　试件的形状和尺寸

试验时,采用直径为 4mm 的焊条,焊接电流为规定值的上限,焊接位置为船形焊。首先焊拘束焊缝 S_1,然后立即焊一道比 S_1 的平均厚度小 20% 的试验焊缝 S_2,其焊接方向相反,注意两道焊缝的间隔时间不大于 20s,如图 6-15 所示。待焊件冷却后,用肉眼、放大镜等检查试验焊缝 S_2 表面有无裂纹,如发现裂纹,要测量其长度,并按下式计算裂纹率:

$$C = \frac{\sum L}{120} \times 100\%$$

式中　C——表面裂纹率（%）；

　　　$\sum L$——表面裂纹长度之和（mm）。

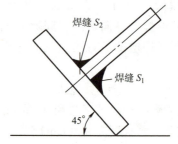

图 6-15 试验焊缝的焊接位置

第三节 焊接性试验工程应用实例

【斜 Y 形坡口 HQ100 低碳调质钢冷裂纹试验】

采用斜 Y 形坡口对接裂纹试验进行 HQ100 低碳调质钢的冷裂纹敏感性试验。焊接试验条件见表 6-3,试验结果见表 6-4。

表 6-3 HQ100 钢斜 Y 形坡口对接裂纹试验的焊接条件

焊接方法及焊材	板厚/mm	焊接参数			
		焊接电流/A	电弧电压/V	焊接速度/(cm/s)	焊接热输入/(kJ/cm)
焊条电弧焊（SMAW），J956 焊条（400℃×1h 烘干）	20	170	25	0.25	17.0
	9	170	25	0.45	9.4
混合气体保护焊（MAG），GHQ-100 焊丝（Ar80%+$CO_2$20%，体积分数）	20	270	28	0.45	16.8

表 6-4 HQ100 钢斜 Y 形坡口对接裂纹试验的结果

焊接方法	板厚/mm	预热温度/℃	表面裂纹率（%）			断面裂纹率（%）		
			1	2	3	1	2	3
SMAW	9	25	0	0	0	0	0	0
		75	0	0	0	0	0	0
	20	75	10	20	100	23	84	100
		100	0	0	0	0	0	0
MAG	20	75	28	0	50	77	46	92
		100	0	0	0	0	0	0

根据试验结果，厚度 9mm 的 HQ100 钢，采用焊条电弧焊在室温条件下焊接不出现裂纹；对于厚度 20mm 的 HQ100 钢，采用焊条电弧焊和混合气体保护焊两种方法预热至 75℃ 仍出现裂纹，只有当预热温度提高到 100℃ 时才能避免裂纹出现。这表明 HQ100 钢的焊接裂纹敏感性与板厚

（拘束度）的依赖性较强，因此 HQ100 钢在实际应用中一定要考虑焊接结构的拘束度大小。此外，搭接接头拘束裂纹试验结果表明，HQ100 钢在搭接或不留间隙角接时，室温焊接不会出现裂纹。在实际工程机械产品的焊接结构中，针对搭接接头角焊缝形式，焊前不预热也可进行焊接。

对于厚度 9mm 对接接头的焊条电弧焊、拘束度较小的角接以及厚度 20mm 的搭接焊条电弧焊，在室温下不预热也不会产生焊接裂纹；但对于厚度 20mm 板对接接头的焊条电弧焊和富氩混合气体保护焊，预热温度不低于 100℃ 才能避免裂纹出现，因此，在实际工程结构焊接时，HQ100 钢的预热温度应为 100℃ 以上。

焊接冷却时间 $t_{8/5}$ 是影响热影响区韧性的主要因素，为确保获得较高的热影响区韧性，HQ100 钢焊接时应控制 $t_{8/5}$ 在 10~20s 为宜。HQ100 钢焊条电弧焊层间温度应控制在 100℃ 左右，焊接热输入为 15~17kJ/cm；气体保护焊时，层间温度应控制在 100~130℃，焊接热输入为 10~20kJ/cm。

【1+X 考证训练】

一、填空题

1. 金属材料在限定的施工条件下，焊接成符合规定设计要求的构件，并满足预定服役要求的能力称为_____。

2. 影响焊接性的主要因素除了材料本身性质外，还有_____、_____和_____。

3. 把钢中合金元素（包括碳）的含量按其作用换算成碳的相当含量叫_____。

4. 斜 Y 形坡口焊接裂纹试验是焊接性_____试验方法，主要用于评价_____和_____焊接热影响区的冷裂纹敏感性。

二、判断题（正确的画"√"，错误的画"×"）

1. 金属材料的焊接性不是绝对的，而是相对的、发展的，今天认为焊接性不好的材料，明天可能变好了。　　　　　　　　　　（　　）

2. 焊接裂纹是焊接接头最危险的缺陷，所以用得最多的焊接性试验是焊接裂纹试验。　　　　　　　　　　　　　　　　　（　　）

3. 用碳当量来评估钢材的淬硬倾向和冷裂纹敏感性比用最高硬度试验法更客观。　　　　　　　　　　　　　　　　　　　（　　）

4. 选择焊接性试验方法主要应遵循经济性原则。　　　　（　　）

5. 直接试验主要是各种抗裂性试验和实际产品的服役试验及压力容器爆破试验等。　　　　　　　　　　　　　　　　　　　（　　）

6. 碳素钢和低合金钢焊接接头冷裂纹的外拘束试验方法用得最多的是插销试验。　　　　　　　　　　　　　　　　　　　（　　）

7. 斜 Y 形坡口焊接裂纹试验法试验条件比较苛刻，通常认为在这种试验中若裂纹率低于 20%，在实际结构焊接时就不会发生裂纹。（　　）

8. 压板对接焊接裂纹试验法主要用于评定碳钢、低合金钢、奥氏体不锈钢焊条及焊缝的热裂纹敏感性。（   ）

9. 国际焊接学会（IIW）推荐的碳当量计算公式适用于抗拉强度为 500~900MPa 的非调质低合金高强度钢。（   ）

三、问答题

1. 什么叫金属的焊接性？影响金属焊接性的因素有哪些？
2. 何谓碳当量？常用的碳当量计算公式有哪些？
3. 试述斜 Y 形坡口焊接裂纹试验法及其在评定热影响区冷裂纹敏感性中的应用。
4. 试述插销试验法的试验过程。

第七章 非合金钢的焊接

碳素钢简称碳钢,是碳的质量分数小于 2.11% 的铁碳合金。碳素钢是工业中应用最广泛的金属材料,其产量约占钢材总产量的 80%。工业中使用的碳素钢,碳的质量分数很少超过 1.4%,用于制造焊接结构的碳钢,其含碳量还要低得多。必须注意的是,国家标准 GB/T 13304.1—2008《钢分类 第 1 部分 按化学成分分类》中已经以"非合金钢"取代传统的"碳素钢",但在很多现行的标准中仍采用碳素钢一词,所以本书仍沿用碳素钢这一术语。

碳钢的焊接性主要取决于含碳量的高低,随着含碳量的增加,焊接性逐渐变差。碳钢焊接性与含碳量的关系见表 7-1。由于碳钢中除碳外,还有锰、硅等有益元素(不作为合金元素),所以锰、硅对其焊接性也有一定影响,锰、硅含量增加,焊接性变差,但不及碳作用强烈。

表 7-1 碳钢焊接性与含碳量的关系

名称	碳的质量分数(%)	典型硬度	典型用途	焊接性
低碳钢	≤0.15	60HRB	特殊板材和型材薄板、带材、焊丝	优
	0.15~0.25	90HRB	结构用型材、板材和棒材	良
中碳钢	0.25~0.60	25HRC	机器部件和工具	中(通常需要预热和后热,推荐采用低氢焊接方法)
高碳钢	≥0.60	40HRC	弹簧、模具、钢轨	劣(必须低氢焊接方法、预热和后热)

第一节 低碳钢的焊接

一、低碳钢的焊接性

低碳钢由于含碳较低、塑性好,而且淬硬倾向小,焊接过程中一般不需要采取预热、后热、控制道间温度或焊后热处理等工艺措施,许多焊接方法都能用于低碳钢的焊接,并可获得良好的焊接接头,因此低碳钢焊接性优良,是焊接性最好的金属材料。但是当出现以下情况时,低碳钢的焊接质量也会下降,必须采取相应的工艺措施。

1. 采用旧冶炼方法或非正规小型钢厂生产的低碳转炉钢

这种钢的含氮量高,杂质较多,因此冷脆性和时效敏感性大,焊接接头质量低,焊接性较差。

2. 采用脱氧不完全的沸腾钢

此钢脱氧不完全,含氧量高,硫、磷等杂质分布很不均匀,所以时效敏感性、冷脆敏感性和热裂纹倾向较大,焊接性较差。一般不宜用作承受动载或严寒(-20℃)工作的重要焊接结构。

二、低碳钢焊接工艺

1. 焊接方法和焊接材料

低碳钢几乎可采用所有的焊接方法来进行焊接,并都能保证焊接接头的良好质量。用得最多的是焊条电弧焊、埋弧焊、CO_2 气体保护焊、电渣焊等。常用的低碳钢焊接材料选择见表7-2。

表7-2 常用的低碳钢焊接材料选择

钢号	焊条电弧焊		埋弧焊	CO_2 气体保护焊	电渣焊
	一般结构(包括厚度不大的低压容器)	受动载荷,厚板,中、高压及低温容器			
Q235 Q255	E4313、E4303、E4319 E4320、E4311	E4316、E4315 (或E5016、E5015)	H08A H08MnA HJ431 HJ430	G49AYUC1S10 (ER49-1) G49A3C1S6 (ER50-6)	H10MnSi H10Mn2 HJ360
Q275	E5016、E5015	E5016、E5015	H08MnA HJ431 HJ430	G49AYUC1S10 (ER49-1) G49A3C1S6 (ER50-6)	H10MnSi H10Mn2 HJ360
08、10、15、20	E4303、E4319 E4320、E4310	E4316、E4315 (或E5016、E5015)	H08A H08MnA HJ431 HJ430	G49AYUC1S10 (ER49-1) G49A3C1S6 (ER50-6)	H10MnSi H10Mn2 HJ360
25	E4316、E4315	E5016、E5015	H10Mn2 H08MnA HJ431 HJ430	G49AYUC1S10 (ER49-1) G49A3C1S6 (ER50-6)	H10MnSi H10Mn2 HJ360
Q245R (20R、20g)	E4303、E4319	E4316、E4315 (或E5016、E5015)	H10Mn2 H08MnA HJ431 HJ430	G49AYUC1S10 (ER49-1) G49A3C1S6 (ER50-6)	H10MnSi H10Mn2 HJ360

2. 预热、焊后热处理

低碳钢焊接过程中一般不需要采取预热、焊后热处理等工艺措施，但当焊件较厚或刚性很大或低温条件下焊接时，可能要采取预热、焊后热处理等措施。例如，锅炉锅筒，即使采用Q245R（20g）等焊接性良好的低碳钢，由于板厚较大，仍要采用600~650℃的焊后热处理。为了细化晶粒，电渣焊接头焊后必须正火或正火加回火处理。低碳钢焊前预热温度见表7-3，低碳钢低温条件下的预热温度见表7-4，安装、检修发电厂管道冬季焊接时的温度限度与预热要求见表7-5。

表7-3 低碳钢焊前预热温度

钢号		Q275、25、30	10、15、20、Q235、Q255、Q245R（20R、20g）
预热温度	厚板结构	>150℃	一般不预热
	薄板结构	一般不预热	

表7-4 低碳钢低温条件下的预热温度

环境温度/℃	焊件厚度/mm		预热温度/℃
	梁、柱和桁架	管道、容器	
-30以下	30以下	16以下	100~150
-20以下	—	17~30	
-10以下	31~50	31~40	
0以下	51~70	41~50	

表7-5 安装、检修发电厂管道冬季焊接时的温度限度与预热要求

钢号	管壁厚度/mm	
	<16	>16
碳的质量分数≤0.2%的碳钢	不低于-20℃，可不预热	低于-20℃，预热100~200℃
碳的质量分数为0.21%~0.28%的碳钢	不低于-10℃，可不预热	低于-10℃，预热100~200℃

第二节 中碳钢的焊接

一、中碳钢的焊接性

中碳钢中碳的质量分数为0.25%~0.6%，当碳的质量分数处于下限附近时，焊接性良好。随着碳的质量分数的增加，焊接性逐渐变差。焊接时会出现以下两个问题。

1. 焊缝金属易产生热裂纹

中碳钢含碳量较高，凝固温度区间较大，偏析现象较严重，在凝固收缩应力的作用下，易沿液态晶界处开裂，产生热裂纹。

2. 热影响区易产生冷裂纹

中碳钢焊接时,在热影响区易产生塑性很低的淬硬组织(马氏体),含碳量越高,淬硬倾向越大。当板材较厚、刚性较大时,在热影响区容易产生冷裂纹。当焊缝金属的含碳量较高时,也有产生冷裂纹的可能。

二、中碳钢焊接工艺

1. 焊接方法及焊接材料

中碳钢的焊接方法有焊条电弧焊、CO_2 气体保护焊及 MAG 焊等。焊条电弧焊时,应尽量采用抗裂性能较好的碱性焊条。当焊缝金属与母材不要求等强时,可选用强度低一级的焊条,如 E4315、E4316。当对焊缝金属强度要求较高时,可采用 E5015、E6015-D1、E7015-D2 等碱性焊条。中碳钢焊接的焊条选用见表 7-6。

表 7-6 中碳钢焊接的焊条选用

钢号	焊接性	选用的焊条型号	
		不要求等强度	要求等强度
35、ZG270-500	较好	E4303　E4319 E4316　E4315	E5016　E5015
45、ZG310-570	较差	E4303　E4319　E4316 E4315　E5016　E5015	E5516　E5515
55、ZG340-640	较差	E4303　E4319　E4316 E4315　E5016　E5015	E5716、E5715 J606

特殊情况下,也可采用铬镍不锈钢焊条焊接或焊补中碳钢。这时不需预热,也不容易产生近缝区冷裂纹。用来焊接中碳钢的铬镍奥氏体不锈钢焊条有 E308-15(A107)、E309-16(A302)、E309-15(A307)、E310-16(A402)、E310-15(A407) 等。

根据中碳钢的焊接、焊补经验表明,采取先在坡口表面堆焊一层过渡焊缝,再进行焊接的方法效果较好。堆焊过渡层焊缝的焊条通常选用含碳量很低、强度低、塑性好的纯铁焊条($w_C \leq 0.03\%$)。

中碳钢采用 CO_2 气体保护焊时,其焊丝的选用见表 7-7。

表 7-7 中碳钢 CO_2 气体保护焊焊丝的选用

钢号	焊丝型号或牌号	说明
30、35	ER49-1、G49A3C1S6 (ER50-6)、 H04Mn2SiTiA G49AYUC1S10 (ER49-1) H04MnSiAlTiA	焊丝含碳量低,并含有较强脱氧能力和固氮能力合金元素,对减少焊缝金属中有害元素有利

2. 焊接工艺要点

1）中碳钢焊接时，为了限制焊缝中的含碳量，减少熔合比，一般开 U 形、V 形坡口，但尽量开成 U 形坡口。

2）大多数情况下，中碳钢焊接需要预热、控制道间温度及进行焊后热处理。中碳钢的预热温度取决于材料的含碳量、焊件的大小和厚度、焊条类型及焊接参数等。

一般情况下，预热温度、道间温度及焊后热处理温度见表 7-8。对含碳量高或厚度和刚性很大时，可将预热温度提高到 250~400℃。

表 7-8 中碳钢预热温度、道间温度及焊后热处理温度

钢 号	板厚/mm	预热温度及道间温度/℃	消除应力回火温度/℃	焊条类型
30	≤25	>50	600~650	非低氢型
				低氢型
35	25~50	>100		低氢型
		>150		非低氢型
	50~100	>150		低氢型
45	≤100	>200		低氢型

中碳钢的预热温度也可通过下列经验公式来确定：

$$T_0 = 550(w_C - 0.12) + 0.4\delta$$

式中 T_0——预热温度（℃）；

w_C——所焊母材中碳的质量分数（%）；

δ——钢板厚度（mm）。

如果焊后不能进行消除应力热处理，也要进行后热，即采取保温、缓冷措施，使扩散氢逸出，以减少裂纹产生。

3）焊后锤击焊缝，以减少焊接残余应力，细化晶粒。

4）多层焊第一层焊缝应尽量采用小电流、慢焊速，以减少熔合比，防止热裂纹；碱性焊条施焊时，焊前焊条要烘干，烘干温度为 350~400℃，保温时间为 2h。

第三节 高碳钢的焊接

一、高碳钢的焊接性

高碳钢中碳的质量分数大于 0.60%，常用于制作高硬度、高耐磨性的部件或零件。由于其含碳量高，易产生高碳马氏体，增加了淬硬倾向和裂纹敏感性，因此焊接性比中碳钢更差。目前，高碳钢的焊接主要是用于焊条电弧焊和气焊对部件或零件进行补焊。

二、高碳钢的焊接工艺

1. 焊接材料

选择焊接材料时,主要根据接头的强度要求及现场情况选择低氢型焊接材料,并按要求注意烘干,必要时也可选用铬镍奥氏体不锈钢焊条。高碳钢焊接材料选择见表7-9。

表7-9 高碳钢焊接材料选择

焊接方法及焊件性质		焊条牌号或型号
焊条电弧焊	强度要求较高	E5716、J607、J707
	强度要求一般	E5015、E5016
	不要求预热	E308-15(A107)、E309-16(A302)、E309-15(A307)、E310-16(A402)、E310-15(A407)
气焊	强度要求较高	低碳钢焊丝
	强度要求较低	与母材成分相近的焊丝

注:焊条电弧焊时,也可选用与母材强度等级相当的其他焊条或填充金属。

2. 焊接工艺要点

1)尽量采用 U 形或 V 形坡口,尽量减少母材金属熔入焊缝中的比例,即减少熔合比。

2)焊前一般要经过退火处理;为了避免淬硬组织,除了铬镍奥氏体不锈钢焊条外,一般焊前必须预热到 250～350℃,并在焊接过程中保持与预热温度一样的层间温度。

3)尽量选用小的焊接电流和焊接速度,减少熔合比;锤击焊道,减少焊接残余应力,并尽量连续施焊。

4)焊后应立即送入温度为 650℃ 的炉中保温,进行缓冷,以消除应力。

第四节 非合金钢焊接工程应用实例

一、低碳钢焊接实例

【Q245R(20g)钢制蒸汽锅炉锅筒的焊接】

蒸汽锅炉上锅筒的工作条件是:工作压力为 2.5MPa,额定蒸发量为 20t/h,饱和蒸汽温度为 225℃。采用 Q245R(20g)镇静钢制造。锅筒纵缝、环缝对接接头的坡口形式和尺寸如图 7-1 所示。为了保证焊接质量和提高生产率,纵缝和环缝均采用直流埋弧焊方法焊接,定位焊采用焊条电弧焊。

第七章 非合金钢的焊接

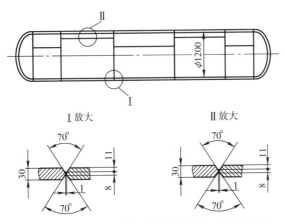

图 7-1 锅筒纵缝、环缝对接接头的坡口形式和尺寸

1. 焊前准备

采用刨边机制作接头坡口，并对坡口及其两侧各 20~30mm 范围的铁锈、油污等杂质进行清理，使其露出金属光泽。在焊剂垫上进行定位焊，与此同时，在筒体纵缝两端装配产品焊接试板、引弧板和引出板，如图 7-2 所示。引弧板与引出板的尺寸均为 150mm×100mm×30mm，坡口均与正式产品相同。

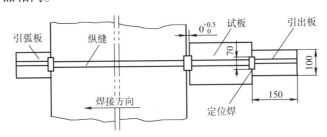

图 7-2 产品焊接试板、引弧板和引出板装配图

2. 焊接材料

埋弧焊焊剂采用 HJ431，焊丝采用 ϕ5mm 的 H08MnA；定位焊用焊条采用 ϕ4mm 的 E4303（J422）。焊前，焊剂在 300℃ 烘干 2h；焊条在 150℃ 烘干 2h。经烘干的焊剂、焊条放在 100℃ 左右的封闭保温筒里，随用随取。

3. 焊接参数

由于锅筒的纵缝和环缝的钢板厚度一致、材质相同、坡口尺寸一致，因此，焊接时选用相同的焊接参数。均采用较小的热输入进行多层焊，以提高焊接接头的塑性。焊接纵、环缝采用的焊接参数见表 7-10。

4. 操作技术

施焊纵、环缝正面第一道焊缝时，背面（指锅筒外面）加焊剂垫，要求纵缝的焊剂垫在焊缝整个长度上都与焊件紧密贴合，且压力均匀，以防止液态金属下淌。焊完正面焊缝以后，接着焊背面焊缝，层间温度均控制低于 250℃。环缝焊接时,无论是正面焊缝,还是背面焊缝,焊丝均与筒体中心线偏离 35~45mm 的距离。

表 7-10 焊接纵、环缝的焊接参数

钢板厚度/mm	焊缝层次	焊接电流/A	电弧电压/V	焊接速度/(m/h)	焊丝直径/mm	焊丝伸出长度/mm
30	正 1	680~730	35~38	22~25	5	40
	正 2	630~670	35~38	22~25	5	40
	正 3	530~580	36~38	22~25	5	40
	背 1	630~670	35~38	22~25	5	40
	背 2	620~670	36~38	22~25	5	40
	背 3	620~670	36~38	22~25	5	40
	背 4	530~580	36~38	22~25	5	40

5. 检验

对锅筒的纵、环缝进行 100%的射线检测,结果为 Ⅱ 级。对产品焊接试板进行检验,接头的强度和塑性均合格。

二、中碳钢焊接实例

1. ZG35 钢 1250t 水压机活动横梁焊接修复

某公司锻压车间 1250t 水压机活动横梁如图 7-3 所示,活动横梁材质为 ZG35,重量达 11t 以上,现已使用 20 年。在检修中发现中部开裂 1/2,裂纹长约 2m,被迫停产。在无备件的情况下,经焊接修复达到了使用要求。焊接修复后投入生产,使用两年多,对焊接部位进行检查,无异常现象,取得了明显的经济效益。

(1)焊前准备

1)用煤油渗透法查找裂纹终止处,根据裂纹的走向,在其前方 40mm 处,用 φ16mm 的钻头打止裂孔。

2)参照图样用碳弧气刨和氧乙炔气割开 U 形坡口,根部间隙 3~5mm,并除去氧化物,凸凹部分磨平,距坡口两侧 20~30mm 内打磨出金属光泽。

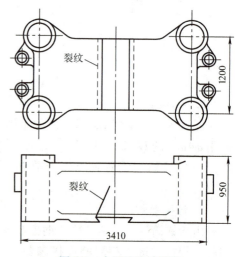

图 7-3 水压机活动横梁

3)准备两块尺寸为 800mm×600mm×30mm 的 Q355(16Mn)加强板(备用)。

4)选用 φ3.2mm 的 A302 和 φ4mm 的 J506 焊条,使用前 A302 焊条

烘干温度为150℃，保温1~2h，J506焊条烘干温度为300℃，保温3~4h，随用随取。

5) 用ZX5-400B整流弧焊机，直流反接。

6) 用自制煤气加热器，对活动横梁局部进行预热，预热温度为150~230℃。

（2）施焊

1) 为增加根部塑性，用 $\phi3.2mm$ 的A302焊条进行封底施焊，当其厚度为10~15mm时，改用J506焊条进行堆焊，因焊缝处在立、仰焊位置，在保证熔合良好的情况下，焊接电流应尽可能小，焊接参数见表7-11。并采用短弧、多道多层进行施焊，每焊完一道要进行清渣检查，不许有裂纹和夹杂。为了避免气孔的产生，除严格控制电弧外，还应减小断弧次数，一根焊条最好一次用完。

表7-11　焊接参数

焊层	焊条牌号	焊条直径 d/mm	焊接电流 I/A	电弧电压 U/V	电源极性
打底焊	A302	3.2	90~110	24~27	直流反接
填充焊	J506	4.0	120~140	25~29	直流反接

2) 当堆焊金属与活动横梁表面焊平时停焊，确定加强板位置，并打磨活动横梁表面，除去油污等，进行定位焊接，以减少因焊接给活动横梁产生的垂直拉应力，延长使用寿命。

3) 焊后热处理。用履带式远红外电加热器对活动横梁按参数曲线进行加热，如图7-4所示，采用石棉材料进行保温缓冷。

2. 45钢机轴接长焊接

一根45钢、$\phi75mm$ 的机轴，采用焊接方法接长。焊前接头处开成U形坡口，预热至200℃，采用

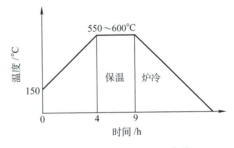

图7-4　焊后热处理工艺曲线

E5015（J507）焊条（预先按焊条说明书规定烘焙）焊接。第1层焊缝焊接电流为170~180A，务必焊透；第2层及以后各层焊接电流为180~190A。焊接时，保持层间温度200℃；焊完以后立即消除应力，温度为（650±5）℃、时间为2.5h，接着保温缓冷，24h以后取出。

三、高碳钢焊接实例

1. 80钢索斜拉桥拉紧接头焊接

某钢索斜拉桥的钢索直径为146mm，是由许多根直径为7mm的80优质碳素结构钢丝拧绞而成，每根斜拉钢索很长，安装钢索时必须用力将钢索拉紧，才能保证桥的安全，这又要事先在钢索端头，以对接方式焊

上一个高碳钢拉紧接头。其焊接工艺如下。

由于钢索为 80 优质碳素结构钢，焊前必须在较高温度下预热，预热温度为 320~350℃。

焊接方法为焊条电弧焊，采用强度级别比钢索低的 J607、直径为 ϕ3.2mm 的焊条，焊接电流 90~120A。焊接时保持与预热温度相同的层间温度，焊后缓冷。

2. U74 铁道钢轨的电阻焊接

铁道钢轨材料为 U74，其化学成分（质量分数）为：$w_C = 0.67\%$ ~ 0.80%、$w_{Si} = 0.13\%$ ~ 0.28%、$w_{Mn} = 0.70\%$ ~ 1.00%、$w_S < 0.05\%$、$w_P < 0.04\%$。抗拉强度为 785MPa，断后伸长率为 9%。由于连续闪光对焊焊接效率高，接头质量优良，因此被广泛应用。

焊接设备采用 UN6-500 型电阻对焊机。焊前在焊机上对钢轨进行断续预热，预热及焊接参数见表 7-12。焊后去除接头处的毛刺，并采用电加热正火处理设备或氧乙炔焰正火热处理设备进行正火处理。正火温度为（900±30）℃（轨腰表面温度），在空气中冷却。钢轨经正火处理后，与未经正火时相比虽然强度稍有下降，但塑性和韧性大大提高。

表 7-12 U74 电阻焊预热及焊接参数

焊机次级电压	/V	10.8~11.4
钢轨伸出长度	/mm	140±1
开始加速距离		130±1
闪光留量		30±1
顶锻留量		10~20
夹紧压力	/($\times 10^4$N)	51±1
接触压力		5.6±0.3
顶锻压力		28±1
预热时加热时间	/s	0.69
预热时间断时间		0.21~0.22
预热周期		2.55~2.75
焊接时间		200~260
有电流顶锻时间		0.22
无电流顶锻时间		3.84
预热送进速度	/(mm/s)	1.0~1.4
烧化终了速度		2.1~3.1

【1+X 考证训练】

【理论训练】

一、填空题

1. 碳钢的焊接性主要取决于_____，随着_____的增加，焊接性逐渐_____。

2. 低碳钢焊接性_____，焊接过程中一般不需要采取_____、_____、_____或_____等工艺措施。

3. 中碳钢焊接时的主要问题是_____和_____。

4. 高碳钢由于_____高，焊接时易产生高碳_____，增加了_____倾向和_____敏感性，因而焊接性比中碳钢_____。

5. Q235 钢焊条电弧焊时，可选用_____型号焊条；埋弧焊时，可选用_____焊丝配_____焊剂；CO_2 气体保护焊时，可选用_____焊丝。

二、判断题（正确的画"√"，错误的画"×"）

1. 低碳钢几乎可采用所有的焊接方法来进行焊接，并都能保证焊接接头的良好质量。（　　）

2. 中碳钢因含碳量较高，强度比低碳钢高，焊接性也随之变好。（　　）

3. 中、高碳钢焊条电弧焊时应采用抗裂性能较好的碱性焊条。（　　）

4. 中碳钢第一层焊缝应尽量采用小电流、慢焊速。（　　）

5. 中、高碳钢焊后应锤击焊缝，以减少焊接残余应力。（　　）

6. 碳钢焊接时，含碳量越高，其焊接性越差，预热温度越低。（　　）

三、简答题

1. 简述中碳钢的焊接工艺。
2. 简述高碳钢的焊接工艺。

【技能训练】

四、垂直固定管板 CO_2 焊单面焊双面成形操作

垂直固定管板 CO_2 焊单面焊双面成形焊件及技术要求如图 7-5 所示。

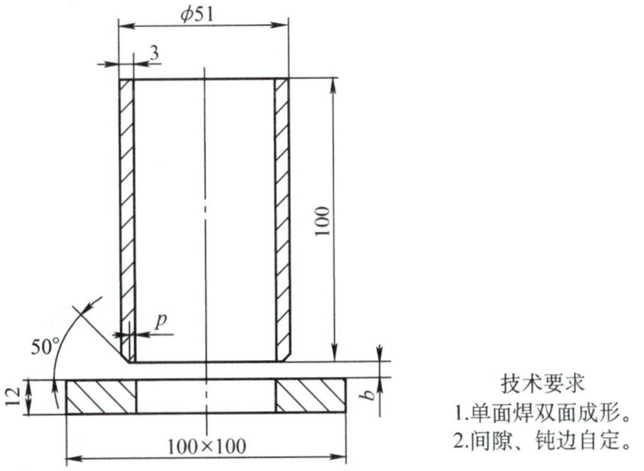

图 7-5　CO_2 焊垂直固定管板单面焊双面成形焊件图

1. 焊前准备

（1）清污　焊前用钢丝刷或砂布清除尽待焊部位两侧各 20mm 范围内的铁锈、油污、水分等，使之露出金属光泽。

(2) 焊机　NBC-300。

(3) 焊接材料　焊丝 G49A3C1S6（ER50-6），直径 $\phi1.2mm$；CO_2 气体，纯度≥99.5%。

(4) 焊件　20 钢管，尺寸 $\phi51mm\times100mm\times3mm$，管的一侧加工成 50°坡口，钝边 1mm。Q235 钢板，长×宽×厚为 $100mm\times100mm\times12mm$，中心加工出与管的内径相同的圆孔。

(5) 装配定位　将管与孔板进行装配，留 3.0~3.5mm 间隙，一点定位，定位焊缝长 10mm 左右，定位焊缝两端打磨成斜坡形，以便接头。

2. 焊接参数

焊接参数见表 7-13。

3. 焊接

由于钢管、钢板厚度差异，所以焊接过程中电弧应注意偏向钢板侧。

表 7-13　焊接参数

焊道层次	电源极性	焊丝直径 /mm	焊丝伸出长度/mm	焊接电流 /A	电弧电压 /V	气体流量 /(L/min)
打底焊	反极性	1.2	10~12	80~95	19~21	12~15
盖面焊		1.2	10~12	105~115	19~21	12~15

(1) 打底焊　在与定位焊点相对称的位置坡口内的孔板上起弧，稍作预热后并压低电弧在坡口内形成熔孔，熔孔尺寸以深入上坡口 0.8~1mm 为宜。焊枪做上下小幅摆动，电弧在坡口根部与孔板边缘应稍作停留。焊接时随着焊缝弧度的变化，手腕应不断转动，但始终应保持熔孔尺寸基本不变，以免产生未焊透、内凹和焊瘤等缺陷。

(2) 盖面焊　盖面焊采用两道焊。第一条焊道紧靠板面与打底焊层的夹角处，第二条焊道应重叠于第一条焊道 1/2~2/3，焊枪摆动时使熔池边缘超过坡口棱边 0.5~1.5mm。焊接速度要均匀，避免焊道间凸起或产生凹槽，并防止管壁咬边和焊缝偏下。

【榜样的力量：焊接专家】

焊接专家：林尚扬

林尚扬，中国工程院院士，焊接专家，福建省厦门市人，1961 年毕业于哈尔滨工业大学，哈尔滨焊接研究所高级工程师（研）。曾任哈尔滨焊接研究所副总工程师、技术委员会主任；曾兼任机械科学研究总院技术委员会副主任，哈尔滨市科协主席，黑龙江省老年科协第一副主席，中国机械工程学会焊接学会秘书长。

多年来针对国家的需要，一直工作在科研

第一线。20 世纪 60 年代研发的 4 种强度级钢焊丝，用于大型电站锅炉汽包和化工设备的焊接；20 世纪 70 年代发明的水下局部排水气体保护半自动焊技术，用于海上钻井/采油平台等海工设施的水下焊接，焊接的最大水深达 43m；20 世纪 80 年代发明的双丝窄间隙埋弧焊技术，曾用于世界最重的加氢反应器（2050t）和世界最大的 8 万 t 水压机主工作缸的焊接，焊接最大厚度达 600mm；20 世纪 90 年代研发了推土机台车架的首台大型弧焊机器人工作站，并积极推进焊接生产低成本自动化的技术改造；2000 年以来在大功率固体激光-电弧复合热源焊接技术方面取得 5 项发明专利，用激光技术为企业解决诸多部件的焊接难题，促进企业产品的升级换代，焊接的超高强度钢的屈服强度超 1000MPa。

曾获全国劳动模范、全国五一劳动奖章、全国优秀科技工作者、中国机械工程学会技术成就奖、国际焊接学会巴顿奖（终身成就奖）。

第八章 低合金钢的焊接

低合金钢是指在碳钢的基础上添加了质量分数不超过5%的合金元素的钢。常用来制造焊接结构的低合金钢可分为高强度钢和专用钢。低合金高强度钢按钢的屈服强度级别及热处理状态，可分为热轧及正火钢、低碳调质钢和中碳调质钢。专用钢按用途不同，主要有低温钢和耐热钢等。国内外常用的低合金钢的牌号见表8-1。

表8-1 常用低合金钢的牌号

类别	屈服强度/MPa	常用低合金钢钢号
热轧及正火钢	355~690	Q355（16Mn、14MnNb、12MnV、16MnRE、18Nb），Q390（15MnV、16MnNb、15MnTi），Q420（15MnVN、14MnVTiRE），Q460，Q500，18MnMoNbR
低碳调质钢	460~960	Q460，Q500（WCF62），Q620（14MnMoVN，HQ70A），Q690（14MnMoNbB，HQ80C），Q890（HQ100）T-1（美国），WEL-TEN80（日本），HY-80（美国）
中碳调质钢	880~1176	35CrMo，35CrMoV，30CrMnSi，30CrMnSiNi2，40Cr，40CrMnSiMoV，40CrNiMo，H-11（美国）
珠光体耐热钢	265~640	12CrMo，15CrMo，20CrMo，12Cr1MoV，12Cr3MoVSiTiB，12Cr2MoWVB，13CrMo44，10CrMo910，10CrSiMoV7，WB36（15NiCuMoNb5）
低合金低温钢	343~585	16MnDR，09Mn2VDR，09MnTiCuREDR，06MnNb，06AlCuNbN，06MnVTi，1.5Ni，2.5Ni，3.5Ni

注：表中参考标准 GB/T 1591—2018《低合金高强度结构钢》、GB 713—2014《锅炉和压力容器用钢板》、GB/T 16270—2009《高强度结构用调质钢板》、GB/T 3077—2015《合金结构钢》。

第一节 低合金高强度钢的焊接

一、热轧及正火钢的焊接

1. 热轧及正火钢的成分和性能

热轧及正火钢均在热轧或正火状态下使用，属于非热处理强化钢，它主要靠锰、硅的固溶强化和铌、钒及钛等元素的沉淀强化来提高其强度。为了保持较好的韧性、优良的冷成形性和焊接性，热轧及正火钢中碳的质量分数均控制在0.20%以下。热轧及正火钢的化学成分及力学性能见表8-2。

第八章 低合金钢的焊接

表 8-2 常用热轧及正火钢的化学成分及力学性能

钢号（新牌号）	钢号（旧牌号）	化学成分（质量分数,%）									交货状态	力学性能			
		C	Si	Mn	V	Mo	Nb	其他	S≤	P≤		R_{eL}/MPa	R_m/MPa	A(%) ≥	A_{KV}/J
Q355	14MnNb	0.12~0.18	0.20~0.60	0.80~1.20	—	—	0.015~0.050	—	0.045	0.050	热轧	345	490	21	59
	16Mn	0.12~0.18	0.20~0.60	0.80~1.60	—	—	—	—	0.045	0.050	热轧	345	490	21	59
Q390	15MnV	0.12~0.18	0.20~0.60	1.20~1.60	0.04~1.20	—	0.015~0.050	—	0.045	0.050	热轧	390	529	19	59
	15MnTi	0.12~0.18	0.20~0.60	1.20~1.60	0.10~0.20	—	—	Ti0.12~0.20	0.050	0.050	正火	390	529	19	59
Q420	15MnVN	0.12~0.20	0.20~0.60	1.30~1.70	—	—	0.025~0.050	N0.012~0.020	0.045	0.050	正火	420	588	18	59
	18MnMoNbR	0.17~0.23	0.17~0.37	1.35~1.65	—	0.45~0.65	0.02~0.05	—	0.035	0.035	正火+回火	490	637	16	69
	X60	≤0.12	0.15~0.40	1.0~3.0	—	—	—	2.0~2.5	0.025	0.03	控轧	414	517	20.5~23.5	54(−10℃)

热轧钢主要靠锰、硅的固溶强化作用提高强度，其屈服强度一般为355~460MPa。这种钢原材料资源丰富，价格便宜，具有良好的综合性能和工艺性能。

正火钢是在热轧钢的基础上除了通过添加锰、硅固溶强化元素外，再添加一些碳化物或氮化物元素（如V、Nb和Ti等）来进一步沉淀强化和细化晶粒而形成的。通过正火，不仅起到了细化晶粒作用，还使材料的塑性和韧性得到了改善，提高了综合性能。其屈服强度一般为355~460MPa。当钢中加入Mo后，不仅可细化晶粒，提高强度，还可以提高钢材的中温性能，但这类钢必须在正火后进行回火才能保证其良好的塑性和韧性。

微合金化控轧钢是热轧及正火钢的一个重要的新分支，是20世纪70年代发展起来的一类钢种，其屈服强度一般为355~690MPa。它采用了微合金化（加入微量Nb、V、Ti）和控制轧制等新技术，达到细化晶粒和沉淀强化相结合的效果，同时从冶炼工艺上采取了降碳、降硫，改变夹杂物形态，提高钢的纯净度等措施，使钢材具有均匀的细晶粒等轴铁素体基体。因此，该类钢具有相当于或优于正火钢的质量，具有高强度、高韧性和良好的焊接性。这类钢主要用于制造石油、天然气的输送管线，如X60、X65、X70，因而又称为管线钢。

2. 热轧及正火钢的焊接性

热轧及正火钢由于合金元素和含碳量都较低，因而其焊接性总体比较好，对于一些强度级别较低的热轧钢，其焊接性和低碳钢相近。但随着强度级别的提高，焊接性将变差，因而需采取一定的工艺措施才能进行焊接。这类钢焊接时，主要问题是焊接裂纹和热影响区脆化。

（1）焊接裂纹　热轧钢由于含有少量的合金元素，所以其淬硬倾向比低碳钢稍大些，在快冷时可能出现马氏体淬硬组织，从而增加冷裂倾向。但由于其含碳量低，一般情况下（除环境温度很低或钢板厚度很大时），其冷裂纹倾向较小。

正火钢的合金元素含量较多，与热轧钢相比，其淬硬倾向有所增加，特别是对于强度级别要求较高的钢，如18MnMoNbR等冷裂纹的倾向较大。此时，可通过控制焊接热输入，降低含氢量，采取预热和后热等措施来防止冷裂纹的产生。

需要注意的是，热轧及正火钢中含碳量较低，并有一定的含锰量，能有效地防止产生热裂纹，所以热轧及正火钢一般不会产生热裂纹，只有在原材料化学成分不符合规定（如S、C含量偏高）时才有可能发生。此外，18MnMoNbR对再热裂纹比较敏感，可通过提高预热温度（到230℃）或焊后及时进行后热（180℃×2h），来防止产生再热裂纹。

（2）热影响区脆化　热轧及正火钢焊接时，热影响区被加热到

1100℃以上的粗晶区（过热区），是焊接接头的薄弱区，冲击韧度也最低，即所谓的脆化区。

热轧钢粗晶区的脆化主要与焊接热输入和含碳量有关。焊接热输入较大时，粗晶区将因晶粒长大或出现魏氏组织等而降低韧性；焊接热输入较小，含碳量偏上限时，会由于粗晶区组织中马氏体的比例增多而降低韧性。

正火钢采用过大的热输入时，粗晶区在正火状态下弥散分布的TiC、VC和VN等溶入奥氏体中，将失去抑制奥氏体晶粒的长大及削弱组织细化作用。此时，粗晶区将出现粗大晶粒及上贝氏体、M-A组元粗大组织；同时，由于Ti、V扩散能力低，冷却时来不及析出，将固溶于铁素体中，从而导致硬度提高、韧性下降。

此外，热轧及正火钢焊接时还可能产生热应变脆化，它是由固溶的氮引起的。一般认为，在200~400℃脆变最明显。脆变多发生在固溶含氮的钢中，可通过加入足够的氮化物形成元素降低热应变脆化倾向。

3. 热轧及正火钢的焊接工艺

（1）焊接方法的选择 热轧及正火钢对焊接方法无特殊要求，适合于各种焊接方法，其中焊条电弧焊、埋弧焊、熔化极气体保护焊是最常用的方法。在选择具体的焊接方法时，可根据产品的结构、性能要求和工厂的实际条件等因素确定。

（2）焊接材料的选择 热轧及正火钢一般按"等强度"原则选择与母材强度相当的焊接材料，并综合考虑焊缝金属的韧性、塑性及抗裂性能，只要焊缝金属的强度不低于或略高于母材强度的下限值即可。焊缝强度过高，将导致焊缝韧性、塑性及抗裂性能降低。同时还应考虑焊后是否进行消除应力热处理，如焊后将进行消除应力热处理，则应选择强度稍高的焊接材料。强度级别较高的钢（≥420MPa）或厚板结构焊接时，应选用韧性、塑性和抗裂性能好的碱性焊条。

热轧及正火钢焊条选用见表8-3，热轧及正火钢埋弧焊、电渣焊、CO_2气体保护焊焊材选用见表8-4。

表8-3 热轧及正火钢焊条选用

钢号	焊条型号	焊条牌号
Q355（16Mn、14MnNb）	E5019	J503，J503Z
	E5003	J502
	E5015	J507，J507H，J507X，J507DF，J507D
	E5015-G	J507GR，J507RH
	E5016	J506，J506X，J506DF，J506GM
	E5016-G	J506G
	E5018	J506Fe，J507Fe，J506LMA
	E5028	J506Fe16，J506Fe18，J507Fe16

（续）

钢号	焊条型号	焊条牌号
Q390（15MnV、16MnNb）	E5019 E5003 E5015 E5015-G E5016 E5016-G E5018 E5028 E5515-G E5516-G	J503，J503Z J502 J507，J507H，J507X，J507DF，J507D J507GR，J507RH J506，J506X，J506DF，J506GM J506G J506Fe，J507Fe，J506LMA J506Fe16，J506Fe18，J507Fe16 J557，J557Mo，J557MoV J556，J556RH
Q420（15MnVN、14MnVTiRE）	E5515-G E5516-G E5715-G E5716-G	J557，J557Mo，J557MoV J556，J556RH J607，J607Ni，J607RH J606
18MnMoNbR Q500	E5715-G E5716-G	J607，J607Ni，J607RH，J606 J707，J707Ni，J707RH，J707NiW
X60 X65	E4311 E5011 E5015	J425XG J505XG J507XG

表 8-4 热轧及正火钢埋弧焊、电渣焊、CO_2 气体保护焊焊材选用

钢号	埋弧焊		电渣焊		CO_2 气体保护焊焊丝
	焊剂	焊丝	焊剂	焊丝	
Q355（16Mn、14MnNb）	SJ501	薄板：H08A H08MnA	HJ431 HJ360	H08MnMoA	ER49-1 ER50-6
	HJ430 HJ431 SJ301	不开坡口对接 H08A 中板开坡口对接 H08MnA H10Mn2			
	HJ350	厚板深坡口 H10Mn2 H08MnMoA			

(续)

钢号	埋弧焊		电渣焊		CO_2 气体保护焊焊丝
	焊剂	焊丝	焊剂	焊丝	
Q390（15MnV、16MnNb）	HJ430 HJ431	不开坡口对接 H08MnA 中板开坡口对接 H10Mn2 H10MnSi	HJ431 HJ360	H10MnMoA H08Mn2MoVA	ER49-1 ER50-6
	HJ250 HJ350 SJ101	厚板深坡口 H08MnMoA			
Q420（15MnVN、14MnVTiRE）	HJ431	H10Mn2	HJ431 HJ360	H10MnMoA H08Mn2MoVA	ER49-1 ER50-6
	HJ350 HJ250 SJ101	H08MnMoA H08Mn2MoA			
18MnMoNbR Q500	HJ250 HJ350 SJ101	H08MnMoA H08Mn2MoA H08Mn2NiMo	HJ431 HJ360 HJ250	H10MnMoA H10Mn2MoVA H10Mn2NiMoA	ER55-D2
X60 X65	HJ431 SJ101	H08Mn2MoA H08MnMoA			

（3）焊接热输入　热输入的确定主要取决于过热区的脆化和冷裂倾向。由于各种热轧及正火钢的脆化与冷裂倾向不同，因而对焊接热输入要求也有差别。

对于含碳量低的热轧钢和含碳量偏下限的热轧钢（如 Q355（16Mn）等），由于它们的脆化及冷裂倾向小，因此对焊接热输入没有严格的限制；但含碳量偏高的钢如 Q355（16Mn）等，由于其淬硬倾向大，为防止冷裂纹，焊接热输入应偏大些。

对于含 Nb、V、Ti 的正火钢，为了避免由于沉淀相的溶入及晶粒粗大所引起的脆化，应选用较小的热输入；对于碳及合金元素含量较高，屈服强度为 490MPa 的正火钢（如 18MnMoNbR），为避免产生冷裂纹并防止过热，宜采用较小的热输入配合适当的预热措施。

（4）预热　焊前预热能降低焊后冷却速度，避免出现淬硬组织，减小焊接应力，是防止裂纹的有效措施，也有助于改善接头组织与性能，是热轧及正火钢焊接时常用的工艺措施。屈服强度在 390MPa 以下的热轧钢焊接时，一般可以不预热，只有在厚板、刚性大的结构且环境温度低的条件下，需预热至 100~150℃。屈服强度在 390MPa 以上的正火钢焊接时，一般需要考虑预热。几种热轧及正火钢的预热温度见表 8-5。表 8-6 为不同气温条件下 Q355（16Mn）焊接时的预热温度。

表 8-5 几种热轧及正火钢的预热及焊后热处理温度

钢　号	预热温度/℃	焊后热处理温度/℃	
		电弧焊	电渣焊
Q355（16Mn、14MnNb）	100~150（$\delta \geqslant 16mm$）	600~650 退火	900~930 正火 600~650 回火
Q390（15MnV、16MnNb）	100~150（$\delta \geqslant 28mm$）	550 或 650 退火	950~980 正火 550 或 650 回火
Q420（15MnVN、14MnVTiRE）	100~150（$\delta \geqslant 25mm$）		950 正火 650 回火
18MnMoNbR Q500	≥200	600~650 退火	950~980 正火 600~650 回火

表 8-6 不同气温条件下 Q355（16Mn）焊接时的预热温度

焊件厚度/mm	不同气温时的预热
<16	不低于-10℃时不预热，-10℃以下预热至 100~150℃
16~24	不低于-5℃时不预热，-5℃以下预热至 100~150℃
24~30	不低于0℃时不预热，0℃以下预热至 100~150℃
>30	均预热至 100~150℃

（5）后热及焊后热处理　热轧及正火钢后热主要是消氢处理，是防止冷裂纹的有效措施之一。热轧及正火钢一般焊后不进行热处理，只有在某些特殊情况下才采用焊后热处理，如厚板或强度等级较大（$R_{eL} \geqslant$ 490MPa）及有延迟裂纹倾向的钢等。此外，电渣焊焊缝焊后必须采用正火或正火+回火处理。几种热轧及正火钢焊后热处理温度见表 8-5。

二、低碳调质钢的焊接

1. 低碳调质钢的成分和性能

低碳调质钢属于热处理强化钢，一般具有较高的屈服强度（460~960MPa）、良好的塑性、韧性及耐磨性、耐蚀性。由于其屈服强度高，仅靠增加合金元素和正火是达不到目的的，况且随着合金元素的增多，钢的塑性和韧性也将下降。因此，对这类钢在增加合金元素提高强度的同时，必须要进行调质处理来提高强度和保证韧性。低碳调质钢中碳的质量分数一般不超过 0.22%，大多在 0.18% 以下，加入的合金元素有 Cr、Ni、Mo、V、Nb、B、Ti 等。常用的几种低碳调质钢的化学成分、力学性能分别见表 8-7 和表 8-8。

表 8-7 常用低碳调质钢的化学成分

钢号	化学成分（质量分数,%）										P_{cm} (%)	C_E (%)
	C	Mn	Si	S≤	P≤	Ni	Cr	Mo	V	其他		
Q620 (14MnMoVN)	0.14	1.30~1.70	0.20~0.30	0.035	0.012	—	—	0.40~0.60	0.10~0.20	N=0.01~0.02	0.333	0.54
Q690 (14MnMoNbB)	0.12~0.18	1.30~1.80	0.15~0.35	0.03	0.03	—	—	0.45~0.7	—	Nb=0.02~0.06 B=0.0005~0.0030	0.275	0.56
Q500 (WCF62)	≤0.09	1.10~1.50	0.15~0.35	0.02	0.03	≤0.50	≤0.30	≤0.30	0.02~0.06	B≤0.003	0.226	0.47
Q620 (HQ70A)	0.09~0.16	0.60~1.20	0.15~0.40	0.03	0.03	0.30~1.00	0.30~0.60	0.20~0.40	V+Nb≤0.10	Cu=0.15~0.50 B=0.0005~0.0030	0.282	0.52
Q690 (HQ80C)	0.10~0.16	0.60~1.20	0.15~0.35	0.015	0.025	—	0.60~1.20	0.30~0.60	0.03~0.08	Cu=0.15~0.50 B=0.0005~0.003	0.297	0.58

注：WCF60（62）为焊接无裂纹钢（简称 CF 钢），HQ 为高强度钢。

表 8-8 常用低碳调质钢的力学性能

钢 号	δ/mm	R_{eL}/MPa ≥	R_m/MPa	A (%) ≥	A_{KV}/J（横向）
Q620 (14MnMoVN)	18~40	590	≥690	15	-40℃，U形≥27
Q690 (14MnMoNbB)	≤50	686	≥755	14	-40℃，U形≥31
Q500 (WCF62)	16~50	490	610~725	18	-40℃，≥40
Q620 (HQ70A)	≥18	590	≥685	17	-20℃，≥39 -40℃，≥29
Q690 (HQ80C)	—	685	≥785	16	-20℃，≥47 -40℃，≥29

2. 低碳调质钢的焊接性

低碳调质钢由于含碳量低，而且对硫、磷等杂质控制严格，因而具有良好的焊接性。由于主要是通过调质获得强化效果的，因此焊接时的主要问题除了焊接接头产生裂纹和热影响区脆化外，还有热影响区软化问题。

（1）焊接裂纹

1）冷裂纹。低碳调质钢虽然含碳量低，但其有较多提高淬透性的合金元素，因而淬硬性较大，特别是在焊接接头拘束度大、冷却速度过快和含氢量较高时，易产生冷裂纹。但由于这类钢马氏体含碳量较低，Ms 点较高（接近 400℃），如果焊接接头在该温度附近以较慢的速度进行冷却，则生成的马氏体能进行一次"自回火"处理，从而使韧性提高，避免产生冷裂纹；反之，如冷却速度较快，来不及进行"自回火"，则很可能产生冷裂纹。因此，从防止冷裂纹出发，在 Ms 点附近的冷却速度要低些。

2）热裂纹。低碳调质钢由于碳、硫含量较低，而含锰量及 Mn/S 比较高，因此一般热裂纹倾向较小。但当钢中含镍较高、含锰较低时，热裂纹倾向增大。在实际生产中，只要正确选用焊接材料（调整 Mn 含量），是不会产生热裂纹的。

3）再热裂纹。低碳调质钢为了提高淬透性和抗回火性，加入了很多合金元素，如 Cr、Mo、Cu、V、Nb、Ti、B 等，这些合金元素大多能引起再热裂纹。其中 V 的影响最大，其次是 Mo，当 V 和 Mo 同时存在时，再热裂纹倾向更严重。一般认为，Mo-V 钢，尤其是 Cr-Mo-V 钢对再热裂纹较敏感，Mo-B 钢和 Cr-Mo 也有一定的再热裂纹倾向。

低碳调质钢由于采用了现代的冶炼技术，对夹杂物控制较严格，纯净度较高，因此层状撕裂的敏感性较低。

（2）热影响区脆化问题　低碳调质钢的合金化方式不同于热轧和正火钢，它是通过调质处理来保证获得高强度和具有一定韧性的低碳马氏体和下贝氏体的，因此产生正常淬火组织并不是造成过热区脆化的原因。

低碳调质钢过热区脆化的原因是，当过热区在 800~500℃冷却速度较低时，会形成低碳马氏体+上贝氏体+M-A 组元的混合组织，尤其当 M-A 组元增多时，热影响区的韧性将会明显恶化，脆性转变温度迅速提高，从而导致脆化。因此，在实际焊接中，应控制合适的冷却速度，既保证钢材具有良好的韧性，又能防止冷裂纹。同样其热影响区也会因过热而引起奥氏体晶粒粗化，从而导致脆化。

此外，当钢材中含 Ni 量较高时，形成的高 Ni 马氏体，甚至上贝氏体都具有较好的韧性，因此，增加钢材中含 Ni 量能改善近缝区的韧性。

（3）热影响区软化问题　软化发生在焊接加热温度为母材原来回火温度至 Ac_1 之间的区域。母材强度等级越高，软化问题越突出。母材原来回火温度越低，热影响区软化范围越大、软化程度越严重。此外，软化的程度和软化区的宽度与加热的峰值温度、焊接方法和焊接热输入也有密切关系。焊接热输入越小，加热、冷却速度越快，热影响区受热时间越短，软化程度越小，软化区的宽度越窄。焊接中采用焊接热量集中的焊接方法对减弱软化也有利。对于热影响区软化，可采用焊后重新调质处理或控制焊接热输入。

3. 低碳调质钢的焊接工艺

低碳调质钢焊接时主要要考虑两个问题：一是接头在 Ms 点的冷却速度不能过快，使马氏体产生"自回火"，以免产生冷裂纹；二是要控制 800~500℃ 区间的冷却速度，使其大于产生脆性混合组织的临界速度，防止过热区脆化。至于软化问题，在采用小热输入焊接后可基本解决。

（1）焊接方法　焊接低碳调质钢时，焊条电弧焊、埋弧焊、气体保护焊和电渣焊等方法都可采用。但对于 $R_{eL} \geqslant 690\mathrm{MPa}$ 级的钢，最好采用气体保护焊。

（2）焊接材料　低碳调质钢一般也按等强原则进行焊接材料的选择，但当结构刚性较大时，可选择比母材强度稍低的焊接材料，以防止冷裂纹的形成。低碳调质钢常用焊接方法焊接材料的选择见表 8-9。

表 8-9　低碳调质钢常用焊接方法焊接材料的选择

钢　号	焊条电弧焊	埋弧焊	气体保护焊	电渣焊
Q620 （14MnMoVN）	J707、 J707RH	H08Mn2MoA H08Mn2Ni2CrMoA HJ350	HS-70A 或 HS-70B （H08Mn2NiMo） CO_2 或 $Ar+CO_2 20\%$	H10Mn2NiMoA H10Mn2NiMoVA HJ360、HJ431
Q690 （14MnMoNbB）	J757Ni、 J807RH、J807 J857	H08Mn2MoA H08Mn2Ni2CrMoA HJ350、SJ603	HS-80A（H08Mn2Ni2Mo） ER110S-1（美） ER110S-G（美） $Ar+CO_2 20\%$ 或 $Ar+O_2(1\% \sim 2\%)$	H10Mn2MoA H08Mn2Ni2CrMoA H10Mn2NiMoVA HJ360、HJ431
Q500 （WCF62）	新 607CF CHE62CF（L）	—	H08MnSiMo Mn-Ni-Mo 系	—

Q690 钢板在液压支架结构件的应用-生产案例

(续)

钢 号	焊条电弧焊	埋弧焊	气体保护焊	电渣焊
Q620（HQ70A）	J707Ni、J707、J707RH	—	HS-70A 或 HS-70B（H08Mn2NiMo）CO_2 或 $Ar+CO_2 20\%$	—

必须注意的是，选用的焊接材料，要严格控制氢的含量，应具有低氢或超低氢性能。

（3）焊接参数

1）焊接热输入。从防止冷裂纹角度，要求冷却速度慢些；但为了防止热影响区脆化，则要求冷却速度快些。所以，要选择合适的焊接热输入，使冷却速度在既不产生冷裂纹而又不产生过热区脆化的范围内。一般做法是，在满足热影响区韧性条件下，尽量采用较大热输入。如焊接热输入提高到最大值，仍不能避免冷裂纹，则应采取预热或后热措施。

2）预热温度。为了防止冷裂纹，焊接低碳调质钢时常常需要采用预热措施，同时也应防止由于预热温度过高而使热影响区冷却速度减慢，使该区产生 M-A 组元和粗大的贝氏体组织，从而导致热影响区脆化。因此预热温度较低，一般不超过 200℃，这样可以降低在 Ms 点附近的冷却速度，从而通过马氏体的"自回火"作用提高抗裂性能。常见的低碳调质钢的预热温度见表 8-10。

表 8-10 低碳调质钢的预热温度

钢 号	预热温度	备 注
Q620（14MnMoVN）	$\delta \leq 22mm$，100~150℃；$\delta > 22mm$，150~200℃	$\delta < 13mm$ 可不预热，最高预热温度 ≤250℃
Q690（14MnMoNbB）	$\delta \leq 20mm$，150~200℃；$\delta > 20mm$，200~250℃	最高预热温度 ≤300℃
Q500（WCF62）	可不预热	母材 C_E 偏高时，预热 50℃
Q620（HQ70A）	140℃	当拘束度较小时可适当降低

3）焊后热处理。一般情况下焊接结构焊后不需进行热处理，但如果焊件焊后或冷加工后钢的韧性过低，要求保证结构尺寸稳定或要求焊接结构承受应力腐蚀时，则应施行焊后热处理。为了保证材料的强度，消除应力处理的温度应避开再热裂纹的敏感温度，同时也应比钢材原来的回火温度低 30℃ 左右。

三、中碳调质钢的焊接

1. 中碳调质钢的成分和性能

中碳调质钢又称为中碳淬火回火钢，其屈服强度高达 880~1176MPa。

为了保证高强度和高硬度，钢中碳的质量分数较高，通常为 0.25%~0.45%。为了保证钢的淬透性和消除回火脆性，钢中常加入 Mn、Si、Cr、Ni、B、Mo、W、V、Ti 等合金元素，同时控制 S、P 等元素含量。常见中碳调质钢的化学成分和力学性能分别见表 8-11 和表 8-12。

表 8-11 中碳调质钢的化学成分（质量分数,%）

钢号	C	Mn	Si	Cr	Ni	Mo	V	S≤	P≤
30CrMnSi	0.28~0.35	0.8~1.1	0.9~1.2	0.8~1.1	≤0.30	—	—	0.030	0.035
30CrMnSiNi2	0.27~0.34	1.0~1.3	0.9~1.2	0.9~1.2	1.4~1.8	—	—	0.025	0.025
40CrMnSiMoV	0.37~0.42	0.8~1.2	1.2~1.6	1.2~1.5	≤0.25	0.45~0.60	0.07~0.12	0.025	0.025
35CrMo	0.30~0.40	0.4~0.7	0.17~0.35	0.9~1.3	—	0.2~0.3	—	0.030	0.035
35CrMoV	0.30~0.38	0.4~0.7	0.2~0.4	1.0~1.3	—	0.2~0.3	0.1~0.2	0.030	0.035
40Cr	0.37~0.45	0.5~0.8	0.2~0.4	0.8~1.1	—	—	—	0.030	0.035
H-11（美国）	0.3~0.4	0.2~0.4	0.8~1.2	4.75~5.5	—	1.25~1.75	0.3~0.5	0.01	0.01

表 8-12 中碳调质钢的力学性能

钢号	热处理工艺	R_{eL}/MPa≥	R_m/MPa≥	A(%)≥	Z(%)≥	a_{KV}/(J/cm²)≥	HBW
30CrMnSi	870~890℃油淬，510~550℃回火	≥833	1078	10	40	49	346~363
	870~890℃油淬，200~260℃回火	—	1568	5	—	25	≥444
30CrMnSiNi2	890~910℃油淬，200~300℃回火	≥1372	1568	9	45	59	≥444
40CrMnSiMoV	890~970℃油淬，250~270℃回火，4h 空冷	—	1862	8	35	49	≥52HRC
35CrMo	860~880℃油淬，560~580℃回火	≥490	657	15	35	49	197~241

(续)

钢号	热处理工艺	R_{eL}/MPa $\geq$	R_m/MPa $\geq$	$A(\%)$ $\geq$	$Z(\%)$ $\geq$	a_{KV}/(J/cm²) $\geq$	HBW
35CrMoV	880~900℃油淬,640~660℃回火	≥ 686	814	13	35	39	255~302
34CrNi3Mo	850~870℃油淬,580~670℃回火	≥ 833	931	12	35	39	285~341
40Cr	850℃油淬,520℃回火	785	980	9	45	47	≥ 207
H-11（美国）	980~1040℃空淬,约540℃回火 约480℃回火	≈ 1725 ≈ 2070	—	—	—	—	—

2. 中碳调质钢的焊接性

中碳调质钢由于含碳量高，同时加入了较多的合金元素，淬硬倾向严重，因此焊接性较差，主要存在以下几方面的问题。

（1）焊接裂纹

1）热裂纹。中碳调质钢的碳和合金元素含量较高，焊缝金属凝固结晶时结晶温度区较大，容易出现偏析，因此热裂纹倾向较大。为了防止热裂纹，要求采用低碳焊丝（一般碳的质量分数限制在 0.15% 以下），严格控制母材及焊丝中的 S、P 含量，同时在焊接工艺上要注意填满弧坑。

2）冷裂纹。中碳调质钢淬硬倾向十分明显，在焊缝和热影响区易产生高碳马氏体，同时焊接时产生的焊接应力使冷裂纹倾向增大。焊接时，为了防止冷裂纹，必须采取预热及焊后消除应力处理等措施。

（2）热影响区脆化 中碳调质钢由于含碳量高、合金元素多，钢的淬硬倾向大，因此在淬火区产生大量的具有较高硬度和脆性的高碳马氏体，导致严重脆化。由于该钢的淬硬倾向大，即使采用大的热输入，也难以避免马氏体形成，反而会使马氏体晶粒粗大，因此，为了防止过热区脆化，目前常用的方法是采用小的热输入配合预热、缓冷及后热等措施。

（3）热影响区软化 中碳调质钢焊前为调质状态时，当热影响区被加热到超过调质处理的回火温度区域，将会出现强度、硬度低于母材的软化区。软化的程度与钢的强度和焊接热输入有关。钢的强度越高，软化越严重；焊接热输入越大，软化程度越严重，同时软化区的宽度也越大。采用集中的焊接热源，有利于降低热影响区的软化程度。如图 8-1 所示为 30CrMnSi 不同焊接方法焊接时，热影响区软化情况，采用电弧焊焊接时，软化区的最低抗拉强度为 880~1030MPa，而采用气焊时则只有 590~685MPa。

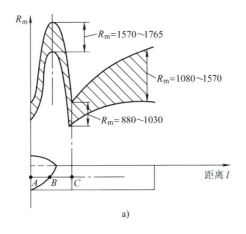

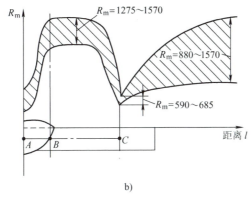

图 8-1 30CrMnSi 不同焊接方法焊接时热影响区软化情况
a）电弧焊 b）气焊

3. 中碳调质钢的焊接工艺

中碳调质钢大都在退火（或正火）状态下焊接，当焊件形状复杂或热处理变形不易控制时，也在调质状态下进行焊接。

（1）退火（或正火）状态下焊接工艺 在退火（或正火）状态下焊接时，需要解决的问题主要是裂纹，热影响区性能变化可通过焊接后的调质处理来解决。

1）焊接方法。目前几乎所有的焊接方法都可采用，无特殊要求。目前一些薄板焊接时主要使用 CO_2 气体保护焊、钨极氩弧焊和微束等离子弧焊等。

2）焊接材料。为了保证焊缝在调质后与母材的力学性能一致，应选择与母材成分相近的焊接材料，同时应严格控制能引起焊缝热裂纹倾向和促使金属脆化的元素，如 C、Si、S、P 等。几种常用中碳调质钢焊接材料的选择见表 8-13。

3）焊接参数。

①预热。为了保证在调质处理前不出现裂纹，一般情况下都必须预热，预热温度和层间温度一般在 200~350℃ 之间。

表 8-13 常用中碳调质钢焊接材料的选择

钢号	焊条电弧焊	气体保护焊		埋弧焊		备注
		CO_2 气体保护焊	钨极氩弧焊	焊丝	焊剂	
30CrMnSi	J857Cr J107 HT-1（H08A 焊芯） HT-1（H08CrMoA 焊芯） HT-3（H08A 焊芯） HT-3（H18CrMoA 焊芯） HT-4（HGH41 焊芯） HT-4（HGH30 焊芯）	H08Mn2SiMo H08Mn2Si	H18CrMo	H20CrMo H18CrMo	HJ431 HJ431 HJ260	HT 为航空用焊条牌号。HT-4（HGH41）和 HT-4（HGH30）为用于调质状态下焊接的镍基合金焊条
30CrMnSiNi2	HT-3（H18CrMoA 焊芯） HT-4（HGH41 焊芯） HT-4（HGH30 焊芯）	—	H18CrMo	H18CrMo	HJ350 HJ260	
40CrMnSiMoV	J107Cr HT-3（H18CrMoA 焊芯） HT-2（H18CrMoA 焊芯）	—	—	—	—	
35CrMo	J107Cr	—	H20CrMo	H20CrMo	HJ260	
35CrMoV	J857Cr J107Cr	—	H20CrMo	—	—	
34CrNi3Mo	J857CrNi J857Cr	—	H20Cr3MoNi	—	—	
40Cr	J857Cr J909Cr J107Cr	—	—	—	—	
H-11（美国）	R507	—	HCr5Mo	—	—	—

②焊接热输入。由于焊后要进行调质处理，一般采用比较小的热输入。

③焊后热处理。焊后应立即进行调质处理。如焊后来不及进行调质处理，为了防止在调质处理前不致产生延迟裂纹，还必须在焊后及时进行一次中间热处理，即在等于或略高于预热温度下保温一段时间，或进行 650～680℃ 高温回火。这样，一方面可以减少接头中扩散氢的含量，另一方面也可使组织转变为对冷裂纹敏感性低的组织，从而防止延迟裂纹的产生和消除应力。

（2）调质状态下焊接工艺　在调质状态下进行焊接时，除了要考虑裂纹外，还要考虑热影响区由高碳马氏体引起的硬化和脆化及高温回火区软化引起的强度降低。对于硬化和脆化，可通过焊后的回火处理来解决，因此在调质状态下焊接时，主要考虑通过调节焊接参数来防止冷裂纹和避免软化。

1）焊接方法。为了减少热影响区的软化，应采用热量集中、能量密度大的焊接方法，而且焊接热输入越小越好。因此气体保护焊尤其是氩弧焊的效果较好，而等离子弧焊和真空电子束焊效果更好。目前从经济性和方便性考虑，焊条电弧焊用得最广。

2）焊接材料。由于焊后不再进行调质处理，因此选择焊接材料时可不考虑成分和热处理规范与母材相匹配，主要根据接头强度要求及对裂纹的控制方面来选择材料。为了防止冷裂纹，经常采用纯奥氏体的铬镍钢焊条或镍基焊条，以获得较高塑性的焊缝。

3）焊接参数。

①预热。焊前高温回火的调质钢，预热温度和层间温度应控制在 200～350℃ 之间。一般预热温度和层间温度应比母材原回火温度低 50℃。

②焊接热输入。为了减少热影响区的软化和脆化，应采用较小的热输入。

③焊后热处理。焊后应立即进行回火处理，但需避开钢材的回火脆性温度，并应比母材原回火温度低 50℃。

第二节　珠光体耐热钢的焊接

一、珠光体耐热钢的化学成分和力学性能

高温下具有足够的强度和抗氧化性的钢叫作耐热钢。耐热钢按合金元素的含量可分为低合金耐热钢、中合金耐热钢和高合金耐热钢。合金元素总的质量分数在 5% 以下，在供货状态下具有珠光体或珠光体加铁素体组织的低合金耐热钢，也称为珠光体耐热钢。

珠光体耐热钢是以铬、钼为主要合金元素的低合金钢，珠光体耐热钢中 Cr 的质量分数一般为 0.5%～9%，Mo 的质量分数一般为 0.5%～1%。

Cr 能形成致密的氧化膜，提高钢的抗氧化性能。钢中的碳与铬具有很大的亲和力，能形成铬的化合物，从而降低了钢中铬的有效浓度，这对高温抗氧性是不利的，所以珠光体耐热钢中碳的质量分数一般都小于 0.25%。

Mo 是耐热钢中的强化元素，Mo 的熔点高达 2625℃，固溶后可提高钢的再结晶温度，从而使钢的高温强度和抗蠕变能力得到提高，能在 500~600℃ 时仍保持较高的强度。此外，耐热钢中还可以加入钒、钨、铌、铝、硼等合金元素，以提高高温强度。

珠光体耐热钢的合金系统基本上是：Cr-Mo、Cr-Mo-V、Cr-Mo-W-V、Cr-Mo-W-V-B、Cr-Mo-V-Ti-B 等。常用珠光体耐热钢的化学成分、力学性能分别见表 8-14 和表 8-15。

珠光体耐热钢由于具有较高的抗氧化性和热强性，现广泛用于制造工作温度在 350~600℃ 范围内的蒸汽动力发电设备。同时，珠光体耐热钢还具有良好的抗硫化物和氢的腐蚀能力，在石油、化工和其他工业部门也得到了广泛的应用。

二、珠光体耐热钢的焊接性

珠光体耐热钢的焊接性与低碳调质钢相似，焊接时的主要问题是淬硬倾向大，易产生冷裂纹和再热裂纹等。

珠光体耐热钢中的 Cr 和 Mo 等能显著提高钢的淬硬性，Mo 的作用比 Cr 大约 50 倍，因此，热影响区具有较大的淬硬倾向；再者，珠光体耐热钢焊后在空气中冷却时易产生硬而脆的马氏体组织，并产生较大的内应力，使热影响区易出现冷裂纹。

耐热钢中由于含有铬、钼、钒、钛等强碳化合物形成元素，具有一定的再热裂纹的倾向，因此 V、Nb、Ti 等合金元素的含量要严格控制到最低的程度。

Cr-Mo 耐热钢钢焊接接头在 350~500℃ 温度区间长期运行时，会产生回火脆性现象，其主要原因是钢中的 P、As、Sb、Sn 等杂质易在晶界偏析，导致晶间结合力下降而引起脆化所致。为防止回火脆性，应严格控制 P、As、Sb、Sn 等有害杂质元素含量，同时降低可促进回火脆性的 Mn、Si 元素含量。

此外，珠光体耐热钢焊接接头热影响区还存在软化问题，即存在铁素体加上少量碳化物的"白带"软化区，硬度明显下降。软化程度与母材焊前的组织状态、焊接冷却速度和焊后热处理有关。母材合金化程度越高，硬度越高，焊后软化程度越严重。焊后高温回火不但不能使软化区的硬度恢复，甚至还会稍有降低，只有经正火+回火才能消除软化问题。

软化区的存在对室温性能没什么影响，但在高温长期静载拉伸条件下，接头往往在软化区发生破坏。

第八章 低合金钢的焊接

表 8-14 常用珠光体耐热钢的化学成分（质量分数，%）

钢 号	C	Si	Mn	Cr	Mo	V	W	Ti	S≤	P≤	B	其他
12CrMo	≤0.15	0.20~0.40	0.40~0.70	0.40~0.70	0.40~0.55	—	—	—	0.04	0.04	—	Cu ≤0.30
15CrMo	0.12~0.18	0.17~0.37	0.40~0.70	0.80~1.10	0.40~0.55	—	—	—	0.04	0.04	—	—
20CrMo	0.17~0.24	0.20~0.40	0.40~0.70	0.80~1.10	0.15~0.25	—	—	—	0.04	0.04	—	—
12Cr1MoV	0.08~0.15	0.17~0.37	0.40~0.70	0.90~1.20	0.25~0.35	0.15~0.30	—	—	0.04	0.04	—	—
12Cr3MoVSiTiB	0.09~0.15	0.60~0.90	0.50~0.80	2.50~3.00	1.00~1.20	0.25~0.35	—	0.22~0.38	0.035	0.035	0.005~0.011	—
12Cr2MoWVB	0.08~0.15	0.45~0.70	0.45~0.65	1.60~2.10	0.50~0.65	0.28~0.42	0.30~0.42	0.08~0.18	0.035	0.035	<0.008	—
13CrMo44	0.10~0.18	0.15~0.35	0.40~0.70	0.70~1.00	0.40~0.50	—	—	—	0.04	0.04	—	—
10CrMo910	≤0.15	0.15~0.50	0.40~0.60	2.00~2.50	0.90~1.10	—	—	—	0.04	0.04	—	—
10CrSiMoV7	≤0.12	0.90~1.20	0.35~0.75	1.60~2.0	0.25~0.35	0.25~0.35	—	—	0.04	0.04	—	—
WB36 (15NiCuMoNb5)	0.10~0.17	0.25~0.50	0.80~1.20	≤0.30	0.25~0.50	Ni 1.00~1.30	Cu 0.50~0.80	Nb 0.015~0.045	0.03	0.03	N ≤0.02	Al ≤0.05

表 8-15　珠光体耐热钢的常温力学性能

钢号	热处理状态	取样位置	R_{eL} /MPa	R_m /MPa	A (%)	a_{KV} /(J·cm^{-2})
12CrMo	900~930℃ 正火 + 680~730℃ 回火	—	210	420	21	68
15CrMo	930~960℃ 正火 + 680~730℃ 回火	纵向 横向	240 230	450 450	21 20	59 49
20CrMo	880~900℃ 淬火（水或油冷）+580~600℃ 回火	—	550	700	16	78
12Cr1MoV	980~1020℃ 正火 + 720~760℃ 回火	纵向 横向	260 260	480 450	21 19	59 49
12Cr3MoVSiTiB	1040~1090℃ 正火 + 720~770℃ 回火	—	450	640	18	—
12Cr2MoWVB	1000~1035℃ 正火 + 760~780℃ 回火	—	350	550	18	—
13CrMo44	910~940℃ 正火 + 650~720℃ 回火	—	300	450~580	22	—
10CrMo910	900~960℃ 正火 + 680~780℃ 回火	—	270	450~600	20	—
10CrSiMoV7	970~1000℃ 正火 + 730~780℃ 回火	—	300	500~650	20	—
WB36（15NiCuMoNb5）	900~980℃ 正火 + 580~660℃ 回火	纵向 横向	449	622~775	19 17	—

三、珠光体耐热钢焊接工艺

（1）焊前准备　一般焊件的坡口加工可采用火焰切割法，但切割边缘会形成低塑性的淬硬层，往往会成为后续加工的开裂源。为了防止切割边缘开裂，可采取如下措施。

1) 对于所有厚度的 2.25Cr-Mo、3Cr-Mo 钢和 15mm 以上的 1.25Cr-0.5Mo 钢板，切割前应预热至 150℃ 以上，切割边缘应作机械加工并用磁粉探伤方法检查是否存在表面裂纹。

2) 对于 15mm 以下的 1.25Cr-0.5Mo 钢板和 15mm 以上的 0.5Mo 钢板，切割前应预热到 100℃ 以上，切割边缘应作机械加工并用磁粉探伤方法检查是否存在表面裂纹。

3) 对于厚度在 15mm 以下的 0.5Mo 钢板，切割前不必预热，切割边缘最好经机械加工。

(2) 焊接方法 珠光体耐热钢的焊接可选用气焊、焊条电弧焊、埋弧焊、熔化极气体保护焊、电渣焊、钨极氩弧焊和电阻焊等方法。通常以焊条电弧焊为主,也常用埋弧焊和电渣焊。

钨极氩弧焊也是珠光体耐热钢管道常用的焊接方法,既可作为打底焊以实现单面焊双面成形,也可用于整个焊缝的焊接,但因焊接效率低,生产中多用作打底焊,而填充及盖面焊采用其他焊接方法。由于钨极氩弧焊电弧气氛具有超低氢的特点,焊接珠光体耐热钢时,可降低预热温度,有时甚至可以不预热。

(3) 焊接材料 珠光体耐热钢焊接材料的选配原则是使焊缝金属的化学成分与母材相等或相近,焊条电弧焊一般应选用碱性低氢型焊条,采用直流反接。

珠光体耐热钢焊条电弧焊时,有时也可选用奥氏体不锈钢焊条,如E316-16、E309-16、E309Mo-16等,焊前仍需预热,焊后一般不热处理,这种方法特别适用于有些焊件焊后不能热处理,而含铬量又高的情况。

珠光体耐热钢埋弧焊时,可选用与焊件成分相同的焊丝配 HJ350 或 HJ250 焊剂进行焊接,这在压力容器、管道、重型机械等的焊接中已得到了广泛应用。常用珠光体耐热钢焊接材料选用见表 8-16。

表 8-16 常用珠光体耐热钢焊接材料

钢号	焊条电弧焊	气体保护焊	埋弧焊		氩弧焊丝
			焊丝	焊剂	
12CrMo	E5515-CM(R207)	H08CrMnSiMo	H10CrMoA	HJ350	H05Cr1MoTiRE
15CrMo	E5515-1CM(R307)	H08CrMnSiMo	H08CrMoA,H12CrMo	HJ350	H05Cr1MoTiRE
20CrMo	R307	—	H08CrMoV	HJ350	H05Cr1MoVTiRE
12Cr1MoV	E5515-1CMV(R317)	H08CrMnSiMoV	H08CrMoV	HJ350	H05Cr1MoVTiRE
12Cr3MoVSiTiB	E5515-2CMVNb(R417)	—	—	—	H05Cr3MoVNbTiRE
12Cr2MoWVB	E5515-2CMWVB(R347)	H08Cr2MoWVNbB	—	—	H10Cr2MnMoWVTiB
13CrMo44	R307	H08CrMnSiMo	H12CrMo	HJ350	H05Cr1MoTiRE
10CrMo910	E6215-2C1M(R407)	H08Cr3MoMnSi	H08Cr3MoMnA	HJ350	H05Cr2MoTiRE
10CrSiMoV7	R317	—	H08CrMoV	HJ350	H05Cr1MoVTiRE

注:气体保护焊的保护气体为 CO_2、$Ar+CO_2 20\%$ 或 $Ar+O_2(1\%\sim5\%)$。

12Cr5Mo 耐热合金钢焊接工艺-生产案例

必须注意的是,珠光体耐热钢所用的焊条和焊剂都容易受潮,必须严格按规定保存和烘干。

（4）预热和焊后热处理　预热是焊接珠光体耐热钢的重要工艺措施。为了确保焊接质量，不论是在定位焊或正式焊接过程中，都应预热。焊接过程中保持焊件的温度不低于预热温度（包括多层焊时的道间温度）。焊接时避免中断，如必须中断时，应保证焊件缓慢冷却，重新施焊时仍需预热。焊接完毕，应将焊件保持在预热温度以上数小时，然后再缓慢冷却，这一点即使在炎热的夏季也必须做到。

为了消除焊接残余应力，改善组织，提高接头的综合力学性能（包括提高接头的高温蠕变强度、组织稳定性、降低焊缝及热影响区的硬度等），焊后一般应进行热处理。珠光体耐热钢焊后热处理主要是高温回火，即将焊件加热至650~780℃（低于Ac_1），保温一定时间，然后在静止的空气中冷却。常用珠光体耐热钢的预热和焊后热处理工艺参数见表8-17。

表8-17　常用珠光体耐热钢焊接的预热和焊后热处理工艺参数

钢　号	预热温度/℃	焊后热处理温度/℃	钢　号	预热温度/℃	焊后热处理温度/℃
12CrMo	200~250	650~700	12MoVWBSiRE	200~300	750~770
15CrMo	200~250	670~700	12Cr2MoWVB	300~400	760~780
12Cr1MoV	250~350	710~750	12Cr3MoVSiTiB	300~400	740~760
17CrMo1V	350~450	680~700	20CrMo	250~300	650~700
20Cr3MoWV	400~450	650~670	20CrMoV	300~350	680~720
12Cr2Mo	250~350	720~750	15CrMoV	300~400	710~730

注：12Cr2MoWVB的气焊接头焊后宜作正火+回火处理，推荐工艺参数为：1000~1030℃正火+760~780℃回火。

（5）保温焊、连续焊和短道焊　保温焊是指在整个焊接过程中，应使焊件（焊缝附近30~100mm范围）保持足够的温度。因此，在焊接过程中，应经常测量并不使温度下降。

连续焊是指焊接过程不间断。如果必须间断，则应在间断时使焊件缓慢均匀地冷却，再焊之前仍要重新预热。

短道焊的目的是使焊缝及热影响区缓慢冷却。如果要焊一条长焊缝，则每一道不要太长，使被焊的这段在较短的时间内重复受热，如图8-2所示。但短道焊较麻烦，如果在焊接过程中焊件温度并不低或有其他辅助加热方法，则不必采用这种方法。

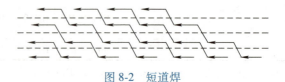

图8-2　短道焊

第八章 低合金钢的焊接

第三节 低合金低温钢的焊接

一、低合金低温钢的成分和性能

通常把-196~-10℃的温度范围称为"低温"（我国从-40℃算起），低于-196℃的温度称超低温。低温钢主要用于低温下工作的容器、管道和结构，如液化石油气储罐、冷冻设备及石油化工低温设备等。对低温钢的主要性能要求是，保证在使用温度下具有足够的韧性及抵抗脆性破坏的能力。低温钢一般是通过合金元素的固溶强化、晶粒细化，并通过正火或正火加回火处理细化晶粒，均匀组织，而获得良好的低温韧性。为保证低温韧性，在低温钢中应尽量降低含碳量，并严格限制S、P的含量。

低温钢按成分可分为不含Ni及含Ni两大类。按钢的显微组织分，有铁素体型（16MnDR、09Mn2VDR、3.5Ni等）、低碳马氏体型（含Ni较高，如9Ni等）和奥氏体型（18-8型等）三种类型，这里只讨论应用最广的低合金低温钢，即铁素体型低温钢。低温钢一般以不同的使用温度分级，可分为-40℃、-50℃、-60℃、-70℃、-80℃、-90℃、-100℃、-196℃及-253℃九个温度级别。常用的有用于-40℃以下焊接的16MnDR；用于-50℃以下焊接的15MnNiDR和09Mn2VDR；用于-70℃以下焊接的09MnNiDR；用于-90℃以下焊接的06MnNb；用于-100℃以下焊接的3.5Ni等。

常用低合金低温钢的温度等级和化学成分见表8-18。常用低合金低温钢的力学性能见表8-19。

二、低合金低温钢的焊接性

不含Ni的低温钢由于其含碳量低，其他合金元素含量也不高，淬硬和冷裂倾向小，因而具有良好的焊接性，此类钢一般可不采用预热，但应避免在低温下施焊。但板厚较大或拘束较大时，可考虑预热。

含镍低温钢由于添加了Ni，虽增大了钢的淬硬性，但并不显著，冷裂倾向也不大，当板厚较大或拘束较大时，应采用适当预热。Ni可能增大热裂倾向，但是严格控制钢及焊接材料中的C、S及P的含量，以及采用合理的焊接工艺条件，增大焊缝成形系数，可以避免热裂纹。保证焊缝和过热区的低温韧性是低温钢焊接时的技术关键。

三、低合金低温钢的焊接工艺

（1）焊接方法及焊接热输入 低温钢常用的焊接方法有焊条电弧焊、埋弧焊、钨极氩弧焊及熔化极气体保护焊等。为保证接头的低温韧性，焊接时必须控制其热输入。焊条电弧焊焊接热输入应控制在20kJ/mm以下，熔化极气体保护焊焊接热输入应控制在25kJ/mm左右，埋弧焊焊接热输入应控制在28~45kJ/mm之间较合适。

16MnDR 焊接工艺试验与分析-生产案例

表 8-18 常用低合金低温钢的温度等级和化学成分（质量分数，%）

类别	温度等级/℃	钢号	组织状态	C≤	Mn	Si	V	Nb	Cu	Al	Cr	Ni	其他
无镍低温钢	-40	16MnDR	正火	0.20	1.20~1.60	0.20~0.60	—	—	—	—	—	—	—
	-70	09Mn2VDR	正火	0.12	1.40~1.80	0.20~0.50	0.04~0.10	—	—	—	—	—	—
		09MnTiCuREDR	正火	0.12	1.40~1.70	≤0.40	—	—	0.20~0.40	—	—	—	Ti0.30~0.80 RE0.15
	-90	06MnNb	正火	0.07	1.20~1.60	0.17~0.37	—	0.02~0.04	—	—	—	—	—
	-100	06MnVTi	正火	0.07	1.40~1.80	0.17~0.37	0.04~0.10	—	—	0.04~0.08	—	—	—
	-105	06AlCuNbN	正火	0.08	0.80~1.20	≤0.35	—	0.04~0.08	—	0.04~0.15	—	—	N0.010~0.015
含镍低温钢	-60	1.5Ni	正火或调质	0.14	0.30~0.70	0.10~0.30	0.02~0.05	0.15~0.50	≤0.35	0.15~0.50	≤0.25	1.30~1.60	Mo≤0.10
		2.5Ni	正火或调质	0.17	≤0.80	0.10~0.30	0.02~0.05	0.15~0.50	≤0.35	0.10~0.50	≤0.25	2.00~2.50	—
	-100	3.5Ni	正火或调质	0.17	≤0.80							3.25~3.75	

表 8-19 常用低合金低温钢的力学性能

钢号	热处理状态	试验温度/℃	R_{eL}/MPa ≥	R_m/MPa	A(%) ≥	A_{KV}/J ≥
16MnDR	正火	-40	343	493~617	21	21
09Mn2VDR	正火	-70	343	461~588	21	21
09MnTiCuREDR	正火	-70	312	441~568	21	21
06MnNb	正火	-90	294	392~519	21	21
06MnVTi	正火	-100	294	≥392	21	21
06AlCuNbN	正火	-100	294	≥392	21	21
2.5Ni	正火	-50	255	450~530	23	20.5
3.5Ni	正火	-101	255	450~530	23	20.5

（2）焊接材料　常用低温钢焊条电弧焊焊条及焊接参数见表 8-20。埋弧焊时，为降低焊缝金属的含氧量，提高韧性，应选用氧化性低的碱性焊剂，通常选用高碱度的烧结焊剂。埋弧焊焊丝有两种，一是不含 Ni 的 C-Mn 钢焊丝，可加入微量 Ti、B 合金元素，目的是细化晶粒；二是含 Ni 焊丝，在 Mn 或 Mn-Mo 焊丝中加入 Ni，以保证焊缝获得良好的低温韧性。常用低温钢埋弧焊焊丝和焊剂的选用见表 8-21。

表 8-20 常用低温钢焊条电弧焊焊接参数

钢号	焊条型号	焊条牌号	焊条直径/mm	焊接电流/A	电弧电压/V	焊接速度/(mm/s)
16MnDR	E5015-G	J507RH	φ3.2	90~120		1~3
	E5016-G	J506RH	φ4	140~180		2~4
15MnNiDR	E5015-G	W607				
09Mn2VDR	E5515-N5	W707Ni				
	E5015-G	W607				
09MnNiDR	E5515-N5	W707			22~26	
	E5515-N5	W707Ni	φ3.2	80~110		2~3
2.5Ni	E5515-N5	W707Ni	φ4	140~160		2~4
	E5015-G	W607				
06MnNb	E5015-N7	W107				
	E5515-N7	W907Ni				
3.5Ni	E5515-N7	W907Ni				
	E5015-N7	W107				

表 8-21 常用低温钢埋弧焊焊丝和焊剂的选用

钢号	工作温度/℃	焊剂	配用焊丝
16MnDR	-40	SJ101、SJ603	H10Mn2A、H06MnNiMoA
09MnTiCuREDR	-70	SJ102、SJ603	H08MnA、H08Mn2

(续)

钢 号	工作温度/℃	焊 剂	配用焊丝
09Mn2VDR	-70	HJ250	H08Mn2MoVA
2.5Ni	-70	SJ603	H08Mn2Ni2A
06MnNb	-90	HJ250	H05MnMoA
3.5Ni	-90	SJ603	H05Ni3A

（3）焊接工艺措施　为避免焊缝金属及近缝区形成粗晶组织而降低低温韧性，焊接时要求采取如下工艺措施。

1）采用小的热输入，控制焊接电流大小，焊条尽量不摆动，采用窄焊道，快速焊。

2）多层多道焊，通过多道焊的后续焊道的重热作用细化晶粒。

3）当板厚较大或拘束较大时，可考虑预热。严格控制道间温度（层间温度），以减轻焊道过热，一般道间温度不应大于200℃。

4）为消除应力，提高焊接接头抗低温脆性断裂的能力，可采取焊后消除应力热处理。常用低温钢焊前预热与焊后热处理温度见表8-22。

表8-22　常用低温钢焊前预热与焊后热处理温度

材料牌号	焊前预热		焊后热处理/℃
	板厚/mm	预热温度/℃	
09MnD	—		500~620
16MnD、16MnDR	≥30	≥50	600~640
09MnNiD、09MnNiDR、15MnNiDR			540~580
3.5Ni	>25	100~150	600~625

5）避免产生焊接缺陷，确保焊缝中不存在弧坑、未焊透、咬边和成形不良等缺陷，否则，低温时，因钢材对缺陷和应力集中的敏感性增大而增大接头低温脆性破坏倾向。

第四节　低合金钢焊接工程应用实例

一、低合金高强度钢的焊接实例

1. 热轧及正火钢的焊接实例——Q355R（16MnR）热轧钢制液化石油气球罐的焊接

Q355R（16MnR）热轧钢制液化石油气球罐的容积为1000m^3，设计使用的最大压力为1.74MPa，设计使用温度为0~40℃，球扳厚为38mm，坡口形式及尺寸如图8-3a所示。

（1）定位焊　采用ϕ4mm的E5015（J507）焊条，由于球罐钢板较厚、拘束度较大，虽是在夏季施工，但为了防止冷裂，仍然预热至100~

150℃，焊接电流为 160~180A，焊缝长度为 100mm，焊缝间距 400mm。

（2）球板拼接　连接两块球板的纵缝时，用焊条电弧焊打底，用埋弧焊填充坡口。焊接最好在专用胎具上进行。焊条电弧焊所用的焊条和焊接参数与定位焊相同。埋弧焊采用 H10Mn2 焊丝与 HJ431 焊剂配合，焊接电流为 650A，电弧电压为 36~38V，焊接速度为 16~20mm/h。焊条电弧焊打底时在坡口两侧各 100mm 范围内预热到 100~150℃。后面焊缝，无论是焊条电弧焊，还是埋弧焊，层间温度均不得低于预热温度。施焊顺序如图 8-3b 所示，先用焊条电弧焊施焊①、②两焊道，然后用碳弧气刨在外侧清理焊根，以后用埋弧焊施焊③、④、⑤、⑥、⑦各焊道。

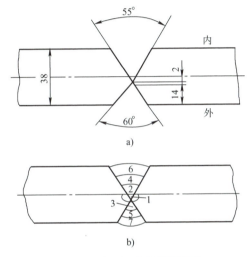

图 8-3　坡口尺寸及焊接顺序
a）坡口形式　b）焊接顺序

（3）球体焊接　球板拼接以后，将整个球体装配完毕。经检验完全合格后，即可开始焊接。焊接时全部采用焊条电弧焊，采用 E5015（J507）焊条。焊接顺序为先焊纵缝，后焊环缝。每条焊缝焊接时先由一名焊工从外侧打底，然后由另一名焊工在内侧清根，待清根后由两名焊工同时在内外侧焊接。焊前，必须将焊缝两侧 100mm 范围内预热到 100~150℃，层间温度均不得低于这个温度范围。每焊完一条焊缝立即进行 250~300℃ 2h 或 300~350℃ 1.5h 的后热处理。

（4）焊后热处理　制造单位认为，焊后及时后热可完全保证焊接质量，因此未进行焊后热处理。

2. 低碳调质钢的焊接实例——15MnMoVN 球形高压容器的环缝焊接

球形高压容器采用 15MnMoVN 低碳调质钢制造，壁厚为 60mm，环缝焊接坡口形状和尺寸如图 8-4 所示，其焊接工艺如下。

（1）焊接方法　焊接方法采用焊条电弧焊和埋弧焊。先用焊条电弧焊焊接第一面坡口，然后用碳弧气刨对第二面坡口清根后，用埋弧焊焊满坡口。

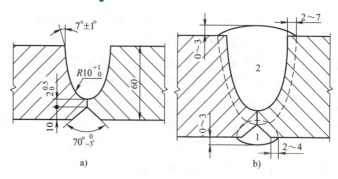

图 8-4 环缝坡口形式及焊接顺序

a）环缝坡口形式 b）焊接顺序

（2）焊接材料 焊条电弧焊用 J707、φ4mm、φ5mm 焊条；埋弧焊采用 H08Mn2NiMo，φ4mm 焊丝配 HJ431 焊剂。

（3）预热温度 焊前将焊件加热到 100~150℃，然后才焊接。层间温度控制在 150~350℃。

（4）焊接参数 电源采用直流反接。焊条电弧焊，J707、φ4mm，焊接电流 170~190A，电弧电压 22~26V；J707、φ5mm，焊接电流 220~240A，电弧电压 22~26V。埋弧焊 H08Mn2NiMo、φ4mm 焊丝、焊剂 HJ431，焊接电流 550~600A，电弧电压 35~37V，焊接速度 26~29m/h。

（5）焊后热处理 焊后立即进行消氢处理，温度 350~400℃，保温 3h。然后进行消除应力热处理，加热温度 600~620℃，保温 4h。

3. 中碳调质钢的焊接实例——42CrMo 水轮机法兰轴的焊接

某水轮机厂生产的出口水轮机，据用户要求法兰轴采用 42CrMo 中碳调质高强度钢，外形尺寸如图 8-5 所示。基于法兰轴形状特殊，轴颈与法兰尺寸相差甚远，以及该厂的锻造条件有限等原因，所以该法兰轴采用法兰和轴分体锻造加工后再进行焊接而成。

（1）42CrMo 中碳调质高强度钢焊接性分析 42CrMo 钢系中碳调质高强度钢，屈服强度 $R_{eL} \geq 950$MPa，要求在调质状态下进行焊接，其化学成分及调质处理温度见表 8-23。

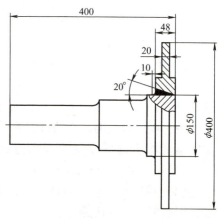

图 8-5 法兰轴结构示意图

表 8-23 化学成分及调质处理温度

化学成分（质量分数,%）							调质处理	
C	Si	Mn	Cr	Mo	Ni	S、P	淬火温度/℃	回火温度/℃
0.42	0.25	0.68	1.0	0.21	0.28	<0.025	850	法兰 580
								轴

由于该钢的含碳量较高，强度高，焊接接头淬硬倾向大，焊接时易出现冷裂纹；另外该钢的 M_s 点较低，在低温下形成的马氏体一般难以产生"自回火"效应，这又增大了冷裂敏感性，可见其焊接性很差。因此，需制定严格的工艺，焊接时需采取焊前预热及焊后热处理等措施。

（2）焊接参数的选择

1）焊接方法的选择。42CrMo 法兰轴要求在调质状态下焊接，为减少热影响区的软化，宜采用焊接热输入小的方法，又考虑到经济、方便性，决定采用焊条电弧焊，但焊接电流及焊接速度应严格控制。

2）焊接材料的选择。按接头与母材等强度原则，应选用 J907Cr 焊条，这里采用强度略低于母材的 J807 焊条，一方面可降低焊接接头的冷裂倾向，另一方面也降低了一定的成本。

3）焊前预热温度的选择。为了有效地防止 42CrMo 钢焊接冷裂纹的产生及减小焊接热影响软化区，焊件在焊前必须进行预热。焊前预热温度选为 300℃。

4）焊后热处理方案的选择。对于冷裂纹倾向较大的高强度钢的焊接，氢是引起焊接冷裂纹的重要因素之一。焊接生产中常采用较高温度的去应力退火处理，可使焊缝和热影响区的扩散氢含量及内应力降到很低的水平，从而达到避免出现延迟裂纹的目的。按照调质钢在调质状态下焊接时，热处理温度应比调质处理时的回火温度低 50℃ 原则，选择 530℃ 的热处理温度，保温 3h。

（3）焊接工艺

1）焊前严格清除坡口及其附近的油污、铁锈、水渍、毛刺及其他杂质。

2）将焊件整体入炉预热，预热温度 300℃，升温速度 80℃/h，保温 2h。

3）焊条使用前在 (400±10)℃ 条件下烘干 2h，随后放入 100~150℃ 焊条保温箱内，随用随取。

4）采用直流反接，选用焊条 J807，焊条直径 φ4mm，焊接电流 160~180A，电弧电压 23~25V，焊接速度 160~170mm/min。

5）焊接采用多层多道焊，两面交替进行，如图 8-6 所示。焊接时，在不产生裂纹的情况下，每个焊层应尽量薄，一般不大于焊条直径。每条焊道的引弧、收弧处要错开，收弧时填满弧坑。施焊过程中，要保持层间温度不低于预热温度。

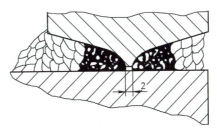

图 8-6 法兰轴的焊接

在多层多道焊接中，后一焊道对前一焊道起到热处理的作用，最后一焊层需熔敷一层退火焊道，以改善焊缝的组织和提高抗裂性。退火焊道采用 J427、φ4mm 焊条焊接。

6）每条焊道焊后应清渣，仔细检查有无气孔、裂纹、夹渣等缺陷。发现缺陷应彻底清除后重焊。

7）进行焊后热处理，焊后热处理工艺曲线如图 8-7 所示。

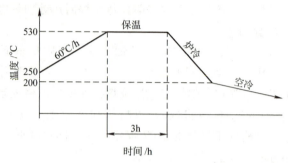

图 8-7　焊后热处理工艺曲线

二、耐热钢焊接实例

【12CrlMoV 低合金耐热钢锅炉联箱焊接】

锅炉联箱环缝的坡口形式如图 8-8 所示。焊接前，用定位块将联箱的筒节组对在一起，沿圆周每间隔 200~300mm 装焊一块定位块，均匀分布。焊定位块时，焊件应预热至 250℃。

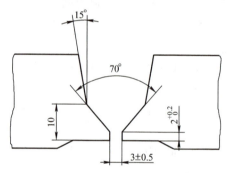

图 8-8　锅炉联箱环缝的坡口形式

联箱在滚轮架上焊接。首先采用焊条电弧焊打底焊，焊前将坡口预热至 300℃，然后用 ϕ3.2mm 或 ϕ4mm 的 E5515-1CMV（R317）焊条从时钟位置 10 点半处进行下坡焊。当焊条为 ϕ3.2mm 时，焊接电流为 100~110A；当焊条为 ϕ4mm 时，焊接电流为 130~150A。第二层打底焊可在 11 点 45 分的位置进行下坡焊，一直焊到 10mm 厚为止，随后进行埋弧焊。

埋弧焊采用 H08CrMoV 焊丝与 HJ350 焊剂配合，焊丝直径为 ϕ4mm。埋弧焊时焊丝所处位置见表 8-24。焊接电流为 450~500A，电弧电压为 28~30V，焊接速度为 28~30m/h。整个联箱焊完，经各项检查合格后，进行整体焊后热处理，回火温度为 720~750℃。

表 8-24 联箱环缝埋弧焊时焊丝所处位置

焊件直径/mm	偏心距 a/mm
300~1000	20~25
1000~1500	25~30
1500~2000	30~35
2000~3000	35~40

三、低合金低温钢焊接实例

【16MnDR 储气罐的焊接】

某公司设计生产的储气罐属 I 类压力容器，该设备选用材料为 16MnDR 低温钢，容器规格 $\phi1800mm \times 7200mm \times 26mm$，设备焊后需整体热处理。

（1）坡口形式及尺寸　坡口角度为 60°的 V 形坡口，钝边、装配间隙如图 8-9 所示。焊前要将坡口两侧 20mm 内的铁锈、油污及水分清除干净，并露出金属光泽。

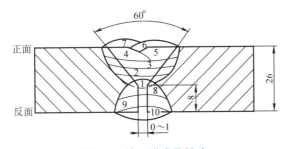

图 8-9　坡口形式及尺寸

（2）焊接方法及焊接材料　为提高生产率，决定采用埋弧焊，但埋弧焊的焊接热输入大，会使焊缝低温冲击韧度降低，这对于 16MnDR 低温钢的焊接是不利的。因此，必须选择合理的焊丝/焊剂组配，以提高焊接接头的低温韧性。

焊剂的碱度对低温韧性有很大的影响。碱度越大，焊缝中的含氧量越低，焊缝金属的冲击韧度越高。SJ101 氟碱型烧结焊剂，属于碱性焊剂，焊剂中碱性氧化物 CaO 和 MgO 的含量较多，焊剂的碱度较高，且 SJ101 含硫、磷量较低。SJ101 还具有松装密度小、熔点高等特点，适用于大热输入的焊接。由于烧结焊剂具有碱度高，冶金效果好，能获得较好的强度、塑性和韧性配合的优点，因此，选用 SJ101 烧结焊剂，配合 H10Mn2 焊丝作为焊接材料。焊剂焊前需经 350℃ 严格烘干，保温 2h。

（3）焊接工艺　焊接时应遵循小热输入、快速焊的原则，层（道）

间温度应控制在 150℃ 以下，焊接参数见表 8-25。采用多层多道焊，焊接层次如图 8-9 所示。焊接完毕后需进行焊后热处理，热处理工艺曲线如图 8-10 所示。

表 8-25 焊接参数

焊接层次	焊丝直径/mm	电源极性	焊接电流/A	电弧电压/V	焊接速度/(cm/min)	焊接热输入/(kJ·cm^{-1})
1、2、8、9	4	直流	480~500	30~33	50	17.3~19.8
3~7、10	4	直流	500~530	33~36	47	21.1~24.4

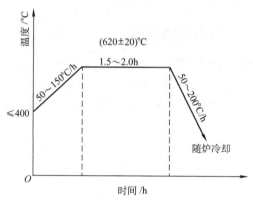

图 8-10 焊后热处理工艺曲线

（4）焊接产品质量　采用此埋弧焊工艺进行产品 A、B 类焊缝的焊接，焊后经 X 射线检验合格率在 98% 以上，此工艺既保证了产品的低温冲击韧性，又保证了焊缝的外观质量，提高了焊接生产率。

【1+X 考证训练】

【理论训练】

一、填空题

1. 热轧及正火钢焊接时的主要问题是_____和_____。
2. 低碳调质钢焊接时的主要问题是_____、_____和_____。
3. 中碳调质钢焊接性_____，主要存在_____、_____和_____等问题。
4. 低温钢焊接时的关键是保证焊缝和过热区的_____。
5. 珠光体耐热钢焊接时的主要问题是_____、_____和_____等。

二、判断题（正确的画"√"，错误的画"×"）

1. 调质钢热影响区软化发生在焊接加热温度为母材原来回火温度至 Ac_1 之间的区域。母材强度等级越高，软化问题越突出。　　　（　　）
2. 采用热量集中的焊接方法及小的焊接热输入，对减弱调质钢的热影响区软化有利。　　　（　　）

第八章 低合金钢的焊接

3. 低温钢焊接时，为保证接头的低温韧性，必须控制其热输入，如焊条电弧焊热输入应控制在 20kJ/mm 以下。（　　）

4. 珠光体耐热钢焊接材料的选配原则是使焊缝金属的化学成分与母材相同或相近。（　　）

5. 低温钢焊接工艺特点是：小的热输入，焊条不摆动，窄焊道，慢速焊。（　　）

6. 热轧及正火钢一般按"等强度"原则选择与母材强度相当的焊接材料，只要焊缝金属的强度不低于或略高于母材强度的下限值即可。（　　）

7. 中碳调质钢热影响区产生严重脆化的原因是其淬硬倾向大，产生大量的高碳马氏体所致。常用的防止措施是采用大的热输入配合预热、缓冷及后热等措施。（　　）

三、简答题

1. 简述热轧及正火钢的焊接工艺要点。
2. 简述低碳调质钢焊接工艺要点。
3. 简述中碳调质钢焊接工艺要点。
4. 试述低温钢的焊接性及焊接工艺。
5. 简述珠光体耐热钢的焊接工艺。

【技能训练】

四、Q355 钢平对接埋弧焊操作

板对接埋弧焊焊件图及技术要求如图 8-11 所示。

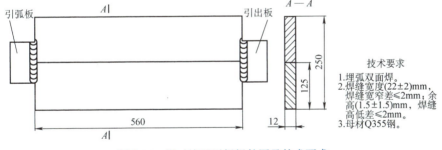

图 8-11　板对接埋弧焊焊件图及技术要求

1. 焊前准备

1）焊前用钢丝刷或砂布清除尽待焊部位两侧各 20mm 范围内的铁锈、油污、水分等，使之露出金属光泽。

2）焊机：MZ-1000 型埋弧焊机。

3）焊材：焊丝 H08MnA，直径 φ4mm；焊剂 HJ431，焊前 250℃ 烘干 2h。

4）引弧板和引出板：Q355 钢板，尺寸规格为 100mm×100mm×12mm。

5）装配及定位：将焊件待焊处两侧 20mm 范围内的铁锈、污物清理

干净后,平放在平台上,留 2mm 的根部间隙,错边量≤1.2mm,反变形量为 3°,引出板和引弧板分别在焊件的两端进行定位焊,如图 8-12 所示。

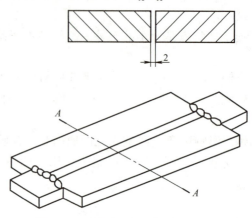

图 8-12 对接埋弧焊焊件装配示意图

2. 焊接参数

焊接参数见表 8-26。

表 8-26 焊接参数

焊缝	焊丝直径/mm	焊接电流/A	电弧电压/V	焊接速度/(m/h)
背面	4	630~650	32~34(直流)	32
正面		630~650	32~34(直流)	

3. 焊接

(1) 焊接背面焊缝

1) 将装配好的焊件置于焊剂垫上,如图 8-13 所示。焊剂垫的作用是避免焊接过程中液态金属和熔渣从接口处流失。简便易行的焊剂垫是在接口下面安放一根合适规格的槽钢,并撒满符合工艺要求的焊剂。焊件安放时,接口要对准焊剂垫的中心线。

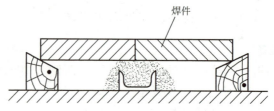

图 8-13 用焊剂垫焊接示意图

2) 将焊接小车摆放好,调整焊丝位置,使焊丝对准根部间隙,往返拉动小车几次,保证焊丝在整条焊缝上均能对中,且不与焊件接触。

3) 引弧前将小车拉到引弧板上,调整好小车行走方向开关,锁定行走离合器之后,按动送丝、退丝按钮,使焊丝端部与引弧板轻轻而可靠接触。最后将焊剂漏斗阀门打开,让焊剂覆盖住焊接处。

引弧后,迅速调整相应的旋钮,直至相关的焊接参数符合要求,电压、电流表指针摆动减小,焊接稳定为止。

4)当焊接熔池离开焊件位于引出板上时,应马上收弧。待焊缝金属及熔渣冷却凝固后,敲掉背面焊缝的渣壳,并检查焊缝外观质量。

(2)碳弧气刨清根 焊机 ZXG-400,直流反接;碳棒 $\phi 6mm$,刨削电流 250~300A,压缩空气压力 0.4~0.6MPa;槽深 4~5mm,槽宽 6~8mm。

(3)焊接正面焊缝 将焊件正面朝上,焊接正面焊缝,如图 8-14 所示。焊接步骤与背面焊缝焊接完全相同。

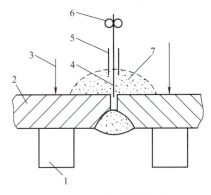

图 8-14 焊接正面焊缝

1—支撑垫 2—焊件 3—压紧力 4—焊丝 5—导电嘴 6—送丝滚轮 7—预放焊剂

五、15CrMo 钢 T 形接头立角焊操作

T 形接头立角焊焊件图及技术要求如图 8-15 所示。

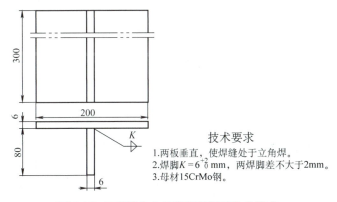

图 8-15 T 形接头立角焊焊件图及技术要求

1. 焊前准备

1)焊前清理焊件装配面和立板两侧 20mm 范围内和焊丝表面的油污、锈蚀、水分,直至露出金属光泽,然后用丙酮进行清洗。

2)焊接材料:焊丝为 H08CrMoA;电极为铈钨极 WCe-20,$\phi 2.5mm$;

保护气体为 Ar 气，纯度应不低于 99.99%。

3）焊机：WS-300，直流正接。

4）定位焊：按图 8-16 所示，手工钨极氩弧焊装配定位。定位焊缝在焊件两端，焊缝长度为 10~15mm。定位焊焊接参数与打底焊相同。

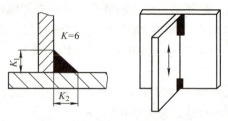

图 8-16 装配定位示意图

2. 焊接参数

T 形接头立焊焊接参数见表 8-27。

表 8-27 焊接参数

焊道分布	焊接层次	焊接电流/A	电弧电压/V	氩气流量/(L/min)	焊丝直径/mm	钨极直径/mm	钨极伸出长度/mm	喷嘴直径/mm	喷嘴至工件距离/mm	预热温度/℃	层间温度/℃
	打底焊(1)	80~90	12~14	6~10	2.5	2.5	4~6	8~10	8~12	120	120~150
	盖面焊(2)	90~105	12~16								

3. 焊接

（1）打底层焊接

1）T 形接头焊件立角焊时，采用向上立焊，持枪方法以及焊枪角度与焊丝的相对位置如图 8-17 所示。焊接层次为二层二道焊。

2）焊接方向是由下而上焊接。下端的定位焊缝处要用锉刀或角向砂轮打磨成斜坡状，焊枪在该处引燃电弧，起焊时，先不填丝，要采取较长弧长，等熔池基本形成后再

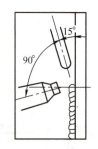

图 8-17 打底焊时焊枪角度与焊丝的相对位置

向后压 1~2 个波纹。接头起点不加或稍加焊丝，即可转入正常焊接。焊接时要压低电弧，等熔池建立后焊接开始，焊枪在焊接过程中做直线运动，移动速度要均匀。

3）焊道接头。接头前应将待连接处用锉刀或角向砂轮打磨成斜坡状。引弧后应提高焊枪高度，拉长电弧，加快焊速，并使钨极垂直焊件，对焊道接头处进行加热。引弧的位置应在斜坡后重叠焊缝 5~15mm，重叠处少加或不加焊丝，焊至打磨过的弧坑处再填加焊丝，以保证此处的焊

缝接头熔合良好。

4）采用断续送丝。为保证根部焊缝质量，左手握焊丝均匀有节奏送进，在送丝过程中，当焊丝端头进入熔池时，应将焊丝端部轻挑熔池根部，这时电弧已把焊丝端部熔化，接着开始第二个送丝程序的动作，直至焊完底层焊缝。注意焊丝与焊枪的动作要协调，同步移动。

5）焊接时应压低电弧，保证根部熔深在 0.5mm 以上，第一层焊道的厚度约为 2mm 为宜。

6）收弧时，应首先利用电流衰减的功能，逐渐降低熔池温度；然后将熔池由慢变快引至前方一侧面上，以逐渐减少熔深；在最后熄弧时，保持焊枪不动，延长氩气对弧坑的保护。

7）焊完底层焊缝后，需清除干净氧化物，然后进行盖面层的焊接。

（2）盖面层焊接

1）盖面层焊道分布如图 8-18 所示。

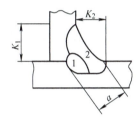

图 8-18　盖面层焊道分布示意图

2）焊接方向仍自下而上。焊丝、焊枪与焊件的夹角与打底焊相同。

3）焊接焊道 2 时，应保证 K_1 和 K_2 的焊脚约为 6~8mm。

4）盖面层焊道接头应与第一层焊道接头错开，错开距离应不小于 50mm，接头方法与打底层焊道相同。

5）焊缝与母材圆滑过渡，焊缝质量符合要求。

第九章

不锈钢的焊接

铬的质量分数至少为 10.5%，在空气、水、蒸汽中能不受腐蚀的钢称为不锈钢。在酸、碱、盐等强化学侵蚀介质中能耐腐蚀的钢称为耐酸钢。不锈钢并不一定耐酸，耐酸钢一般具有良好的不锈性能。习惯上常将不锈钢和耐酸钢简称为不锈钢。不锈钢现已在航空、化工、动力装置（汽轮机）、轨道交通、容器储罐、原子能及食品等工业中，得到了广泛的应用。

第一节　不锈钢的性能及分类

一、不锈钢的分类

不锈钢按化学成分不同，主要有铬不锈钢即以 Cr 作主要合金元素的不锈钢，如 12Cr13（1Cr13）⊖、20Cr13（2Cr13）、30Cr13（3Cr13）、40Cr13（4Cr13）、10Cr17（1Cr17）等；铬镍不锈钢即以 Cr、Ni 为主要合金元素的不锈钢，如 06Cr19Ni10（0Cr18Ni9）、07Cr19Ni11Ti（1Cr18Ni11Ti）、06Cr25Ni20（0Cr25Ni20）等。

不锈钢按组织不同，主要有铁素体型不锈钢，如 10Cr17（1Cr17）、10Cr17Mo（1Cr17Mo）等；马氏体型不锈钢，如 20Cr13（2Cr13）、30Cr13（3Cr13）等；奥氏体型不锈钢，如 06Cr19Ni10（0Cr18Ni9）、07Cr19Ni11Ti（1Cr18Ni11Ti）、06Cr25Ni20（0Cr25Ni20）等；奥氏体-铁素体型不锈钢，如 022Cr25Ni6Mo2N 等。

1. 奥氏体型不锈钢

奥氏体型不锈钢是在高铬情况下添加质量分数为 8%~25% 的镍而成。奥氏体型不锈钢以 Cr18Ni9 铁基合金为基础，在此基础上随着不同的用途，现已发展成 12Cr18Ni9（1Cr18Ni9）、06Cr18Ni11Ti（0Cr18Ni10Ti）、07Cr19Ni11Ti（1Cr18Ni11Ti）、06Cr23Ni13（0Cr23Ni13）、06Cr25Ni20（0Cr25Ni20）等铬镍奥氏体型不锈钢系列。

部分奥氏体型不锈钢可作为耐热钢使用，用于工作温度高于 650℃ 的热强钢多是以奥氏体型不锈钢为基础添加一些提高热强性的合金元素而成。它们既可作为耐蚀钢使用，也可作为耐热钢使用。列入我国国家标准牌号

⊖ 文中括号中的牌号为旧标准牌号。——编者注

第九章 不锈钢的焊接

的钢板有 06Cr18Ni11Nb（0Cr18Ni11Nb）、06Cr23Ni13（0Cr23Ni13）等。

奥氏体型不锈钢由于具有优良的耐腐蚀性、耐热性和塑性，且焊接性良好，是应用最广泛的一种不锈钢。

2. 铁素体型不锈钢

铁素体型不锈钢，其铬的质量分数在 11.5%~32.0% 范围内。随着铬含量的提高，其耐酸性能也提高，加入钼（Mo）后，则可提高耐酸腐蚀性和抗应力腐蚀的能力。这类不锈钢的典型牌号有 10Cr17（1Cr17）、10Cr17Mo（1Cr17Mo）、008Cr30Mo2（00Cr30Mo2）等。

按照碳和氮（C+N）的含量不同，铁素体型不锈钢又可分为普通纯度和超高纯度两个系列。普通纯度铁素体型不锈钢，其碳的质量分数为 0.1% 左右，并含少量氮，如 10Cr17（1Cr17）、10Cr17Mo（1Cr17Mo）等牌号。超高纯度铁素体型不锈钢是超低碳和超低氮（C+N≤0.025%~0.035%）的铁素体型不锈钢，如 019Cr19Mo2NbTi（00Cr18Mo2）和 008Cr27Mo（00Cr27Mo）等。它们无论在韧性、耐蚀性还是焊接性等方面均优于普通纯度铁素体型不锈钢，并得到广泛的应用。

3. 马氏体型不锈钢

马氏体型不锈钢中铬的质量分数为 11.5%~18.0%，但碳的质量分数最高可达 0.6%。碳含量的增高，提高了钢的强度和硬度。在这类钢中加入的少量镍可以促使生成马氏体，同时又能提高其耐蚀性。这类钢具有一定的耐腐蚀性和较好的热稳定性以及热强性，可以作为温度低于 700℃ 以下长期工作的耐热钢使用。列入国家标准牌号的钢板有 20Cr13（2Cr13）、30Cr13（3Cr13）、17Cr16Ni2 等。

在 Cr13 型马氏体型不锈钢基础上，通过大幅度降低碳含量及控制镍含量，可得到低碳或超低碳马氏体型不锈钢，如 ZG0Cr13Ni4Mo、ZG0Cr13Ni5Mo 等，不仅耐蚀性较 Cr13 型好，而且还具有良好的强韧性匹配和焊接性。

4. 奥氏体-铁素体型不锈钢

奥氏体-铁素体型不锈钢的室温组织为奥氏体加铁素体。当铁素体的体积分数在 30%~60% 时，该类钢具有特殊抗点蚀、抗应力腐蚀性能。列入我国国家标准牌号的钢板有 022Cr19Ni5Mo3Si2N（00Cr18Ni5Mo3Si2）、022Cr25Ni6Mo2N 等。这类钢的屈服强度约为一般奥氏体型不锈钢的两倍，是机械加工、冷冲压和焊接性能均良好的一种有发展前景的钢种。

二、不锈钢的性能

1. 不锈钢的力学性能

常用不锈钢的力学性能见表 9-1。

2. 不锈钢的耐蚀性

一种不锈钢可在多种介质中具有良好的耐蚀性，但在某种介质中，却可能因化学稳定性低而发生腐蚀。所以说，一种不锈钢不可能对所有介质都耐蚀。

235

表 9-1 常用不锈钢的力学性能

类型	新牌号 GB/T 20878—2007	旧牌号 GB/T 4237—1992	屈服强度 $R_{p0.2}$/MPa	抗拉强度 R_m/MPa	断后伸长率 A(%)	硬度 HBW	硬度 HBR	硬度 HV
				不小于			不大于	
奥氏体型	06Cr19Ni10	0Cr18Ni9	205	515	40	201	92	210
	12Cr18Ni9	1Cr18Ni9	205	515	40	201	92	210
	06Cr25Ni20	0Cr25Ni20	205	515	40	217	95	220
	06Cr23Ni13	0Cr23Ni13	205	515	40	217	95	220
	06Cr18Ni11Ti	0Cr18Ni10Ti	205	515	40	217	95	220
奥氏体-铁素体型	022Cr19Ni5Mo3Si2N	00Cr18Ni5Mo3Si2	440	630	25	290	HBC≤31	
	14Cr18Ni11Si4AlTi	1Cr18Ni11Si4AlTi		715	25			
	12Cr21Ni5Ti	1Cr21Ni5Ti	350	635	20			
	022Cr25Ni6Mo2N		450	640	25	295	HBC≤30	
铁素体型	06Cr13Al	0Cr13Al	170	415	20	179	88	200
	022Cr18Ti	00Cr17	175	360	22	183	88	200
	10Cr17Mo	1Cr17Mo	240	450	22	183	89	200
	019Cr19Mo2NbTi	00Cr18Mo2	275	415	20	217	96	230
马氏体型	12Cr12	1Cr12	205	485	20	217	96	210
	06Cr13	0Cr13	205	415	20	183	89	200
	30Cr13	3Cr13	225	540	18	235	99	247

第九章 不锈钢的焊接

不锈钢的主要腐蚀形式有均匀腐蚀（表面腐蚀）、点腐蚀、缝隙腐蚀、晶间腐蚀和应力腐蚀开裂等。

(1) 均匀腐蚀　均匀腐蚀是指接触腐蚀介质的金属表面全部产生腐蚀的现象。均匀腐蚀使金属截面不断减少，对于被腐蚀的受力零件而言，会使其承受的真实应力逐渐增加，最终达到材料的断裂强度而发生断裂。

评定均匀腐蚀的方法是在试验条件下，测出单位面积上经一定时间腐蚀以后所损失的重量 $[g/(m^2·年)]$ 即为腐蚀速率，若以被腐蚀的深度（mm/年）计，则更便于计算设备的耐蚀寿命。

(2) 点腐蚀　点腐蚀是指在金属材料表面大部分不腐蚀或腐蚀轻微，而分散发生高度的局部腐蚀。点腐蚀是金属表面局部钝化膜被腐蚀破坏所致。在含有氯离子（Cl^-）的介质中，最易引起不锈钢的点腐蚀。减少介质中氯离子含量和氧含量，降低碳的含量，提高铬、镍含量等提高钝化膜稳定性元素都能提高其抗点腐蚀能力。现有的超低碳高铬镍含钼的奥氏体型不锈钢和超高纯低氮含钼的高铬铁素体型不锈钢均有较高的耐点腐蚀性能。

(3) 缝隙腐蚀　缝隙腐蚀是指在金属构件缝隙处发生斑点状或溃疡形的宏观蚀坑，这是局部腐蚀的一种，常发生在垫圈、铆接、螺钉联接的接缝处，以及搭接的焊接接头、阀座、堆积的金属片间等处。缝隙腐蚀与点腐蚀形成机理的差异之处在于，缝隙腐蚀主要是介质的电化学不均匀性而引起的。

部分奥氏体型不锈钢、铁素体型和马氏体型不锈钢在海水中均有程度不等的缝隙腐蚀的倾向。在钢中适当地增加铬、钼含量，可以改善抗缝隙腐蚀能力；改善运行条件、改变介质成分和结构形式，也可以成为防止缝隙腐蚀的重要措施。

(4) 晶间腐蚀　晶间腐蚀是一种有选择性的腐蚀破坏，它与一般选择性腐蚀的不同之处在于，腐蚀的局部性是显微尺度的，而宏观上不一定是局部的。此腐蚀集中发生在金属显微组织晶界并向金属材料内部深入，称之为晶间腐蚀。

(5) 应力腐蚀开裂　应力腐蚀开裂是指金属在某种特定环境与相应水平应力的共同作用下，以裂纹扩展方式发生的与腐蚀有关的断裂。所谓特定环境，是指只有当介质的成分和浓度范围适当时，才能导致某种相应金属的应力腐蚀。

产生应力腐蚀开裂的主要条件是：一定的介质，大部分是由氯离子引起的，高浓度的苛性碱、硫酸水溶液等也易引起；一定的应力，只在拉应力作用下才产生，压应力不产生；一定的材料，一般纯金属不产生，常发生在合金中。

第二节 奥氏体型及双相不锈钢的焊接

一、奥氏体型不锈钢的焊接性

不锈钢铬的质量分数为18%、镍的质量分数为8%~10%时，便能得到均匀的奥氏体组织，称为奥氏体型不锈钢。奥氏体型不锈钢焊接性良好，焊接时一般不需采取特殊工艺措施。但若焊接材料选用不当或焊接工艺不正确时，会产生晶间腐蚀、热裂纹及应力腐蚀开裂。

1. 晶间腐蚀

产生在晶粒之间的一种腐蚀，称晶间腐蚀。晶间腐蚀导致晶粒间的结合力丧失，强度几乎完全消失，当受到应力作用时，即会沿晶界断裂，所以是不锈钢最危险的一种破坏形式。

（1）晶间腐蚀产生的原因　奥氏体型不锈钢产生晶间腐蚀的原因是由于晶粒边界形成贫铬区（铬的质量分数小于10.5%）造成的。当温度在450~850℃时，碳在奥氏体中的扩散速度大于铬在奥氏体中扩散速度。当奥氏体中碳的质量分数超过它在室温的溶解度（0.02%~0.03%）后，就不断地向奥氏体晶粒边界扩散，并和铬化合形成碳化铬（$Cr_{23}C_6$）。但是铬的原子半径较大，扩散速度较小，来不及向边界扩散，晶间附近大量的铬和碳化合成碳化铬，造成奥氏体边界贫铬，当晶界附近的金属铬的质量分数低于12%时，就失去了抗腐蚀的能力，在腐蚀介质作用下，会产生晶间腐蚀。图9-1所示为晶间腐蚀金相图及示意图。

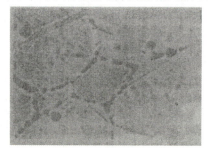

a)

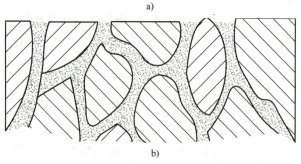

b)

图9-1　晶间腐蚀

a) 金相图　b) 示意图

当加热温度小于450℃或大于850℃时,都不会产生晶间腐蚀。因为温度低于450℃时,原子扩散速度慢,不会形式碳化铬;温度高于850℃时,晶粒内铬的扩散速度快,有足够的铬扩散到晶界与碳化合,晶界不会形成贫铬区。所以把加热温度区间450~850℃称为晶间腐蚀的危险温度区或称敏化温度区。

奥氏体型不锈钢不仅在焊缝和热影响区造成晶间腐蚀,而且有时在焊缝和基本金属的熔合线附近,也会发生如刀刃状的晶间腐蚀,称为刀状腐蚀。刀状腐蚀是晶间腐蚀的一种特殊形式,只发生在含有铌、钛等稳定剂的奥氏体钢的焊接接头中,产生的重要条件是高温过热和中温敏化。

刀状腐蚀产生原因也和 $Cr_{23}C_6$ 析出后形成的贫铬层有关。含有铌、钛等稳定剂的奥氏体钢中的大部分碳是以 TiC 及 NbC 形式存在的。焊接时,过热区的峰值温度高达1200℃以上,从而使钢中 TiC、NbC 溶入奥氏体固溶体中。焊接冷却时,由于碳的扩散能力强,优先扩散到晶界聚集而成为过饱和状态,而 Ti、Nb 扩散能力弱,则留在了晶内。当焊接接头再经450~850℃敏化区加热时,过饱和碳将在晶界析出 $Cr_{23}C_6$,从而在晶界形成贫铬区发生腐蚀。

需要注意的是,虽然奥氏体型不锈钢长期加热而导致晶间腐蚀的敏化温度区为450~850℃,但由于奥氏体型不锈钢焊接接头处在焊接的快速连续加热过程中,铬碳化物的形成析出必然会出现较大的过热,所以焊接接头的实际敏化区温度为600~1000℃。奥氏体型不锈钢焊接接头的晶间腐蚀如图9-2所示。

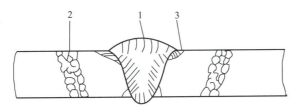

图 9-2 奥氏体型不锈钢焊接接头的晶间腐蚀
1—焊缝晶间腐蚀 2—热影响区晶间腐蚀 3—刀状腐蚀

(2) 防止晶间腐蚀的措施 在焊接奥氏体型不锈钢时,可用下列措施防止和减少焊件产生晶间腐蚀。

1) 控制含碳量。碳是造成晶间腐蚀的主要元素,含碳量越高,在晶界处形成的碳化铬越多,晶间腐蚀倾向增大,所以焊接时应尽量采用超低碳($w_C \leq 0.03\%$)不锈钢。

2) 添加稳定剂。在钢材和焊接材料中加入钛、铌等与碳亲和力比铬强的元素,能够与碳结合成稳定的碳化物,从而避免在奥氏体晶界造成贫铬。常用的不锈钢材料和焊接材料都含有钛和铌,如 07Cr19Ni11Ti、06Cr18Ni11Nb 钢材、E347-15 焊条、H08Cr20Ni10Nb 焊丝等。

3）进行固溶处理或均匀化热处理。焊后把焊接接头加热到 1050~1100℃，使碳化物又重新溶入奥氏体中，然后迅速冷却，形成稳定的单相奥氏体组织。另外，也可以进行 850~900℃、保温 2h 的均匀化热处理，此时奥氏体晶粒内部的铬扩散到晶界，晶界处铬的质量分数又重新达到了大于 12%，这样就不会产生晶间腐蚀。

4）采用双相组织。在焊缝中加入铁素体形成元素，如铬、硅、铝、钼等，以使焊缝形成奥氏体加铁素体的双相组织。因为铬在铁素体中的扩散速度比在奥氏体中快，因此，铬在铁素体内较快地向晶界扩散，减轻了奥氏体晶界的贫铬现象。一般控制焊缝金属中铁素体含量（体积分数）为 5%~10%，如铁素体过多，会使焊缝变脆。

5）快速冷却。因为奥氏体钢不会产生淬硬现象，所以在焊接过程中，可以设法增加焊接接头的冷却速度，如焊件下面用铜垫板或直接浇水冷却。在焊接工艺上，可以采用小电流、大焊速、短弧、多道焊等措施，缩短焊接接头在危险温度区停留的时间，则不致形成贫铬区。

此外，还必须注意焊接顺序，与腐蚀介质接触的焊缝应最后焊接，尽量不使它受重复的焊接热循环作用。

2. 焊接热裂纹

奥氏体型不锈钢焊接时比较容易产生热裂纹，其产生热裂纹的倾向要比低碳钢大得多，特别是含镍量较高的奥氏体型不锈钢更易产生。

（1）焊接热裂纹产生的原因

1）奥氏体型不锈钢的导热系数大约只有低碳钢的一半，而线胀系数却大得多，所以焊后在接头中会产生较大的焊接内应力。

2）奥氏体型不锈钢中的成分如碳、硫、磷、镍等，会在熔池中形成低熔点共晶体。例如，硫与镍形成的（NiS+Ni）的熔点为 644℃。

3）奥氏体型不锈钢的液、固相线的区间较大，结晶时间较长，且奥氏体结晶方向性强，所以杂质偏析现象比较严重。

（2）防止热裂纹的措施

1）采用双相组织的焊缝。使焊缝形成奥氏体和铁素体的双相组织，当焊缝中有 5% 左右（体积分数）的铁素体时，可打乱柱状晶的方向，细化晶粒；并且铁素体可以比奥氏体溶解更多的杂质，从而减少了低熔点共晶体在奥氏体晶界上的偏析。

2）焊接工艺措施。在焊接工艺上采用碱性焊条、小电流、快速焊，收弧时尽量填满弧坑及采用氩弧焊打底等，也可防止热裂纹产生。

3）控制化学成分。严格限制焊缝中的硫、磷等杂质含量，以减少低熔点共晶体。

3. 应力腐蚀开裂

应力腐蚀开裂是在拉应力和特定腐蚀介质共同作用下而发生的一种破坏形式，随着拉应力的加大，发生破坏的时间缩短，当拉应力减小时，腐蚀量也随之减小，并且不发生破坏。应力腐蚀开裂是奥氏体型不锈钢非常敏感且经常发生的腐蚀破坏形式。据有关统计资料表明：应力腐蚀开裂引起的事故占整个腐蚀破坏事故的60%以上。

（1）应力腐蚀开裂产生的原因　奥氏体型不锈钢由于导热性差、线胀系数大、屈服强度低，焊接时很容易变形，当焊接变形受到限制时，焊接接头中必然会残留较大的焊接残余拉应力，加速腐蚀介质的作用。因此，奥氏体型不锈钢焊接接头容易出现应力腐蚀开裂，这是焊接奥氏体型不锈钢最不易解决的问题之一，特别是在化工设备中，应力腐蚀开裂这种现象经常出现。

应力腐蚀开裂的表面特征是：裂纹均发生在焊缝表面上，裂纹多互相平行且近似垂直焊接方向，裂纹细长并折曲，常常贯穿有黑色点蚀的部位。从表面开始向内部扩展，点蚀往往是裂纹的根源，裂纹通常表现为穿晶扩展，裂纹尖端常出现分枝，裂纹整体为树枝状。严重的裂纹可穿过熔合线进入热影响区。

（2）防止应力腐蚀开裂的措施

1）合理地设计焊接接头，避免腐蚀介质在焊接接头部位聚集，降低或消除焊接接头应力集中。

2）消除或降低焊接接头的残余应力。焊后进行消除应力处理是常用的工艺措施，加热温度在850~900℃之间才可得到比较理想的消除应力效果；采用机械方法，如表面抛光、喷丸和锤击，造成表面产生压应力；结构设计时要尽量采用对接接头，避免十字交叉焊缝，单边V形坡口改用双Y形坡口等。

3）正确选用材料。根据介质的特性选用对应力腐蚀开裂敏感性低的材料，一是母材的选用，二是焊接材料的选用。

二、奥氏体型不锈钢的焊接工艺

1. 焊前准备

（1）下料方法的选择　奥氏体型不锈钢用氧乙炔气割有困难，可用机械切割、等离子弧切割及碳弧气刨等方法进行下料或坡口加工。

（2）坡口制备　奥氏体型不锈钢线胀系数大，会加剧焊接接头的变形，所以可适当减小坡口角度。当板厚大于10mm时，尽量选用焊缝截面较小的U形坡口。

（3）焊前清理　将坡口及其两侧20~30mm范围内用丙酮擦净，并涂白垩粉，以避免奥氏体型不锈钢表面被飞溅金属损伤。

（4）表面保护　在搬运、坡口制备、装配及定位焊过程中，应注意避免损伤钢材表面，以免使产品的耐蚀性降低，如不允许利器划伤钢材表面、不允许随意到处引弧等。

2. 焊接材料

奥氏体型不锈钢焊接材料的选用原则，应使焊缝的合金成分与母材的成分基本相同，并尽量降低焊缝金属中的碳含量和硫、磷杂质的含量。

奥氏体型不锈钢焊接性较好，可以采用焊条电弧焊、埋弧焊、钨极氩弧焊、熔化极氩弧焊、等离子弧焊等焊接方法。奥氏体型不锈钢常用焊接方法焊接材料的选用见表9-2。

表9-2 奥氏体型不锈钢常用焊接方法焊接材料的选用

钢材	焊条电弧焊		氩弧焊	埋弧焊	
	焊条牌号	焊条型号	焊丝	焊丝	焊剂
022Cr19Ni10	A002	E308L-16	H03Cr21Ni10	H03Cr21Ni10	HJ151 SJ601
06Cr19Ni10 12Cr18Ni9	A102 A107	E308-16 E308-15	H06Cr21Ni10	H06Cr21Ni10	HJ260 SJ601 SJ608，SJ701
07Cr19Ni11Ti 06Cr18Ni11Ti	A132 A137	E347-16 E347-15	H08Cr19Ni10Ti	H08Cr19Ni10Ti	HJ260 HJ151 SJ608，SJ701
06Cr18Ni11Nb			H08Cr20Ni10Nb	H08Cr20Ni10Nb	HJ260 HJ172
10Cr18Ni12	A102 A107	E308-16 E308-15	H08Cr21Ni10 H08Cr21Ni10Si	H08Cr21Ni10	HJ260
06Cr23Ni13	A302 A307	E309-16 E309-15	H03Cr24Ni13	H03Cr24Ni13	HJ260
06Cr25Ni20	A402 A407	E310-16 E310-15	H08Cr26Ni21	H08Cr26Ni21	HJ260

3. 焊接方法

奥氏体型不锈钢焊接的常用方法有焊条电弧焊、埋弧焊、钨极氩弧焊、熔化极氩弧焊和等离子弧焊。

（1）焊条电弧焊　奥氏体型不锈钢的电阻大，焊接时产生的电阻热大，所以同样直径的焊条，焊接电流值应比低碳钢焊条小20%左右，其焊接参数见表9-3。奥氏体型不锈钢焊条即使采用酸性焊条，最好也采用直流反接。

表9-3 奥氏体型不锈钢焊条电弧焊焊接参数

焊件厚度/mm	焊条直径/mm	焊接电流/A		
		平焊	立焊	仰焊
<2	2	40~70	40~60	40~50
2~2.5	2.5	50~80	50~70	50~70
2.5~5	3.2	70~120	70~95	70~90
5~8	4	130~190	130~145	130~140
8~12	5	160~210	—	—

第九章 不锈钢的焊接

焊接时采用窄焊道技术,焊条尽量不做横向摆动,焊道宽度不超过焊条直径的 3 倍;多层多道焊每道厚度应小于 3mm,并控制道间温度在 60℃以下;与腐蚀介质接触的焊缝,应最后焊接;焊后可采用如水冷、风冷等措施强制冷却,焊后变形只能用冷加工矫正。

(2) 熔化极氩弧焊 熔化极氩弧焊一般采用喷射过渡,直流反接。适合于焊件厚度大于 6.5mm 的奥氏体型不锈钢,但不宜焊接厚度小于 3mm 的不锈钢薄板。为了获得稳定的喷射过渡形式,要求焊接电流大于临界电流,其焊接参数见表 9-4。

表 9-4 不锈钢熔化极氩弧焊焊接参数

焊件厚度 /mm	焊丝直径 /mm	焊接电流 /A	电弧电压 /V	焊接速度 /(m/h)	气体流量 /(L/min)
2.0	1.0	140~180	18~20	20~40	6~8
3.0	1.6	200~280	20~22	20~40	6~8
4.0	1.6	220~320	22~25	20~40	7~9
6.0	1.6~2.0	280~360	23~27	15~30	9~12
8.0	2.0	300~380	24~28	15~30	11~15
10	2.0	320~440	25~30	15~30	12~17

(3) 埋弧焊 埋弧焊一般用于中等厚度以上的钢板,直流反接。埋弧焊由于热输入大,金属容易过热,对不锈钢耐蚀性有一定影响。因此,在奥氏体型不锈钢焊接中,埋弧焊不如在低合金钢焊接中那样普遍。

焊接奥氏体型不锈钢时,必须选择适当的焊丝成分(含碳量不得高于母材,铬镍含量应高于母材)和焊接参数,使焊缝中有 5%左右的铁素体。常用的焊剂有 HJ172、HJ151、HJ260、SJ601、SJ608 和 SJ701 等。18-8 型奥氏体型不锈钢双面埋弧焊焊接参数见表 9-5。

表 9-5 18-8 型奥氏体型不锈钢双面埋弧焊焊接参数

焊件厚度 /mm	装配间隙 /mm	焊丝直径 /mm	焊接电流 /A	电弧电压 /V	焊接速度 /(m/h)
8	≤1.5	5	500~600	32~34	46
10	≤1.5	5	600~650	34~36	42
12	≤1.5	5	650~700	36~38	36
16	≤2	5	750~800	38~40	31
20	2~3	5	800~850	38~40	25

(4) 钨极氩弧焊 氩弧焊目前已普遍应用于不锈钢的焊接,其焊缝的质量比焊条电弧焊好。手工钨极氩弧焊主要用于焊接 0.5~3mm 的不锈钢薄板及薄壁管件,焊丝的成分一般与焊件相同。焊接时速度应适当地快些,这样可以减小焊件的变形和减小焊缝中的气孔,但过快也不好,

过快会造成焊缝的不均匀和未焊透等缺陷。焊接时应尽量避免横向摆动。钨极氩弧焊焊接薄板的焊接参数见表9-6。

表9-6 钨极氩弧焊焊接薄板的焊接参数

板厚/mm	接头形式	钨极直径/mm	焊丝直径/mm	焊接电流/A	焊接速度/(mm/min)	氩气流量/(L/min)	电流类型
1.0	对接	2	1.6	35~75	150~550	3~4	交流
1.0	对接	2	1.6	30~60	110~450	3~4	直流正极
1.2	对接	2	1.6	50	250	3~4	直流正极
1.5	对接	2	1.6	45~85	120~500	3~4	交流
1.5	对接	2	1.6	40~75	80~300	3~4	直流正极
1.0	对接	2	—	45	230	3~4	交流
1.5	T形接头	2	1.6	40~60	60~80	3~4	交流

（5）等离子弧焊 等离子弧焊已用于奥氏体型不锈钢的焊接。对于厚度在10mm以下的奥氏体型不锈钢，采用小孔效应时，热量集中，可不开坡口单面焊一次成形，尤其适合于不锈钢管的焊接。微束等离子弧焊对厚度小于0.5mm的薄件尤为适宜。

4. 奥氏体型不锈钢的焊后处理

为保证奥氏体型不锈钢的耐蚀性，焊后应对其进行表面处理，处理的方法有表面抛光、酸洗和钝化处理。

（1）表面抛光 不锈钢的表面如有刻痕、凹痕、粗糙点和污点等，会加快腐蚀。将不锈钢表面抛光，就能提高其抗腐蚀能力。

（2）酸洗 经热加工的不锈钢和不锈钢的焊接热影响区，都会产生一层氧化皮，影响耐蚀性，所以焊后必须用酸洗将其除去。

酸洗的方法主要有酸液酸洗和酸膏酸洗。酸液酸洗又有浸洗和刷洗两种，浸洗法适用于尺寸较小的部件，刷洗法适用于大型部件。酸膏酸洗适用于大型结构，将酸膏敷于结构表面，停留几分钟后，用清水冲净。

（3）钝化处理 钝化处理是在不锈钢的表面用人工方法形成一层氧化膜，以增加其耐蚀性。钝化是在酸洗后进行的，经钝化处理后的不锈钢，外表全部呈银白色，具有较高的耐蚀性。

三、奥氏体-铁素体型不锈钢的焊接

1. 奥氏体-铁素体型不锈钢的焊接性

奥氏体-铁素体型不锈钢，通常奥氏体和铁素体各约占50%（体积分数）。它的屈服强度约为一般奥氏体型不锈钢的两倍，达400~550MPa。双相不锈钢具有良好的焊接性，与奥氏体型不锈钢及铁素体型不锈钢相比，它既不像铁素体型不锈钢的焊接热影响区，由于晶粒严重粗化而使塑性、韧性降低，也不像奥氏体型不锈钢那样对热裂纹较敏感。双相不

锈钢焊接接头的抗点腐蚀、抗缝隙腐蚀和抗应力腐蚀能力明显优于常用的奥氏体型不锈钢，抗晶间腐蚀性能与奥氏体型不锈钢相当。但双相不锈钢毕竟具有较多的铁素体，因此，存在高铬铁素体固有的脆化倾向，即在300~500℃范围存在较长时间时将发生475℃脆性，此外，当焊接接头拘束较大及焊缝金属含氢量较高时，还存在产生氢致裂纹的危险。

2. 奥氏体-铁素体型不锈钢的焊接工艺

奥氏体-铁素体型不锈钢的焊接工艺可参考奥氏体型不锈钢焊接工艺。焊前通常不需预热和焊后不热处理，但需控制焊接热输入和道间温度，Cr18型焊接热输入通常不大于15kJ/cm，Cr23无Mo及Cr22型控制在10~25kJ/cm，Cr25型控制在10~15kJ/cm，道间温度控制在150℃以下。焊接方法有焊条电弧焊、钨极氩弧焊、熔化极氩弧焊及埋弧焊。焊接材料采用低碳碱性焊条或低碳焊丝，埋弧焊剂为碱性焊剂。焊接方法及焊接材料的选用见表9-7。

表9-7 焊接方法及焊接材料的选用

母材（板、管）类型	焊接材料	焊接方法
Cr18型	Cr22-Ni9-Mo3型超低碳焊条 Cr22-Ni9-Mo3型超低碳焊丝（包括药芯气保焊焊丝） 可选用的其他焊接材料： 含Mo的奥氏体型不锈钢焊接材料，如A022Si（E316L-16）、A042（E309MoL-16）	焊条电弧焊 钨极氩弧焊 熔化极气体保护焊 埋弧焊（与合适的碱性焊剂相匹配）
Cr23无Mo型	Cr22-Ni9-Mo3型超低碳焊条 Cr22-Ni9-Mo3型超低碳焊丝（包括药芯气保焊焊丝） 可选用的其他焊接材料： 奥氏体型不锈钢焊接材料，如A062（E309L-16）焊条	焊条电弧焊 钨极氩弧焊 熔化极气体保护焊 埋弧焊（与合适的碱性焊剂相匹配）
Cr22型	Cr22-Ni9-Mo3型超低碳焊条 Cr22-Ni9-Mo3型超低碳焊丝（包括药芯气保焊焊丝） 可选用的其他焊接材料： 含Mo的奥氏体型不锈钢焊接材料，如A042（E309MoL-16）	焊条电弧焊 钨极氩弧焊 熔化极气体保护焊 埋弧焊（与合适的碱性焊剂相匹配）
Cr25型	Cr25-Ni5-Mo3型焊条 Cr25-Ni5-Mo3型焊丝 Cr25-Ni9-Mo4超低碳焊条 Cr25-Ni9-Mo4超低碳焊丝 可选用的其他焊接材料： 不含Nb的高Mo镍基焊接材料，如无Nb的NiCrMo-3型焊接材料	焊条电弧焊 钨极氩弧焊 熔化极气体保护焊 埋弧焊（与合适的碱性焊剂相匹配）

第三节 铁素体型不锈钢的焊接

一、铁素体型不锈钢的焊接性

焊接铁素体型不锈钢最大的问题是焊接接头的脆化和焊接接头的晶间腐蚀。

1. 焊接接头的脆化

（1）粗晶脆化 焊接时，焊缝和热影响区的近缝区会加热到950℃以上高温，从而导致晶粒粗大，降低了热影响区的韧性，产生粗晶脆化。

（2）σ相脆化 σ相是一种硬脆而无磁性的FeCr金属间化合物相，其硬度可达38HRC以上。在铁素体型不锈钢中，当Cr的质量分数超过21%时，在520~820℃温度长期加热时易产生σ相，从而导致接头的韧性降低。在焊接条件下一般不会出现σ相。

（3）475℃脆化 Cr的质量分数超过15%的铁素体型不锈钢，在430~480℃的温度区间长时间加热并缓慢冷却时，出现强度升高而韧性降低的现象，称为475℃脆化。475℃脆化的主要原因是在Fe-Cr合金系中，通过产生两相分离，以共析反应的方式时效沉淀析出富Cr的α相（体心立方结构），引起材料硬化。杂质对475℃脆化有促进作用。

采用小的焊接热输入可防止焊接接头粗晶脆化。焊后通过700~800℃短时间加热，紧接着进行快冷（水冷）的办法可消除σ相脆化和475℃脆化。

2. 焊接接头的晶间腐蚀

铁素体型不锈钢产生晶间腐蚀的原因与奥氏体型不锈钢基本相同，也是形成贫铬层的结果。但由于钢的成分和组织不同，铁素体型不锈钢出现晶间腐蚀的部位及温度与奥氏体型不锈钢不完全相同。

铁素体型不锈钢产生晶间腐蚀的位置在邻近焊缝的高温区（熔合线附近，950℃以上），并且在快速冷却的条件下才会发生。若焊后经700~850℃加热保温并缓冷，使铬均匀化，可恢复其耐蚀性。因为铁素体型不锈钢一般在退火状态下焊接，其组织为固溶碳和氮的铁素体及少量的碳氮化合物，组织稳定，耐蚀性好。当焊接温度达到950℃以上时，碳氮化合物逐步溶解到铁素体中，得到碳氮过饱和固溶体。由于碳、氮在铁素体中的溶解小，扩散速度快，在焊接快速冷却时能向晶界扩散，并和铬化合形成碳化铬（$Cr_{23}C_6$）。而铬的扩散速度慢，来不及向晶界扩散，导致晶界贫铬，从而产生晶间腐蚀。

二、铁素体型不锈钢的焊接工艺

1. 焊接方法

铁素体型不锈钢应采用小的热输入焊接方法，通常采用焊条电弧焊、

第九章 不锈钢的焊接

钨极氩弧焊、熔化极氩弧焊等。各种焊接方法适用情况见表9-8。对于普通高铬铁素体型不锈钢，可采用焊条电弧焊、气体保护焊、埋弧焊、等离子弧焊、电子束焊等熔焊方法；而对于超高纯高铬铁素体型不锈钢（即通过真空或保护气体精炼技术炼出的超低碳和超低氮的超高纯度铁素体型不锈钢），为了获得良好的保护，主要采用氩弧焊、等离子弧焊和电子束焊等方法。

表9-8 铁素体型不锈钢电弧焊方法及其适用性

焊接方法	一般适用板厚/mm
焊条电弧焊	>1.5
钨极氩弧焊	0.5~3
熔化极氩弧焊	>3

2. 焊接材料

铁素体型不锈钢焊接时填充金属主要有两大类：一类是同质的铁素体型焊材；另一类是异质的奥氏体型（或镍基合金）焊材。选用同质焊材的特点是：焊缝与母材颜色一样、相同的线胀系数和大小相似的耐蚀性，但因焊缝组织为粗大的铁素体，抗裂性不高。选用奥氏体异质焊材的特点是：焊前可不预热或焊后可不热处理，焊缝塑性好，可以改善接头性能。但要注意母材金属对奥氏体焊缝的稀释，有可能影响接头耐蚀性，而且焊缝与母材金属的色泽也不相同。表9-9列出了铁素体型不锈钢常用的焊条和焊丝。

表9-9 铁素体型不锈钢常用的焊条和焊丝

母材钢号	焊条		焊丝	预热及热处理温度
	型号	牌号		
Cr16~Cr18型	E430-16 E430-15	G302 G307	H10Cr17	预热100~200℃ 焊后750~800℃回火
Cr16~Cr18型	E316-15 E308-15	A207 A107	H03Cr21Ni10 H03Cr19Ni12Mo2	不预热，焊后不热处理
Cr25~Cr30型	E310-16 E310-15	A402 A407	H08Cr26Ni21 H04Cr25Ni5Mo3Cu2N	不预热，焊后不热处理 或760~780℃回火

3. 焊接工艺措施

（1）预热 铁素体型不锈钢在室温时韧性很低，若焊件刚性大，则易产生冷裂纹。一般在100~200℃范围内预热，可使焊接接头在富有韧性的状态下施焊，能有效防止裂纹的产生。铬含量越高，预热温度应越高，但预热温度不能过高，否则会使焊接接头近缝区的晶粒急剧长大，引起脆化。采用奥氏体焊条可不预热。

对于超高纯度铁素体型不锈钢，由于其对高温热作用引起的脆化不显著，焊接接头有很好的塑性和韧性，因而板厚小于 5mm 时也不需预热。

（2）焊接参数　铁素体型不锈钢具有强烈的晶粒长大、475℃ 脆化和 σ 相脆化的倾向，因此要求用小电流、快焊速，焊条不横向摆动，多层焊，并且严格控制层间温度，待前道焊缝冷却至预热温度再焊下一层。对于大厚度焊件，为了减少收缩应力，每道焊缝焊完后，可用锤子轻轻锤击焊缝。

（3）焊后热处理　铁素体型不锈钢焊后热处理的目的是消除应力，并使焊接过程中产生的马氏体或中间相分解，获得均匀的铁素体组织。但焊后热处理不能使已经粗化的铁素体晶粒重新细化。常用的焊后热处理是在 750~800℃ 加热后空冷的退火处理，使组织均匀化，可提高韧性和耐蚀性，但退火后应快冷，以防止出现 475℃ 和 σ 相脆化。采用奥氏体焊条可不进行焊后热处理，板厚小于 5mm 的超高纯度铁素体型不锈钢也不需焊后热处理。

第四节　马氏体型不锈钢的焊接

一、马氏体型不锈钢的焊接性

马氏体型不锈钢焊接时，产生晶间腐蚀倾向很小，易出现的问题是热影响区的脆化和冷裂纹。

1. 热影响区脆化

马氏体型不锈钢尤其是铁素体形成元素较高的马氏体型不锈钢，具有较大的晶粒长大倾向。冷却速度较小时，焊接热影响区易产生粗大的铁素体和碳化物；冷却速度较大时，热影响区会产生硬化现象，形成粗大的马氏体。这粗大的组织会使马氏体型不锈钢焊接热影响区塑性和韧性降低而脆化。此外，马氏体型不锈钢还具有一定的回火脆性。

2. 焊接冷裂纹

马氏体型不锈钢由于含铬量高，同时还有适量的碳、镍等元素，极大地提高了淬硬性，不论焊前的原始状态如何，焊接总会使焊缝及热影响区产生硬而脆的马氏体组织。加之马氏体型不锈钢导热性较碳钢差，焊接时残余应力较大，所以焊接接头对冷裂纹较敏感，尤其在有氢存在或接头刚性较大时，很容易产生冷裂纹，甚至是更危险的氢致延迟裂纹。

对于焊接含奥氏体形成元素碳、镍较少，或含铁素体形成元素铬、钼、钨、钒较多的马氏体型不锈钢，焊后除了获得马氏体组织外，还会产生一定量的铁素体组织。这部分铁素体组织使马氏体回火后的冲击韧性降低。粗大铸态焊缝组织及过热区中的铁素体，往往分布在粗大的马氏体晶间，严重时可呈网状分布，这会使焊接接头对冷裂纹更加敏感。

二、马氏体型不锈钢的焊接工艺

1. 焊接方法

马氏体型不锈钢的焊接方法有焊条电弧焊、埋弧焊和熔化极气体保护焊等,目前仍以焊条电弧焊为主。常用焊接方法及适用性见表 9-10。

表 9-10 马氏体型不锈钢电弧焊方法及其适用性

焊接方法	适用性	一般适用板厚/mm	说 明
焊条电弧焊	适用	>1.5	薄板焊条电弧焊易焊透、焊缝余高大
手工钨极氩弧焊	较适用	0.5~3	大于 3mm 可以用多层焊,但效率不高
自动钨极氩弧焊	较适用	0.5~3	大于 4mm 可以用多层焊,小于 0.5mm 操作要求严格
熔化极氩弧焊	较适用	3~8	开坡口,可以单面焊双面成形
		>8	开坡口,多层焊
脉冲熔化极氩弧焊	较适用	>2	热输入最低,焊接参数调节范围广

12Cr13 氏体不锈钢的焊接工艺研究-生产案例

2. 焊接材料

马氏体型不锈钢焊接可以采用两种不同的焊条和焊丝。马氏体型不锈钢常用的焊接材料见表 9-11。

表 9-11 马氏体型不锈钢常用的焊接材料

母材钢号	对焊接接头性能的要求	焊条 型号	焊条 牌号	焊丝	预热及热处理温度
12Cr13	抗大气腐蚀及气蚀	E410-16 E410-15	G202 G207	H06Cr14	焊前预热至 150~350℃
	耐有机酸腐蚀并耐热	E410-16	G217	—	焊后 700~730℃ 回火
20Cr13	要求的焊缝有良好的塑性	E308-16 E308-15 E316-16 E316-15 E310-16 E310-15	A102, A107 A202, A207 A402, A407	H08Cr19Ni12Mo2 H12Cr24Ni13	焊前不预热(对厚大工件或预热至 200℃),焊后不进行热处理
15Cr12MoV	540℃ 以下有良好的热塑性	—	R802 R807	—	焊前预热 300~400℃,焊后冷至 100~150℃ 后,再在 700℃ 以上高温回火

249

（续）

母材钢号	对焊接接头性能的要求	焊条 型号	焊条 牌号	焊丝	预热及热处理温度
15Cr12WMoV（F11）	600℃以下有良好的热塑性	—	R817	—	焊前预热300~450℃，焊后冷至100~120℃后，再在740~760℃以上高温回火

（1）马氏体型不锈钢焊条和焊丝　采用马氏体型不锈钢焊条和焊丝，可使焊缝金属的化学成分与母材相近，具有较高的强度，但焊缝的冷裂纹倾向较大。因此，焊前应预热，温度不应超过450℃，以防止475℃脆化；焊后应进行后热处理，一般冷至150~200℃，保温2h，使奥氏体各部分转变为马氏体，然后立即进行高温回火，即加热到700~790℃，保温时间按每1mm板厚10min计算，但不少于2h，最后空冷。如果焊后冷至室温再进行高温回火，则有产生裂纹的危险。

（2）Cr-Ni奥氏体型不锈钢焊条与焊丝　Cr-Ni奥氏体型焊缝金属具有良好的塑性，可以缓和热影响区马氏体转变时产生的应力。此外，Cr-Ni奥氏体型不锈钢焊缝对氢的溶解度大，可以减少氢从焊缝金属向热影响区的扩散，有效地防止冷裂纹，因此焊前不需预热。但焊缝的强度较低，不能通过焊后热处理来提高。

3. 焊接工艺措施

（1）预热　焊前预热温度应低于马氏体开始转变温度，一般为150~400℃，最高不超过450℃。影响预热温度的主要因素有碳含量、材料厚度、填充金属种类、焊接方法和拘束度等。

碳的质量分数小于0.1%时，可不预热，也可预热到200℃；碳的质量分数为0.1%~0.2%时，预热温度为200~260℃，在特别苛刻条件下可预热至400~450℃。碳的质量分数大于0.2%时，预热温度应适当提高，但需保持层间温度。

薄板有时可以不预热，即使预热，温度为150℃即可。对于刚性大的厚板结构，以及淬硬倾向大的钢种，预热温度相应高些，通常选在马氏体开始转变温度 M_s 点以上。如焊接厚度大于25mm，预热温度为300~400℃。

采用Cr-Ni奥氏体型不锈钢焊条或焊丝焊接马氏体型不锈钢时，一般可以不进行预热，只有在焊接厚板时才预热200℃及以上。

（2）焊接参数　马氏体型不锈钢焊接时，一般选用较大的焊接热输入，可降低冷却速度。同时应保证全部焊透，注意填满弧坑，严格控制层间温度，防止在熔敷后续焊道前发生冷裂纹。

（3）后热及焊后热处理　绝大多数马氏体型不锈钢焊后不允许直接冷却到室温，以防止产生冷裂纹。马氏体型不锈钢焊接中断或焊完之后，应立即施加后热，以使奥氏体在不太低的温度下全部转变为马氏体（有时还有贝氏体）。如果焊后立即进行热处理，则可以免去后热。

焊后热处理有两种：一种是焊后进行调质处理，调质处理应在焊后立即进行；另一种是焊前已进行了调质处理，焊后只需进行高温回火处理，但回火的温度应比调质的回火温度略低，使之不影响母材原有的组织状态。

第五节 不锈钢焊接工程应用实例

一、奥氏体型不锈钢的焊接实例

1. 07Cr19Ni11Ti 不锈钢厚壁管全位置焊接

07Cr19Ni11Ti 不锈钢 $\phi133mm\times11mm$ 大管水平固定全位置对接接头主要用于核电设备及某些化工设备中需要耐热、耐酸的管道中，焊接难度较高，对焊接接头质量要求很高，内表面要求成形良好，凸起适中，不内凹，焊后要求 PT、RT 检验。以往均采用 TIG 焊或焊条电弧焊，前者效率低、成本高，后者质量难以保证且效率低。为了既保证质量又提高效率，采用 TIG 内、外填丝法焊底层，MAG 焊填充及盖面层。

（1）焊接方法及焊前准备

1）焊接方法。材质为 07Cr19Ni11Ti，管件规格为 $\phi133mm\times11mm$，采用手工钨极氩弧焊打底、混合气体（CO_2+Ar）保护焊填充及盖面焊，为水平固定全位置焊接。

2）焊前准备。

① 清理油、污物，将坡口面及周围 20mm 内修磨出金属光泽。

② 坡口角度 60°、间隙 3.5~4.0mm、钝边 0.5mm。

③ 装配定位，定位焊采用肋板固定（2 点、7 点、11 点为肋板固定），也可采用坡口内定位焊，但必须注意定位焊质量。

④ 管内充氩气保护。

（2）TIG 焊工艺

1）焊接参数。采用 $\phi2.5mm$ 的 WCe-20 钨极，钨极伸出长度 4~6mm，不预热，喷嘴直径 12mm，其他焊接参数见表 9-12。

表 9-12 TIG 焊焊接参数

焊丝	焊丝直径 d/mm	焊接电流 I/A	电弧电压 U/V	气体流量/（L/min）	Ar 纯度（%）	极性
TCS-308L	2.5	80~90	12~14	正面 9~12 反面 9~13	99.99	直流正接

2）操作方法。

① 管子对接水平固定焊缝是全位置焊接，因此，焊接难度较大。为

防止仰焊内部焊缝内凹，打底层采用仰焊部位内填丝，立、平焊部位采用外填丝法进行施焊。

② 引弧前应先在管内充氩气，将管内空气置换干净后再进行焊接，焊接过程中焊丝不能与钨极接触或直接深入电弧的弧柱区，否则造成焊缝夹钨和破坏电弧稳定，焊丝端部不得抽离保护区，以避免氧化，影响质量。

③ 由过 6 点 5mm 处起焊，无论什么位置的焊接，钨极都要垂直于管子的轴心，这样能更好地控制熔池的大小，而且可使喷嘴均匀地保护熔池不被氧化。

④ 焊接时钨极端部离焊件距离 2mm 左右，焊丝要顺着坡口沿着管子的切点送到熔池的前端，利用熔池的高温将焊丝熔化。电弧引燃后，在坡口一端预热，待金属熔化后立即送第一滴焊丝熔化金属，然后电弧摆到坡口另一端，给送第二滴焊丝熔化金属，使二滴熔滴连接形成焊缝的根基，然后电弧做横向摆动，两边稍作停留，焊丝均匀地、断续地送进熔池向前施焊。

⑤ 在填丝过程中切勿扰乱氩气气流，停弧时注意氩气保护熔池，防止焊缝氧化。焊后半圈时，电弧熔化前半圈仰焊部位，待出现熔孔时给送焊丝，前两滴可以多给点焊丝，避免接头内凹，然后按正常焊接。

⑥ 12 点收弧处打磨成斜坡状，焊至斜坡时，暂停给丝，用电弧把斜坡处熔化成熔孔，最后收弧。注意焊到后半圈剩一小半时，应减小内部保护气体流量到 3L/min，以防止气压过大而使焊缝内凹。

(3) MAG 焊工艺

1) 混合气体。$Ar+O_2(1\%\sim2\%)$ 适用于平焊及平角焊，而全位置焊缝成形较差，焊缝在坡口中间呈凸起状，特别是在仰焊位置更为严重，甚至使下一层无法进行焊接。但在保护气中加一定量的 CO_2 后情况有所改善，经多次调整试验得出：在 Ar 中加入 18%~25% 的 CO_2 较为合适，最后选用 $Ar75\%+CO_2 25\%$，达到成形良好的效果。

2) 焊接参数。喷嘴直径 20mm，喷嘴至试件距离 6~8mm，层间温度≤150℃。其他焊接参数见表 9-13。

表 9-13　MAG 焊焊接参数

焊丝	焊丝直径 d/mm	焊接电流 I/A	电弧电压 U/V	保护气体	气体流量 L/min	极性
KMS-308	1.0	100~110	17~19	正面 $Ar75\%+CO_2 25\%$	9~12	直流正接
				反面 Ar100%	3	

3) 操作方法。

① 焊前注意喷嘴、导电嘴是否清理干净，气体流量的大小是否合适，清理打底层表面，控制层间温度。

② 焊接时，焊枪角度要跟管子轴线垂直，因为管子是圆的，所以焊

枪角度要随时变化，这样才能保证焊缝质量，避免焊缝产生气孔、夹渣等现象。

③焊接时采用小月牙形摆动，两侧稍作停留稳弧，中间速度稍快，这样可以避免焊缝凸起、不平整；上、下接头都要越过中心线5~10mm，后半圈填充、盖面仰焊接头时，可把前半圈引弧焊接位置磨一个缓坡，使后半圈接头时不至于产生缺陷。

④焊接填充时，要注意坡口边缘不要被电弧擦伤，以备盖面层焊接。盖面时，应在坡口边缘稍作停顿，以保证熔池与坡口更好地熔合。焊接过程中，焊枪的摆动幅度和频率要相适应，以保证盖面层焊缝表面尺寸和边缘熔合整齐。

（4）焊后检验 外观检验、无损检测合格。

2. 06Cr19Ni10奥氏体型不锈钢埋弧焊工艺

某公司在预缩机受压元件烘筒（Ⅰ类压力容器）的制造（焊接）过程中，遇到厚22mm的06Cr19Ni10奥氏体型不锈钢的焊接问题，经过焊接工艺试验，取得了良好效果。

（1）烘筒结构及设计要求 烘筒结构如图9-3所示。按设计要求，受压元件烘筒应按照GB/T 150—1998《钢制压力容器》和《压力容器安全技术监察规程》进行设计、制造、检验和验收，筒体纵向焊缝按NB/T 47013.1~47013.13—2015《承压设备无损检测》规定，采用20%长度X射

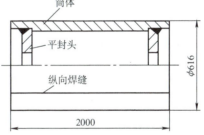

图9-3 烘筒结构示意图

线检测，检测结果不低于Ⅲ级为合格。过去，筒体纵向焊缝的焊接，一直采用手工钨极氩弧焊打底（保证单面焊双面成形）与焊条电弧焊填充、盖面复合焊工艺方法。由于材料厚度较大，焊接层（道）数较多，焊接工作量较大，因此焊接效率较低，且因层间清渣困难，焊缝内部也易产生夹渣缺陷。为了解决上述问题，决定在预缩机烘筒体纵向焊缝的焊接过程中引入埋弧焊工艺，以保证焊缝质量，提高焊接效率。

（2）焊接工艺试验

1）焊接设备。焊接设备选用MR-135T手工钨极氩弧焊机直流正接，用于筒体纵向焊缝打底焊；MR-400直流焊机，直流反接，用于中间层填充焊，防止埋弧焊时烧穿；ZD5-1000埋弧焊机，直流反接，用于填充焊及盖面焊。

2）试验材料。制备厚22mm的06Cr19Ni10奥氏体型不锈钢试板若干块，尺寸为500mm×150mm×22mm。制备150mm×100mm×8mm焊接引弧板、引出板若干块。准备φ2.0mm的H06Cr21Ni10焊丝和A132奥氏体型不锈钢焊条以及φ3.0mmH06Cr21Ni10焊丝和HJ260焊剂。

3）焊前准备。试板开U形坡口，坡口尺寸如图9-4所示。焊前将试

板进行定位焊，用丙酮溶液擦去坡口及其两侧各 50mm 范围内油污，并在坡口两侧预涂白垩粉糊剂，以防止飞溅物。焊接时，首先采用手工钨极氩弧焊进行打底焊，以保证试件单面焊双面成形；然后再用焊条电弧焊进行填充焊（焊 3 层），以保证埋弧焊焊接时不致于烧穿；最后将引、熄弧板点焊于试件的两端，采用埋弧焊进行填充焊和盖面焊。

4) 焊接顺序。焊接顺序如图 9-5 所示。第 1 层采用手工钨极氩弧焊，第 2~4 层采用焊条电弧焊，第 5~7 层采用埋弧焊。

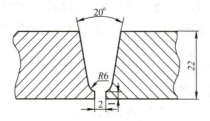

图 9-4　坡口形式和尺寸　　　　图 9-5　焊接顺序

5) 焊接参数。焊接参数见表 9-14。

表 9-14　焊接参数

焊层	焊接方法	焊接材料及规格/mm	焊接电流/A	电弧电压/V	焊接速度/(cm/min)
1	手工钨极氩弧焊	H06Cr21Ni10，ϕ2.0	130~150	13~14	14~15
2~4	焊条电弧焊	A132，ϕ4.0	140~160	23~25	20~22
5	埋弧焊	H06Cr21Ni10，ϕ3.0	380~420	34~35	38~40
6、7	埋弧焊	H06Cr21Ni10，ϕ3.0	450~480	35~36	38~40

(3) 试验结果与分析

1) 焊接接头无损检验。对焊接接头进行外观检验，焊缝呈银白色和淡黄色，属于良好的保护等级，焊缝外形美观，余高较低，过渡圆滑，无表面气孔、末熔合、咬边、裂纹等焊接缺陷。焊缝按 NB/T 47013.1~47013.13—2015《承压设备无损检测》规定，采用 20%长度 X 射线检测，结果均为Ⅰ级。表明焊缝内、外在质量优良，为合格焊缝。

2) 焊接接头力学性能。母材及焊接接头试样的力学性能试验按 NB/T 47014—2011《承压设备焊接工艺评定》标准进行，其试验结果列于表 9-15。由表可见，06Cr19Ni10 奥氏体型不锈钢采用埋弧焊工艺焊接的接头具有优良的力学性能。

表 9-15　焊接接头力学性能

位置	抗拉强度/MPa	弯曲角度	结果
母材	523、527	180°无裂纹	合格
焊缝	633、632	180°无裂纹	合格

3)焊接接头晶间腐蚀性能。晶间腐蚀试样按 GB/T 4334—2020《金属和合金的腐蚀 奥氏体及铁素体-奥氏体（双相）不锈钢晶间腐蚀试验方法》进行试验。试验时间 16h，弯曲 180°，结果 3 个试样均无晶间腐蚀倾向。可见焊接接头抗晶间腐蚀性能优良。

（4）生产应用效果 中厚板 06Cr19Ni10 奥氏体型不锈钢埋弧焊工艺试验结果，已应用于公司预缩机不锈钢烘筒的制造（焊接）过程中，较好地完成了筒体纵向焊缝的焊接工作。实践表明，引入埋弧焊工艺后，不仅保证了焊接质量，改善了焊工的劳动条件，而且焊接效率提高了一倍。

二、铁素体型不锈钢的焊接实例

1. 022Cr18Ti 铁素体型不锈钢焊接

022Cr18Ti 铁素体型不锈钢焊接接头的形式为对接接头，开 V 形坡口，其尺寸如图 9-6 所示，采用焊条电弧焊进行焊接。由于 06Cr11Ti 钢含有 Ti，能固定钢中的碳，所以钢中是完全的铁素体组织。

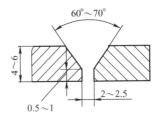

图 9-6 坡口尺寸

为了保证焊透，接头的根部间隙为 2~2.5mm。焊条采用 E308-15（A107），共焊两层，第一层焊条直径为 ϕ3.2mm，焊接电流为 70~80A，电弧电压为 23~25V，焊接速度为 140~160mm/min；第二层焊条直径为 ϕ4mm，焊接电流为 120~140A，电弧电压为 28~30V，焊接速度约为 300mm/min。在第一层冷却后再焊第二层。由于采用了小的焊接电流，没有出现接头晶粒长大和脆化现象。

2. 008Cr27Mo 不锈钢蒸发器内衬焊接

三效逆流强制循环蒸发器是氯碱工业的主要设备，其气、液相部分在高温强碱介质中运行，设备的腐蚀相当严重，是一般耐酸不锈钢所不能承受的。使用国产 008Cr27Mo 超纯高铬铁素体型不锈钢制造蒸发器内衬，可提高设备的耐腐蚀性能，延长使用寿命，而且成本低。

（1）008Cr27Mo 性能及焊接性分析 008Cr27Mo 的化学成分见表 9-16。

表 9-16 008Cr27Mo 的化学成分（质量分数,%）

C	Cr	Mo	Mn	Si	P	Cu	Ni	N	其他元素
0.003	26.77	1.22	0.04	0.18	0.016	0.03	0.023	0.011	0.12

008Cr27Mo 钢中间隙元素总 C+N 含量极低，对产生焊接裂纹和晶间腐蚀不敏感，对高温加热引起的脆化不显著，板厚小于 5mm 时焊前不必预热，焊后也不必进行热处理，焊接接头有很好的塑性和韧性，耐蚀性很好，具有良好的焊接性。但当焊缝中 C+N 总含量增加时，仍有可能产生晶间腐蚀，因此，焊接工艺的关键是防止焊接材料表面和熔池污染，防止空气中 N_2 侵入熔池，以免增加焊缝中 C、N、O 的含量，导致晶间

腐蚀的产生。

（2）008Cr27Mo 钢焊接工艺

1）焊接材料。焊接材料中的间隙元素含量应低于母材，焊接时应采用与母材同成分的焊丝作为填充材料。焊丝可选用与母材匹配的专用焊丝或直接从母材板料上剪切成条状。专用焊丝化学成分见表 9-17。

表 9-17 专用焊丝化学成分（质量分数，%）

C	N	O	Cr	Mo	Mn	Si	S	P	Cu	Ni
0.005	0.011	0.0037	26.5	1.08	0.005	0.20	0.009	0.018	0.03	0.023

2）焊接方法。采用手工 ITG 焊，焊机 WS-400、直流正极性，焊枪为气冷式 QQ-85°/200A 型。氩气纯度 > 99.99%，w_N < 0.001%，w_O < 0.0015%，w_H < 0.005%。

3）焊接热输入。焊接应采用小热输入施焊，在保证焊透的情况下可适当提高焊接速度，采取短弧不摆动或小摆动的操作方法。焊接时，焊丝的加热端应置于氩气的保护中，每层焊道的接头应错开。

多层焊时控制道间温度低于 100℃，以减少焊接接头的高温脆化和 475℃ 脆性。

4）焊接参数。焊接参数见表 9-18。

表 9-18 焊接参数

板厚/mm	焊丝直径/mm	钨极	焊接电流/A	电弧电压/V	焊接速度/(mm/min)	氩气流量/(L/min)		
						喷嘴	正面	背面
6	2.5	2.5	130~170	16~18	90~120	20	60	60

5）焊接操作。焊接过程中焊缝的正面和背面均须得到有效保护，增强熔池保护需采用焊枪后加保护气拖罩的办法进行。将清理好的焊件置于有保护装置的平台上，通入氩气即可进行焊接。拖罩离焊件的距离要保持在 0.05~1mm，焊嘴与焊缝成 110°夹角，焊丝与焊嘴成 90°夹角，填丝时注意焊丝不宜拉出过长，高温端要始终置于氩气保护区内，以免由于送丝带入空气，影响保护效果。在施焊过程中，应注意观察焊缝冷却后的颜色，发现有保护不良现象，应立即停止焊接，检查保护装置。

三、马氏体型不锈钢的焊接实例

【30Cr13 马氏体型不锈钢试管机压力阀套的焊接】

1000t 试管机压力阀套由两个锻件通过焊接而成，基体材料为 30Cr13 马氏体型不锈钢。

1. 接头形式及坡口

接头形式为对接接头，选择 V 形坡口，焊接结构形式及坡口尺寸如图 9-7 所示。

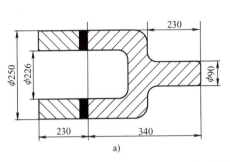 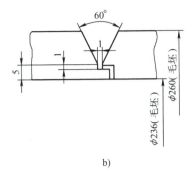

图 9-7 试管机压力阀套的焊接结构和坡口形式及尺寸
a) 焊接结构形式及尺寸　b) 坡口形式及尺寸

2. 焊接工艺

1）采用焊条电弧焊方法，选用直流电源并反接。焊接材料为 A402 焊条。

2）采用整体预热工艺，预热温度为 200~400℃。

3）按图样要求装配，控制好装配间隙，预热后用直径为 φ3.2mm 的焊条进行定位焊，及时检查定位焊缝质量，不允许存在裂纹等焊接缺陷。

4）定位焊合格后，开始进行正式焊接，采用多层多道连续焊。焊条为 φ4mm，打底焊时焊接电流为 160A，以后各层的焊接电流 180~210A，层间温度控制在 200℃。

5）操作时要注意焊条不做摆动，在熄弧时应稍作停留，以填满弧坑。每层和每道焊缝的起弧和收弧处要相互错开位置，不能在同一点上。

6）焊件在焊后进行 730~790℃ 的高温回火处理，热处理后按照图样进行机械加工，去除 V 形接头焊缝的余高。

3. 检验

焊缝外观检查合格后，用着色渗透探伤，要求焊缝表面不得存在裂纹，然后进行 X 射线探伤检验合格。

【1+X 考证训练】

【理论训练】

一、填空题

1. 奥氏体型不锈钢焊接的主要问题是_____、_____和_____。

2. 06Cr19Ni10 焊接材料的选择：焊条型号_____，焊条牌号_____；氩弧焊焊丝_____。

3. 不锈钢的主要腐蚀形式有_____、_____、_____、_____和_____。

4. 铁素体型不锈钢焊接的主要问题是_____和脆化，其脆化有_____、_____和_____。

5. 马氏体型不锈钢焊接性较奥氏体型不锈钢和铁素体型不锈钢

_____，其焊接时的主要问题是_____和_____。

6. 刀状腐蚀是_____的一种特殊形式。它只发生在含有_____、_____等稳定剂的奥氏体钢的焊接接头中。

二、判断题（正确的画"√"，错误的画"×"）

1. 奥氏体型不锈钢 06Cr19Ni10 用焊条电弧焊焊接时，选用 A102 焊条。（ ）

2. 马氏体型不锈钢导热性差、易过热，在热影响区易产生粗大的组织。（ ）

3. 焊接铬镍奥氏体型不锈钢时，为了提高耐蚀性焊前应进行预热。（ ）

4. 奥氏体型不锈钢的碳当量较大，故其淬硬倾向较大。（ ）

5. 奥氏体型不锈钢加热温度小于 450℃ 时，不会产生晶间腐蚀。（ ）

6. 不锈钢产生晶间腐蚀的原因是晶粒边界形成铬的质量分数降至 12% 以下的贫铬区所致。（ ）

7. 奥氏体型不锈钢焊条电弧焊时，焊条要适当横向摆动，以加快其冷却速度。（ ）

8. 为避免焊条电弧焊的飞溅损伤奥氏体型不锈钢表面，在坡口及两侧刷涂白垩粉或专用防飞溅剂。（ ）

9. 奥氏体型不锈钢焊后，矫正焊接变形只能采用机械矫正，不能采用火焰矫正。（ ）

三、简答题

1. 奥氏体型不锈钢产生晶间腐蚀的原因是什么？防止措施有哪些？
2. 简述马氏体型不锈钢的焊接工艺。
3. 简述铁素体型不锈钢的焊接工艺。

【技能训练】

四、水平固定管对接 TIG 焊

水平固定管对接 TIG 焊焊件图及技术要求如图 9-8 所示。

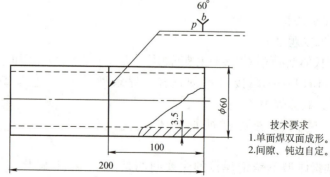

图 9-8　水平固定管对接 TIG 焊焊件图及技术要求

第九章 不锈钢的焊接

1. 焊前准备

1）焊前用钢丝刷或砂布清除尽待焊部位两侧各 20mm 范围内的铁锈、油污、水分等，使之露出金属光泽。

2）焊机：WS-300 型钨极氩弧焊机，氩气瓶及氩气流量调节器（AT-15 型），气冷式焊枪 QQ-85°/150-1 型。

3）焊件：06Cr19Ni10Ti 不锈钢钢管 ϕ60mm×100mm×3.5mm，一侧加工 30°坡口，钝边 0.5~1mm，两节组对一组。

4）焊材：H06Cr21Ni10 焊丝，ϕ2.0mm，焊丝剪成 500mm 左右长度一段。钨极 WCe-20、ϕ2mm。

5）装配及定位焊：将焊件固定在 V 形槽胎具上，留间隙 2mm，保证两管同心，在时钟 2 点、10 点处进行两点定位焊，定位焊缝长 5~8mm。

2. 焊接参数

焊接参数见表 9-19。

表 9-19 焊接参数

焊接层次	极性	钨极直径/mm	喷嘴直径/mm	钨极伸出长度/mm	氩气流量/(L/min)	焊丝直径/mm	焊接电流/A
打底焊	直流正接	2	8~12	5~6	8~12	2	60~75
盖面焊		2	8~12	5~6	8~12	2	70~80

3. 焊接

（1）打底焊　打底焊分前、后半部分，分别进行施焊。

从仰焊位置过管中心线后方 5~10mm 处起焊，按逆时针方向先焊前半部分，焊至平焊位置越过管中心线 5~10mm 收弧，之后再按顺时针方向焊接后半部分，如图 9-9 所示。

焊接过程中，焊枪角度和填丝角度要随焊接位置的变化而变化，如图 9-10 所示。

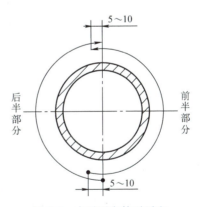

图 9-9　水平固定管引弧和收弧位置示意图

焊前需先向管内充入氩气，将管内空气置换出来，即可进行施焊。

电弧引燃后，在坡口根部间隙两侧用焊枪划圈预热，待钝边熔化形成熔孔后，将伸入到管子内侧的焊丝紧贴熔孔，在钝边两侧各送一滴熔滴，通过焊枪的月牙形横向摆动，使之形成搭桥连接的第一个熔池。此时，焊丝再紧贴熔池前沿中部填充一滴熔滴，使熔滴与母材充分熔合，熔池前方出现熔孔后，再送入另一滴熔滴，依次循环。当焊至立焊位置时，由内填丝法改为外填丝法，直至焊完底层的前半部分。

后半部分为顺时针方向的焊接，操作方法与前半部分相同。当焊至距定位焊缝 3~5mm 时，为保证接头焊透，焊枪应划圈，将定位焊缝熔化，然后填充 2~3 滴熔滴，将焊缝封闭后继续施焊（注意定位焊缝处不填焊丝）。当底层焊道的后半部分与前半部分在平位还差 3~4mm 即将封口时，停止送丝，先在封口处周围划圈预热，使之呈红热状态，然后将电弧拉回原熔池填丝焊接。封口后停止送丝继续向前施焊 5~10mm 停弧，不要立即移开焊枪，要待熔池凝固后再移开。打底层焊道厚度一般以 2mm 为宜。

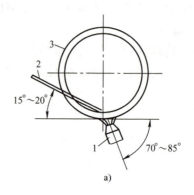

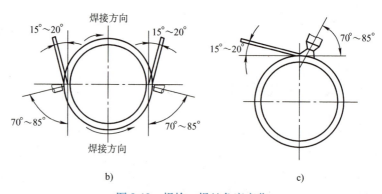

图 9-10　焊枪、焊丝角度变化

a）仰焊位置　b）立焊位置　c）平焊位置
1—焊枪　2—焊丝　3—水平固定管

（2）盖面焊　盖面焊焊枪角度与打底焊时相同，填丝均为外填丝法。

在打底层上位于时钟 6 点处引弧，焊枪做月牙形摆动，在坡口边缘及打底层焊道表面熔化并形成熔池后，开始填丝焊接。焊丝与焊枪同步摆动，在坡口两侧稍加停顿，各加一滴熔滴，并使其与母材良好熔合。如此摆动、填丝进行焊接。在仰焊部位填丝量应适当少一些，以防熔敷金属下坠。在立焊部位时，焊枪的摆动频率要适当加快，以防熔滴下淌。到平焊部位时，每次填充的焊丝要多些，以防焊缝不饱满。

整个盖面层焊接运弧要平稳，钨极端部与熔池距离保持在 2~3mm 之间，熔池的轮廓应与焊缝的中心线相对称，若发生偏斜，应随时调整焊枪角度和电弧在坡口边缘的停留时间。

第九章　不锈钢的焊接

【榜样的力量：大国工匠】

大国工匠：高凤林

（中国航天科技集团首都航天机械有限公司焊接高级技师）

高凤林参与过一系列航天重大工程，焊接过的火箭发动机占我国火箭发动机总数的近四成。攻克了长征五号的技术难题，为北斗导航、嫦娥探月、载人航天等国家重点工程的顺利实施以及长征五号新一代运载火箭研制做出了突出贡献。

所获荣誉：国家科学技术进步二等奖、全国劳动模范、全国五一劳动奖章、全国道德模范、最美职工。

异种钢的焊接

两种不同的钢之间的焊接称之为异种钢焊接,它在异种金属焊接中应用最为广泛。采用异种钢制造焊接结构,不仅能满足不同工作条件对钢材提出的不同要求,而且还能节省高合金钢,降低成本和简化制造工艺,充分发挥不同材料的性能优势。在某些条件下,异种钢结构的综合性能甚至超过单一钢结构。异种钢制成的焊接结构在机械、化工、石油及反应堆工程等行业得到越来越广泛的应用。

第一节 异种钢的类型及焊接特点

一、异种钢焊接的类型

异种钢焊接接头可分为两种情况,第一类为同类异种钢组成的接头,这类接头的两侧母材虽然化学成分不同,但都属于同一类型组织,如珠光体钢之间的焊接;第二类接头为异类异种钢组成,即接头两侧的母材不属于同一类型组织的钢,如一侧为珠光体钢,另一侧为奥氏体钢。此外,奥氏体型不锈复合钢板的焊接也归纳为第二类接头。常用于异种钢焊接结构的钢种见表10-1。

表10-1 常用于异种钢焊接结构的钢种

组织类型	类型	钢 号
珠光体钢	Ⅰ	低碳钢:Q215、Q235、Q255、08、10、15、20、25、Q245R
	Ⅱ	低碳低合金钢:15Mn、Q355、20Mn、10Mn2、15Cr、20MnSi、20CrV、Q390、Q420、14MnMoV
	Ⅲ	中碳钢及低合金钢:35、40、45、50、55、35Mn、40Mn、50Mn、40Cr、50Cr、35Mn2、45Mn2、50Mn2、30CrMnTi、40CrMn、40CrV、35CrMnSiA
	Ⅳ	铬钼耐热钢:12CrMo、15CrMo、20CrMo、30CrMo、35CrMo、38CrMoAlA
	Ⅴ	铬钼钒(钨)耐热钢:20Cr3MoWVA、12Cr1MoV、25CrMoV、12Cr2MoWVTiB
奥氏体钢	Ⅵ	奥氏体耐酸钢:022Cr19Ni10、06Cr19Ni10、12Cr18Ni9、17Cr18Ni9、06Cr18Ni11Ti、07Cr19Ni11Ti、06Cr18Ni11Nb、06Cr17Ni12Mo2Ti
	Ⅶ	奥氏体耐热钢:11Cr23Ni18、06Cr16Ni18、06Cr23Ni13、16Cr20Ni14Si2、45Cr14Ni14W2Mo

二、异种钢焊接接头特点

由于异种钢接头两侧的母材无论从化学成分上还是物理、化学性能上都存在着差异,因此,焊接时,要比同种钢之间的焊接复杂得多。异种钢焊接时存在以下焊接特点。

1. 接头中存在着化学成分的不均匀性

异种钢焊接接头的化学成分不均匀性及由此而导致的组织和力学性能不均匀性问题极为突出,特别是对于第二类异种钢接头更是如此。不仅焊缝与母材的成分往往不同,就连焊缝本身的成分也是不均匀的,这主要是由于焊接时稀释率的存在所造成的。这种化学成分的不均匀性对接头的整体性能影响较大。

2. 熔合区组织和性能的不均匀性

在母材和焊缝金属之间有一个过渡区,即熔合区,由于其存在着明显的宏观化学成分不均匀性,从而引起组织极大的不均匀性,给接头的物理性能、化学性能、力学性能带来很大的影响。比如用奥氏体型不锈钢焊条焊接低合金钢与奥氏体型不锈钢之间的异种钢接头,在熔合区就存在着"碳迁移"现象,使熔合区靠焊缝一侧形成增碳层,而低合金钢一侧形成脱碳层,在此区域内硬度变化剧烈,同时力学性能下降,甚至引起开裂。所以焊接异种钢时,不仅要考虑焊缝本身的成分与性能,而且还要考虑过渡区可能形成的成分和性能。

3. 应力场分布的不均匀性

异种钢焊接接头中焊接残余应力分布不均匀,是因为接头各区域具有不同的塑性决定的;另外,材料导热性的差异,将引起焊接热循环温度场的变化,也是残余应力分布不均匀的因素之一。

由于异种金属焊接接头各区域热胀系数不同,接头在正常使用条件下,因温度循环而出现在界面上的附加热应力分布也不均匀,甚至还会出现应力高峰,从而成为焊接接头断裂的重要原因。

4. 焊后热处理是较难处置的问题

异种钢接头的焊后热处理是一个比较难处置的问题,如果处置不当,会严重损坏异种钢接头的力学性能,甚至造成开裂。例如,对于同类异种钢接头,一侧母材强度较低,要求的焊后热处理温度也较低,而另一侧母材强度及合金元素含量较高,要求的焊后热处理温度也较高,此时如果焊后热处理温度选择不当,会使强度低的一侧母材强度过度下降。当两种钢的性能差别较大时,如珠光体钢与奥氏体钢焊接,接头的热处理并不能消除焊接应力,而只能使应力重新分布。

总之,对于异种钢焊接接头来说,成分、组织、性能和应力场的不均匀性,是其表现的主要特征。

三、异种钢的焊接工艺特点

1. 焊接方法的选择

大部分焊接方法都可以用于异种钢的焊接,常用的焊接方法有焊条电弧焊、埋弧焊、气体保护电弧焊、电渣焊、等离子弧焊、电子束焊和激光焊等,只是在焊接参数及措施方面需适当考虑异种钢的特点。焊接方法选择的原则是:既要保证满足异种钢焊接的质量要求,又要尽可能考虑效率和经济性。

在一般生产条件下,使用焊条电弧焊最为方便,因为焊条的种类多,便于选择,适应性强,可以根据不同的异种钢组合确定适用的焊条,而且焊条电弧焊熔合比小。

为了减少稀释、降低熔合比或控制不同金属母材的熔化量,通常也可选用热源能量密度较高的电子束焊、激光焊和等离子弧焊等方法。

不同的珠光体钢焊接,一般可采用 CO_2 气体保护焊。高合金异种钢焊接,一般采用惰性气体保护焊,一般薄件采用钨极氩弧焊,厚件采用熔化极惰性气体保护焊。电子束焊可以用于制造异种钢真空设备薄壁构件。小直径的异种钢管可用闪光对焊。形状简单的异种材料构件可用摩擦焊、扩散焊、爆炸焊或钎焊。

常用焊接方法的熔合比(稀释率)如图 10-1 所示。

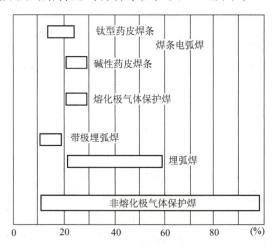

图 10-1 常用焊接方法的熔合比

2. 焊接材料的选择

异种钢焊接接头质量和性能与焊接材料关系十分密切,正确选择焊接材料是异种钢焊接时的关键。异种钢接头的焊缝和熔合区,由于有合金元素被稀释和碳迁移等因素的影响,存在着一个过渡区段,这里不但化学成分和金相组织不均匀,而且物理性能也不同,甚至力学性能也有极大的差异,可能引起缺陷或严重降低性能,所以必须按照母材的化学成分、性能、接头形式和使用要求正确地选择焊接材料。

1）在焊接接头不产生裂纹等缺陷的前提下，若焊缝金属的强度和塑性不能兼顾时，则要选用塑性和韧性较好的焊接材料。

2）焊缝金属性能只需要符合两种母材中的一种，即可认为满足使用技术要求。一般情况下，所选用焊接材料的焊缝金属力学性能及其他性能，只要不低于母材中性能较低一侧的指标，即认为满足了技术要求。然而从焊接工艺考虑，在某些特殊情况下反而按性能较高的母材来选用焊接材料，可能更有利于避免焊接缺陷的产生。

3）同为结构钢的异种钢材焊接时，在可用的相同强度等级的结构钢焊条中，一般应选用抗裂性能良好的低氢焊条。对于金相组织差别比较大的异种钢接头，如珠光体-奥氏体异种钢接头，则必须充分考虑填充金属受到稀释后焊接接头性能仍然能得到保障。

4）在满足性能要求的条件下，选用工艺性能好、价低和易得的焊接材料。

5）对于异类异种钢接头，一般均选用高铬镍奥氏体型不锈钢焊条或镍基合金焊条。对于工作条件苛刻的重要接头，首推选用镍基合金焊条，因为虽然其价格较贵，但是可以减少或避免碳迁移，且其焊缝金属的线胀系数接近珠光体钢，对接头的组织及力学性能都有好处。

3. 焊接坡口设计

异种钢焊接坡口的设计，应有利于焊缝熔合比（稀释率）的减少，应避免在某些焊缝中产生应力集中。较厚的焊件对接焊时宜用 X 形坡口或双 U 形坡口，这样稀释率及焊后产生的内应力较小，但坡口的根部必须焊透。如受结构限制而只能采用单面焊双面成形工艺时，则宜先用手工钨极氩弧焊进行打底层焊接，从第二层开始改用焊条电弧焊。厚度相差较大的焊件，为防止产生过大的应力集中，不推荐采用异种钢焊接。焊条电弧焊和堆焊（堆焊相当于坡口角度为 180°）时熔合比（稀释率）的近似值见表 10-2，可见坡口角度越大，熔合比（稀释率）越小。

表 10-2 焊条电弧焊和堆焊时熔合比（稀释率）的近似值

焊层	焊条电弧焊稀释率			堆焊稀释率
	坡口角度 15°	坡口角度 60°	坡口角度 90°	
1	48~50	43~45	40~43	30~35
2	40~43	35~40	25~30	15~20
3	36~39	25~30	15~20	8~12
4	35~37	20~25	12~15	4~6
5	33~36	17~22	8~12	2~3
6	32~36	15~20	6~10	<2
7~10	30~35	—	—	—

4. 焊接参数

焊接电流、焊条直径、焊接速度及焊接层数的选择，应以减少母材金属的熔化和提高焊缝的堆积量为主要原则。为减少焊缝金属的稀释率，一般采用小电流、细直径焊条及高的焊接速度进行焊接。随着焊接电流的增大，焊缝稀释率增大。采用多层多道焊，对于避免接头中的冷裂纹有着显著的效果。

5. 预热和焊后热处理

当被焊的两种钢材之一是淬硬钢时，必须进行预热，其温度应根据焊接性差的钢材选择。用奥氏体钢焊条焊接异种钢接头时，可适当降低预热温度或不预热。

焊后热处理的目的是提高接头淬硬区的塑性及减小焊接应力。不过异种钢焊接接头的热处理是一个比较复杂的问题，一般根据组合的母材金属、焊缝的合金成分和结构类型等具体情况来确定。

若两种母材金属均有淬硬倾向，则必须进行焊后热处理。热处理规范大多参照淬硬倾向较大的钢来确定。

若两种母材金属的性能差别较大时，接头的焊后热处理并不能消除焊接应力，而只能使应力进行重新分布。例如由 06Cr18Ni11Ti 不锈钢与 12CrMo 耐热钢焊成的接头，就不宜采用焊后热处理。

6. 采用预堆焊层

奥氏体型不锈钢与其他钢材对接焊时，可在非不锈钢一侧的坡口边缘预先堆焊一层高铬高镍的金属，焊条牌号可选用 E309-16、E309-15。堆焊后再用相应的奥氏体型不锈钢焊条焊接。

根据焊接性试验的结果，在对非不锈钢一侧钢材进行预热及焊后热处理时，焊前应在坡口上预热、堆焊，堆焊层数为 1~2 层。堆焊后施以消除应力的退火处理，用着色探伤检查堆焊层。再用相应的不锈钢焊条焊接对接接头，此时不需预热。有预堆焊层的异种钢接头的焊接顺序如图 10-2 所示。

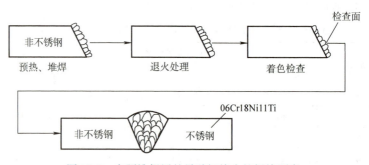

图 10-2 有预堆焊层的异种钢接头的焊接顺序

堆焊层的厚度以能隔离以后几层焊接时电弧热对母材金属的作用，能防止产生淬硬倾向为宜。在低合金钢坡口表面堆焊时，堆焊层厚度为 5~6mm。淬硬性高的钢材，表面堆焊层厚度为 7~8mm。厚度超过 30mm 的钢进行堆焊时，建议首先在高合金钢一侧采用与母材金属成分相近的焊条堆焊一层 5~6mm 厚的过渡层，然后在堆焊层上用与另一种金属成分相近的焊条堆焊一层 6~8mm 厚的过渡层。堆焊此层的目的是将高合金钢堆焊层的成分稀释，使随后对接焊时所产生的淬硬层组织处于次过渡层上。在完成上述两堆焊层后，加工成适当坡口，然后用接近母材的焊条进行对接焊。

第二节 异种珠光体钢的焊接

20Cr 与 Q460C 异种钢焊接工艺研究与应用-生产案例

一、异种珠光体钢的焊接性

珠光体钢与珠光体钢焊接时，虽然它们之间的热物理性能没有太大的差异，但由于它们的化学成分、强度级别及耐热性等性能不同，焊接性也有较大差异。这一类钢，除一部分碳钢外，大部分随着珠光体钢的强度等级提高，碳当量增加，钢的淬硬性增大，焊接性变差，焊接接头易出现淬硬组织及由此而引起的焊接冷裂纹。此外，由于化学成分不同、特别是碳及碳化物形成元素含量不同所引起的界面组织和力学性能的不稳定和劣化也必须加以注意。

二、异种珠光体钢的焊接工艺

1. 焊接方法

异种珠光体钢焊接的焊接方法有焊条电弧焊、气体保护电弧焊、埋弧焊等。目前经常采用的工艺方法有两种，其一是采用珠光体钢焊条加预热或焊后热处理，其二是采用奥氏体钢焊条或堆焊隔离层而不预热。

2. 焊接材料

不同的珠光体钢焊接时，应选用与合金含量较低一侧的母材相匹配的珠光体焊接材料，并要保证力学性能，使接头的强度、塑性不低于两种母材规定值的较低者，碳钢、合金钢之间的焊接主要是保证焊接接头的常温力学性能，而对于耐热钢还要保证接头的耐热性能。通常都选用低氢型焊接材料，以保证焊缝金属的抗裂性和塑性。

若异种珠光体钢焊接接头在使用工作温度下可能产生扩散层时，最好在坡口面堆焊具有 Cr、V、Ti 等强碳化物形成元素的金属隔离层。对于焊接性差的淬火钢，应该用塑性好、熔敷金属不会淬火的焊接材料预先堆焊一层厚 8~10mm 的隔离层，堆焊后必须立即回火。

如果产品不允许或焊接施工现场无法进行焊前预热和焊后热处理时，可选用奥氏体焊接材料，以防止焊缝和热影响区产生冷裂纹。对于工作在高温环境中的异种珠光体钢焊接接头，在选用奥氏体焊接材料时要考虑因二者线胀系数差异而造成接头界面处的附加热应力，甚至接头的提前失效，故高温结构件最好采用与母材同质的焊接材料。

3. 预热和焊后热处理

在低碳钢与普通低合金钢焊接时，要根据普通低合金钢选用预热温度。对于板厚较大以及强度超过 500MPa 时，均应进行不低于 100℃ 的预热。为了促进焊缝和热影响区中氢的扩散逸出，并保持预热的作用，层间温度通常应等于或略高于预热温度。

对于普通低合金钢和珠光体耐热钢，无论采用定位焊还是正式施焊，焊前均应进行整体或局部预热。具体的预热温度可根据珠光体耐热钢的要求进行选择，对于质量要求高或刚性大的焊接结构，应采用整体预热，且多层焊时层间温度也不能低于此温度，并一直保持到焊接结束。若在特殊场合下，焊接过程发生间断，则应使焊件保温后缓慢冷却，再施焊时需按原要求重新进行预热。

为了改善淬火钢焊接接头的组织和力学性能，降低及消除厚大构件焊接接头的残余应力，促使扩散氢逸出，防止产生冷裂纹及保持焊件尺寸精度，同时改善铬钼钒钢焊件在高温工作环境下的抗热裂纹性能，需要对珠光体焊接接头进行焊后热处理，最常用的焊后热处理是高温回火。

三、常用异种珠光体钢的焊接工艺要点

1. 不同低碳钢的焊接

不同的低碳钢（表 10-1 中的 Ⅰ+Ⅰ 的情况）焊接时，焊接性良好，焊缝及热影响区不会出现淬硬组织和裂纹。焊条电弧焊时可采用酸性焊条 E4303（J422）或碱性焊条 E4315（J427）等，埋弧焊时可选用 H08A 焊丝。CO_2 气体保护焊时可采用 G49A3GS6（ER50-6）等焊丝。在焊件很大（一般指厚度超过 30mm）时，一般需要预热到 75℃ 左右。当焊件壁厚较大或要求较高加工精度时，焊后需进行 600~640℃ 回火。

2. 低碳钢+低碳低合金钢的焊接

低碳钢+低碳低合金钢（表 10-1 中的 Ⅰ+Ⅱ 的情况）焊接时，由于增加了合金元素的种类和含量，其淬硬倾向有所增大。焊接这类焊接接头时，焊前应预热到 100~200℃，焊接材料的选择与低碳钢+中碳钢焊接时相似。对于含碳量较多和含合金元素较多的低合金钢，预热温度应适当提高。大厚度焊件焊后需要在 600~640℃ 范围内回火。

3. 低碳钢+中碳钢（或低合金钢）的焊接

低碳钢+中碳钢（或低合金钢）（表 10-1 中的 Ⅰ+Ⅲ 的情况）焊接时，由于高强度中碳钢和低合金钢碳的质量分数为 0.30%~0.60%，其淬硬倾向比较大，焊后接头处很容易出现焊接冷裂纹。焊前需要采取预热措施，预热温度应在 200~250℃。焊条电弧焊时，焊条应选用 E4315（J427）焊条，也可采用奥氏体型不锈钢焊条（如 E310-15）；埋弧焊时，焊丝可选用 H08A、H08MnA。此时焊缝强度大约与低碳钢一侧的母材相当。焊后要立即进行热处理。CO_2 气体保护焊时可采用 G49A3GS6（ER50-6）等焊丝。

4. 低碳钢+耐热钢的焊接

对于低碳钢+耐热钢的焊接（表 10-1 中的 Ⅰ+Ⅳ 和 Ⅰ+Ⅴ 的情况），当采用焊条电弧焊时，仍可选用 E4315 焊条，此时焊缝性能与低碳钢一侧

母材相近。也可选用耐热钢焊条，如 E5515-CM（R207）、E5515-1CM（R307）、E6215-2C1M（R407）等，此时焊缝金属性能与耐热钢一侧母材相近。焊前应预热到 200~250℃，焊后回火温度应在 640~670℃ 之间，焊后需立即进行热处理。

5. 不同的低碳低合金钢的焊接

不同的低碳低合金钢之间的焊接（表 10-1 中 Ⅱ+Ⅱ 的情况）时，冷裂倾向要比与低碳钢焊接时大。此时为了保证焊缝的等强度，焊条应选用 E5016 或 E5015（J506 或 J507），埋弧焊时需选用 H08MnA、H10Mn2 等焊丝，CO_2 气体保护焊时可采用 G49A3GS6（ER50-6）等焊丝。焊前可预热到 100~200℃，焊后有时也需要进行回火处理。

6. 低碳低合金钢与中碳钢（或低合金钢）的焊接

低碳低合金钢与中碳钢之间进行焊接时（表 10-1 中 Ⅱ+Ⅲ 的情况），焊条仍可选用 E5016 或 E5015（J506 或 J507），CO_2 焊时可采用 G49A3GS6（ER50-6）、ER50-6 等焊丝，埋弧焊丝应选用 H08MnA、H10Mn2、H08Mn2SiA 等，以保证焊缝的强度。焊前应预热到 200~250℃，焊后在 600~650℃ 进行回火处理。如果焊前无法预热，也可选择奥氏体型不锈钢焊条，如 E310-15（A407）等，此时焊后可不进行回火热处理。

7. 低碳低合金钢与耐热钢的焊接

低碳低合金钢与耐热钢焊接时（表 10-1 中 Ⅱ+Ⅳ 和 Ⅱ+Ⅴ 的情况），焊接材料和工艺的选择可与低碳低合金钢+中碳钢焊接时相近，但有时也可采用耐热钢焊条来焊接，如 E5015-1M3（R107）等。

8. 中碳钢（或低合金钢）+耐热钢的焊接

中碳钢（或低合金钢）+耐热钢焊接时（表 10-1 中 Ⅲ+Ⅳ 和 Ⅲ+Ⅴ 的情况），焊缝强度通常要求较高，此时可选用 J707 焊条进行焊接。焊前应预热到 200~250℃，焊后立即进行热处理，回火温度应在 640~670℃。如果焊前难以进行预热，可选用奥氏体型不锈钢焊条焊接，如 E16-25MoN-15（A507），焊后可不回火处理。

第三节　珠光体钢与奥氏体钢的焊接

一、珠光体钢与奥氏体钢的焊接性

1. 焊缝金属的稀释

由于珠光体钢不含合金元素（低碳钢）或合金元素含量相对较低（低合金钢），所以熔化的珠光体钢母材对整个焊缝金属中的合金元素含量具有冲淡作用，即稀释作用，从而使焊缝的奥氏体形成元素含量减少，结果焊缝中可能会出现马氏体组织，导致焊接接头性能恶化，严重时甚至可能出现裂纹。

焊缝的组织决定于焊缝的成分，而焊缝的成分决定于母材的熔入量，即熔合比。因此,一定的熔合比决定了一定的焊缝成分和组织。熔合比发生变化时,焊缝的成分和组织都要随之发生相应的变化,这种变化可以根据舍夫勒焊缝组织图来表示。

舍夫勒焊缝组织图是以镍、铬当量分别作为纵、横坐标,表示焊条电弧焊未经热处理的焊缝组织结构与成分的关系图,如图 10-3 所示。所谓镍(铬)当量,是指把合金成分中的奥氏体(铁素体)形成元素按其奥氏体(铁素体)化的作用程度折算成相当镍(铬)量的总和。舍夫勒焊缝组织图可以帮助断定异种金属焊接处的化学成分和组织。也可由母材、填充金属的化学成分及稀释率求出焊缝金属的化学成分(Ni_{eq} 和 Cr_{eq})及推算出焊缝金属的金相组织,并以此核算所选焊接材料是否正确。

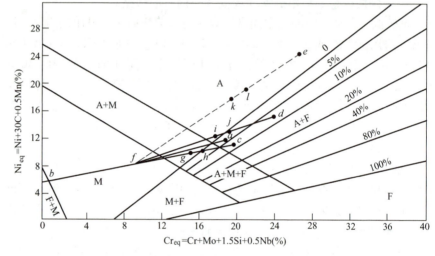

图 10-3 舍夫勒焊缝组织图

舍夫勒焊缝组织图中的镍当量计算公式为
$$Ni_{eq} = Ni + 30C + 0.5Mn$$
舍夫勒焊缝组织图中的铬当量计算公式为
$$Cr_{eq} = Cr + Mo + 1.5Si + 0.5Nb$$

下面以 Q235 钢与 12Cr18Ni9 奥氏体钢的焊接为例,来说明焊缝金属的稀释及焊接材料的选择。

根据舍夫勒焊缝组织图的铬、镍当量计算公式,计算出的 12Cr18Ni9 奥氏体钢、Q235 钢和 E308-16(A102)、E309-15(A307)、E310-15(A407)三种焊条的铬、镍当量值见表 10-3,在舍夫勒焊缝组织图中的位置分别如图 10-3 中的 a、b、c、d、e 所示。

表 10-3 Q235 钢、12Cr18Ni9 钢及奥氏体焊条的铬、镍当量值

材料	化学成分(%)					Cr_{eq} (%)	Ni_{eq} (%)	组织图上符号
	C	Mn	Si	Cr	Ni			
12Cr18Ni9	0.07	1.36	0.66	17.8	9.65	18.79	11.42	a

第十章 异种钢的焊接

（续）

材料	化学成分（%）					Cr_{eq}（%）	Ni_{eq}（%）	组织图上符号
	C	Mn	Si	Cr	Ni			
Q235	0.18	0.44	0.35	—	—	0.53	5.62	b
E308-16（A102）	0.068	1.22	0.46	19.2	8.50	19.89	11.15	c
E309-15（A307）	0.11	1.32	0.48	24.8	12.8	25.52	16.76	d
E310-15（A407）	0.18	1.40	0.54	26.2	18.8	27.01	24.9	e

由于 12Cr18Ni9 奥氏体钢铬、镍当量成分点为图 10-3 中的 a 点，Q235 钢的铬、镍当量成分点为图 10-3 中的 b 点，如果两种母材熔化量相同，则焊缝金属的化学成分为 ab 连线的中点 f 点。如不填充材料，由图 10-3 可知，由于 Q235 钢的稀释作用，焊缝金属的铬、镍量减少，使焊缝获得了马氏体组织。因此，为避免出现马氏体组织，焊接时必须选用含铬、镍量较高的填充材料。

采用 A102 焊条（Cr18-Ni8）时，焊条的成分点为 c 点，此时焊缝金属可视为当量成分为 f 点的母材与焊条金属熔化混合而成，所以焊缝金属当量成分在 fc 连线之间。根据熔合比，在 fc 连线上即可找出焊缝金属的当量成分及组织。

当熔合比为 30%~40% 时，对应的线段为 gh，此线段正处于 A+M 组织区，则焊缝为奥氏体+马氏体组织。由此可见，Q235+12Cr18Ni9 焊接时，不能采用 A102 焊条（Cr18-Ni8）进行焊接。

采用 A307 焊条（Cr25-Ni13）时，焊条的成分点为为 d 点，在 fd 线上的对应熔合比为 30%~40% 的线段是 ij，j 点对应的熔合比为 30%，其焊缝为奥氏体+铁素体双相组织。奥氏体+铁素体双相焊缝组织，抗裂性较好，是常采用的一种焊缝合金成分。

采用 A407 高铬镍焊条（Cr25-Ni20）时，焊条的成分点为 e 点，焊缝金属当量成分在 fe 连线上，此线上的 30%~40% 熔合比对应线段为 kl，是纯奥氏体区，则焊缝为单相奥氏体组织。这种奥氏体焊缝易产生裂纹，抗裂性并不好，在异种钢焊接中很少采用。

由此可见，Q235 钢与 12Cr18Ni9 奥氏体钢焊接时，最理想的是采用 A307 焊条，并控制熔合比在 30% 以下，就能得到具有较高抗裂性的奥氏体+铁素体双相焊缝组织。

2. 过渡层的形成

上面讨论的是当母材与填充金属材料均匀混合情况下，珠光体钢母材对整个焊缝的稀释作用。事实上，在焊接热源作用下，熔化的母材和填充金属材料相互混合的程度在熔池边缘是不同的。在熔池边缘，液态金属温度较低，流动性较差，在液态停留时间较短。由于珠光体钢与奥氏体钢填充金属材料的成分相差悬殊，在熔池边缘上，熔化的母材与填充金属就不能很好地熔合，结果在珠光体钢这一侧焊缝金属中，珠光体钢母材所占的比例较大,而且越靠近熔合线,母材所占的比例越大。所以,珠光体钢和奥氏体钢焊接时,在紧靠珠光体钢一侧熔合线的焊缝金属中,会形成和焊缝金属内部成分不同的过渡层。离熔合线越近,珠光体的稀释作用越强烈,过渡层中含铬、镍量越小,其铬当量和镍当量也相应减少。对照舍夫勒焊缝组织图,可以看出,此时过渡层是由硬度很高马氏体或奥氏体+马氏体组成。过渡层的宽度决定于所用焊条的类型,含镍较高的焊条能显著降低过渡层宽度,见表10-4。

表 10-4 过渡层宽度 （单位：μm）

焊条的类型	马氏体区	奥氏体+马氏体区
Cr18-Ni8	50	100
Cr25-Ni20	10	25
Cr15-Ni25	4	7.5

当马氏体区较宽时,会显著降低焊接接头的韧性,使用过程中容易出现局部脆性破坏。因此,当工作条件要求接头的低温冲击韧度较好时,应选用含镍较高的焊条。

3. 扩散层的形成

奥氏体钢和珠光体钢组成的焊接接头在焊后热处理或高温运行时,由于熔合线两侧的成分相差悬殊,组织亦不同,在温度高于350℃长期工作时,会出现明显的碳的扩散,即碳从珠光体钢一侧通过熔合区向奥氏体焊缝扩散。结果在靠近熔合区的珠光体钢母材上形成了一层脱碳软化层,而在奥氏体焊缝一侧产生了增碳硬化层。

扩散层是这两种异种钢焊接接头中的薄弱环节,它对接头的常温力学性能影响不大,但会降低接头的高温持久强度,一般降低幅度达10%~20%左右。

（1）扩散层形成的原因

1）焊接过程中,熔合区两侧分别为固态的母材和液态的焊缝,碳将由溶解度低的固态向溶解度高的液态过渡。

2）焊缝结晶后,熔合区两侧分别为奥氏体相和铁素体相,碳将由溶解度低而扩散系数高的铁素体向溶解度高而扩散系数低的奥氏体焊缝扩散。

3）母材和焊缝中碳化物形成元素的差别,使母材中的渗碳体分解,碳向焊缝中扩散并形成稳定的碳化物是形成扩散层的主要原因。

（2）影响扩散层的因素

1）接头加热温度和在高温停留的时间。焊后扩散层很小,特别是在单层焊缝的接头中,即使采用大功率的焊接参数,扩散层也是很弱的。但把接头重新加热到较高温度（500℃左右）,并保温一定时间,扩散层就开始明显发展起来,到了600~800℃时最为强烈,800℃时达到最大值,并且随着加热时间的延长,扩散层加宽。因此,在通常情况下,这种异种钢接头进行焊后热处理是不适宜的。

2) 碳化物形成元素的影响。奥氏体钢中碳化物形成元素的种类和数量对珠光体钢中脱碳层的宽度有不同的影响。碳化物形成元素按其对碳亲和力的大小，由弱到强按下列次序排列：Fe、Mn、Cr、Mo、W、Nb、Ti。在数量相同的情况下，与碳亲和力越大的元素，则在珠光体钢中形成的脱碳层越宽。对于某一种碳化物形成元素，随着其数量增加，脱碳层加宽。因此，在珠光体钢中增加 Cr、Mo、W、Nb、Ti 等碳化物形成元素，而且其数量要足以完全把碳固定在稳定碳化物中，是抑制异种钢熔合区扩散的有效手段之一，这种钢通常叫作稳定珠光体钢。同样，减少奥氏体型不锈钢中的这些元素，也是减少扩散层的有效方法。

3) 母材含碳量的影响。珠光体钢中含碳量越高，碳越易扩散，扩散层的发展越强烈。

4) 镍的影响。镍是一种石墨化元素，它会降低碳化物的稳定并削弱碳化物形成元素对碳的结合能力，因此，提高焊缝中的镍含量可以减弱扩散层。采用镍含量高的填充材料，是一种抑制扩散层的有效方法。

4. 接头应力状态的特点

由于奥氏体钢和焊缝金属的线胀系数比珠光体钢大 30%~50%，而热导率却只有珠光体钢的 50% 左右，因此，这种异种钢的焊接接头将会产生很大的热应力，特别当温度变化较快时，由热应力引起的热冲击力像合金钢淬火一样容易引起焊件开裂。此外，在交变温度条件下工作时，由于珠光体钢一侧抗氧化性能较差，易被氧化形成缺口，在反复热应力的作用下，缺口便沿着薄弱的脱碳层扩展，形成所谓热疲劳裂纹。

必须注意的是，珠光体与奥氏体异种钢焊接接头加热到高温时，借助于松弛过程能降低焊接残余应力，但在随后冷却过程中，由于母材和焊缝金属热物理性能的差异，不可避免地又会产生新的残余应力。所以，这类异种钢焊接接头焊后热处理并不能消除残余应力，只能引起应力的重新分布，这一点与同种钢的焊接有很大的不同。

二、珠光体钢与奥氏体钢的焊接工艺

1. 焊接方法的选择

由于焊条电弧焊时熔合比比较小，而且操作灵活，不受焊件形状的限制，所以，焊接这类钢时，焊条电弧焊应用最为普遍。带极埋弧焊、熔化极气体保护焊熔合比较小，也是比较适合的焊接方法。钨极氩弧焊熔合比受有无填充材料及焊接工艺条件影响很大，采用时一定要注意。

2. 焊接材料的选择

珠光体钢与奥氏体钢焊接时，焊缝及熔合区的组织和性能主要取决于填充金属材料。焊接时，焊接材料应根据母材种类和工作温度等条件进行选择。

（1）克服珠光体钢对焊缝的稀释作用　由于珠光体钢对焊缝金属有

稀释作用，所以必须要采用合适的填充材料进行焊接。用 E347-16 型焊条施焊时，焊缝中会产生大量马氏体组织，而且在靠近珠光钢一侧，马氏体数量多，是脆性破坏的根源，故此种填充金属也不适用。用 Ni 的质量分数大于 12% 的 E309-16 型焊条施焊时，焊缝金属得到的组织是奥氏体+铁素体。由于 Ni 的含量较高，能起到稳定奥氏体组织的作用，是比较理想的填充金属材料。

（2）抑制熔合区碳的扩散　提高焊接材料中的奥氏体形成元素，是抑制熔合区碳扩散的最有效的手段。随着焊接接头在使用过程中工作温度的提高，要阻止焊接接头中碳的扩散，镍的含量也必须提高。不同温度工作条件下，异种钢接头对焊缝含镍量的要求见表 10-5。

表 10-5　异种钢接头对焊缝含镍量的要求

珠光体钢类型	接头工作温度/℃	推荐的焊缝镍的质量分数（%）
低碳钢	≤350	10
优质碳素钢、低合金钢	350~450	19
低、中合金铬钼耐热钢	450~550	31
低、中合金铬钼钒耐热钢	>550	47

（3）改变焊接接头的应力分布　在高温工作下的异种钢接头，若焊缝金属的线胀系数与奥氏体钢母材接近，那么高温应力就将集中在珠光体钢一侧的熔合区内；由于珠光体钢通过塑性变形降低应力的能力较弱，所以高温应力集中在奥氏体钢一侧较为有利。因此，这类异种钢焊接时，最好选用线胀系数接近于珠光体的镍基合金焊接材料，如国外常用 Cr15Ni70 镍基合金焊接材料。

（4）提高焊缝金属抗热裂纹的能力　为了解决接头脆化、扩散层等问题，要求采用高镍填充材料。但随着焊缝中镍含量的增加，焊缝热裂倾向明显增大。为了防止焊缝出现热裂纹，珠光体钢与普通奥氏体钢（Cr/Ni>1）焊接时，在不影响使用性能前提下，最好使焊缝中含有体积分数为 3%~7% 的铁素体组织。为此，在填充金属材料中要含有一定量的铁素体形成元素；而珠光体钢与热强奥氏体钢（Cr/Ni<1）焊接时，所选用的填充材料应使焊缝的组织是奥氏体+一次碳化物。

3. 焊接工艺要点

1）为了减小熔合比，应尽量选用小直径的焊条和焊丝，并选用小电流、大电压和高的焊接速度。

2）如果珠光体钢有淬硬倾向，应适当预热，但预热温度应比同种珠光体材料焊接时略低一些。

3）堆焊过渡层。对于较厚的焊件，为了防止因应力过高而在熔合区出现开裂现象，可以在珠光体钢的坡口表面堆焊过渡层，如图 10-4 所示。过渡层中应含有较多的强碳化物形成元素，具有较小的淬硬倾向，也可用高镍奥氏体钢焊条堆焊过渡层。过渡层厚度一般为 5~9mm。

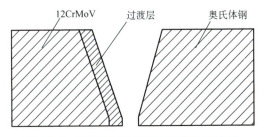

图 10-4 珠光体钢坡口表面堆焊的过渡层

4）珠光体钢与奥氏体钢的焊接接头，焊后一般不进行热处理。

奥氏体钢与珠光体钢焊接的焊条及预热和焊后热处理见表 10-6。

表 10-6 奥氏体钢与珠光体钢焊接的焊条及预热和焊后热处理

母材组合	焊条 型号	焊条 牌号	焊前预热	焊后回火	备 注
Ⅰ+Ⅵ	E309-16 E309-15	A302 A307	不预热	不回火	工作温度不超过 350℃，不耐晶间腐蚀
	E310-16 E310-15	A402 A407			
	E16-25MoN-16 E16-25MoN-15	A502 A507			工作温度不超过 450℃，不耐晶间腐蚀
	E316-16	A202			用作覆盖 A507 焊缝，可耐晶间腐蚀
Ⅰ+Ⅶ	E16-25MoN-16 E16-25MoN-15	A502 A507			工作温度不超过 350℃，不耐晶间腐蚀
	E318-16	A212			用来覆盖 A507 焊缝，可耐晶间腐蚀
Ⅱ+Ⅵ 或 Ⅱ+Ⅶ	E310-16 E310-15	A402 A407			工作温度不超过 350℃，不耐晶间腐蚀
	E16-25MoN-16 E16-25MoN-15	A502 A507			工作温度不超过 450℃，不耐晶间腐蚀
	E316-16	A202			用于覆盖 A402、A407、A502、A507 的焊缝，耐晶间腐蚀
	ENiCrFe-1	Ni307			珠光体钢坡口上堆焊过渡层
Ⅲ+Ⅵ 或 Ⅲ+Ⅶ	E16-25MoN-16 E16-25MoN-15	A502 A507			工作温度不超过 450℃，不耐晶间腐蚀
	ENiCrFe-1	Ni307			珠光体钢坡口上堆焊过渡层
Ⅳ+Ⅵ 或 Ⅳ+Ⅶ	E309-16 E309-15	A302 A307	200~300℃或不预热	不回火	工作温度不超过 400℃
	E16-25MoN-16 E16-25MoN-15	A502 A507			工作温度不超过 450℃
	ENiCrFe-1	Ni307			用作过渡层
	E318-16	A212			用作覆盖焊缝，可耐晶间腐蚀

(续)

母材组合	焊条		焊前预热	焊后回火	备注
	型号	牌号			
Ⅴ+Ⅵ 或 Ⅴ+Ⅶ	E309-16	A302	200~300℃ 或不预热	不回火	不耐晶间腐蚀，工作温度不超过520℃，碳的质量分数小于0.3%可不预热
	E309-15	A307			
	E16-25MoN-16	A502			不耐晶间腐蚀，工作温度不超过550℃，碳的质量分数小于0.3%可不预热
	E16-25MoN-15	A507			
	ENiCrFe-1	Ni307			工作温度不超过550℃，用来堆焊珠光体钢坡口上的过渡层
	E318-16	A212			用作覆盖焊缝，可耐晶间腐蚀

第四节 不锈复合钢板的焊接

不锈复合钢板是由覆层（不锈钢）和基层（碳钢、低合金钢）进行复合轧制、焊接（如爆炸焊或钎焊）而成的双金属板，如图10-5所示。基层满足焊接结构强度、刚度要求，覆层满足耐蚀性要求。通常覆层只占总厚度的10%~20%，因此，可节省大量不锈钢，具有很大的经济意义。

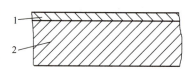

图10-5　不锈复合钢板
1—覆层（不锈钢）
2—基层（碳钢）

一、不锈复合钢板的焊接性

不锈复合钢板焊接时，要注意两方面的问题：一是对于基层要避免铬、镍等合金含量增高，因铬、镍含量增高，基层焊缝中会形成硬脆组织，容易产生裂纹，影响焊缝强度；二是对于覆层要避免增碳，因覆层焊缝增碳会大大降低其耐蚀性。因此，不锈复合钢板焊接工作比单层钢板复杂得多，须采取特殊的焊接工艺。

二、不锈复合钢板焊接工艺

1. 焊接方法选择

不锈复合钢板基层或覆层的焊接方法与焊接不锈钢和碳钢、低合金钢一样，可采用焊条电弧焊、埋弧焊、气体保护电弧焊等方法，但过渡层常用焊条电弧焊。

2. 焊接材料选择

由于复合钢板焊接的特殊性，要采用三种不同的焊接材料来焊接同一条焊缝，以保证焊缝质量。基层与基层焊接，采用与基层同种材质焊接相应的碳钢或低合金钢焊接材料；覆层与覆层的焊接采用与覆层同种材质焊接相应的不锈钢焊接材料；基层与覆层交界处——过渡层的焊接，实际上是异种钢的焊接，必须选用铬、镍含量较覆层高的不锈钢焊条，如 E309-16、E309-15 等，以减小碳钢、低合金钢对不锈钢合金成分的稀释作用和补充焊接过程中合金成分的烧损。焊接各种不锈复合钢板的焊条及埋弧焊的焊丝、焊剂选用，可参照表 10-7。

表 10-7 不锈复合钢板焊接材料的选用

钢板牌号	焊条电弧焊焊条型号			埋弧焊	
	基层	过渡层	覆层	焊丝牌号	焊剂牌号
06Cr13+Q235	E4303 E4315	E309-16 E309-15	E308-16 E308-15	H08MnA H08A	HJ431
06Cr13+Q345	E5003 E5015	E309-16 E309-15	E308-16 E308-15	H10Mn2 H10MnSi	HJ431 HJ330
06Cr13+12CrMo	E5515-CM	E309-16 E309-15	E308-16 E308-15	H10CrMoA	HJ350
07Cr19Ni11Ti+Q235 06Cr18Ni11Ti+Q235	E4303 E4315	E309-16 E309-15	E347-16 E347-15	H08MnA H08A	HJ431
07Cr19Ni11Ti+Q355 06Cr18Ni11Ti+Q355	E5003 E5015	E309-16 E309-15	E347-16 E347-15	H10Mn2 H10MnSi	HJ431 HJ330
06Cr17Ni12Mo2Ti+Q235	E4303 E4315	E309Mo-16	E318-16	H08MnA H08A	HJ431
06Cr17Ni12Mo2Ti+Q355	E5003 E5015	E309Mo-16	E318-16	H10Mn2 H10MnSi	HJ431 HJ330

3. 焊接坡口与装配

不锈复合钢板的坡口形式多为 Y 形坡口，一般开在基层一侧。此外，还有双 Y 形坡口、U 形坡口等。不锈复合钢板对接接头的坡口形式见表 10-8。

表 10-8 不锈复合钢板对接接头的坡口形式

板厚/mm	坡口形式（基层侧）	坡口形式（覆层侧）
<15		
16~22		

(续)

板厚/mm	坡口形式（基层侧）	坡口形式（覆层侧）
23~38		
>38		

装配焊件时，要求以覆层为基准对齐，避免产生错边，影响覆层的焊缝质量，所以错边量最好不要超过1mm。定位焊一定要焊在基层上，长度应控制在10~30mm。

4. 焊接顺序

为了保证焊缝与复合钢板具有相同的性能，对基层、覆层应分别进行焊接。一般先焊基层，后焊过渡层，最后焊覆层，以尽量减小覆层一侧的焊接量，并避免覆层焊缝的多次重复加热，从而提高焊缝质量，如图10-6所示。

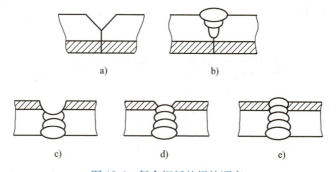

图10-6 复合钢板的焊接顺序

a）装配 b）焊基层 c）清焊根 d）焊过渡层 e）焊覆层

5. 焊接中应注意的问题

在不锈复合钢板的焊接操作过程中，应注意以下几点。

1）在基层定位焊时，必须用基层焊条，不可使用不锈钢焊条。

2）严禁用基层焊条或过渡层焊条焊接覆层。

3）碳钢焊条的飞溅落在覆层的坡口面上时，要仔细清除干净。

4）焊覆层焊缝时，为减小热影响区，降低合金稀释率，宜采用小电流、直流反接、多层多道焊，焊接时焊条不宜做横向摆动。

5）焊基层时的飞溅物，黏附在覆层表面将破坏其表面氧化膜，遇腐蚀性介质就形成腐蚀点，所以焊前应分别在坡口两侧150mm范围内涂上白垩水溶液，以防止飞溅物的黏附。

第五节 异种钢焊接工程应用实例

一、异种珠光体钢的焊接实例

1. Q245R（20g）封头与15CrMo中空轴的焊接

某产品两端是15CrMo的中空轴，其主体是Q245R（20g）圆柱形筒体，筒体与中空轴由Q245R（20g）封头焊接成一体。筒体内介质为250℃热油，外部为常温石灰浆，要求制造完毕后无渗漏。由于15CrMo焊后易出现裂纹，因此焊接时防止中空轴与封头的焊接裂纹是制造的关键。

（1）焊接性分析 Q245R（20g）为焊接性良好的低碳钢。15CrMo为低合金耐热钢，这种钢供货状态为正火，组织为珠光体+铁素体，具有高温持久强度、蠕变强度，高的耐蚀性、抗氢能力、抗氧化性和抗脆断能力，再热裂纹倾向较小。其工作温度在300℃以下，组织和成分稳定，回火脆性较小，低温时冷裂倾向较大。

（2）焊接方法与焊接材料 焊接方法采用焊条电弧焊。为提高焊接接头的抗裂性，保证焊缝热强度，根据产品自身结构，选用R307焊条。

（3）焊前准备

1）坡口、封头与轴均在车床上加工。要保证焊透，开小角度坡口，减小熔合比。

2）焊条R307，生产日期不得超过半年，并进行烘干、保温，随用随取。焊机型号为ZX5-400。

3）焊前对轴进行预热，加热2h，在300℃保温0.5h，方可焊接。

4）轴采用炭炉加热，并用氧乙炔焰加热封头坡口附近20mm范围内。

5）施焊环境要通风、干燥、清洁、安全，由有资质的熟练人员施焊。

（4）焊接

1）组对时，将封头置于胎具上，用起重机将轴吊入胎具内找正，使焊道呈水平位置，选用R307焊条，定位焊（焊缝长50mm，4段，圆周均布），不能存在任何缺陷（如弧坑裂纹、夹渣）。

2) 整个焊接过程中，轴温控制在200～300℃，不中断焊接。严格控制焊接接头的道间温度，当低于200℃时应停止焊接，需进行加热。

3) 先焊封头内侧面，再将其翻转，用碳弧气刨刨开至内侧焊缝完全显现为止，用角磨机清理后，焊接外侧焊缝。

4) 在封头内侧，轴与封头之间均布8件肋板，以从结构上减小焊缝的应力集中。

焊接参数见表10-9。

表10-9 焊接参数

焊接层次	焊接位置	焊条直径/mm	焊接电流/A	焊接速度/(mm/min)
定位焊	封头内侧	φ3.2	90～110	80～100
打底层	封头内侧	φ3.2	90～110	80～100
填充层	封头内侧	φ4	140～170	150～200
盖面层	封头内侧	φ4	140～170	150～200
碳弧气刨	封头外侧	φ6 碳棒	300	气刨速度80～100
填充层	封头外侧	φ4	140～170	150～200
盖面层	封头外侧	φ4	140～170	150～200

(5) 焊后处理

1) 焊后将焊件埋入300℃左右的干石灰粉中，2h后缓冷，48h后超声波检测，合格。

2) 试车，空负荷运行24h，然后停车检查，检查中空轴是否有裂纹；半负荷运行48h，2/3负荷运行72h。在实际运行过程中，至今未出现裂纹，运行状况良好。

2. KRS-14热采（油）井口结构件焊接

KRS-14热采（油）井口结构件由35CrMo阀体与Q235法兰盘焊成，其接头形式与坡口尺寸如图10-7所示。

(1) 焊接性分析　35CrMo系中碳调质钢，组织为高碳马氏体，焊接性差，与Q235在化学成分、力学性能上差异很大，焊接时有冷裂倾向。

(2) 焊接方法及焊接材料选择

采用焊条电弧焊，焊条成分应介于两种母材之间，接头力学性能不低于Q235，故选择E4315（J427）低氢型焊条。

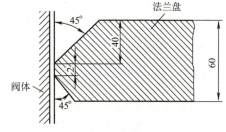

图10-7　接头形式与坡口尺寸

(3) 焊接工艺　焊前预热到300℃，保证装配间隙1mm，定位焊。采用小热输入焊接参数。打底层用φ3.2mm焊条，焊接电流100～110A，焊接4层；填充层用φ4mm焊条，焊接电流180～190A，盖面层用φ5mm焊条，焊接电流240～250A。均为直流反接，焊件两面对称焊。层间锤击以减小应力。焊后立即进行 650℃×2h 消除应力回火。

二、珠光体钢与奥氏体钢的焊接实例

【果酱蒸煮锅异种钢的焊接】

某食品厂所用的果酱蒸煮锅为异种金属焊接，其内壳为板厚 3mm 的 07Cr19Ni11Ti 钢板，外壳为板厚 6mm 的 Q235A 钢板，两者均由九块瓜瓣形板与一块圆形底板焊接而成，其结构如图 10-8 所示。其焊接工艺如下。

1. 焊前准备

焊前分别对有一定弧度的外壳和内壳进行定位焊，定位焊缝间距为 80mm。将外壳 Q235A 钢板开成 60°坡口，钝边为 1mm，间隙为 2mm；内壳不锈钢板不开坡口，间隙为 1.5mm。为防止焊接飞溅物沾污不锈钢板表面，可在内壳板侧 100mm 范围内涂上用白垩粉调成的糊剂。

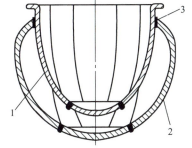

图 10-8　果酱蒸煮锅示意图

1—内壳　2—外壳　3—焊缝

2. 焊接操作

（1）内壳焊接　为避免不锈钢焊接接头在 450~850℃ 温度范围内停留时间过长而产生晶间腐蚀，焊接内壳时要采用小电流、窄道焊和分段跳焊法。选用 ϕ2.5mm 的 E347-16（A132）焊条施焊。

（2）外壳焊接　从壳体外侧采用两层焊，选用 E4303 焊条，第一层用 ϕ3.2mm 焊条，焊接电流为 90A，单面焊双面成形；第二层用 ϕ4mm 焊条，焊接电流为 165A，采用月牙形运条法焊接；圆形底板接头在平焊位置焊接。

（3）内、外壳的焊接　由于内、外壳的材质分别为 07Cr19Ni11Ti 不锈钢与 Q235A 钢，因此该组件属异种钢焊接。如果对接头直接用不锈钢焊条进行焊接，可能会因焊缝的稀释作用而降低焊缝金属的塑性和耐腐蚀性，这对蒸煮锅的使用寿命、卫生条件的影响很大。因此需采用先焊堆焊层的方法。

1）在整好形的外壳上端头用 ϕ2.5mm 的 E309-15（A307）焊条堆焊一层。为了减少熔深，焊接电流选用 65A。焊后用手砂轮打磨平整。

2）把整好形的内壳放入已焊好堆焊层的外壳内进行定位焊，并在内壳上靠近坡口 100mm 范围内涂上白垩糊剂。为防止焊缝局部过热，减少焊条的熔敷量，内外壳间隙应尽量小些。内、外壳的组焊采用两层焊分段跳焊法完成。第一层选用 ϕ2.5mm 的 E309-15 焊条，焊接电流为 80A。施焊时，电弧主要作用于 Q235A 钢的堆焊层一侧，尽量使不锈钢一侧少熔化。第二层选用 ϕ3.2mm 的 E309-15 焊条，焊接电流为 105A。施焊时，电弧同时作用于第一条焊道与不锈钢的堆焊层一侧，要求两侧熔合良好。

三、不锈复合钢板焊接实例

【Q355R(16MnR)+316L 换热器压力容器的焊接】

某石化设备制造公司承接了如图 10-9 所示结构的柴油原料油换热器制造业务。该柴油原料油换热器为 Ⅱ 类压力容器，由管程和壳程两部分组成。设备主材为 Q355R(16MnR)+316L（316L 为美国材料牌号，相当于国产 022Cr17Ni12Mo2）复合板，厚度为 (14+3)mm。

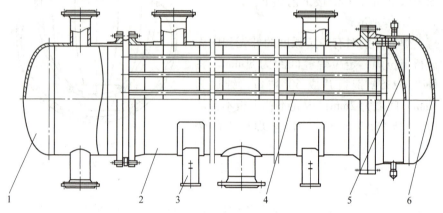

图 10-9　柴油原料油换热器示意图

1—管箱　2—壳体　3—支座　4—管束　5—浮头盖　6—外头盖

该容器设计压力为 2.5MPa；设计温度为 200℃；介质：管程为柴油，壳程为原料；焊接接头系数：管程为 1.0，壳程为 0.85；腐蚀裕量：管程为 0，壳程为 3；焊接接头 RT 检测比例：管程 100%，壳程 20%；覆层 100%渗透检测。

1. 焊接坡口和接头组对

（1）焊接坡口　选择不锈复合钢板的坡口形式时，应充分考虑过渡层的焊接特点，应先焊基层，再焊过渡层，最后焊覆层，应尽量减少覆层的焊接量，要避免覆层焊缝多次重复受热，以提高覆层焊缝的耐蚀性，同时可减小设备内部的铲磨工作量，所以选择了如图 10-10 所示的坡口形式。焊前，在覆层距坡口 100~150mm 范围内涂防飞溅的白垩涂料。

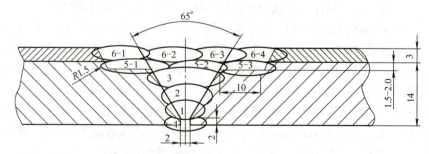

图 10-10　坡口形式及焊道分布示意图

（2）组对　焊件组对时要以覆层为基准对齐，覆层错边量大会影响复层焊缝的质量，所以错边量以不超过 0.5mm 为宜。

（3）定位焊　对接焊时，只允许在基层用 E5015 焊条进行定位焊。定位焊工装夹具也只能焊在基层一侧，材质与基层相同，用 E5015 焊条焊接。去除工装时，不能损伤基层金属，并将焊接处打磨光滑。

2. 焊接参数

不锈复合钢板焊接参数见表 10-10，电流极性均为直流反接。

表 10-10　焊接参数

焊　道	焊材及直径/mm	焊接电流/A	电弧电压/V	焊接速度/(cm/min)
基层打底焊	E5015、ϕ3.2	110~120	17~19	14~15
基层填充、盖面焊	E5015、ϕ4	160~180	18~21	14~16
过渡层	E309LMo-16、ϕ3.2	90~110	17~18	13~15
覆层	E316L-16、ϕ3.2	90~110	17~18	13~15

3. 焊接工艺要点

1）焊接顺序如图 10-10 所示，正式焊接时，先焊基层，再焊过渡层，最后焊覆层。

2）严格控制层间温度，基层焊道间温度小于或等于 200℃，控制过渡层、覆层的道间温度小于或等于 60℃。

3）过渡层的焊接要采用小电流、直流反接、直道多道焊，以降低对覆层的稀释。

4）在焊接覆层 316L 时，应采用小电流、直流反接、快速焊、窄焊道的多层多道焊接，焊接时焊条不宜横向摆动，应控制道间温度在 60℃以下，焊后需进行酸洗或钝化处理。

5）焊覆层前必须清除坡口两侧边缘上的防飞溅涂料及飞溅物。

4. 焊后检验

焊后对容器的纵、环焊缝进行了 100%RT 检测，结果焊缝一次合格率达到 99%，覆层 100%渗透检测合格。

【1+X 考证训练】

【理论训练】

一、填空题

1. 异种钢焊接接头可分为两种情况，第一类为_____的接头，这类接头的两侧母材虽然化学成分不同，但都属于_____组织；第二类为_____的接头，即接头两侧的母材不属于同一类型组织的钢。

2. 异种钢焊接具有如下特点：接头中存在着化学成分的_____性；接头熔合区组织和性能的_____性；_____是较难处

理的问题。

3. 异种钢焊接时，有时为了解决接头预热和焊后热处理的困难，往往采用_____的方法进行焊接。

4. 如果异种珠光体钢构件焊接接头在工作温度下可能产生扩散层时，最好在坡口上堆焊_____，使其中碳化物形成元素（Cr、V、Nb、Ti 等）的含量应高于_____。

5. 焊接异种珠光体钢时，一般选用_____焊条，以保证焊接接头的抗裂性能。

6. 珠光体钢与奥氏体钢焊接时，由于_____时熔合比比较小，而且操作灵活，不受焊件形状的限制，所以应用最为普遍；_____、_____熔合比较小，也是比较适合的焊接方法。

7. 为了防止焊缝出现热裂纹，珠光体钢与普通奥氏体钢（Cr/Ni>1）焊接时，最好使焊缝中含有体积分数为 3%～7% 的_____组织；而珠光体钢与热强奥氏体钢（Cr/Ni<1）焊接时，所选用的填充材料应使焊缝的组织是_____。

8. 不锈复合钢板在焊接时，为了减少基层对覆层焊缝的稀释作用，焊接过渡层时应选用_____焊条，并使焊缝具有一定量的铁素体组织，以提高其抗裂性能；基层一般用_____进行焊接，覆层一般采用_____进行焊接，且焊接顺序为先焊_____，再焊_____，最后焊_____。

二、判断题（正确的画"√"，错误的画"×"）

1. 一般异种珠光体钢焊接时，按强度较低的一侧母材的强度要求选择焊接材料，使焊接接头强度不低于两种母材标准规定值的较低者。（   ）

2. 焊接异种珠光体钢时，一般选用低氢型焊条，以保证焊接接头的抗裂性能。（   ）

3. 珠光体钢与奥氏体钢焊接时，一般常规的焊接方法均可采用。选择焊接方法除考虑生产条件和生产效率外，还应考虑选择熔合比较大的焊接方法。（   ）

4. 为减少基层对过渡层焊缝的稀释作用，应尽量采用较大的焊接电流、较大的焊接速度。（   ）

5. 不锈复合钢板的坡口形式多为 Y 形坡口，一般开在基层一侧。（   ）

6. 不锈复合钢板装配焊接时，要求以覆层为基准对齐，避免产生错边。（   ）

三、简答题

1. 试述珠光体钢与奥氏体钢的焊接性。

2. 简述异种珠光体钢的焊接工艺。

【技能训练】

四、珠光体与奥氏体异种钢立对接焊操作

异种钢立对接单面焊双面成形焊件图如图 10-11 所示。

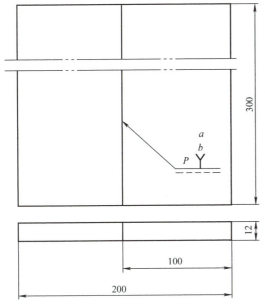

技术要求
1. 单面焊双面成形。
2. 间隙、钝边自定。
3. 焊后变形小于 3°。

图 10-11　异种钢立对接单面焊双面成形焊件图

1. 焊前准备

1）焊前用钢丝刷或砂布清除尽待焊部位两侧各 20mm 范围内的铁锈、油污、水分等，使之露出金属光泽。

2）焊机：ZX7-400。

3）焊条：E309-16，ϕ2.5mm、ϕ3.2mm，焊前 200℃ 烘干 1~2h。

4）焊件：20 钢和 06Cr19Ni10 钢板，长×宽×厚为 300mm×100mm×12mm，一侧加工成 30°坡口，钝边 0~1mm，每两块组对成一焊件。

5）装配定位。将两块钢板的纵向端面对接成 60°的坡口，始焊端留有 3.2mm 的间隙，终焊端留 4.0mm 的间隙进行定位焊，控制焊件错边量小于 1mm。为了控制焊接变形，焊前须预留反变形 4°~5°。

6）将焊件固定于焊架上，使焊缝处于立焊位置。

2. 焊接参数

异种钢立对接焊焊接参数见表 10-11。

表 10-11　异种钢立对接焊焊接参数

焊接层次	焊条直径/mm	焊接电流/A
打底焊（1）	2.5	65~75
填充焊（2、3）	3.2	90~100
盖面焊（4）	3.2	100~110

3. 焊接

为了不使接头焊缝内出现脆硬马氏体，应采用小电流短弧焊，横向摆动幅度不宜过大，以使熔合比控制在40%以下。分4层4道焊。

（1）打底焊

1）在下部定位焊缝上面10~20mm处引弧，并迅速向下拉至定位焊缝上，预热1~2s后，开始摆动向上运动，到下部定位焊缝上端时，稍加大焊条角度，并向前送焊条压低电弧，当听到击穿声形成熔池后，做锯齿形横向摆动，连续向上立位焊接。注意，电弧到两侧时应稍作停留，以使焊缝与母材熔合良好。

为使背面焊缝成形良好，电弧应短，运条速度要均匀，间距不宜过大，应使电弧的1/3对着坡口间隙，2/3覆盖于熔池上，形成熔孔。换焊条时，电弧应向左下或右下方回拉10~15mm，并将电弧迅速拉长至熄灭，以避免出现弧坑缩孔，并形成斜坡以利接头。打底层焊道正面应平整，避免两侧产生沟槽。

2）接头不当时易产生凹坑、凸起、焊瘤等缺陷。接头方法有热接法和冷接法。

热接法时更换焊条要迅速，在熔池还在红热状态下，以比正常焊条角度大10°，在熔池上方约10mm一侧坡口面上引弧，引燃电弧后拉回原弧坑进行预热，然后稍做横向摆动向上施焊，并逐渐压低电弧，待填满弧坑移至熔孔时，将焊条向焊件背压送，并稍作停留，当听到击穿声形成新熔孔后，即可向上按正常方法施焊。

冷接法是需将收弧处焊缝修磨成斜坡，再按热接法操作。

（2）填充焊 填充焊分两层两道进行施焊。填充焊前应清除焊渣与飞溅，将凹凸不平处修磨平整。施焊时的焊条下倾角度应比打底焊时小10°~15°，以防熔化金属下淌，焊条的摆动幅度应随着坡口的增宽而稍加大。

整个填充焊缝应低于母材表面1~1.5mm，并使其表面平整或呈凹形，以利于盖面焊接。

（3）盖面焊 盖面焊的关键是要保证焊缝表面成形尺寸和熔合情况，防止咬边和接头不良。盖面焊时的焊条角度、运条方法与填充层相同，但摆动幅度应宽些，在两侧应将电弧进一步压低，并稍作停留，摆动的中间速度应稍快，以防止产生焊瘤等缺陷。

五、不锈复合钢板焊接操作

不锈复合钢板焊件图及技术要求如图10-12所示。

1. 焊前准备

1）焊前用钢丝刷或砂布清除尽待焊部位两侧各20mm范围内的铁锈、油污、水分等，使之露出金属光泽。同时在坡口两侧100mm范围内涂上白垩水溶液，以防止飞溅物的黏附。

2）焊机：ZX5-400型晶闸管整流弧焊机。

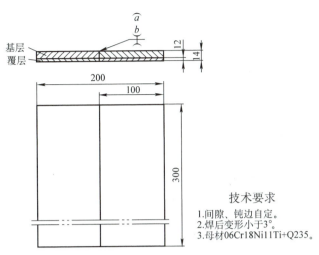

图 10-12 不锈复合钢板焊件图及技术要求

3) 焊件：06Cr18Ni11Ti+Q235 不锈复合钢板，焊件尺寸为 300mm×100mm×14mm（其中覆层 2mm），在基层侧用机械加工方法加工成 30°坡口，然后将两块板组对一组焊件。

4) 焊条：基层选用 E4303 焊条，直径为 ϕ3.2mm 和 ϕ4.0mm。过渡层选用 E309-16 焊条，直径为 ϕ3.2mm，覆层选用 E347-16 焊条，直径为 ϕ3.2mm。

5) 装配及定位焊：以覆层不锈钢为基准对齐，装配错边量应≤0.5mm，根部间隙为 0~0.5mm；采用直径 ϕ3.2mm 的 E4303 焊条，在基层 Q235 钢的坡口内定位焊，定位焊缝长度为 15~20mm，定位焊之后要预制反变形量约 3°。

2. 焊接参数

焊接参数见表 10-12。

表 10-12 不锈复合钢板焊接参数

焊接层次		焊接顺序示意图	焊条型号	焊条直径/mm	焊接电流/A
基层	打底焊		E4303	3.2	100~110
	填充及盖面焊			4	170~180
过渡层			E309-16	3.2	90~100
覆层			E347-16	3.2	90~100

3. 焊接

(1) 焊接基层（Q235） 基层的焊接分为三层，打底层用 3.2mm 的焊条，焊接电流不宜太大，以不熔透到覆层为原则，其余各层用 ϕ4.0mm 的焊条焊接，焊接过程中每层焊道焊完后要待其冷却至 60℃ 再焊接下一层焊道。同时保证各层焊道无焊接缺陷，盖面焊表面平整光滑。

(2) 清焊根。将焊件翻转，采用砂轮对不锈钢的覆层进行清根，要求将根部磨削成 U 形坡口，并磨至基层打底层，坡口宽度控制为 8mm 左右。

(3) 焊接过渡层。E309-16 焊条单层单道焊，小电流、快焊速，焊条不做横向摆动，使得过渡层焊道能熔化覆层不锈钢板一定厚度，保证过渡层焊缝低于覆层表面 1mm 左右。

(4) 焊接覆层（06Cr18Ni11Ti） E347-16 焊条单层单道焊，小电流、快焊速，焊条不做横向摆动，焊后可采取强制水冷措施，以保证覆层的耐蚀性。

第十一章 铸铁的焊接

碳的质量分数大于2.11%、小于6.69%的铁碳合金称为铸铁。铸铁中除了含铁和碳以外，还含有硅、锰、磷、硫等元素。为获得某些特殊性能，还分别加入铜、镁、镍、钼或铝等元素，形成合金铸铁。铸铁是一种成本低廉并具有许多优良性能的金属材料。与钢相比，铸铁虽然力学性能较低，但具有优良的耐磨性、减振性、铸造性和可加工性，而且熔炼设备和生产工艺比较简单，因此，在工业生产中得到了广泛的应用。铸铁焊接主要是对各种铸造缺陷或者损坏的铸铁件进行补焊修复。

第一节 铸铁的分类及性能

一、铸铁的分类

按照碳元素在铸铁中存在的形态以及形式不同，将铸铁分为白口铸铁、灰铸铁、可锻铸铁、球墨铸铁和蠕墨铸铁五类。

（1）白口铸铁　白口铸铁的碳以渗碳体（Fe_3C）形式存在于金属中，其断面呈银白色，故称白口铸铁。其性质硬而脆，冷加工、热加工和切削加工都很困难，工业上应用极少。

（2）灰铸铁　灰铸铁中的碳，主要以片状石墨的形式分布于金属基体中，断口呈暗灰色，故而得名。灰铸铁的强度低，塑性很差，但具有良好的耐磨性、减振性和可加工性，并且成本低，故在工业上应用很广。

（3）可锻铸铁　石墨以团絮状分布的铸铁称为可锻铸铁。可锻铸铁具有较高的强度和良好的塑性，并有一定的塑性变形能力，因而得名可锻铸铁，但实际上并不能够锻造。

（4）球墨铸铁　石墨以球状分布的铸铁称为球墨铸铁。铁液在浇注前加入适量的稀土金属、镁合金和硅铁等球化剂处理，使得碳元素以球状石墨的形式存在。球墨铸铁的强度接近于碳钢，具有良好的耐磨性和塑性，并能通过热处理提高性能，因此，常用于机械制造等行业中。

（5）蠕墨铸铁　蠕墨铸铁中的石墨以蠕虫状存在，其力学性能介于球墨铸铁与灰铸铁之间，是一种近几十年来逐渐得到推广应用的材料（简称蠕铁）。

常用铸铁材料的化学成分见表11-1。

表 11-1　常用铸铁材料的化学成分

类别	化学成分（质量分数,%）					
	C	Si	Mn	S<	P<	其他元素
灰铸铁	2.7~3.6	1.0~2.2	0.5~1.3	0.15	0.3	—
球墨铸铁	3.6~3.9	2.0~3.2	0.3~0.8	0.03	0.1	$Mg_{残余}$ 0.03~0.06 $Re_{残余}$ 0.02~0.05
可锻铸铁	2.4~2.7	1.4~1.8	0.5~0.7	0.1	0.2	<0.06

二、铸铁的性能

铸铁材料的性能与其内部的组织密切相关，为了便于理解，可以将除白口铸铁之外的铸铁看成是含有大量石墨杂质的碳钢。由于铸铁中的石墨强度、硬度极低，基本没有塑性和韧性，因此，可以将其看成是存在于基体组织中的大量的小裂纹。石墨的存在不仅减少了金属基体的有效承载面积，还会在尖角处形成应力集中，促使铸铁材料发生局部破裂并迅速扩大而形成脆性断裂。因此，铸铁的塑性和韧性远低于钢。同时，铸铁的性能还在很大程度上取决于石墨的形状、大小、数量及分布规律等。表 11-2 列出了常用灰铸铁的牌号及力学性能。

表 11-2　灰铸铁的牌号及力学性能

灰铸铁类型	牌号	R_m/MPa	HBW
		最小值	
铁素体灰铸铁	HT100	100	≤170
铁素体+珠光体灰铸铁	HT150	150	125~205
珠光体灰铸铁	HT200	200	150~230
	HT250	250	180~250
	HT300	300	200~275
	HT350	350	220~290

球墨铸铁的力学性能明显优于灰铸铁，这与铸铁中的石墨状态有重要的关系。球墨铸铁中的石墨呈球状，相比有尖角的片状石墨，对金属基体的割裂作用大大减少，因此，球墨铸铁可有效利用的金属基体的强度达到 70%~80%。球墨铸铁还可以通过合金化或热处理来强化或改变基体的组织，以实现提升力学性能的目的。表 11-3 列出了常见的球墨铸铁的牌号及力学性能。

表 11-3　球墨铸铁的牌号及力学性能

牌号	R_m/MPa	$R_{p0.2}$/MPa	A(%)	HBW
	≥			
QT400-18	400	250	18	120~175

(续)

牌　号	R_m/MPa	$R_{p0.2}$/MPa	$A(\%)$	HBW
	≥			
QT400-15	400	250	15	120~180
QT450-10	450	310	10	160~210
QT500-7	500	320	7	170~230
QT600-3	600	370	3	190~270
QT700-2	700	420	2	225~305
QT800-2	800	480	2	245~335
QT900-2	900	600	2	280~360

第二节　灰铸铁的焊接

一、灰铸铁的焊接性

灰铸铁的力学性能特点是强度低，基本没有塑性，因而使焊接接头发生裂纹的可能性增大。同时，较高的碳含量以及 S、P 含量也增加了焊接接头对冷却速度的变化以及冷热裂纹发生的敏感性。因此，灰铸铁的焊接性较差，主要表现在焊接接头易形成白口组织和焊接接头易产生裂纹。

1. 焊接接头白口组织

灰铸铁焊接时，由于焊缝金属的冷却速度很大，远大于灰铸铁在砂型铸造情况下的冷却速度，同时熔池非常小，且存在时间短，焊接区域内的渗碳体来不及转化为石墨，从而在接头的焊缝及熔合区内将会析出大量的渗碳体，形成白口组织。

铸铁接头中存在白口组织，不仅会造成工件的加工困难，还会引起裂纹等缺陷的产生。因此，应采取措施尽量减少白口组织生成的条件以及创造有利于焊接接头石墨化的条件，其主要方法如下。

（1）改变焊缝的化学成分　主要是增加焊缝的石墨化元素含量，或使焊缝成为非铸铁组织。例如，可以增加焊条药皮或焊芯中的石墨化元素（如 C、Si 等）含量，从而使焊缝中的 C、Si 含量高于母材，促进焊缝的石墨化；还可以使用异质材料焊条，如镍基合金、高钒等焊条，使焊缝分别形成奥氏体、铁素体等非铸铁组织。这样可以改变焊缝中碳元素的存在形式而不至于出现脆硬的白口组织，并且还可以在一定程度上提高焊缝的塑性。

（2）减缓焊缝的冷却速度　减缓焊接施工时的冷却速度，可以延长熔合区处于高温状态的时间，有利于石墨的充分析出，从而实现熔合区的石墨化过程。工程实践中通常采用的方法是焊前预热和焊后缓冷。为了确保熔合区的充分石墨化，焊前预热的温度一般较高，大约为 400~700℃，同时还应配合保温措施，保证铸铁件在焊接过程中的温度不低于

400℃，并且焊后缓冷，才能尽可能地避免白口组织的出现。

2. 焊接接头裂纹

进行铸铁材料的焊接时，裂纹是一种比较容易出现的焊接缺陷。一旦接头中出现裂纹缺陷，不但会降低接头的承载能力，还会削弱铸铁件的致密性，从而产生很大的事故隐患。根据产生的机理不同，一般将铸铁焊接时出现的裂纹分为冷裂纹和热裂纹两大类。

（1）冷裂纹　冷裂纹一般发生在400℃以下。铸铁焊接时，冷裂纹可能发生在焊缝中，也可能发生在热影响区中。

1）焊缝中的冷裂纹。当焊缝为铸铁型时，比较容易出现冷裂纹。裂纹出现和扩展常伴随着可听见的脆性断裂的声音。焊缝较长或铸铁件刚性较大时，常发生这种裂纹，如图11-1所示。

铸铁型焊缝发生裂纹的温度一般在400℃以下，在400℃以上的温度很少发生。这是因为：在焊接过程

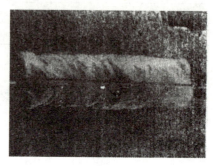

图 11-1　铸件焊缝中的冷裂纹

中，由于铸铁件局部受热不均匀，焊缝在冷却过程中会产生很大的拉应力。当焊缝为灰铸铁时，由于焊缝中的石墨以片状形式存在，不仅减少了铸铁件有效受力面积，而且片状石墨的两端尖角将导致严重的应力集中，使其400℃以下时基本没有塑性、强度低，这时当应力值超过此时铸铁的抗拉强度时，裂纹很快产生并最终导致铸铁件的断裂。

焊缝中的石墨形态对焊缝抗裂性具有一定的影响，粗而长的片状石墨容易引起应力集中从而加速焊缝开裂，而石墨以细小片状存在时可以改善焊缝的抗裂性能。

如果焊缝中存在白口组织，由于白口铸铁的收缩率（约为2.3%）比灰铸铁（约为1.26%）大，并且其中的渗碳体更脆，这时焊缝更容易出现裂纹。

当采用低碳钢焊条进行灰铸铁焊接时，由于母材熔化过渡到焊缝中的碳元素过多，使其第一层焊缝为高碳钢成分，快速冷却时会产生另一种高硬组织——马氏体，高碳马氏体脆性大，也很容易产生冷裂纹。

当采用异质焊接材料焊接灰铸铁时，焊缝为奥氏体、铁素体或铜基焊缝，由于焊缝金属具有良好的韧性，如配合合理的冷焊工艺措施，焊缝金属一般不会产生冷裂纹。

2）热影响区中的冷裂纹。热影响区中的冷裂纹多发生在含有较多渗碳体和马氏体的热影响区，某些情况下也会出现在离熔合区稍远的热影响区。

采用低碳钢焊条焊接铸铁时，常在焊接热影响区（熔合区附近）产生一种剥离性裂纹，即焊缝与母材分离现象。产生原因是碳钢收缩率大，收缩应力大，焊缝屈服强度高，母材上的热影响区又有脆性的渗碳体和

马氏体所致。

3) 防止冷裂纹产生的措施。防止灰铸铁焊接时冷裂纹产生的方法主要是减少焊接接头的应力及防止焊接接头出现渗碳体和马氏体。

① 采用非铸铁塑性较好的焊接材料焊接，由于熔敷金属的屈服强度较低，容易通过焊缝的塑性变形实现松弛焊接应力的目的，有利于防止焊接冷裂纹的出现。

② 在修复厚大铸铁件的裂纹缺陷时，由于坡口尺寸较大，焊接层数多，累积的焊接应力较大，为了防止热影响区冷裂纹发展成剥离性开裂，可采用在坡口两侧栽丝法等焊接措施。

③ 采用焊前预热的方法，不仅可以降低焊接接头的应力值，同时还可以防止接头中出现渗碳体以及马氏体等脆硬组织，也可防止冷裂纹的产生。

④ 采用加热减应区的方法以降低补焊处所受应力，也有较好的效果。

⑤ 电弧冷焊时，采用正确的冷焊工艺，以减弱焊接接头的应力，有利于防止冷裂纹的产生。

（2）热裂纹 当焊缝为铸铁型时，由于石墨化伴随着体积膨胀，使焊缝体积增加而收缩率减小，有利于降低接头的拉应力，同时，铸铁焊缝的成分接近于共晶点，其固液温度区间小，脆性温度区较小，所以铸铁型焊缝的热裂纹倾向不大。

但当焊缝为异质焊缝（非铸铁型），即采用低碳钢焊条或镍基铸铁焊条进行焊接时，焊缝容易出现热裂纹（结晶裂纹）。

采用低碳钢焊条焊接灰铸铁时，即使采用小的焊接电流，第一层焊缝碳的质量分数高达0.7%～1.0%，加上灰铸铁S、P含量较高，易促使FeS等低熔点共晶组织的形成，导致焊缝热裂纹产生。

利用镍基铸铁焊条焊接灰铸铁件时，焊缝中容易形成低熔点共晶组织Ni-NiS、Ni+Ni_3P，而且焊缝中的单相奥氏体晶粒粗大，低熔点共晶组织容易聚集在晶界处。这些聚集在晶界处的低熔点共晶组织在焊接高温时会成为裂纹的源头。因此，利用镍基铸铁焊条焊接时，焊缝具有较大的热裂纹敏感性。应该指出，这种裂纹往往埋藏在焊缝的下部，肉眼不易发现，给产品带来了更大的安全隐患。

防止灰铸铁焊缝产生热裂纹的措施主要有：调整焊缝金属的化学成分，缩小其脆性温度区间；调整焊缝的化学成分，如加入稀土元素增强焊缝的脱硫、脱磷能力，加入适量的细化晶粒元素等；采用正确的冷焊工艺，降低焊接应力，并控制母材中的有害杂质进入焊缝区。

二、灰铸铁的焊接工艺

灰铸铁焊接，目前常用的焊接方法是焊条电弧焊、气焊和钎焊，有时也采用CO_2气体保护焊或电渣焊。

1. 电弧热焊及半热焊

焊前将铸件整体或有缺陷的局部位置预热到600～700℃（暗红色），

然后进行补焊,焊后进行缓冷的铸铁补焊工艺,称之为热焊。如果预热温度为 300~400℃,则称为半热焊。对结构复杂(如缸体)而补焊处刚度又很大的铸件,宜采用整体预热。对于结构简单而补焊处刚度又较小的铸件,可采用局部预热。

(1) 电弧热焊特点　灰铸铁件预热到 600~700℃ 时,不仅有效地减少了焊接接头上的温差,而且铸铁由常温完全无塑性改变为有一定塑性,其断后伸长率可达 2%~3%,再加以焊后缓慢冷却,故焊接接头应力状态大为改善。此外,由于 600~700℃ 预热及焊后缓冷,可使石墨化过程进行得比较充分,焊接接头可完全防止白口及淬硬组织的产生,从而有效地防止裂纹的产生。在适当成分的焊条配合下,焊接接头的硬度与母材很接近,有优良的可加工性,有与母材基本相同的力学性能,颜色也与母材一致,焊后焊接接头残余应力很小,故热焊的焊接质量是令人满意的。

热焊成本高、工艺复杂、生产周期长、生产效率较低、焊接时劳动条件差,因此,电弧热焊工艺具有较大的局限性。只有当缺陷被四周刚性大的部位所包围,在焊接时不能自由热胀冷缩,用冷焊易造成裂纹的铸件才采用热焊。

(2) 电弧热焊焊条　我国目前常用的电弧热焊及半热焊的焊条有两种:一种为 Z248,采用铸铁芯加石墨型药皮,主要用于焊补厚大铸件的缺陷。这种焊条多由使用单位自制,专业焊条厂家很少生产。此焊条直径较大,可以使用较大的焊接电流,以提高焊接生产率,有利于降低焊接劳动强度,但生产成本较高;另一种为 Z208,采用低碳钢焊芯(H08)加石墨型药皮。这种焊条虽然使用低碳钢作焊芯,但药皮中加入较多的促进石墨化物质,如硅铁、石墨、碳粉等,在热焊条件下仍然可以保证焊缝为灰铸铁组织。这类焊条原材料来源广泛,成本较低,一般焊条生产企业均可生产。这两种焊条的型号均属 EZC 型。

(3) 电弧热焊工艺　电弧热焊适用于厚度大于 10mm 的中厚铸件,对于 8mm 以下的薄壁铸件,容易烧穿,故不宜使用这种方法。

1) 预热。对结构复杂的铸件,由于焊补区刚性大,焊缝没有自由膨胀和收缩的余地,应该采用整体预热。对于结构简单的铸件,补焊处刚性小,焊缝有一定的膨胀和收缩余地,如铸件边缘的缺陷及小范围的裂纹等可以采用局部预热。局部预热可以采用气焊或煤气火焰加热。

2) 焊前清理。焊前用碱水、汽油擦洗及气焊火焰清除铸件及缺陷的油污、铁锈及其他杂质,同时将缺陷处预先制成适当的坡口。制作坡口时应根据缺陷的情况采用砂轮、风铲等工具进行铲、磨加工,直到无缺陷时再开坡口。在保证顺利运条及熔渣上浮的前提下,宜用较窄的坡口,坡口形状应为底部圆滑,开口稍大。对裂纹缺陷应设法找出裂纹两端的终点,然后在裂纹终点钻止裂孔。

3) 造型。对于边角部位及穿透类缺陷应在待焊部位造型,目的是防止熔化金属流失,保证一定的焊缝成形。造型的形状尺寸如图 11-2 所示。

造型材料可用水玻璃砂或黄泥。内壁最好放置耐高温的石墨片,以防止造型材料受热熔化或塌陷,同时造型材料应在焊接前烘干。

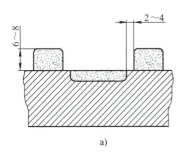
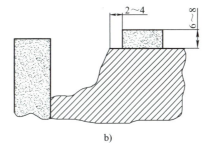

图 11-2 热焊补焊区造型示意图

a) 中间缺陷补焊 b) 边角缺陷补焊

4)焊接。焊接时,为了保持预热温度,缩短高温焊接时间,要求应在最短的时间内焊完,因此,应采用大电流、长弧、连续焊。因为铸铁焊条中含有较多的高熔点难熔物质石墨,故采用适当的长弧焊有利于药皮熔化,同时有利于石墨向熔池中过渡。焊接电流的经验公式为 $I=(40\sim 60)d$,d 表示焊条直径(mm)。

5)焊后缓冷。焊后需要采取保温缓冷措施。常用的保温材料为石棉,最好采用随炉冷却的方式。对于重要铸件,应在 700~900℃ 进行消除应力处理。

(4)电弧半热焊 人们在实践中发现,在提高焊缝石墨化能力的前提下,适当降低预热温度,采用 300~400℃ 的整体或局部预热的方法焊接刚度较小的铸件时,也可以得到较好的效果,可以改善劳动强度,提高劳动生产率,降低生产成本。

半热焊预热温度较低,铸件在焊接时的温差要比热焊条件下大,故焊缝区的冷却速度将加快。因此,为了防止产生白口组织和裂纹,保证焊缝石墨化进程,焊缝中的石墨化元素含量一般应高于热焊时的含量,其中 C 的质量分数为 3.5%~4.5%,Si 的质量分数为 3%~3.8%。一般情况下可使用 Z208 或 Z248 铸铁焊条。半热焊工艺与热焊时基本相同,同样需要采用大电流、长弧、连续焊以及焊后缓冷措施。

由于半热焊预热温度比热焊低,在加热时铸件的塑性变形能力很差,故在补焊刚性较大区域时,不易产生变形,而内应力增大导致接头产生裂纹等缺陷。因此,电弧半热焊只能用于铸件补焊处刚性较小或形状较为简单的情况。

2. 电弧冷焊

电弧冷焊的特点是焊前对被补焊的铸件不预热。冷焊有劳动条件好、成本低、补焊效率高等优点。更具有现实意义的是,一些预热很困难的大型铸件或不能预热的已加工面更适于采用冷焊,所以冷焊是一个发展方向。电弧冷焊法已在我国推广使用,并获得迅速发展。

电弧冷焊有铸铁型焊缝冷焊和非铸铁型焊缝冷焊两种工艺方法,但应用较多的是非铸铁型焊缝冷焊工艺。

(1) 电弧冷焊焊条 表 11-4 为常用铸铁焊条的性能及主要用途,其

表 11-4 常用铸铁焊条的性能及主要用途

型号	牌号	药皮类型	电源种类	焊缝金属类型	熔敷金属的主要化学成分	主要用途
EZFe-1	Z100	氧化型	交、直流	碳钢		一般灰铸铁件非加工面的补焊
EZV	Z116	低氢钠型		高钒钢	$w_C \leq 0.25\%$, $w_{Si} \leq 0.70\%$, $w_V = 8\% \sim 13\%$, $w_{Mn} \leq 1.5\%$	高强度灰铸铁件及球墨铸铁的补焊
EZV	Z117	低氢钾型	直流			
EZFe-2	Z122Fe	铁粉钛钙型		碳钢		多用于一般灰铸铁件非加工面的补焊
EZC	Z208			铸铁	$w_C = 2.0\% \sim 4.0\%$, $w_{Si} = 2.5\% \sim 6.5\%$	一般灰铸铁件的补焊
EZCQ	Z238			球墨铸铁	$w_C \leq 0.25\%$, $w_{Si} \leq 0.70\%$, $w_{Mn} \leq 0.8\%$, 球化剂适量	球墨铸铁的补焊
EZCQ	Z238SnCu			球墨铸铁	$w_C = 3.5\% \sim 4.0\%$, $w_{Si} \approx 3.5\%$, $w_{Mn} \leq 0.8\%$, Sn、Cu、RE、Mg 适量	用于球墨铸铁、蠕墨铸铁、合金铸铁、可锻铸铁以及灰铸铁的补焊
EZC	Z248			铸铁	$w_C = 2.0\% \sim 4.0\%$, $w_{Si} = 2.5\% \sim 6.5\%$	灰铸铁件的补焊
EZCQ	Z258		交、直流	球墨铸铁	$w_C = 3.2\% \sim 4.2\%$, $w_{Si} = 3.2\% \sim 4.0\%$ 球化剂 0.04%~0.15%	球墨铸铁的补焊,其中 Z268 也可以用于高强度灰铸铁件的补焊
EZCQ	Z268	石墨型			$w_C \approx 2.0\%$, $w_{Si} \approx 4.0\%$, 球化剂适量	
EZNi-1	Z308			纯镍	$w_C \leq 2.0\%$, $w_{Si} \leq 2.50\%$, $w_{Ni} \geq 90\%$	重要灰铸铁薄壁件和加工面的补焊
EZNiFe-1	Z408			镍铁合金	$w_C \leq 2.0\%$, $w_{Si} \leq 2.5\%$, $w_{Ni} = 40\% \sim 60\%$, Fe 余量	重要高强度灰铸铁件及球墨铸铁的补焊
EZNiFeCu	Z408A			镍铁铜合金	$w_C \leq 2.0\%$, $w_{Si} \leq 2.0\%$, $w_{Cu} = 4\% \sim 10\%$, $w_{Ni} = 45\% \sim 60\%$, Fe 余量	重要灰铸铁及球墨铸铁件的补焊
EZNiFe	Z438			镍铁合金	$w_C \leq 2.5\%$, $w_{Si} \leq 3.0\%$, $w_{Ni} = 45\% \sim 60\%$, Fe 余量	
EZNiCu-1	Z508			镍铜合金	$w_C \leq 1.0\%$, $w_{Si} \leq 0.8\%$, $w_{Fe} \leq 6.0\%$, $w_{Ni} = 60\% \sim 70\%$, $w_{Cu} = 24\% \sim 35\%$, Fe 余量	强度要求不高的灰铸铁的补焊
	Z607	低氢钠型	直流	铜铁混合	$w_{Fe} \leq 30\%$, Cu 余量	用于一般灰铸铁非加工面的补焊
	Z612	钛钙型	交、直流			

注: Z238、Z258、Z268 为球墨铸铁焊条。

中除了 Z208 和 Z248 为铸铁型灰铸铁焊条外，其余均为非铸铁型灰铸铁焊条。非铸铁焊缝电弧冷焊焊接材料按焊缝金属的类型可分钢基、铜基和镍基三大类。

1) 钢基焊缝电弧冷焊焊条。钢基焊接材料已有三种型号的焊条纳入国家标准。它们是 EZFe-1 型纯铁芯氧化性药皮铸铁焊条（Z100）、EZFe-2 型低碳钢芯铁粉药皮焊条（Z122Fe）和 EZV 型低碳钢芯低氢高钒铸铁药皮焊条（Z116、Z117）。

强氧化型铸铁焊条 EZFe-1（Z100），采用低碳钢焊芯（H08），并在药皮中加入了适量的强氧化性物质，如赤铁矿、大理石、锰矿等。EZFe-1（Z100）焊条的成本低，焊缝与母材能很好地熔合，并且熔渣流动性好、脱渣容易。但是，由于其加工性不良，只能用于铸件非加工面、焊缝不要求致密及受力不大处缺陷的补焊。

铸铁焊条 EZFe-2（Z122Fe）是低碳钢焊芯铁粉型焊条，药皮为钛钙型。药皮中加入了一定量的低碳铁粉。加入低碳铁粉的目的，仍然是为了降低含碳量。这种焊条只能用于铸件非加工面的补焊。

高钒铸铁焊条 EZV（Z116、Z117），采用低碳钢（H08）焊芯，并在药皮中加入了大量钒铁，故其焊缝为高钒钢组织。在焊缝中加入钒铁的目的，是使碳和钒形成高度弥散分布的碳化钒（VC）质点，分布于铁素体基体组织中。由于焊缝中碳的存在形式得到改变，增加了焊缝的塑性，故可避免焊缝中白口组织和淬硬组织的产生，提高了其抗裂能力。

2) 铜基焊缝电弧冷焊焊条。常用的铜基铸铁焊条有两种牌号，分别为 Z607 型系铜芯低氢铁粉焊条、熔敷金属的铜铁比通常为 80：20；Z612 型系铜包钢芯钛钙型药皮焊条，熔敷金属中铜的质量分数大于 70%。

3) 镍基焊缝电弧冷焊焊条。镍基合金铸铁焊条主要有四种：EZNi-1（Z308）为纯镍焊芯石墨型焊条；EZNiFe-1（Z408）型为镍铁合金焊芯石墨型焊条；EZNiFeCu（Z408A）型为镍铁铜合金焊芯石墨型焊条；EZNiCu-1（Z508）型为镍铜合金焊芯石墨型焊条，熔敷金属镍与铜的质量比为 70：30，俗称蒙乃尔合金焊条。

采用钢基焊条电弧焊方法焊接灰铸铁件时，在不同程度上都存在焊缝金属硬度过高、容易产生焊接热裂纹和冷裂纹、母材熔合区出现白口化等问题，故只能用于表面不要求加工、对焊缝致密性要求较低的铸件补焊。采用铜基焊条电弧焊方法焊接灰铸铁件时，存在焊缝金属抗拉强度低，对焊接热裂纹较敏感，母材熔合区白口化以及铜基合金焊缝与灰铸铁母材色差大等问题，其应用范围很有限。镍基合金焊条焊接灰铸铁件时，具有焊缝及热影响区硬度低，易于切削加工、焊缝金属抗裂性好、熔合区白口宽度很窄（0.05~0.07mm）、焊缝金属抗拉强度与灰铸铁基本匹配，以及焊缝金属颜色与灰铸铁相近等特点，故其应用范围较广。

(2) 电弧冷焊工艺

1) 铸铁型焊缝电弧冷焊。铸铁型焊缝电弧冷焊工艺特点是，采用大直径焊条、大电流、连续焊工艺。若采用小电流断续焊工艺，则由于冷却速度较快，焊缝容易出现白口组织和裂纹等。有时若条件允许，可适当扩大缺陷面积，增加熔池体积、降低冷却速度，也可以消除白口组织。

铸铁型焊条电弧冷焊技术较电弧热焊工艺简便，焊接成本也较低。补焊较大缺陷（面积大于 $8cm^2$，深度大于 7mm）时，只要工艺适当，焊缝的最高硬度不超过 250HBW，并具有较好的加工性能。补焊刚性较小的缺陷时，由于焊缝能较好地收缩，焊后一般不会出现裂纹，而且性能、颜色与母材基本一致。

2) 非铸铁型焊缝电弧冷焊。采用异质焊接材料焊条电弧焊接灰铸铁时，基本上应用冷焊工艺，其工艺要点如下。

① 选择合适的最小焊接电流。在保证电弧燃烧稳定，焊缝与母材熔合良好的前提下，选择尽可能低的焊接电流，最大限度地降低母材在焊缝中的熔合比，减少母材中的 C 及 S、P 等有害元素的不利影响。同时，小焊接电流可降低焊接热输入，降低焊接接头拉应力，有利于减少焊接接头裂纹和白口区宽度。焊接电流的经验公式为 $I = (29 \sim 34)d$，式中，d 为焊条直径。

② 采用较快的焊接速度及短弧焊接。在保证焊缝成形及熔合良好的前提下，选用尽可能快的焊接速度，减小焊缝的熔宽和熔深，使母材熔入焊缝的量减少，焊接热输入降低。采用短弧焊接可进一步减小焊缝的宽度，其效果与降低焊接电流相同。

③ 采用短段焊、断续焊、分散焊及焊后马上锤击焊缝的工艺。短段焊、断续焊、分散焊及焊后马上锤击焊缝的方法，可降低焊接应力，防止裂纹的产生。采用异质焊材电弧冷焊铸铁件时，一般每次焊接的焊缝长为 10~40mm，对于薄壁铸铁件，一次所焊焊缝长可取 10~20mm；焊接厚壁件时焊缝长可取 30~40mm。为尽量避免补焊处局部温度过高导致应力增大，应采用断续焊，即待焊缝冷却到不烫手（温度为 50~60℃）时，再焊下一道焊缝。必要时还可分散焊，即不连续在某一固定部位补焊，而是交替更换焊补部位，使散热均匀，防止焊补处局部温度过高。每焊一段后，立即用锤子迅速锤击焊缝，以松弛应力。

④ 选择合理的焊接方向和焊接顺序。合理的焊接方向和焊接顺序对降低焊接应力具有重要的意义。例如对于裂纹的补焊，合理的焊接方向应是从裂纹两端向裂纹中心交替分段焊接，因为裂纹两端的拘束度大，中心部位的拘束度相对较小，先焊拘束度大的部位有利于降低焊接应力。采用合理的焊接顺序也可以降低焊接应力，如图 11-3 示为三种不同的焊接顺序，其中水平型的焊接顺序焊接应力最大，凹字型次之，斜坡型焊接应力最小。

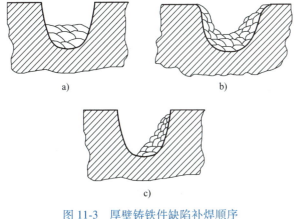

图 11-3 厚壁铸铁件缺陷补焊顺序
a) 水平型 b) 凹字型 c) 斜坡型

⑤ 采用栽丝焊等特殊工艺。对于受力较大的厚件（厚度大于 20mm）开坡口焊接时，可采用栽丝焊。即在基本金属坡口内攻螺纹，然后拧入钢质螺钉，最后焊满坡口。这样，使熔合区附近的焊接应力主要由螺钉承受，从而防止剥离裂纹的产生。栽丝焊如图 11-4 所示。

3. 气焊

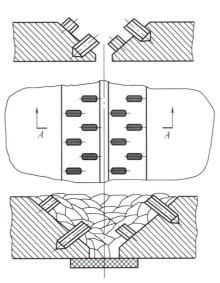

图 11-4 栽丝焊示意图

氧乙炔焊火焰温度比电弧温度要低很多，而且热量不集中，很适合于薄壁铸件的补焊。一般气焊进行时，需用较长时间才能将补焊处加热到补焊温度，而且加热面积又较大，实际上相当于补焊处先局部预热再进行焊接的过程。当使用适当成分的铸铁焊丝对薄壁件缺陷进行气焊补焊时，由于冷却速度较低，有利于焊缝石墨化过程的进行，焊缝易得到灰铸铁组织，而焊接热影响区也不易产生白口或其他淬硬组织。但是，由于一般气焊时加热时间较长，铸件受热面积较大，焊接热应力较大，故补焊刚度较大的缺陷时，气焊比热焊更容易发生冷裂纹，因此一般情况下气焊主要适用于刚性小的薄壁件的缺陷补焊。对于刚性大的薄壁件进行缺陷焊补时，宜采用工件整体预热的气焊热焊法，也可采用"加热减应区"法。

（1）气焊焊接材料 灰铸铁气焊时焊缝冷却速度较快，为提高焊缝的石墨化能力，保证焊缝有合适的组织和硬度，焊丝中的碳、硅含量应稍高于热焊。气焊过程中，焊丝中的碳、硅元素都有一定程度的烧损，故焊缝中的实际 C、Si 含量会有一定降低。所以，一般气焊时焊缝的 C、Si 总质量分数约为 7%。灰铸铁气焊的铸铁焊丝型号有 RZC-1、RZC-2 等。

铸铁气焊时，由于 Si 容易氧化生成高熔点（1713℃）的氧化物 SiO_2，黏度较大，流动性差，影响焊接过程的正常进行，而且还易引起焊缝夹渣等缺陷，因此铸铁气焊时必须采用气焊熔剂。我国焊接灰铸铁用气焊熔剂的统一牌号为 CJ201。

（2）灰铸铁气焊工艺　气焊前，要对铸件表面进行清理，过程与要领基本与焊条电弧焊相同。制备坡口一般可以采用机械加工法，当铸件断面很小或不能用机械加工方法开坡口时，也可用气割法直接开出坡口。

气焊时，应根据铸件厚度适当选用较大尺寸的焊炬和焊嘴，以提高火焰能率，增大加热速度。气焊火焰一般应选用中性焰或弱碳化焰，不能用氧化焰。为防止焊缝金属流失，焊接操作时应尽量保持水平位置。铸件焊后可以自然冷却，但注意不要放在空气流通的地方冷却，否则会促使白口组织及裂纹产生。

一般较小的铸件气焊时，凡是缺陷位于边角和刚度较小的地方，可用冷焊方法，其特点是不用单独预热，仅仅靠气体火焰在坡口周围进行预热后即可熔化施焊，焊后自然缓冷，一般就可得到无裂纹缺陷的接头。但是，缺陷位于铸件中央，接头刚性大或铸件形状较为复杂的情况下，采用冷焊往往达不到较好的效果，这时应采用热焊法或采用加热减应区法。

所谓加热减应区法，就是加热补焊处以外的一个或几个区域（即减应区），以降低补焊处的拘束应力，从而防止产生裂纹的一种工艺方法。图 11-5 给出了一个简单的加热减应区法实例。

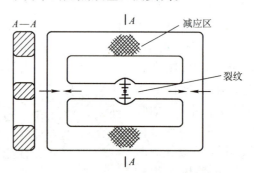

图 11-5　热减应区法示意图

焊前应在铸件上选定减应区，即加热后可使接头应力减少的部位，如图 11-5 中的阴影区域，该区一般是阻碍焊接区膨胀和收缩的部位。焊接时先将减应区加热到一定温度（通常为 600~700℃，最低也应在 450℃以上），使其膨胀伸长。这样一来，要补焊的裂纹宽度也随之增大，也就是产生了与焊缝收缩方向相反的变形。此时对裂纹进行补焊，同时保证减应区处于较高的温度。焊接结束后，减应区与焊接区同时缓冷，接头和减应区将沿着一个方向自由收缩，故使焊接应力减小，降低了其产生裂纹的倾向。

加热减应区工艺成败的关键，是根据铸件的具体结构形式，选定合适的减应区，使该区的热变形方向与坡口张开的方向一致。此外，还应考虑减应区的变形对其他部位不会产生明显的影响，避免减应区的热胀冷缩而拉裂其他部位。减应区的加热温度一般控制在600~700℃为宜。焊接过程中，还应注意对减应区适时加热，保持该区温度不低于400℃。

加热减应区的方法有些类似于热焊，但比热焊效率高，劳动条件好，焊接成本也较低。但这种方法对工艺要求较为严格，减应区的选择较为复杂，故对焊接操作者的技术要求较高。另外，这种方法也不适合全位置焊接。

4. 钎焊

灰铸铁钎焊时母材不熔化，对避免铸铁焊接接头出现白口是非常有利的，使接头有优良的可加工性。此外，钎焊温度较低，接头应力较小，而接头上又无白口等脆硬组织，对裂纹的敏感性也较小，所以铸铁钎焊具有一定的优越性。

常用的铸铁钎焊热源为氧乙炔焰。由于钎焊是靠扩散过程完成的，故对灰铸铁钎焊前的准备工作要求高于电弧焊和气焊，必须将焊件表面清理干净，使其露出金属光泽。由于氧乙炔焰温度较低，而且焊前需要将母材加热到一定的温度，故钎焊的生产率并不高，因此主要用于加工面的缺陷补焊。

由于银基钎料较为昂贵，而锡基钎料强度低，故铸铁补焊所使用的主要是铜基钎料。灰铸铁一般用铜锌钎料，牌号为HL103，钎剂可用硼砂，但焊接接头强度偏低，钎焊处呈金黄色，与母材颜色差异大。

第三节 球墨铸铁的焊接

球墨铸铁是在熔炼过程中加入一定量的Mg（镁）、Ce（铈）、Y（钇）等球化剂，使石墨以球状析出而成，它显著地提高了铸铁的力学性能。

一、球墨铸铁的焊接性

球墨铸铁的焊接性与灰铸铁大致相同，但有其特殊性。一方面，球墨铸铁的白口化倾向及淬硬倾向比灰铸铁大，其原因是球化剂达到一定量时有产生阻碍石墨化及提高淬硬临界冷却速度的作用，所以采用铸铁焊条焊接球墨铸铁时，焊缝金属及半熔化区更易白口化，奥氏体区更易出现马氏体组织；另一方面，球墨铸铁的强度、塑性和韧性都比灰铸铁高得多，必然要求焊接接头的力学性能与母材相匹配，增加了球墨铸铁焊接的难度。

铸铁焊补特殊工艺研究与应用实践-生产案例

二、球墨铸铁的焊接工艺

球墨铸铁常用的焊接方法是电弧焊和气焊,而电弧焊又分为冷焊和热焊。异质焊缝常采用镍铁焊条和高钒焊条进行冷焊,焊缝成分为球墨铸铁的同质焊缝则多采用热焊。

1. 球墨铸铁的气焊

由于气焊具有火焰温度低,加热及冷却缓慢的特点,因此对减弱焊接接头产生白口及马氏体形成的倾向是有利的。火焰温度低,还可减少球化剂的蒸发（Mg 的沸点为 1070℃,Y 的沸点为 3038℃),有利于促使焊缝获得球墨铸铁组织。现在气焊球墨铸铁的焊丝有加轻稀土（如 Ce）镁合金和加钇基重稀土两种。由于 Y 的沸点高,抗球化衰退能力比镁强,更利于保证焊缝球化质量,故近年来钇基重稀土焊丝应用较多。GB/T 10044—2006《铸铁焊条及焊丝》中,规定了专用于球墨铸铁气焊的焊丝,其型号为 RZCQ-1 和 RZCQ-2。

球墨铸铁的气焊工艺与灰铸铁基本相同,采用中性焰或弱碳化焰,气焊熔剂与灰铸铁相同,采用 CJ201。对于中、小型球墨铸铁件采用不预热焊补工艺时,但要注意焊接操作及保温;对于厚大工件及刚度大的缺陷焊补时,应采用预热焊补工艺,即焊前整体或局部预热到 500~700℃,焊后缓冷。

气焊的不足之处是焊补时间长,焊补效率较低,此外,有时对已加工件焊补,因变形问题而难于采用。主要应用于铸件小缺陷的焊补。

2. 同质焊缝焊条电弧焊

电弧焊的效率比气焊高。但由于球化剂一般都严重阻碍石墨化过程,故在冷焊时,由于速度大而导致了焊缝白口倾向较大,不仅影响加工,且白口铸铁在焊接应力作用下焊缝易出现裂纹,多采用 500~600℃ 高温预热焊方法,即热焊方法来解决。

GB/T 10044—2006《铸铁焊条及焊丝》对球墨铸铁电弧焊焊条只规定了 EZCQ 一个型号。符合该标准型号的商品焊条牌号有 Z238 和 Z258 等。Z258 是球墨铸铁芯外涂球化剂和石墨化剂药皮,通过焊芯和药皮的共同作用,使焊缝中的石墨球化的,而 Z238 则是低碳钢芯外涂球化剂和石墨化剂药皮,通过药皮使焊缝中的石墨球化的。

球墨铸铁电弧热焊的焊接工艺与灰铸铁基本相同,采用大电流、连续焊工艺。中等缺陷应连续填满,较大缺陷采取分段（或分区）填满再向前推移,以保证补焊区有较大的焊接热输入。

球墨铸铁焊后应进行正火或退火处理。正火的目的是获得珠光体组织,以便获得足够的强度;退火的目的是获得铁素体组织,以获得高的塑性和韧性。

3. 异质焊缝焊条电弧焊

由于球墨铸铁力学性能较灰铸铁高,因此异质焊缝焊条电弧冷焊也

第十一章　铸铁的焊接

是球墨铸铁常采用的焊接工艺方法。

球墨铸铁异质焊缝焊条电弧冷焊可采用 EZNiFe-1、EZNiFeCu 和 EZV 三种型号的异质焊条焊接，前两种可用于加工面的焊接，后一种则用于非加工面的焊接。

球墨铸铁异质焊缝电弧冷焊工艺与灰铸铁异质焊缝电弧冷焊工艺基本相同。由于球墨铸铁的白口化倾向及淬硬倾向比灰铸铁大，所以在气温较低或焊件厚度较大时，应适当预热，预热温度一般为 100~200℃。

第四节　铸铁焊接工程应用实例

一、灰铸铁的焊接实例

【灰铸铁煤气发生炉裂纹的焊接修复】

某厂一煤气发生炉因长期超负荷工作，导致炉底出现开裂，被迫停产。炉底直径 3m，厚度为 45mm，材料为灰铸铁 HT200。经检验，裂纹长约 1.5m，深约 40mm。为了节约时间，减少损失，决定采用焊接方法对裂纹进行修复。

1. 焊接修复工艺设计

（1）焊接方法的选择　大厚度铸铁件的补焊方法常用的有焊条电弧焊的热焊和冷焊。热焊由于预热温度高，焊接参数大，冷速较慢，虽然有利于消除白口，减少应力，防止裂纹，但施工复杂，劳动条件差，劳动强度大，并且由于铸铁件大而厚，补焊区的加热温度难于控制均匀，操作难度大。电弧冷焊由于焊前不预热，采用小参数进行焊接，劳动条件较好，虽然产生白口和应力的倾向比热焊大，但可以通过焊接电流、电源极性等来控制熔合比，减少熔敷金属量；选用塑性较好的异质焊缝（非铸铁型）焊条，采用栽丝法等特殊工艺，辅以短段断续、分段焊、焊后锤击焊缝等工艺方法减少应力，防止裂纹。综合考虑，决定采用焊条电弧冷焊法进行补焊。

（2）焊接材料的选用　电弧冷焊一般采用异质焊缝的镍基焊条进行补焊，焊缝为非铸铁型，所以焊缝塑性好，抗裂性能好。镍基焊条常用的有三种：纯镍铸铁焊条 EZNi-1（Z308）、镍铁铸铁焊条 EZNiFe-1（Z408）、镍铜铸铁焊条 EZNiCu-1（Z508）。三者之中，镍铁铸铁焊条 EZNiFe-1（Z408）价格较便宜，抗裂性能最好，所以选用 EZNiFe-1（Z408）焊条。考虑到补焊坡口较深、较宽，补焊面积大，如全部采用 EZNiFe-1（Z408）来补焊，成本较高，所以先采用 EZNiFe-1（Z408）来铺底和镶边过渡，然后再用较便宜的碳钢碱性焊条 E5015（J507）来填满坡口盖面焊接。

（3）栽丝法工艺　由于补焊区坡口大、深、宽，为了防止应力过大，使焊缝剥离，可使用栽丝法焊接。所谓栽丝法就是在坡口两侧钻孔，攻螺纹后拧入钢质螺钉。焊接时，先绕螺钉焊接，再焊满螺钉之间焊缝，这样螺钉不仅承担了部分焊接应力，防止焊缝剥离，而且还提高了焊缝强度（其作用与混凝土中钢筋相似）。选用 M10 螺钉，坡口两侧各 15 个，螺孔深约 10mm，孔距约 100mm，螺钉露在坡口外约 7mm，在坡口两侧成人字形交错排列，如图 11-6 和图 11-7 所示。

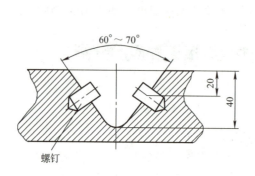

图 11-6　坡口栽丝示意图　　图 11-7　螺钉孔排列示意图

（4）焊接方向及焊接顺序

1）采用多层多道焊。EZNiFe-1（Z408）焊条焊三层铺底及镶边，先绕螺钉焊接，再焊螺钉之间的部分。

2）其余焊缝用 E5015（J507）焊条多层多道焊接，焊接时每层从坡口中心向坡口边缘方向依次补焊，注意切不可从外向里焊，否则先焊部分可能会被后焊部分拉裂。

3）采用分段退焊法，焊后锤击焊缝。

4）开 V 形坡口，坡口角度为 60°～70°，采用直流反接。

2. 焊接修复工艺

（1）焊前准备

1）在裂纹两端外延钻止裂孔，以防止裂纹扩展。

2）用角向砂轮机沿裂纹方向打磨出 60°~70°左右坡口。

3）用氧乙炔火焰清除坡口及附近油、锈、杂质。

4）在坡口两侧各钻螺孔 15 个，并拧入低碳钢 M10 螺钉（去头）。

5）焊前烘干焊条。EZNiFe-1（Z408）烘干温度 200℃，烘干时间 1~2h；E5015（J507）烘干温度 400℃，烘干时间 1~2h。烘干后放入保温筒，随取随用。

（2）焊接

1）用 EZNiFe-1（Z408）焊条先焊接三层铺底及镶边，每层焊接时，先焊接螺钉周围，再沿裂纹长度方向焊接螺钉之间部分，然后焊接螺钉以下的坡口底部部分，最后焊接螺钉以上的坡口边缘部分。每层焊接时采用多道焊，坡口底部由坡口中心向坡口边缘依次进行，坡口边缘部分由内向外分别依次进行。同时采用分段退焊法，焊后锤击焊缝等电弧冷焊工艺。焊条直径 3.2mm，焊接电流 90~110A，直流反接。

2）铺底、镶边过渡层焊完后，再用直径 3.2mm 的 E5015（J507）焊条进行其余层焊接，同时采用多层多道焊。焊接电流 90~110A，直流反接。焊接顺序如图 11-8 所示。

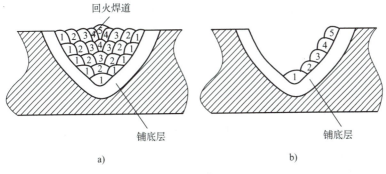

图 11-8　多层多道焊焊接顺序示意图

3）采用短段、分段退焊等方法，每段长约 30mm。每焊完一道后，立即锤击焊缝，直至焊缝表面出现密布的麻点，以释放应力。待冷却至用手触摸不烫时（约 50~60℃），再焊下一道。每道焊缝分段退焊顺序如图 11-9 所示。

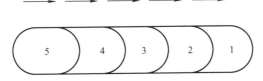

图 11-9　分段退焊顺序示意图

4）采用直线形运条法，不摆动，短弧焊接，每焊完一段后应填满弧坑，并将电弧引到起弧点附近熄灭，起附加热处理作用。

5）坡口焊满后应多焊一道回火焊道，起附加热处理作用，焊后修磨至与母材圆滑过渡为宜。

（3）焊接修复效果　用该焊接修复工艺焊接修复铸铁件，修复时间短，经济效益好，本煤气发生炉修复后已安全运行 5 年多的时间。

3. 气缸裂纹的加热减应区气焊法修复

某气缸如图 11-10 所示，其材质为 HT200，在使用过程中发现两处裂纹 A 和 B，采用加热减应区气焊法进行补焊，成功地修复了该气缸，经济效益显著。

4. 焊接方法的选择

气焊设备简单，操作灵活，火焰温度比电弧温度低，热量不集中，加热面积较大，加热时间较长，能起局部预热作用，有利于石墨化过程的进行，有利于防止白口和减少焊接应力，所以选用气焊。考虑到气缸裂纹焊缝较短，又是带孔洞的缸体结构，所以选用加热减应区气焊法进行补焊。

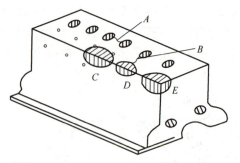

图 11-10 气缸裂纹及加热减应区

5. 加热减应区的确定

加热减应区焊法是选择待焊铸件的某些部位（减应区）进行预热、保温或焊后加热，以减小阻碍补焊区在焊接过程中自由伸缩的约束，从而降低焊接应力及裂纹出现的可能性。减应区应选在加热时能使待补焊的裂纹做横向略微张开、与其他部位联系不多且强度较大的部位，而且该部位不会因预热而引起阻碍焊缝收缩的应力。气缸的减应区为图 11-10 中的阴影区域 C、D 和 E。

6. 焊接工艺

（1）焊前准备

1）焊前将裂纹附近区域的油、锈等清除干净，用尖冲在裂纹的全长上冲眼，每个眼相距 10~15mm，以显示出裂纹的长度及形状。

2）用砂轮或錾子开坡口，坡口角度 70°~80°。

（2）焊丝、熔剂和焊炬的选择　焊丝选用 RZC-2。为了驱除焊接过程中生成的氧化物和改善润湿性能，常使用焊剂，气焊焊剂选用 CJ201。虽然铸铁的熔点低于碳钢，但补焊灰铸铁时为提高熔池温度，消除气孔、夹渣、未焊透、白口化等缺陷，确定选用大号焊炬 H01-20，5 号焊嘴。

（3）操作工艺

1）用两把型号为 H01-20 的焊炬同时加热减应区 D，当 D 处的温度升高到 400~500℃ 时，移出其中一把焊炬加热 A 处裂纹，并进行补焊。

2）补焊 A 处裂纹时的操作要点如下。

① 火焰。焊接过程必须使用中性火焰或弱碳化焰，火焰始终要覆盖住熔池，以减少碳、硅的烧损，保持熔池温度。

② 焊接。先用火焰加热坡口底部，使之熔化形成熔池，将已烧热的焊丝蘸上熔剂迅速插入熔池，让焊丝在熔池中熔化而不是以熔滴状滴入熔池。焊丝在熔池中不断地往复运动，使熔池内的夹杂物浮起，待熔渣在表面集中，用焊丝端部沾出排除。若发现熔池底部有白亮夹杂物（SiO_2）或气孔时，应加大火焰，减小焰心到熔池的距离，以便提高熔池底部温度，使之浮起，也可用焊丝迅速插入熔池底部将夹杂物、气孔排出。

③ 收弧。焊到最后的焊缝应略高于铸铁件表面，同时将流到焊缝外面的熔渣重熔。待焊缝温度降低至处于半熔化状态时，用冷的焊丝平行于铸件表面迅速将高出部分刮平，这样得出的焊缝没有气孔、夹渣，且外表平整。

3) A 处裂纹补焊好后要清除表面氧化膜层。

4) A 处焊好后立即移到 B 处进行加热并补焊。补焊时操作要点与 A 处相同。同时用另一把焊炬加热减应区 C，当 C 处温度达到 500~600℃ 后，将焊炬移向 D 处加热。

5) 当 B 处补焊结束后，用两把焊炬同时加热 D 处，当该处温度达到 600~700℃ 之后，移出其中一把焊炬加热减应区 E，当 E 处的温度达到 700℃ 左右时，应立即降低火焰温度，使 E 处温度缓慢下降，当 E 处温度降到 400~500℃ 时，停止加热。

6) 放在室内自然冷却，冷却后进行气密性试验。试验合格。

二、球墨铸铁的焊接实例

图 11-11 为球墨铸铁低速高压空气压缩机的活塞补焊图，为减小壁厚，该压缩机用球墨铸铁制造。为简化铸造工艺，先铸造成如图 11-11 所示的两段结构，然后用焊接连接在一起。焊接时采用 EZNiFe-1 铸铁焊条（Z408），用直流焊机焊接。焊前先在两个对半焊件上开 45°坡口，并先将活塞的两个半体用螺钉固定在心轴上。在炉中预热到 550℃，然后放置在可转动的支架上进行焊接。焊接电流为 100A；用三道焊缝填满坡口，第一道焊缝用 φ3.2mm 焊条打底，后两道用 φ4mm 焊条焊接。焊后通过热处理调整硬度，然后再进行机械加工。

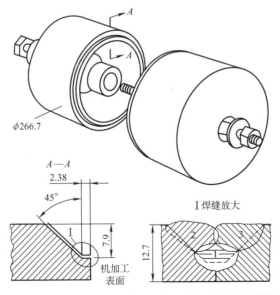

图 11-11 球墨铸铁低速高压空气压缩机的活塞补焊图

【1+X 考证训练】

【理论训练】

一、填空题

1. 灰铸铁焊接时存在的问题主要是_____和_____。

2. 铸铁补焊时，电弧热焊法的预热温度为_____，电弧半热焊法的预热温度是_____。

3. 非铸铁焊缝电弧冷焊焊接材料按焊缝金属的类型可分为_____、_____和_____三大类。

4. 灰铸铁冷焊时，常采用锤击焊缝的方法，其主要目的是_____。

5. 球墨铸铁的白口化倾向及淬硬倾向比灰铸铁大，其原因是_____。

6. 加热减应区法，就是加热补焊处以外的一个或几个区域（即减应区），以降低补焊处_____，从而防止产生_____的一种工艺方法。

二、判断题（正确的画"√"，错误的画"×"）

1. 铸铁中石墨片越粗大，母材强度越低，发生剥离裂纹的敏感性越大。（　　）

2. 灰铸铁铸铁型焊缝中产生热裂纹的主要原因，是母材中 C、S、P 过多地溶入到焊缝金属中。（　　）

3. Z208 焊条由于焊缝强度高，塑性好，不仅可以用于灰铸铁焊接，还可以用于球墨铸铁焊接。（　　）

4. 焊条电弧焊补焊铸铁时有冷焊、半热焊和热焊三种工艺。（　　）

5. 灰铸铁焊接的主要问题是在熔合区易于产生白口组织和在焊接接头产生裂纹。（　　）

6. 处理铸铁件上的裂纹缺陷时，先在裂纹的端头钻止裂孔，后再加工坡口。（　　）

7. 热焊灰铸铁时，焊后必须采用均匀缓冷措施。（　　）

8. 灰铸铁异质焊缝电弧冷焊的工艺特点是分段焊、断续焊、分散焊及焊后马上锤击焊缝。（　　）

9. 球墨铸铁的焊接性比灰铸铁的焊接性好得多。（　　）

三、问答题

1. 灰铸铁电弧热焊的工艺特点是什么？
2. 灰铸铁电弧冷焊常用的焊材有哪些？其焊接工艺要点有哪些？
3. 球墨铸铁焊接的特点是什么？

【技能训练】

四、灰铸铁焊接操作

灰铸铁焊件图及技术要求如图 11-12 所示。

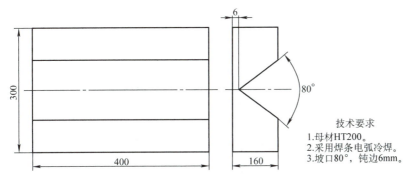

图 11-12　灰铸铁焊件图及技术要求

技术要求
1. 母材HT200。
2. 采用焊条电弧冷焊。
3. 坡口80°，钝边6mm。

1. 焊前准备

1）焊前用钢丝刷或砂布清除干净待焊部位两侧各 20mm 范围内的铁锈、油污、水分。

2）焊机：ZX5-400 型晶闸管直流弧焊机。

3）焊条：选用 Z117（EZV）高钒铸铁焊条和 Z408（EZNiFe-1）镍铁铸铁焊条，直径为 3.2mm；E4315 焊条，直径为 3.2mm。

4）镶块准备：镶块 Q235、厚度为 4mm 若干块，开孔或槽。

2. 焊接

（1）底层焊接　底层需要焊接 4~5 层，堆焊高度约 14mm，如图 11-13b 所示。底层焊接采用 Z117（EZV）φ3.2mm 的焊条，焊接电流 100~120A。每层采用多道，每道分段断续焊，每焊接 30mm 的长度后，清渣及迅速锤击焊缝。待焊缝冷却到不烫手（50~60℃）时，再焊下一道焊缝。采用较快的焊接速度及短弧焊接，降低焊接热输入，以减少熔合比。

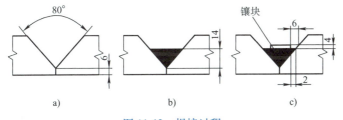

图 11-13　焊接过程

a）坡口形式　b）底层焊接　c）安装镶块

当接近 14mm 的焊缝厚度时，最上面一层焊缝的不平部位应补平，以便于下一步进行镶块焊接。

（2）镶块焊接　在坡口内放一块 4mm 厚的低碳钢板作为镶块，如图 11-13c 所示。镶块与坡口面的间隙，以直径 φ3.2mm 焊条能够一次将其焊透为宜。镶块可以大大减少熔敷金属量，降低焊接接头内应力，有利于防止焊缝剥离，并且能缩短补焊时间和节省焊条。

在镶块两侧用抗裂性好且强度性能好的 Z408 镍铁铸铁焊条将母材与镶块焊接在一起。焊接电流 110~120A。操作时，在镶块两侧交替分段焊接，每段焊缝长度不超过 30mm，焊后及时锤击焊缝。

每焊完一块镶块加上新镶块时，应先用 E4315 焊条塞焊或槽焊工艺将镶块固定，然后再焊接镶块与母材，随着镶块一层一层往上焊接，直至将坡口填满为止。

锤击时，先将焊缝碾一遍，之后再碾靠近焊缝的镶块和镶块的中央。锤击力可稍微大一些，使镶块向两侧延伸，以更有效地消除焊接应力。

【榜样的力量：焊接专家】

焊接专家：关桥

关桥，中国工程院院士，航空制造工程焊接专家，生于山西省太原市，籍贯山西襄汾，航空制造工程焊接专业，中国共产党党员。毕业于莫斯科鲍曼高等工学院，后又继续深造获技术科学副博士学位（K. T. H.）。现任中国航空制造工程研究院研究员。曾任中国焊接学会理事长、国际焊接学会（IIW）副主席。

在焊接力学理论研究领域有重要建树；是"低应力无变形焊接"新技术的发明人；解决了影响壳体结构安全与可靠性的焊接变形难题。

长期从事航空制造工程中特种焊接科学研究工作，是我国航空焊接专业学科发展的带头人。指导了高能束流（电子束、激光束、等离子体）加工技术、扩散连接技术与超塑性成形/扩散连接组合工艺技术、搅拌摩擦焊接等项新技术的预先研究与工程应用开发；先后获国家发明奖二等奖一项，部级科学技术进步奖一等奖 2 项，二等奖 4 项；拥有 2 项国家发明专利。

长期致力于我国焊接科学技术事业的发展。在担任中国焊接学会理事长期间，领导我国焊接学会，作为东道主，于 1994 年在北京成功地举办了国际焊接学会（IIW）第 47 届年会。

注重人才培养和科研团队的建设，获得多项国内国际大奖和荣誉称号：全国先进工作者（1989）、航空金奖（1991）和光华科技基金奖一等奖（1996）、何梁何利基金科学与技术奖（1998）、国际焊接学会（IIW）终身成就奖（1999）、中国焊接终身成就奖（2005）、英国焊接研究所 BROOKER 奖章（2005）、中国机械工程学会科技成就奖（2006）、国际焊接学会 FELLOW 奖（IIW Fellow Award，2017）等。

曾当选为中国共产党第十一、十二、十三次全国代表大会代表，第六届全国人民代表大会代表，北京市第十届人民代表大会代表，中国人民政治协商会议第九届、第十届全国委员会科技界委员。

第十二章 常用非铁金属的焊接

第一节 铝及铝合金的焊接

一、铝及铝合金分类及性能

铝是银白色的轻金属,密度小（2.7g/cm³）,熔点低（658°C）,具有良好的塑性、导电性、导热性和耐蚀性。由于纯铝的强度较低,在工业上应用不广。工业纯铝的纯度为 98.8%~99.7%。工业纯铝按其所含杂质的多少分级,常用的牌号为 1070A（L1）、1060（L2）、1050A（L3）、1035（L4）、1200（L5）,其中 1070A（L1）含杂质最少。

在纯铝中加入镁、锰、硅、铜及锌等元素,即形成铝合金。铝合金与纯铝相比,其强度显著提高,目前已广泛地用于航空、造船、化工及机械制造工业。

根据合金化系列,铝及铝合金分为工业纯铝、铝铜合金、铝锰合金、铝硅合金、铝镁合金、铝镁硅合金、铝锌镁铜合金和其他铝合金八类。按强化方式分为非热处理强化铝合金（防锈铝）和热处理强化铝合金。按成材方式不同,可分为变形铝合金和铸造铝合金。铝合金具体分类如下：

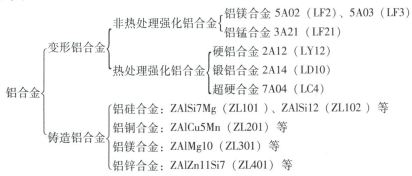

非热处理强化铝合金的特点是强度中等、塑性及耐蚀性好,焊接性也较好,是目前铝合金焊接结构中应用最广的铝合金。热处理强化铝合金经处理后强度高,但焊接性差,特别在熔焊时,裂纹倾向较大。常用铝及铝合金的牌号及化学成分见表 12-1。

311

表 12-1 常用铝及铝合金的牌号及化学成分

类别	牌号	主要化学成分（质量分数,%）									
		Mg	Cu	Mn	Fe	Si	Zn	Cr	Ti	Al	Fe+Si	Ni
工业纯铝	1A99	—	0.005	—	0.003	0.002	—	—	—	99.99	—	—
	1A85	—	0.01	—	0.10	0.08	—	—	—	99.85	—	—
	1035	—	0.05	—	≤0.35	≤0.4	0.1	—	0.05	99.30	0.60	—
	1200	—	0.05	—	≤0.5	≤0.4	—	—	0.15	99.00	1.00	—
防锈铝	5A02	2.0~2.8	0.10	0.15~0.4	≤0.4	0.5~0.8	—	—	0.15	余量	0.6	—
	5A03	3.2~3.8	0.10	0.3~0.6	0.5	0.5~0.8	0.2	—	—	余量	—	—
	5A05	4.8~5.5	0.10	0.3~0.6	0.5	0.5	0.2	—	—	余量	—	—
	5A12	8.3~9.6	0.05	0.4~0.8	0.3	0.3	0.1	—	0.15	余量	—	0.1
	3A21	0.05	0.20	1.0~1.5	0.7	0.6	0.1	—	—	余量	—	—
硬铝	2A02	2.1~2.6	3.2~3.7	0.5~0.8	0.3	0.3	0.1	—	0.05~0.4	余量	—	—
	2A10	0.15~0.3	3.9~4.5	0.3~0.5	0.2	0.25	0.1	—	0.15	余量	—	—
	2A12	1.2~1.8	3.9~4.9	0.3~0.9	0.5	0.5	0.3	—	0.15	余量	(Fe+Ni)0.5	0.1
锻铝	2A70	1.4~1.8	1.9~2.5	0.2	0.9~1.5	0.35	0.3	—	0.02~0.1	余量	—	0.9~1.5
	2A90	0.4~0.8	3.5~4.5	0.2	0.5~1.0	0.5~1.0	0.3	—	0.15	余量	—	1.8~2.3
	2A14	0.4~0.8	3.9~4.8	0.4~1.0	0.7	0.6~1.2	0.3	—	0.15	余量	—	0.1
超硬铝	7A04	1.8~2.8	1.4~2.0	0.2~0.6	0.5	0.5	5.0~7.0	0.1~0.25	—	余量	—	—
	7A09	2.0~3.0	1.2~2.0	0.15	0.5	0.5	5.1~6.1	0.16~0.3	—	余量	—	—
	7A10	3.0~4.0	3.0~4.0	0.2~0.35	0.3	0.3	3.2~4.2	0.1~0.2	0.05	余量	—	—

第十二章 常用非铁金属的焊接

二、铝及铝合金的焊接性

1. 易氧化

铝和氧的亲和力很大，因此，在铝合金表面总有一层难熔的氧化铝薄膜。氧化铝的熔点为2050℃，远远超过铝合金的熔点（一般约660℃）。在焊接过程中，氧化铝薄膜会阻碍金属之间的良好结合，造成熔合不良与夹渣。此外，在焊接铝合金时，除了铝的氧化外，合金元素也易被氧化和蒸发，它的氧化和蒸发减少了其在合金中的含量，会严重地降低焊接接头的性能。所以，在焊接铝及铝合金时，焊前必须除去焊件表面的氧化膜，并防止其在焊接过程中再次氧化。

2. 易产生气孔

氮不溶于液态铝，铝中也不含碳，因此，在铝及铝合金中，不会产生氮和一氧化碳气孔。焊接铝合金时，使焊缝产生气孔的气体是氢气。因为氢能大量地溶于液态铝，但几乎不溶解于固态铝，熔池结晶时，原来溶于液态铝中的氢要全部析出，形成气泡。由于铝及铝合金的密度较小，气泡在溶池里上浮速度慢，加上铝的导热性好，结晶快，因此，在焊接铝及铝合金时，焊缝易产生氢气孔。

3. 热裂纹

铝的线胀系数比钢将近大1倍，凝固时的收缩率又比钢大2倍，因此铝焊件的焊接应力大。此外，合金的成分对热裂纹的产生有很大影响，当合金液相线和固相线的距离大或杂质过多，形成低熔点共晶组织时，容易产生热裂纹。

实践证明，纯铝及大部分非热处理强化铝合金在熔焊时，很少产生热裂纹。而热处理强化铝合金焊接时，产生热裂纹的倾向比较大。

4. 接头强度不等

铝及铝合金焊接时，由于热影响区受热而发生软化，强度降低而使焊接接头和母材不能达到等强度。特别是在焊接硬铝及超硬铝合金时，接头强度仅为母材强度的40%~60%，软化问题十分突出，严重影响焊接结构的使用寿命。为了减小强度不等问题，焊接时可采用小热输入焊接，或焊后进行热处理。

铝及铝合金由固态转变成液态时，没有显著的颜色变化，所以不易判断熔池的温度。加之，温度升高时，铝的力学性能下降（在370℃时仅为10MPa）。因此，铝及铝合金焊接时，常因温度控制不当而导致烧穿，这一点必须加以注意。

三、铝及铝合金焊接工艺

1. 焊前清理

焊前清理是保证铝及铝合金焊接质量的重要工艺措施。在焊前应严格清除焊件坡口及焊丝表面的氧化膜和油污，清理的方法可采用化学清洗或机械清理。

化学清洗效率高，质量稳定，适用于清理焊丝及尺寸不大、成批生产的焊件。常用的清洗方法有浸洗法和擦洗法。化学清洗溶液配方及清洗工序流程见表 12-2。

表 12-2　化学清洗溶液配方及清洗工序流程

除油	1. 用汽油、丙酮、四氯化碳等溶剂 2. 用工业磷酸三钠 40～60g、碳酸钠 40～50g、水玻璃 20～30g、水 1L，加热到 60～70℃，对坡口除油（5～10min），再放入 50℃水中冲洗 20min，最后在冷水中冲洗 2min							
去除氧化膜	被清洗材料	碱洗			冷水冲洗时间/min	中和清洗			冷水冲洗时间/min	干燥方式
		溶液 NaOH（质量分数,%）	温度/℃	时间/min		溶液 HNO_3（%）	温度/℃	时间/min		
	纯铝	6～10	40～50	10～20	2	30	室温	2～3	2	风干或 100～150℃烘干
	铝合金	6～10	50～60	5～7	2	30	室温	2～3	2	

对清洗要求不高、尺寸较大、难用化学清洗或清洗后易被沾污的焊件，可采用机械清理法。清理时，先用有机溶剂（如丙酮或汽油等）擦洗表面除油，然后用钢丝刷或不锈钢丝刷进行刷洗，直至露出金属光泽，也可使用刮刀、锉刀等工具。一般不宜用砂轮或砂纸等打磨，否则易使砂粒留在金属表面，造成焊接时产生夹渣等缺陷。

焊件清洗后应及时装配焊接，否则焊件表面会重新氧化。一般清理后的焊丝或焊件存放时间不超过 24h，在潮湿条件下，不应超过 4h。

2. 焊接方法

铝及铝合金的导热性强而热容量大、线胀系数大、熔点低、高温强度小，给焊接工艺带来一定的困难。热功率大、能量集中和保护效果好的焊接方法对铝及铝合金的焊接较为合适。常用的焊接方法有氩弧焊（TIG 焊、MIG 焊）、等离子弧焊、电阻焊和电子束焊等，也可采用冷压焊、超声波焊、钎焊等。气焊和焊条电弧焊在铝合金焊接中已被氩弧焊取代，现仅用于修复和焊接不重要的焊接结构。表 12-3 所列为铝及铝合金的焊接方法及适用范围。

表 12-3　铝及铝合金的焊接方法及适用范围

焊接方法	焊接性及适用范围					备注
	工业纯铝	铝锰合金	铝镁合金	铝铜合金	适用厚度/mm	
	1035	3A21	5A03 5A04	5A02 5A05	2A14 2A12	推荐　　可用
焊条电弧焊	尚好	尚好	很差	差	很差	3～8　　—	直流反接，需预热，操作性差

314

（续）

焊接方法	焊接性及适用范围						备 注
	工业纯铝	铝锰合金	铝镁合金		铝铜合金	适用厚度 /mm	
	1035	3A21	5A03 5A04	5A02 5A05	2A14 2A12	推荐	可用	
气焊	好	好	很差	差	很差	0.5~10	0.3~25	适用于薄板焊接
电阻焊（点焊、缝焊）	尚好	尚好	好	好	尚好	0.7~3	—	需要电流大
TIG焊（手工、自动）	好	好	好	好	很差	1~10	0.9~25	填丝或不填丝，厚板需预热
MIG焊（手工、自动）	好	好	好	好	差	≥8	≥4	焊丝为电极，厚板需预热和保温，直流反接
脉冲MIG焊（手工、自动）	好	好	好	好	差	≥2	1.6~8	适用于薄板焊接
等离子弧焊	好	好	好	好	差	1~10	—	焊缝晶粒小，抗气孔性能好
电子束焊	好	好	好	好	尚好	3~75	≥3	焊接质量好，适用于厚件焊接

3. 焊接材料

铝及铝合金焊丝分为同质焊丝和异质焊丝两大类。同质焊丝是成分与母材相同的焊丝，也可从母材上切下金属窄条作为填充金属。异质焊丝是为满足抗裂性而研制的，其成分与母材有较大差别。

选择焊丝首先要考虑焊缝成分要求，还要考虑抗裂性、强度、耐蚀性、颜色等。选择熔化温度低于母材的填充金属，可减小热影响区液化裂纹倾向。纯铝可选用纯铝焊丝SAl1450（HS301）、SAl1070等。焊接铝镁合金及铝锌镁合金可选用铝镁合金焊丝SAl5556（HS331）、SAl5183等。焊接除铝镁合金以外的铝合金可选用铝硅合金焊丝SAl4043（HS311），这是铝合金焊接的通用焊丝。由于Si易与Mg形成Mg_2Si脆性相，故不适宜含镁较高的铝合金焊接。铝锰合金可选用SAl3103（HS321）焊丝等。

焊接铝及铝合金焊条有TAl、TAlSi和TAlMn，铝焊条易受潮，接头质量差，现已很少使用。

4. 预热

由于铝的比热容比钢大一倍，导热性比钢大两倍，所以，为了防止焊缝区热量的大量流失，焊前可对焊件进行预热。薄、小铝件一般可不预热。厚度超过 5mm 的厚大铝件，可控制预热温度在 150℃ 以下。这是因为预热温度过高会加大热影响区的宽度，降低铝合金焊接接头的力学性能。

5. 焊接工艺要点

（1）气焊　气焊主要用于板厚较薄（0.5～10mm）以及对质量要求不高或补焊的铝及铝合金焊接。

铝及铝合金气焊时，不宜采用搭接接头和 T 形接头，因为这种接头难以清理焊缝中的残留焊剂和焊渣，应采用对接接头。气焊焊丝一般可选用与焊件金属化学成分相同的焊丝，也可从母材上切下金属窄条作为填充金属。气焊火焰采用中性焰或弱碳化焰，气焊焊剂采用 CJ401。

铝及铝合金加热到熔化时颜色变化不明显，给操作带来困难。当加热表面由光亮银白色变成暗淡的银白色，表面氧化膜起皱，加热处金属有波动现象时，即达熔化温度，可以施焊；用蘸有焊剂的焊丝端头触及加热处，焊丝与母材能熔合时，可以施焊；母材边棱有倒下现象时，母材达到熔化温度，可以施焊。焊后 1~6h 之内，应将焊剂残渣清洗掉，以防止引起焊件腐蚀。

（2）氩弧焊　由于氩弧焊的保护作用好、热量集中、焊缝质量好、成形美观、热影响区小和焊件的变形小，因此对质量要求高的铝及铝合金构件，常用氩弧焊焊接。

钨极氩弧焊，由于受到钨极允许电流密度的限制，它的熔透能力小，所以厚度大于 6mm 的厚板一般不采用。为了既产生阴极破碎作用，又防止钨极烧损，钨极氩弧焊采用交流电源。

脉冲钨极氩弧焊由于可以通过调节各种焊接参数来控制电弧功率和焊缝成形，所以特别适合于焊接薄板、全位置焊接等，适合于焊接对热敏感性强的铝合金。

熔化极氩弧焊适用于焊接厚度大于 8mm 的铝及铝合金中厚板，可选用大电流密度和高焊接速度，其生产率比钨极氩弧焊提高 3～5 倍。焊件越厚，生产率提高越显著。为了对熔池表面的氧化膜产生阴极破碎作用，熔化极氩弧焊一律采用直流反接电源。纯铝、铝镁合金和硬铝自动 MIG 焊的焊接参数见表 12-4。

6. 焊后清理

焊后留在焊缝及附近的残存焊剂和焊渣，在空气、水分的参与下会激烈地腐蚀铝件，所以必须及时清理干净。

焊后清理的方法是将焊件在质量分数为 10% 的硝酸溶液中浸洗，处理温度分 15～20℃ 和 60～65℃ 两种。前者处理时间为 10～20min，后者为 5～15min。浸洗后用冷水再冲洗一次，然后用热空气吹干或在 100℃ 干燥箱内烘干。

第十二章 常用非铁金属的焊接

表 12-4 纯铝、铝镁合金和硬铝自动 MIG 焊的焊接参数

母材牌号	焊丝型号（牌号）	板厚/mm	焊接速度/(m/h)	坡口尺寸 钝边/mm	坡口尺寸 坡口角度/(°)	焊丝直径/mm	焊接电流/A	焊接电压/V	氩气流量/(L/min)	喷嘴孔径/mm	备注
5A05	SAl5556（HS331）	5	42	—	—	2.0	240	21~22	28	22	单面焊双面成形
1060 1050A	SAl1450（HS301）	6~8	25	—	—	2.5	230~260	26~27	30~35	22	正反面均焊一层
		8	24~28	4	100	2.5	300~320	26~27	30~35	22	
		12	15	8		3.0	320~340	28~29		28	
		16	17~20	12		4.0	380~420		40~45	28	
		20	17~19	16		4.0	450~490	29~31	50~60	28	
		25	—	21		4.0	490~550		50~60	28	
5A02 5A03	SAl5556（HS331）	12	24	8	120	3.0	320~350	28~30	30~35	22	正反面均焊一层
		18	18.7	14		4.0	450~470	29~30	50~60	28	
		25	16~19	16		4.0	490~520	29~30	50~60	28	
2A11	SAl4043（HS311）	50	15~18	6~8	75	4.0	450~500	24~27	50~60	28	采用双面U形坡口

第二节 铜及铜合金的焊接

一、铜及铜合金性能及分类

根据所含的合金元素不同,铜及铜合金可以分为纯铜、黄铜、青铜及白铜四大类。

1. 纯铜

纯铜的色泽呈紫红色,它具有很高的导电性、导热性、耐蚀性和良好的塑性,易于热压或冷压加工。广泛地用于电工器件、电线电缆、散热器及热交换器等。纯铜的牌号有 T1、T2、T3 及 TU00、TU0、TU1、TU2 等,其中 TU00 杂质最少。

2. 黄铜

铜和锌的合金称为黄铜,如果在铜锌合金中加入一些硅、铝、锡等合金元素,则称为特殊黄铜。黄铜的耐蚀性高,冷、热加工性能好,力学性能和铸造性比纯铜好,成本也较低,因此,广泛用于各种结构零件。

3. 青铜

青铜实际上是除铜-锌、铜-镍合金以外的所有铜基合金的总称,如锡青铜、铝青铜、硅青铜等。

青铜具有高的耐磨性及良好的力学性能、铸造性能和耐蚀性,常用于制造各种耐磨零件及与酸、碱、蒸汽等腐蚀介质接触的零件。

4. 白铜

铜和镍的合金称为白铜。由铜和镍组成的合金叫普通白铜,加有锰、铁、锌、铝等元素的合金分别称为锰白铜、铁白铜、锌白铜和铝白铜。白铜在焊接结构上很少应用。

表 12-5 为常用铜及铜合金的化学成分。

表 12-5 常用铜及铜合金的化学成分

名称		牌号	化学成分(质量分数,%)							
			Cu	Zn	Sn	Mn	Al	Si	Ni+Co	其他	杂质
纯铜		T1	≤99.95	—	—	—	—	—	—	—	≤0.05
无氧铜		TU1	≤99.97	—	—	—	—	—	—	—	≤0.03
磷脱氧铜		TP1	≤99.50	—	—	—	—	—	—	P 0.01~0.04	≤0.49
黄铜	压力加工黄铜	H68	67~70	余量	—	—	—	—	—	—	≤0.3
		H62	60.5~63.5	余量	—	—	—	—	—	—	≤0.5
	铸造黄铜	ZCuZn16Si4	79~81	余量	—	0.5	—	3.5~4.5	—	—	≤2.8
		ZCuZn38-Mn2Pb2	57~60	余量	—	1.5~2.5	—	—	—	Pb 1.5~2.5	≤2.5

(续)

名称		牌号	化学成分（质量分数,%）								
			Cu	Zn	Sn	Mn	Al	Si	Ni+Co	其他	杂质
青铜	压力加工青铜	QSn6.5-0.4	余量	—	6~7	—	—	—	—	—	≤0.1
		QBe2.5	余量	—	—	—	—	—	0.2~0.5	Be 2.3~2.6	≤0.5
	铸造青铜	ZCuSn10Pb1	余量	—	9~11	—	—	—	—	Pb 0.3~1.2	≤0.75
白铜		B30	余量	—	—	—	—	—	29~33	—	—

二、铜及铜合金的焊接性

1. 难熔合、易变形

铜及铜合金的导热性好，20℃时铜的导热系数是钢的 7 倍，随着温度的升高，导热性的差距增大。铜及铜合金焊接时，热量迅速从加热区传导出去，使得填充金属与焊件难以熔合。因此，铜及铜合金焊接时必须采用功率大、热量集中的热源，通常还要采取预热措施。另外，铜的线胀系数和收缩率都比钢大，加上铜的导热性好，使焊接热影响区加宽，因此，铜及铜合金焊接时易产生较大的变形。

2. 焊接接头性能低

铜在常温时不易被氧化，但是随着温度的升高，当超过 300℃时，其氧化能力很快增大，当温度接近熔点时，其氧化能力最强，氧化的结果是生成氧化亚铜（Cu_2O）。焊缝金属结晶时，氧化亚铜和铜形成低熔点（1064℃）共晶体，分布在铜的晶界上，大大降低了焊接接头的力学性能。再加上合金元素的氧化蒸发、有害杂质的侵入、焊缝金属和热影响区组织的粗大，以及焊接缺陷等问题。所以，铜的焊接接头的性能（如强度、塑性、导电性、耐蚀性等）一般低于母材。

3. 气孔

气孔是铜及铜合金焊接的一个主要问题，即氢造成的扩散气孔和水蒸气造成的反应气孔。由于铜及铜合金在高温液态时溶解很多氢，并且随着温度的下降，溶解度也大大降低，而铜及合金的导热系数大，焊缝的凝固速度又快，因此氢来不及逸出便形成氢气孔，即扩散气孔。另一方面，铜氧化生成的 Cu_2O 在高温时与氢反应生成的水蒸气不溶于液态铜，若来不及逸出也会形成气孔，即反应气孔。

4. 热裂纹

铜及铜合金焊接时，在焊缝及熔合区易产生热裂纹，其原因如下。

1）铜及铜合金的线胀系数比低碳钢大 50%，由液态转变成固态时的收缩率也较大，对于刚性大的焊件，焊接时会产生较大的内应力。

2）熔池结晶时，过饱和氢向金属的显微缺陷中扩散，或者它们与偏析物（如 Cu_2O）反应生成的水蒸气在金属中造成很大的压力。

3）熔池结晶时，在晶界易形成低熔点的氧化亚铜与铜的共晶物（Cu+Cu_2O），以及焊件中的铋、铅等低熔点杂质在晶界形成偏析。

需要注意的是，黄铜焊接时还有一个问题就是锌的蒸发。锌的蒸发在焊接区会产生一层白色烟雾，不但使操作困难，而且影响焊工身体健康。此外，锌的蒸发还使黄铜的力学性能降低。为防止锌蒸发，可采用含硅焊丝，因为硅氧化后在熔池表面会形成一层氧化物薄膜，能阻止锌的蒸发。

三、铜及铜合金的焊接工艺

1. 焊前清理及接头形式

（1）焊前清理 在焊接铜及铜合金之前，应先对焊丝和焊件坡口两侧 30mm 范围内表面的油脂、水分及其他杂质，以及金属表面氧化膜进行仔细清理，直至露出金属光泽。铜及铜合金焊前清理方法见表 12-6。

表 12-6 铜及铜合金焊前清理方法

目的		清理内容及工艺
去油污		①去氧化膜前，将待焊处坡口及两侧各 30mm 内的油污、脏物等杂质用汽油、丙酮等有机溶剂进行清洗 ②用温度 30~40℃ 的质量分数为 10% 的 NaOH 溶液清除坡口油污
去氧化膜	机械清理	用风动钢丝轮或钢丝刷或砂布打磨焊丝和焊件表面，直至露出金属光泽
	化学清理	置于 70mL/L HNO_3 + 100mL/L H_2SO_4 + 1mL/L HCl 混合溶液中进行清洗后，用碱水中和，再用清水冲净，然后用热风吹干

注：经清洗合格的焊件应及时施焊。

（2）接头形式 铜及铜合金焊接时，最好采用散热条件对称的对接接头和端接接头，尽量不采用搭接接头和 T 形接头，因为这些接头散热快，不易焊透，且焊后清理困难。为了保证背面成形良好，在采用单面焊接头时，必须在背面加成形垫板。一般情况下，铜及铜合金不易实现立焊和仰焊。

2. 焊接方法

铜及铜合金的焊接方法很多，熔焊是应用最广、最易实现的一类工艺方法。除了传统的气焊、焊条电弧焊、碳弧焊、埋弧焊外，近年来迅速发展起来的钨极和熔化极氩弧焊、等离子弧焊和电子束焊等，已应用于铜及铜合金的焊接，其中钨极氩弧焊和熔化极氩弧焊应用最广。铜及铜合金常用熔焊方法选择见表 12-7。

第十二章 常用非铁金属的焊接

表 12-7 铜及铜合金常用熔焊方法选择

焊接方法	铜及铜合金						适用范围
	纯铜	黄铜	锡青铜	铝青铜	硅青铜	白铜	
钨极氩弧焊	好	较好	较好	较好	较好	好	用于薄板（小于12mm），纯铜、黄铜、锡青铜、白铜采用直流正接，铝青铜用交流，硅青铜用交流或直流
熔化极氩弧焊	好	较好	较好	好	好	好	板厚大于3mm可用，大于15mm优点更显著，直流反接
等离子弧焊	较好	较好	较好	较好	较好	好	板厚3~6mm可不开坡口、一次焊成，最适合3~15mm中厚板
焊条电弧焊	差	差	尚可	较好	尚可	好	采用直流反接，操作技术要求高，适用的板厚为2~10mm
埋弧焊	较好	尚可	较好	较好	较好		采用直流反接，适用于6~30mm中厚板
气焊	尚可	较好	尚可	差	差		易变形、成形差，用于小于3mm的不重要薄板结构
碳弧焊	尚可	尚可	较好	较好	较好		采用直流正接，劳动条件差，已逐步被淘汰，只用于板厚小于10mm焊件

3. 焊接材料

（1）焊丝 铜及铜合金的焊丝除了满足对焊丝的一般工艺、冶金要求外，最重要的是控制其中杂质含量和提高其脱氧能力，以避免热裂纹和气孔的出现。铜及铜合金的焊丝通常选用与焊件金属类型相同的焊丝或基本金属的剪条。

（2）焊剂 气焊使用的焊剂是硼酸盐类混合物，有CJ301等。埋弧焊常采用焊剂HJ431、HJ260、HJ150、HJ250等。

（3）焊条 焊条电弧焊用的铜焊条分为纯铜焊条和青铜焊条两类，其中纯铜焊条应用较多。黄铜焊接时锌容易蒸发，因此极少用焊条电弧焊，必要时可采用青铜焊条。铜及铜合金焊条及其用途见表12-8。

表 12-8 铜及铜合金焊条及其用途

型号	牌号	药皮类型	电源极性	焊缝主要成分（质量分数,%）	焊缝力学性能	主 要 用 途
ECu	T107	低氢型	直流反接	纯铜>99	$R_m \geqslant 176\text{MPa}$	在大气及海水介质中具有良好的耐蚀性，用于焊接脱氧或无氧铜构件
ECuSi	T207	低氢型	直流反接	硅青铜 Si 3 Mn<1.5 Sn<1.5 Cu余量	$R_m>340\text{MPa}$ $A>20\%$ 110~130HV	适用于纯铜、硅青铜及黄铜的焊接，以及化工管道等内衬的堆焊

（续）

型号	牌号	药皮类型	电源极性	焊缝主要成分（质量分数,%）	焊缝力学性能	主要用途
ECuSnB	T227	低氢型	直流反接	磷青铜 Sn8 P≤0.3 Cu 余量	R_m≥270MPa A>20% 80~115HV	适用于纯铜、黄铜、磷青铜的焊接，堆焊磷青铜轴衬、船舶推进器叶片等
ECuAl	T237	低氢型	直流反接	铝青铜 Al8 Mn≤2 Cu 余量	R_m>410MPa A>15% 120~160HV	用于铝青铜及其他铜合金的焊接，也用于铜合金与钢的焊接以及铸件补焊

4. 纯铜的焊接要点

（1）气焊　焊丝可用含有脱氧剂的 SCu1898（HS201）焊丝或者是用一般的纯铜丝或基本金属的剪条，气焊焊剂采用 CJ301。

气焊火焰应选用中性焰，因为氧化焰会使熔池氧化，在焊缝中形成脆性的氧化亚铜，碳化焰则会产生一氧化碳和氢气，进入焊缝形成气孔。

由于纯铜的导热性高而热容量大，因此焊前焊件应预热。中、小焊件的预热温度为 400~500℃，厚大焊件的预热温度为 600~700℃，为了防止热量散失，焊件最好放在绝热的材料如石棉板之类的衬垫上焊接。

高温铜液容易吸收气体，并且焊缝热影响区的晶粒粗大，会使焊接接头的力学性能降低，所以焊缝的焊接层数越少越好，最好进行单道焊。

（2）焊条电弧焊　焊条可选用 ECu（T107）或 ECuSnB（T227），其中 ECu 是纯铜焊芯，ECuSnB 的焊芯成分是锡青铜，药皮都是低氢钠型，电源用直流反接。

焊件厚度大于 4mm 时，焊前必须预热。随着焊件厚度和尺寸增大，预热温度应该相应提高，预热温度一般在 300~500℃之间。

焊接时应当采用短弧，焊条不宜做横向摆动，焊条做往复的直线运动，可改善焊缝的成形，焊后用平头锤锤击焊缝，可消除应力和改善焊缝质量。

（3）氩弧焊　氩弧焊焊接纯铜，可以得到高质量的焊接接头。这是因为氩气对熔池的保护作用好，空气中的氧和氢不易进入熔池，并且氩弧的温度高，热量集中，焊缝的热影响区小，因而焊缝的强度高，焊件变形小。

氩弧焊焊丝的选用与气焊相同，钨极氩弧焊电源采用直流正接，适宜于薄板焊接。熔化极氩弧焊电源采用直流反接，适宜于中厚板的焊接。

为了消除气孔，保证焊透，提高焊接速度和减少氩气消耗量，焊件必须预热，但预热温度不宜过高，否则不仅使劳动条件恶化，使焊接热影响区扩大，还会降低焊接接头的力学性能。纯铜钨极氩弧焊的焊接参数见表 12-9。

第十二章 常用非铁金属的焊接

表12-9 纯铜钨极氩弧焊的焊接参数

母材	板厚/mm	坡口形式	焊丝		钨极		焊接电流		气体		预热温度/℃
			材料	直径/mm	材料	直径/mm	种类	电流/A	种类	流量/(L/min)	
纯铜	<1.5 2~3 4~5 6~10	I I V V	SCu1898 (HS201、 HS202)	2 3 3~4 4~5	铈钨极	2.5 2.5~3 4 5	直流正接	100~180 160~280 250~350 300~400	Ar	8~12 14~16 16~20 20~22	300~400 400~500

（4）埋弧焊 埋弧焊由于电弧热效率高，对熔池保护效果好，焊丝的熔化系数大，因此其熔深大、生产率高，20mm厚度以下的铜焊接时可不预热和不开坡口也能获得优质接头，特别适合于中、厚板的长焊缝焊接。纯铜埋弧焊焊接参数见表12-10。

表12-10 纯铜埋弧焊焊接参数

母材	板厚/mm	焊丝牌号	焊剂牌号	预热温度/℃	电源极性	焊丝直径/mm	焊接层数	焊接电流/A	电弧电压/V	焊接速度/(m/h⁻¹)	备注
纯铜	8~10	HS201 HS202	HJ431	不预热	直流反接	5	1	500~550	30~34	18~23	用垫板单面单层焊，反面焊透
	16	HS201	HJ150或HJ431	不预热		6	1	950~1000	50~54	13	
	20~24	TP1 (脱氧铜)		260~300		4	3~4	650~700	40~42	13	用垫板单面多层焊，反面焊透

5. 黄铜的焊接要点

（1）气焊 由于气焊的火焰温度低，焊接时黄铜中锌的蒸发要比电弧焊时少，所以气焊是最常用的焊接方法。焊丝可采用SCu4700（HS221）、SCuZn6800（HS222）、SCuZn6810A（HS223）等。这些焊丝中含硅、锡、铁等元素，能够防止和减少熔池中锌的蒸发和烧损，有利于保证焊缝的力学性能，防止焊缝中产生气孔，也可用母材剪条作填充金属。黄铜气焊所用焊剂为"CJ301"。

黄铜的导热系数比纯铜小，其预热温度比纯铜低。焊接较厚大的焊件应预热到400~500℃，厚度15mm以上的焊件应预热到550℃左右。黄铜铸件焊补前也需局部或全部预热。

为了减少锌的蒸发，气焊火焰应采用轻微的氧化焰，因为采用含硅焊丝时会使熔池表面覆盖一层氧化硅薄膜，可防止锌的蒸发。气焊后，可在550~650℃温度下进行退火，以消除焊接应力和改善焊缝的性能。

（2）焊条电弧焊 焊接黄铜时一般不用黄铜芯焊条，这是因为其工艺性能差，焊接时产生锌的大量蒸发和随之引起的严重飞溅。故一般采用青铜芯的焊条，如 ECuSnB（T227）、ECuAl（T237）。对补焊要求不高的黄铜铸件可采用纯铜焊条。

焊接电源应采用直流反接。焊件厚度大于 14mm 时，需预热到 150～250℃。操作时采用短弧不做摆动，只做沿焊缝直线移动。此外，焊接时产生严重烟雾，会影响焊工健康和妨碍操作，故应有通风装置。

（3）氩弧焊 黄铜的氩弧焊和焊纯铜相似，但由于黄铜的导热系数和熔点比纯铜低，以及含容易蒸发的元素锌等特点，所以在填充焊丝和焊接参数等方面有所不同。

由于采用 SCu4700（HS221）、SCu6800（HS222）、SCu6810A（HS223）作填充焊丝时，含锌量较高，焊接过程中烟雾很大，不仅影响焊工身体健康，而且还妨碍操作的顺利进行，故一般采用青铜焊丝 SCu6560（HS211）及 SCu5210（HS212）。

钨极氩弧焊可以用直流正接，也可以用交流。用交流时，锌的蒸发较少。熔化极氩弧焊由于其功率大、熔深大，是焊接中、厚板的理想方法。熔化极氩弧焊采用直流反接。

黄铜焊接通常不预热，但对板厚大于 12mm 的焊件和焊接边缘厚度相差比较大的接头仍需预热。焊接速度应尽可能快些，板厚小于 5mm 的接头最好一次焊成。焊件在焊后应加热到 300～400℃ 进行退火处理，以消除焊接应力，防止在使用时产生裂纹。

第三节 钛及钛合金的焊接

一、钛及钛合金性能及分类

钛及钛合金性能优良，其密度（约 4.5g/cm³）比钢小、熔点高（工业纯钛 1668℃）、抗拉强度高（约 350～1400MPa），比强度大，在 300～500℃ 时仍具有足够高的强度和良好的塑性，因此在航天、航空、化工、造船等工业部门应用广泛。

钛及钛合金按室温组织状态分为 α、β 和 α+β 相三类，其牌号分别用 TA、TB 和 TC 表示。工业纯钛有 TA1、TA2、TA3、TA1EL1、TA2EL2、TA4 等。TA2、TA7、TB2、TC4、TC10 分别是钛及钛合金三类组织的典型代表。

在所有的钛及钛合金中，用量最大的是 TC4，其次是工业纯钛和 TA7。钛及钛合金的力学性能见表 12-11。

黄铜气焊工艺研究及应用-生产案例

表 12-11 钛及钛合金的力学性能

合金牌号	名义成分	热处理状态	抗拉强度/MPa	断后伸长率（%）	冷弯角度（°）
TA1	工业纯钛	退火	340～490	30	130

(续)

合金牌号	名义成分	热处理状态	抗拉强度/MPa	断后伸长率（%）	冷弯角度（°）
TA2	工业纯钛	退火	440~590	25	90
TA3	工业纯钛	退火	540~690	20	80
TA6	Ti-5Al	退火	690	12	40
TA7	Ti-5Al-2.5Sn	退火	740~930	12	40
TB2	Ti-5Mo-5V-8Cr-3Al	退火	980	20	—
TB2	Ti-5Mo-5V-8Cr-3Al	淬火、时效	1320	8	—
TC1	Ti-2Al-1.5Mn	退火	590~730	20	60
TC2	Ti-4Al-1.5Mn	退火	690	12	50
TC3	Ti-5Al-4V	退火	880	10	30
TC4	Ti-6Al-4V	退火	900	10	30
TC4	Ti-6Al-4V	淬火、时效	1080	8	—
TC10	Ti-6Al-6V-2Sn-0.5Cu-0.5Fe	退火	1060	8	25

二、钛及钛合金的焊接性

工业纯钛和α钛合金焊接性较好，但大多数α+β及β组织的钛合金焊接性较差，焊接时易出现以下几方面问题。

1. 焊接接头的污染脆化

常温下钛及钛合金比较稳定，与氧生成致密的氧化膜，具有高的耐蚀性能。但在540℃以上生成的氧化膜则较疏松。高温下钛与氧、氮、氢反应速度较快。试验表明，钛从300℃开始快速吸收氢，从600℃开始快速吸收氧，从700℃开始快速吸收氮。由于氧、氮、氢、碳等杂质的吸收，从而引起焊接接头的塑性和韧性降低。如1.5mm厚的TA3纯钛中氧的质量分数从0.15%增至0.38%时，抗拉强度从580MPa增至750MPa，冷弯角由180°降至100°。

氧在600℃高温下，会与钛发生强烈作用；温度高于800℃时，氧化膜开始向钛溶解、扩散。为了保证焊接接头的性能，除在焊接过程中严防焊缝及热影响区发生氧化外，还应限制母材金属及焊丝中的含氧量。

氮溶入钛中能形成间隙固溶体，在700℃以上的高温下，氮与钛的作用迅速增强，如含氮量较高，便形成易溶于钛的脆性氮化钛，使焊接接头塑性显著下降。

焊缝吸入氢后，可在焊缝中析出一种强度极低的片状或针状 TiH_2。TiH_2 的作用类似缺口，显著降低焊缝冲击韧度。

总之，控制气体等杂质的污染脆化是焊接钛材的技术关键。常用的气焊或焊条电弧焊工艺，因难以防止气体等杂质污染引起的脆化，均不能满足焊接钛材的质量要求。采用氩弧焊工艺，也要求氩气纯度很高以及对焊缝及热影响区 400℃以上高温区进行正面和反面保护。只有采取这些技术措施，才可以保证钛及钛合金的焊接质量。

2. 焊接接头裂纹

在钛及钛合金焊缝中含氧、氮量比较多时，就会使焊缝及热影响区性能变脆，如果焊接应力比较大，就会出现低塑性脆化裂纹，这种裂纹是在较低温度下形成的。在焊接钛合金时，有时也会出现延迟裂纹，其原因是氢由高温熔池向较低温度的热影响区扩散，随着含氢量的提高，该区析出 TiH_2 量增加，使热影响区的脆性增大，同时，析出氢化物时由于体积膨胀而引起较大的组织应力，再加以氢原子的扩散与聚集，以致最后形成裂纹。

延迟裂纹的防止方法主要是减少焊接接头的氢，必要时进行真空退火处理，以减少焊接接头的含氢量。

钛及钛合金由于含 C、S 杂质少，所以对热裂纹是不敏感的，因此焊接钛材时可采取与母材相同成分的焊丝进行氩弧焊，而不致产生热裂纹。

3. 焊缝的气孔

钛及钛合金焊缝中，形成的气孔主要是氢气孔和一氧化碳气孔。氢气孔是焊缝金属冷却过程中，氢的溶解度发生变化，使氢不易扩散逸出而形成的。

当钛焊缝中碳的质量分数大于 0.1% 及氧的质量分数大于 0.133% 时，由氧与碳反应生成的一氧化碳气体也会导致气孔产生。

为防止气孔，必须严格控制母材金属、焊丝、氩气中氢、氧、碳等杂质的含量，正确选择焊接参数，缩短熔池处于液态的时间，焊前将坡口、焊丝表面的氧化皮、油污等有机物清除干净。

4. 焊接接头晶粒粗化

由于钛的熔点高、导热性差，焊接时易形成较大的熔池，热影响区金属高温停留时间长，从而使焊缝及近缝区晶粒易长大，引起塑性和韧性降低。因此，钛及钛合金焊接时宜用小电流、快速焊。

三、钛及钛合金的焊接工艺

1. 焊前清理

钛及钛合金焊前也应进行清理，根据不同的情况选用不同的清理方法。常用的焊前清理方法有机械清理和化学清理，见表 12-12。

表 12-12　钛及钛合金焊前清理方法

清理方法	清理内容及操作方法
机械清理	对于焊接质量要求不高或酸洗有困难的焊件，可用砂布或不锈钢钢丝刷擦拭，或用硬质合金刮刀刮削待焊边缘，深度约为 0.025mm，则可去除氧化膜，然后用丙酮等有机溶剂去除坡口两侧的手印、油污等

(续)

清理方法	清理内容及操作方法
化学清理	①对于热轧后已经酸洗，但由于存放太久又生成新的氧化膜的钛板，可在HF2%~4%+HNO₃30%~40%+H₂O（余量）溶液中浸泡15~20min（室温），然后用清水冲洗干净并烘干 ②对于热轧后未经酸洗，氧化膜较厚的钛板，应先碱洗（在含烧碱80%、碳酸氢钠20%、温度为40~50℃的浓碱水溶液中浸泡10~15min），取出冲洗后再酸洗（硝酸5%~6%，盐酸34%~35%，氢氟酸0.5%，余量为水），在室温下浸泡10~15min，取出后分别用热水与冷水冲洗，并用白布擦拭、晾干

经酸洗的焊件与焊丝，应在4h内用完，同时对焊件应用塑料布遮盖以防玷污。如发生了玷污现象，则应用丙酮或酒精擦洗。

2. 焊接方法

钛及钛合金性质非常活泼，与氧、氮和氢的亲和力大，普通的焊条电弧焊、气焊及 CO_2 气体保护焊都不适于其焊接。目前应用最多的是钨极氩弧焊、等离子弧焊、真空电子束焊、电阻焊、钎焊、激光焊等。

3. 钨极氩弧焊工艺

由于钛及钛合金对空气中的氧、氮、氢等气体具有强的亲和力，因而要求使用一级氩气（即纯度为99.99%以上，露点在-60℃以下，杂质总含量（质量分数）小于0.02%，相对湿度小于5%，水分小于0.001mg/L），同时采取保护措施，见表12-13。其保护效果可根据焊接区正反面的表面颜色做出大致判断。

表12-13 钨极氩弧焊焊接钛及钛合金的保护措施

类别	保护位置	保护措施	用途及特点
局部保护	熔池及其周围	采用保护效果好的圆柱形或椭圆形喷嘴，相应增加氩气流量	适用于焊缝形状规则、结构简单的焊件，灵活性大，操作方便
	温度≥400℃的焊缝及热影响区	①附加保护罩或双层喷嘴 ②焊缝两侧吹氩气 ③适应焊件形状的各种限制氩气流动的挡板	
	温度≥400℃的焊缝背面及热影响区	①通氩气垫板或焊件内腔充氩气 ②局部通氩气 ③紧靠金属板	
充氩箱保护	整个焊件	①柔性箱体（尼龙薄膜、橡胶等）不抽真空，用多次充氩气提高箱内氩气纯度，焊接时仍需喷嘴保护 ②刚性箱体或柔性箱体带附加刚性罩，抽真空（10^{-2}~10^{-4}）MPa再充氩气	适用于结构形状复杂的焊件，焊接可达性较差

（续）

类别	保护位置	保护措施	用途及特点
增强冷却	焊缝及热影响区	①冷却块（通水或不通水）②用适应焊件形状的工装导热 ③减小热输入	配合其他保护措施以增强保护效果

钛及钛合金钨极氩弧焊时，焊丝应选用与母材相同的材质，如TA1、TA2、TA3、TA4等，但为了提高塑性，也可选用强度比母材金属稍低的焊丝。焊接时采用电源为直流正接。选择焊接参数时，既要防止焊缝在电弧作用下出现晶粒粗化，同时也要避免焊后冷却时产生脆硬组织。钛及钛合金钨极氩弧焊焊接参数见表12-14。

表 12-14 钛及钛合金钨极氩弧焊焊接参数

板厚/mm	坡口形式	钨极直径/mm	焊丝直径/mm	焊接层数	焊接电流/A	氩气流量/(L/min) 主喷嘴	拖罩	背面	喷嘴孔径/mm	备注
0.5	I形坡口对接	1.5	1.0	1	30~50	8~10	14~16	6~8	10	对接接头间的间隙0.5mm，加钛丝间隙1.0mm
1.0		2.0	1.0~2.0	1	40~60	8~10	14~16	6~8	10	
1.5		2.0	1.0~2.0	1	60~80	10~12	14~16	8~10	10~12	
2.0		2.0~3.0	1.0~2.0	1	80~110	12~14	16~20	10~12	12~14	
2.5		2.0~3.0	2.0	1	110~120	12~14	16~20	10~12	12~14	
3.0	V形坡口对接	3.0	2.0~3.0	1~2	120~140	12~14	16~20	10~12	14~18	坡口间隙2~3mm，钝边0.5mm。焊缝背面衬有钢垫板，坡口角度60°~65°
3.5		3.0~4.0	2.0~3.0	1~2	120~140	12~14	16~20	10~12	14~18	
4.0		3.0~4.0	2.0~3.0	2	130~150	14~16	20~25	12~14	18~20	
4.5		3.0~4.0	2.0~3.0	2	200	14~16	20~25	12~14	18~20	
5.0		4.0	3.0	2~3	130~150	14~16	20~25	12~14	18~20	
6.0		4.0	3.0~4.0	2~3	140~180	14~16	25~28	12~14	18~20	
7.0		4.0	3.0~4.0	2~3	140~180	14~16	25~28	12~14	20~22	
8.0		4.0	3.0~4.0	3~4	140~180	14~16	25~28	12~14	20~22	

（续）

板厚/mm	坡口形式	钨极直径/mm	焊丝直径/mm	焊接层数	焊接电流/A	氩气流量/(L/min)			喷嘴孔径/mm	备 注
						主喷嘴	拖罩	背面		
10.0	对称双V形坡口	4.0	3.0~4.0	4~6	160~200	14~16	25~28	12~14	20~22	坡口角度60°，钝边1mm；坡口角度55°，钝边1.5~2.0mm，间隙1.5mm
13.0		4.0	3.0~4.0	6~8	220~240	14~16	25~28	12~14	20~22	
20.0		4.0	4.0	12	200~240	12~14	20	10~12	18	
22.0		4.0	4.0~5.0	6	230~250	15~18	18~20	18~20	20	
25.0		4.0	3.0~4.0	15~16	200~220	16~18	26~30	20~26	22	
30.0		4.0	3.0~4.0	17~18	200~220	16~18	26~30	20~26	22	

4. 等离子弧焊工艺

等离子弧焊由于能量集中，可单面焊双面成形，弧长变化对熔透程度影响小，无夹钨、气孔少和接头性能好，所以非常适合于钛及钛合金的焊接。等离子弧焊常用方法有穿透法（即小孔法）和熔透法，2.5~15mm厚的钛及钛合金可采用"小孔法"一次焊透，并可有效地防止产生气孔；熔透法适于各种板厚，但一次焊透的厚度较小，3mm以上需开坡口并填丝多层焊。等离子弧焊的电源仍为直流正接，保护方式与钨极氩弧焊相同，只是用小孔法焊接时，为了保证小孔的稳定，焊件背面不使用垫板而采用充氩沟槽。钛及钛合金等离子弧焊焊接参数见表12-15。

钛TIG焊焊接工艺研究-生产案例

表12-15 钛及钛合金等离子弧焊焊接参数

板厚/mm	喷嘴孔径/mm	焊接电流/A	电弧电压/V	焊接速度/(m/h)	焊丝直径/mm	送丝速度/(m/h)	氩气流量/(L/min)			
							离子气	保护气	拖罩	背面
0.2	0.8	5	—	7.5	—		0.25	10		2
0.4	0.8	6	—	7.5	—		0.25	10		2
1	1.5	35	18	12			0.5	12	15	4
3	3.5	150	24	23	1.6	60	4	15	20	6
6	3.5	160	30	18	1.6	68	7	25	25	15
8	3.5	172	30	18	1.6	72	7	25	25	15
10	3.5	250	38	9	1.6	46	7	25	25	15

第四节 非铁金属焊接工程应用实例

一、铝及铝合金焊接实例

1. 4m³ 纯铝容器的焊接

（1）材质与结构　如图12-1所示，4m³纯铝容器筒身分为三节，每节由两块6mm厚的1035（L4）铝板焊成，封头是8mm厚的1035铝板拼焊后压制而成。

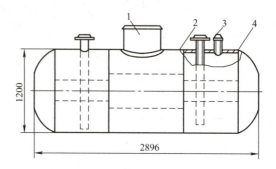

图 12-1　4m³ 纯铝容器结构图
1—人孔　2—筒体　3—管接头　4—封头

（2）焊接工艺

1）焊接方法和焊接参数　采用交流电源的手工钨极氩弧焊焊接参数见表12-16。

表12-16　手工钨极氩弧焊焊接参数

焊件厚度 /mm	焊丝直径 /mm	钨极直径 /mm	焊接电流 /A	喷嘴孔径 /mm	电弧长度 /mm	预热温度 /℃
6	5~6	5	190	14	2~3	不预热
8	6	6	260~270	14	2~3	150

2）焊接材料。填充材料采用与母材同牌号的SAl1450焊丝。为了提高焊缝耐蚀性能，有时也可选用纯度比母材高一些的焊丝。氩气纯度大于99.9%。

3）焊接坡口与间隙。6mm厚板（筒体）不开坡口，装配定位焊后的间隙为2mm。8mm厚板（封头）开70°Y形坡口，钝边为1~1.5mm，定位焊后的间隙保证在3mm左右。

4）焊前准备。由于焊件较大，化学清洗有困难，因此采用机械清理。选用丙酮除掉油污，然后用钢丝刷将坡口与两侧来回刷几次，再用刮刀将坡口内表面清理干净。

焊接过程中，采用风动钢丝轮进行清理，所用钢丝刷或钢丝轮的钢丝为不锈钢丝,直径小于 0.15mm,机械清理后最好马上施焊。

5) 焊接顺序。先焊接焊缝正面,背面清根后再焊一层。

6) 焊后检验。所有环缝和纵缝采用煤油进行渗透性检验和 100%的 X 射线检测。力学性能检验表明,焊缝抗拉强度为 69MPa(筒体)和 98MPa(封头),均高于母材抗拉强度的下限,接头质量符合要求。

2. 铝冷凝器端盖的气焊

铝冷凝器端盖的材料为防锈铝 5A06(LF6),结构如图 12-2 所示,采用气焊进行焊接。该铝冷凝器端盖的气焊工艺要点如下。

(1) 焊前准备 采用化学清洗的方法将接管、端盖、大小法兰盘、焊丝清洗干净;根据使用要求,选用流动性好、收缩率小、抗热裂性能好的 SAl5556 焊丝,焊丝直径为 $\phi 4mm$,焊剂选用 CJ401。用火焰将焊丝加热,在焊剂槽内将焊丝蘸满 CJ401 备用。选用 3 号焊嘴,采用中性火焰,右焊法焊接。

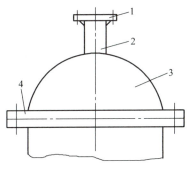

图 12-2 铝冷凝器端盖结构
1—小法兰盘 2—接管
3—端盖 4—大法兰盘

(2) 气焊工艺要点

1) 焊接小法兰盘与接管。用气焊火焰对小法兰盘均匀加热,待温度达 250℃ 左右时将接管焊上。首先焊两处定位,从第三点开始焊接,一般是分成三等分。为了避免变形和隔热,在预热和焊接时,把小法兰盘放在耐火砖上。

2) 焊接端盖与大法兰盘。切割一块与大法兰盘直径相等、厚度 20mm 的铜板,将其加热到红热状态,将大法兰盘放在铜板上。用两把焊炬将其预热到 300℃ 左右,快速将端盖组合到大法兰盘上,定位三处,从第四点开始施焊。焊接过程中保持大法兰盘的温度,并不间断地焊接。

3) 焊接接管与端盖。预热温度 250℃ 左右,采取两点定位焊,第三点焊接。

(3) 焊后清理 先在 60~80℃ 热水中用硬毛刷刷洗焊缝及热影响区,再放入 60~80℃、质量分数为 2%~3% 的铬酸水溶液中浸泡 5~10min,再用硬毛刷刷洗,然后把焊件用热水洗干净并吹干。

二、铜及铜合金焊接实例

【变压器调整机构机头为铸铜件焊补】

有一变压器调整机构机头为铸铜件,其成分为:$w_{Cu} = 66.8\%$,$w_{Zn} = 22\%$,$w_{Al} = 5.8\%$,$w_{Mn} = 11.6\%$。由于浇注温度偏低,而出现铸造缺陷,有一条长 140mm、深 8mm 的裂纹和深 24mm、面积约 750mm^2 的缩孔一处,如图 12-3 所示。

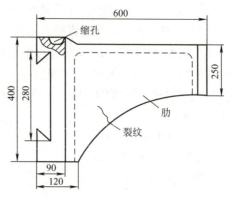

图 12-3　铸铜件缺陷

由于铸铜件尺寸较大,补焊时散热快,应采用热量集中的热源,因此,选用焊条电弧焊进行焊补,其补焊工艺如下。

1. 坡口制备

在裂纹处开 65°~70°用的 V 形坡口,在缩孔处扁铲铲除杂质后开 U 形坡口。并将坡口两侧 20mm 以内清理干净,露出金属光泽。

2. 焊条及焊机

选用 ECu(T107)焊条,焊条直径为 ϕ4mm,焊前经 350℃烘干 2h。焊机 AX1-500,直流反接。

3. 补焊工艺

将焊件放入炉中加热至 400℃,出炉后置于平焊位置。先焊裂纹处,采用短弧焊接。从裂纹两端向中间焊,第一层焊接时,焊接电流为 170A,焊条做直线往复运动,焊接速度要快;第二层的焊接电流要比第一层略小些(160A),焊条做适当的横向摆动,保证边缘的熔合良好。焊后使焊缝略高于焊件表面 1mm,整条焊缝一次焊成。

对缩孔焊接时,填充量较大,采用堆焊方法,焊道顺序如图 12-4 所示。堆焊时采用焊接电流在某一层大一些(160A),另一层小一些(150A)的方法,各层之间要严格清渣。堆焊至高出焊件表面 1mm 为宜。

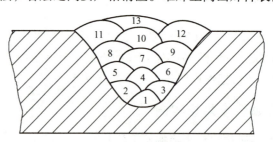

图 12-4　焊道顺序

焊后锤击焊道,消除应力,使组织致密,改善力学性能。在室内自然冷却即可。

经过机械加工后,除焊缝颜色与母材略有不同外,未发现有裂纹、夹渣、气孔等缺陷。

三、钛及钛合金的焊接实例

【35mm³ 钛制加热器的焊接】

生产硫酸铵设备上的 35mm³ 加热器采用 TA3 工业纯钛制成。加热器为管板结构，高度为 1000mm，内径为 1200mm，管板的尺寸为 1340mm×22mm，内循环管为 400mm×4mm，内循环板及外套板的厚度为 4mm，加热器内装有 ϕ33mm×2mm 的列管 384 根。

其焊接工艺如下：

1. 构件制备

管板采用 8 块板拼焊成一个圆。坡口形式为对称 X 形坡口，坡口角度为 70°，钝边为 2mm，间隙 1.0~1.5mm。坡口加工采用等离子弧切割，切割前留 3mm 的加工余量。4mm 厚的外套板及内循环板均采用不开坡口的双面对接焊。

2. 焊接保护措施

加热器外套、内循环管及列管与管板焊接时的气体保护是采用在加热器内部全部充氩气的方法。充氩量除用充氩气的压力和流量的大小来衡量外，还可用明火靠近焊接区的办法进行检查，如火焰立即熄灭，同时又听不到喷射气流的"嗖嗖"响声，说明充氩气量适当。

3. 焊接方法和焊丝的选择

采用手工钨极氩弧焊。选用成分与母材相同，纯度稍高的焊丝，牌号为 TA2，以得到更好的塑性。

4. 焊接参数

加热器各部位的焊接参数见表 12-17。

表 12-17 加热器各部位的焊接参数

焊接部位	焊件厚度/mm	焊接方式	焊接层数	焊接电流/A	电弧电压/V	焊丝直径/mm	钨极直径/mm	氩气流量/(L/min) 喷嘴	拖罩	背面
管板	22	X形坡口对接	2~6	230~250	20~25	4	4	15~18	18~20	18~20
外套板	4	不开坡口对接	1~2	180~200	20~22	4	3	12~15	18~20	18~20
列管与管板	2、22	端部熔焊	1	160~180	20~22	4	3	18~20	—	—
内循环管与管板	4、22	端部熔焊	1~2	180~200	20~22	4	3	18~20	—	—
外套板与管板	4、22	角接接头	1	200~220	20~24	4	3	18~20	—	—

5. 焊后处理

如果已焊好的接头表面呈银白色，表明保护效果好，接头的塑性良好。焊后将管板放入 600℃ 的油炉内加热，保温 1h，管板冷却到常温后，测得管板的挠曲变形为 6~8mm，于是在辊床上进行矫正。加热器的整体退火温度为 550℃，保温 2.5h，出炉后焊件表面呈蓝色，表明受轻微氧化，去除氧化膜后不致影响其使用性能。

【1+X 考证训练】

【理论训练】

一、填空题

1. 铝及铝合金焊接时的主要问题是_____、_____、_____及_____等。

2. 铜及铜合金焊接时的主要问题是_____、_____、_____和_____等。

3. 钛及钛合金焊接时的主要问题是_____、_____、_____和_____。

4. 铝及其合金焊接时，焊缝中易产生_____气孔。

5. 铝及其合金焊接时，熔池表面生成的氧化铝薄膜熔点高达_____，比铝及其合金的熔点_____高出很多，往往妨碍焊接过程进行。

6. 黄铜焊接时，焊接区周围的一层白色烟雾是_____的蒸气。

7. 钛及钛合金常用的焊接方法是_____和_____。

二、判断题（正确的画"√"，错误的画"×"）

1. 铝及铝合金由于导热性较差，熔池冷却速度快，所以焊接时产生气孔的倾向不太大。（   ）

2. 铝及铝合金焊前要仔细清理焊件表面，其主要的目的是防止产生气孔。（   ）

3. 手工钨氩弧焊接铝及铝合金时，常采用交流电源。（   ）

4. 为了利用氩离子阴极破碎作用，铝及铝合金氩弧焊时，电流应采用直流正接。（   ）

5. 铜及铜合金焊接时，焊缝中形成气孔的气体是氢和一氧化碳。（   ）

6. 铜及铜合金焊接时，铜的氧化物产物氧化亚铜可以起到防止热裂纹的作用。（   ）

7. 铜及铜合金中的铋、铅等有利于防止热裂纹产生。（   ）

8. 黄铜焊接时的困难之一是锌的蒸发和氧化。（   ）

9. 钛及钛合金焊接时焊缝和热影响区的表面色泽是保护效果的标志，焊后表面最好为银白色，其次为金黄色。（   ）

三、简答题

1. 铝及其合金的焊接性如何？纯铝气焊或氩弧焊时，应选用什么焊接材料？
2. 简述铜及其合金的焊接工艺。
3. 简述钛及钛合金的焊接工艺。

【技能训练】

四、铝合金平对接焊操作

铝合金焊件及技术要求如图 12-5 所示。

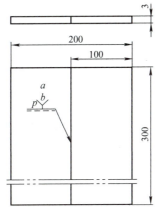

技术要求
1. 母材5A03。
2. 采用焊条电弧冷焊。
3. 坡口60°，间隙0~1mm，钝边1mm。
4. 焊后变形小于3°。

图 12-5　铝合金焊件及技术要求

1. 焊前准备

（1）焊件与焊丝清理　采用钢丝刷或砂布将焊接处和焊丝表面清理至露出金属光泽。

（2）焊接设备　WSJ-300 交流手工钨极氩弧焊机。

（3）铈钨极　直径为 $\phi 2.5mm$、$\phi 3mm$，端头磨成 30°圆锥形，锥端直径 0.5mm。

（4）焊件　铝镁合金板 5A03（LF3），300mm×100mm×3mm，一侧加工出 30°坡口，两块为一组。

（5）焊丝　铝镁合金焊丝 SAl5183，$\phi 2.5mm$ 和 $\phi 3mm$。

（6）装配及定位焊　焊件装配尺寸见表 12-18。定位焊时先焊焊件两端，然后在中间加定位焊点。定位焊可以不填加焊丝，直接利用母材的熔合进行定位。并做适当的反变形，以减小焊后变形。

表 12-18　焊件装配尺寸

坡口角度/(°)	间隙/mm	钝边/mm	错边量/mm	定位焊缝长度/mm	定位焊缝间距/mm
60	0~1	1	≤0.5	6~10	60~90

2. 焊接参数

焊接参数见表 12-19。

表 12-19 焊接参数

焊接层次	钨极直径/mm	焊丝直径/mm	喷嘴直径/mm	钨极伸出长度/mm	氩气流量/(L/min)	焊接电流/A
1	2.5	2.5	8~12	5~6	8~12	70~90
2	3	3	8~12	5~6	10~14	100~120

3. 焊接

1）打底焊。打底焊采用左焊法。起焊时，采用焊丝触碰焊接部位进行试探，当觉得该部位变软有熔化迹象时，立即填加焊丝，一般采用断续点滴填充法，向熔池边缘以滴状往复加入。送丝过程中，焊枪与焊丝的动作要协调，控制弧长一定，且平稳而均匀地前移。焊丝端部在钨极前下方，且不可触及钨极，焊枪要对准坡口根部的中心线，避免焊缝偏移。遇到定位焊缝时，抬高焊枪，使焊枪与焊件间的角度加大，以保证焊透。

若焊件间隙变小时，则应停止填丝，压低电弧直接击穿焊件；当间隙变大时，应向熔池填加焊丝，加快焊接速度，以避免产生烧穿和塌陷现象。如果熔池有下沉现象，应将焊枪断电熄弧片刻后，再重新引弧继续焊接。

一根焊丝用完后，焊枪暂不抬起，按下电流衰减开关，左手迅速更换焊丝（事先将焊丝放在指定位置），将焊丝端头置于熔池边缘后，启动焊枪开关继续进行焊接。若条件不允许，则应先使用衰减电流，停止送丝，等待熔池缩小且凝固后，再移开焊枪。

接头时，尽可能快速引弧，然后将电弧拉至收弧处，压低电弧，直接击穿坡口根部，形成新的熔池后，填加焊丝再进行焊接。

2）盖面焊。盖面时要加大焊接电流，并选择稍粗些的钨极直径及焊丝。操作时，焊丝与焊件间的角度尽量减小，送丝速度要相对快且均匀。焊枪做小锯齿形摆动，在两侧稍作停留，其幅度比打底焊时稍大，以熔池超过坡口棱边 0.5~1mm 为宜。根据焊缝的余高决定焊丝填丝量，以保证坡口两侧熔合良好及焊缝均匀平整。

参 考 文 献

[1] 中国机械工程学会焊接学会. 焊接手册：第1, 2卷 [M]. 3版（修订本）. 北京：机械工业出版社，2015.
[2] 杜则裕. 焊接冶金学：基本原理 [M]. 北京：机械工业出版社，2018.
[3] 吴树雄，尹士科. 焊丝选用指南 [M]. 北京：化学工业出版社，2002.
[4] 吴树雄. 焊条选用指南 [M]. 北京：化学工业出版社，2003.
[5] 劳动和社会保障部. 焊工 [M]. 北京：中国劳动社会保障出版社，2018.
[6] 朱庄安. 焊工实用手册 [M]. 北京：中国劳动社会保障出版社，2002.
[7] 邱葭菲，蔡郴英. 金属熔焊原理 [M]. 北京：高等教育出版社，2009.
[8] 陈祝年. 焊接工程师手册 [M]. 北京：机械工业出版社，2002.
[9] 王宗杰. 工程材料焊接技术问答 [M]. 北京：机械工业出版社，2002.
[10] 张其枢. 不锈钢焊接技术 [M]. 北京：机械工业出版社，2015.
[11] 邱葭菲. 熔焊过程控制与焊接工艺 [M]. 长沙：中南大学出版社，2015.
[12] 李亚江. 焊接冶金学：材料焊接性 [M]. 北京：机械工业出版社，2016.
[13] 邱葭菲. 焊接方法与设备 [M]. 北京：化学工业出版社，2021.
[14] 邱葭菲. 焊接实用技术 [M]. 长沙：湖南科学技术出版社，2010.
[15] 邱葭菲. 焊工工艺学 [M]. 北京：中国劳动社会保障出版社，2020.